畜牧业的巨大阴影：
环境问题与选择

联合国粮食及农业组织　编著

黄佳琦 等　译

U0199735

中国农业出版社
联合国粮食及农业组织
2019·北京

前　言
FOREWORD

　　这篇报告深入评估全球畜牧业对环境造成的各种重大影响，故取名为《畜牧业的巨大阴影》，意在提醒研究人员和公众关注畜牧业对气候变化、空气污染、耕地、水和土壤退化以及生物多样性丧失减少带来的影响。这篇报告并不是简单地描述集约化的、增长快速的全球畜牧业给环境带来的严重破坏，而是鼓励果断采取技术和政策层面的措施减轻这种破坏。这篇报告在详细评估畜牧业给环境带来的不同影响的同时，列举了应对不同影响的技术和政策措施。

　　影响评估工作以畜牧业、环境与发展计划（LEAD）为基础。LEAD是一项由粮农组织动物生产和卫生部门协调的多利益攸关方计划，致力于研究在动物性食品需求不断上升，自然资源压力不断增加的情况下，畜牧生产给环境带来的影响。LEAD广泛聚集了对畜牧业与环境之间的相互影响感兴趣的研究与发展机构以及个人，一直活跃于一些重点关注的研究领域，即集约型畜牧生产带来的土地和水资源污染、干旱地区过度放牧带来的土地退化、湿润和半湿润气候的热带地区由畜牧业引起的森林砍伐等。

　　过去评估畜牧业与环境之间的相互影响是采用畜牧业的视角，即研究畜牧业对在动物生产中使用的自然资源的影响，如今的评估从环境角度出发，研究畜牧业对环境变化的影响（土地利用和气候变化，土壤、水的消耗和生物多样性的丧失）。研究视角改变的意义重大，它提供了新的分析框架，以此评估畜牧业在推动全球环境变化的重要、动态的作用。同时能够帮助提高从地方到全球、从私人部门到公共部门、从个人到企业、从民间到政府间各级对必要行动的决策力。行动是必需的：如果像预测的那样，肉类的产量到2050年翻番，我们则需要将每单位产出带来的影响减半才能把总体影响维持在现在的水平。

LEAD在全球环境基金（GEF）和其他捐赠者资助下，在一系列畜牧业引起的环境问题的热点地区持续地推动相关行动，例如在东亚和东南亚设计解决方案，对集约化养殖产生的大量畜禽粪便进行可持续化管理；在中美洲引进新的以畜牧业为基础的土地利用环境服务付款程序；在坦桑尼亚设计的可持续的野生动物和家畜相互作用模式。这些努力需要实施适当的政策工具，使利益相关者能够在追求经济可持续利用资源的同时重视环境问题。

显然，实施必要行动以缓解畜牧业带来的环境问题的责任远不仅限于畜牧部门，也不仅限于农业部门。畜牧部门和整个农业部门必须面对挑战，找到合适的技术解决方案，使畜牧业资源的利用更加环境可持续。这些关于资源利用的决策明显超出农业行业本身，多部门、多目标的决策是必需的。

希望这项评估有助于多部门多目标的决策的制定，有助于缩小"畜牧业的巨大阴影"。

Samuel Jutzi

FAO动物生产及卫生司司长

致 谢
ACKNOWLEDGEMENTS

这项全球畜牧业与环境之间相互作用的评估工作由畜牧业、环境与发展计划（LEAD）指导委员会在2005年5月的LEAD哥本哈根会议上呼吁，由FAO LEAD团队及LEAD主席承担。

如果没有LEAD指导委员会的资金支持以及指导，这项评估工作将不可能完成。LEAD指导委员会成员包括Hanne Carus、Jorgen Henriksen、Jorgen Madsen（丹麦），Andreas Gerrits、Fritz Schneider（瑞士），Philippe Chedanne、Jean-Luc François、Laurent Bonneau（法国），Annette von Lossau（德国），Luis Cardoso（葡萄牙），Peter Bazeley（英国），Joyce Turk（美国），Ibrahim Muhammad（热带农业研究和高等教育中心，CATIE），Emmanuel Camus（法国农业发展研究中心，CIRAD），Philippe Steinmetz、Philippe Vialatte（欧盟），Samuel Jutzi（联合国粮食及农业组织，FAO），Ahmed Sidahmed（国际农业发展基金，IFAD），Carlos Seré、Shirley Tarawali（国际家畜研究所，ILRI），Deborah Bossio（国际水资源管理研究所，IWMI），Carlos Pomerada（哥斯达黎加），Modibo Traoré（非洲联盟/非洲动物资源局，AU/IBAR），柯炳生（中国），Paul Ndiaye（谢赫安塔迪奥普大学，塞内加尔）。

衷心感谢Wally Falcon、Hal Mooney（斯坦福大学，美国），Samuel Jutzi、Freddie Nachtergaele（FAO），Harald Menzi、Fritz Schneider（瑞士农业大学），Andreas Gerrits（瑞士发展与合作署，SDC），Jorgen Henriksen（丹麦），Günter Fischer（国际应用系统分析研究所，IIASA），José Martinez（法国国

立农学暨环境工程研究所，CEMAGREF），Jim Galloway（弗吉尼亚大学），Padma Kumar（印度畜牧项目资本化经验，CALPI）评阅了这篇报告的多个草稿。另外还要感谢FAO的 Jelle Bruinsma、Neela Gangadharan、Wulf Killmann、Jan Poulisse对本报告提出评论和建议，感谢Wally Falcon、Hal Mooney、Roz Naylor（斯坦福大学）为本项工作提供了激励性的工作环境、持续的讨论以及给予鼓励。

我们还要感谢排版设计Paul Harrison，文字编辑Rosemary Allison，图表设计Sébastien Pesseat、Claudia Ciarlantini。感谢Carolyn Opio、Jan Groenewold、Tom Misselbrook对数据分析工作的支持，感谢Alessandra Falcucci对空间分析与绘图工作的支持，以及Christine Ellefson对多种任务的支持。

本报告中出现的错误或遗漏等问题的责任全部由作者承担。

缩 略 词
ABBREVIATIONS AND ACRONYMS

A/R	造林或再造林
AET	实际蒸散量
ASA	美国大豆协会
AU-IBAR	非洲联盟动物资源局
BMWS	大麦、玉米、小麦、大豆
BNF	生物固氮作用
BOD	生物耗（需）氧量
BSE	牛海绵状脑病
CALPI	印度畜牧项目资本化经验
CAP	共同农业政策
CATIE	热带农业研究和高等教育中心
CBD	生物多样性公约
CDM	清洁发展机制
CEMAGREF	法国国立农学暨环境工程研究所
CERs	核证减排量
CIRAD	法国农业发展研究中心
CIS	独立国家联合体
COD	化学需氧量
CSA	中南美洲
DANIDA	丹麦国际开发署
Embrapa	巴西农业研究公司—巴西农业畜牧和食品供应部
EU	欧洲联盟
FAO	联合国粮食及农业组织
FAOSTAT	联合国粮食及农业组织统计数据库

FRA	全球森林资源评估
GATT	关税及贸易总协定
GDP	国内生产总值
GEF	全球环境基金
GHG	温室气体
GMO	转基因生物
GWP	全球变暖潜力
HPAI	高致病性禽流感
IFA	国际肥料工业协会
IFAD	国际农业发展基金会
IFPRI	国际食物政策研究所
IIASA	国际应用系统分析研究所
IOM	美国医学研究所
IPCC	联合国政府间气候变化专门委员会
IUCN	世界自然保护联盟
IWMI	国际水资源管理研究所
LEAD	畜牧业、环境与发展计划
LPS	畜牧生产体系
LULUCF	土地利用、土地利用变化及林业
LWMEAP	全球环境基金牲畜废物管理东亚项目
MAFF-UK	大不列颠及北爱尔兰联合王国农业、渔业、食品部
MAF-NZ	新西兰农林部
MEA	千年生态系统评估
NASA	美国国家航空航天局
NEC	国家排放上限（指令）
NOAA	美国国家海洋暨大气总署
OECD	经济合作与发展组织
OIE	世界动物卫生组织
PES	生态环境服务付费
ppb	十亿分率
ppm	百万分率
RCRE	罗格斯大学的合作研究与推广
SAfMA	南非千年生态系统评估
SCOPE	国际环境问题科学委员会

SOC	土壤有机碳
SSA	撒哈拉以南非洲
TOC	总有机碳量
UNCCD	联合国防治沙漠化公约在这些发生严重干旱或荒漠化的国家，特别是非洲。
UNCED	联合国环境与发展大会
UNDP	联合国开发计划署
UNEP	联合国环境规划署
UNEP-WCMC	联合国环境规划署世界保护监测中心
UNESCO	联合国教育、科学与文化组织
UNFCCC	联合国气候变化框架公约
USDA/FAS	美国农业部：对外农业服务局
USDA-NRCS	美国农业部—国家自然资源保护局
USEPA	美国环境保护署
WANA	西亚北非
WHO	世界卫生组织
WMAs	野生动物管理区
WRI	世界资源研究所
WTO	世界贸易组织
WWF	世界自然基金会

摘　要
EXECUTIVE SUMMARY

　　本报告旨在评估畜牧业对环境问题的全面影响，同时提出潜在的技术性和政策性缓解措施。评估基于现有的最新和最完整的数据，并考虑了直接影响和如牲畜生产所需的饲料作物等的农业影响。

　　从地方到全球，畜牧业已成为严重环境问题的几大主要来源之一。这篇报告调查结果显示，在解决土地退化、气候变化、大气污染、水资源短缺、水源污染和生物多样性丧失问题时，畜牧业应成为主要的政策关注点。

　　畜牧业对环境问题的影响大、范围广，然而潜在的解决方案也多而广。畜牧业对环境的影响相当显著，需要对此立即采取措施。在成本合理的情况下，大规模削弱影响是可以实现的。

畜牧业的全球重要性

　　虽然畜牧业在全球经济中并不扮演重要角色，但它具有重要的社会和政治作用。畜牧业占农业GDP的40%，为13亿人提供了就业岗位，为全球10亿贫困人口提供生计来源。畜产品为人类提供1/3的蛋白质摄入量，是导致肥胖的一个因素，也是减少营养不良的潜在解决方案。

　　随着人口数量和收入的不断增加，人们食物偏好随之改变，导致畜产品的需求迅速增加。与此同时，全球化促进了畜牧生产投入品以及畜产品的贸易。1999—2050年，全球的肉类产量预计将增加1倍以上，从2.29亿吨增至4.65亿吨，牛奶产量从5.80亿吨增至10.43亿吨。每单位畜产品对环境的影响必须削减一半，破坏程度才不至于比现在更严重。

结构性的改变及其影响

　　畜牧业正在经历一系列复杂的技术和地理变化，这些变化打破了由畜牧业引起的环境问题的平衡状态。

尽管畜牧业正朝着集约化、产业化的趋势发展，粗放式的放牧仍旧占据了大面积的草地，使得草地退化。畜牧生产的地理位置正在转移，先是从农村转移到城市和城郊，从而更接近消费者；然后朝着饲料的来源地转移，这些来源地不仅包括饲料的生产地，还包括饲料进口地的运输和贸易中心。产品结构也在发生变化，单胃动物（猪、禽类，多在大型企业集约化养殖）产量增长迅速，而反刍动物（牛、绵羊、山羊，多为粗放式养殖）产量的增长放缓。随着这些转变的发生，畜牧业正日益直接争夺稀缺的土地、水和其他自然资源。

这些转变正在推动效率的提高，减少畜牧业生产所需的土地面积。同时，小农和牧民被边缘化，投入品和浪费增加，污染也有增加和集中的趋势。广泛分布的非点源污染逐渐转变为点源污染，点源污染给当地带来更大的损害但更容易管理。

土地退化

畜牧业是迄今为止人类使用土地最多的产业，放牧占用的土地总量相当于地球陆地无冰表面的26%。另外，用于饲料作物生产的土地总量占耕地总面积的33%。总之，畜禽生产占用了总农业用地的70%，地球陆地面积的30%。

扩大的畜禽生产导致了严重的森林砍伐，特别是在拉丁美洲，那里的亚马孙地区森林砍伐严重，以前森林覆盖的70%土地已被牧场取代，其余大部分土地被饲料作物占用。世界上20%的草场和牧地（其中73%在干旱地区）有一定程度的退化，这大多是由畜禽活动所引起的过度放牧、土壤固化和腐蚀所致。干旱地区尤其受到这种趋势的影响，因为畜牧业往往是在这些地区生活的人们唯一的生计来源。

过度放牧可以通过放牧费和消除牧场上共同财产流动的障碍来减少。土地退化问题可以通过水土保持方法、林牧兼作、更好地管理放牧系统、限制牧民随意焚烧、限制受控敏感区域的排除来控制和改善。

大气与气候

随着温度上升，冰山和冰川的融化导致海平面上升，洋流和气候类型也随之发生变更，气候变化已成为人类面临的最严峻的挑战。

畜牧业是气候变化主要责任方，按二氧化碳当量计算，占温室气体排放的18%。这比交通运输所占的份额还要大。

畜牧业占人为制造二氧化碳排放的9%。这其中最主要的份额来自于土地利用，尤其是由牧场饲料作物耕地的扩张引起的森林砍伐。在导致全球变暖的温室气体中，畜禽排放量占较高比例。畜牧业排放了37%的人为制造的甲烷[其全球变暖潜能值（GWP）是二氧化碳的23倍]，大多数来自于反刍动物的肠内发酵。畜牧业排放了65%的人为制造的一氧化二氮[其全球变暖潜能值（GWP）是二氧化碳的296倍]，主要来源于施肥。畜禽还排放了2/3（64%）的人为制造的氨，对酸雨和生态环境酸化造成重要影响。

畜牧业的行动能够减缓气候变化带来的影响。集约化生产能够提高畜牧养殖和饲料农业生产二者生产力，以减缓森林砍伐和草场退化从而减少温室气体排放。此外，保护性耕作、覆盖作物、农林复合经营及其他措施以恢复历史的土壤碳损失，从而每年每公顷减少1.3吨碳排放量，此外通过恢复沙漠化牧场以削减更多的碳排放。甲烷排放量减少则可以通过改善畜禽饮食以减少肠内发酵、强化沼气和肥料管理以提供可再生能源等方式。氮的排放量同样可以通过改善饮食和肥料管理来减少。

《京都议定书》的清洁发展机制（CDM）可以用于资助包括沼气的传播和重新造林的林木兼作计划。应该开发新的方法以便清洁发展机制可以支持其他与畜牧业相关的行动，比如通过恢复退化草原提高土壤固氮能力。

水

全球将进一步面临淡水资源的短缺和损耗问题，到2025年，预计全球人口的64%将会生活在缺水地区。

畜牧业是水资源的一个重要消耗者，占了全球人类水消耗的8%以上，主要是用于饲料作物灌溉。畜牧业很可能是水污染的一个最大行业来源，造成了沿海地区富营养化和"死亡"地带、珊瑚礁的退化、人类健康问题、抗药性的出现及其他一些问题。主要的污染源来自于动物排泄物，抗生素和激素，皮革厂的化学品，饲料作物使用的化肥和杀虫剂，及侵蚀牧场的沉积。全球数据还未知晓，但是在世界面积排行第四的美国，畜牧业造成了大约55%的侵蚀和沉积、37%的杀虫剂、50%的抗生素、1/3氮和磷排放到了淡水资源中。

畜牧业由于固化土壤、减少渗透、使河道沿岸恶化、使泛滥平原干涸、降低河床，也对淡水更新有影响。畜禽造成的森林砍伐也增加了水土流失、减少了旱季水流量。

提高灌溉系统的效率可以减少用水。畜牧业对侵蚀、沉降和水资源管理的影响可以通过土地退化的应对方法来解决。可以通过更好地管理养殖企业的动物粪便、更好的饮食来改善营养吸收、改善肥料管理（包括沼气）和更好地利用农田肥料等方式来减少污染。工业化畜牧生产应分散在易于取用的农田中，在该农田中可以回收废物，而不会使土壤和淡水超负荷。

政策措施将有助于减少水资源的损耗和污染，具体措施包括按照全部成本计价法确定水价（涵盖供应成本、经济和环境的外部性）、限制投入和规模的监管框架、明确所需的设备和排放水平、分区制定法规和税收限制大型企业集中设立在城市周边、发展安全的用水权和水资源市场，以及水域的参与式管理。

生物多样性

我们生活在一个前所未有的威胁生物多样性的时代。物种的损失估计比在化石记录中发现的背景比率高出50～500倍。24个重要的生态系统服务中有15个被评估为下降趋势。

畜禽现在约占地球生物总量的20％，它们现在占据了地球表面面积的30％，这曾经是野生动物的栖息地。事实上，畜牧业很可能是物种多样性减少的主要因素，因为它是森林砍伐的主要原因，也是土地退化、污染、气候变化、过度捕鱼、沿海地区沉积和助长外来物种入侵的主要原因之一。此外，牧民间的资源冲突以及牧场附近的保护区威胁到野生食肉动物物种的生存。与此同时，在发达地区，特别是欧洲，牧场是历史悠久的多样化生态系统，但其中的许多牧场如今受到被废弃的威胁。

世界自然基金会（WWF）认定的825个陆地生态地区中的306个，范围涉及所有的生物群系和所有的生物地理领域，都报告说畜禽是现有威胁之一。国际保护基金会（Conservation International）认定了35个全球生物多样性热点地区，这些地区的植物特有分布水平非常高，栖息地严重丧失，其中23个受到畜牧业生产的影响。世界自然保护联盟（IUCN）发布的濒危物种红皮书表明，大多数世界濒危物种都受到栖息地丧失威胁，其中畜禽是影响因素之一。

畜牧业对生物多样性的威胁多来自于它们对主要资源的影响（气候、空气和水污染、土地退化和森林砍伐），因此缓解生物多样性损失的主要具体措施也在这些资源上。此外，措施还包括改善牧民与野生动物和公园之间的交互关系，提高畜牧企业中的野生动物物种等。

集约化养殖可以减少野生动物区域被畜牧业先占的情况。保护野生区域、缓冲区、保护地役权、税收抵免和处罚可以增加优先保护生物多样性的土地。应该采取更广泛行动和努力使畜牧生产和生产者能够融入到景观管理中。

跨领域的政策框架

有些综合性的政策涵盖上文提到的全部领域。一般的结论是，提高畜牧业生产的资源利用效率可以减少环境影响。

　　调节范围、投入品、废物等政策措施可以帮助减少畜牧业对环境的影响，然而，实现更高效率的关键因素在于正确定价自然资源（例如土地，水和废物处置场）。最常见的自然资源往往是免费的或价格低廉的，从而导致过度开发和污染。频繁的反常补贴直接鼓励畜禽生产者从事危害环境的行为。

　　首要任务是确定反映全部经济和环境成本（包括所有外部性）的价格和费用。价格影响行为的条件是有安全和可交易的水权，土地权，土地的联合使用以及废物消纳场的使用权。

　　其次应该取消破坏性的补贴，经济和环境外部性应该通过选择性征税或收取资源使用、投入品和废物费用的方式包含在价格中。在某些情况下可能需要直接的激励。

　　此外支付环境服务补贴是政策框架中重要的一环，这对粗放式畜牧系统来说尤为重要：牧民、生产者和土地所有者可以因提供特定的环境服务，例如监管水流、水土保持、保护自然景观和野生动物栖息地、碳封存等而获得报酬。提供环境服务可以成为粗放式草地生产系统的主要政策目标。

　　畜牧业对环境有如此深远而广泛的影响，因此它应该成为环境政策关注的首要因素，在这方面的努力将带来大量的多方面的回报。实际上，随着社会的发展，环境问题连同人类健康问题，很可能将成为占主导地位的政策关注点。

　　最后，地方、国家和国际层面都急需设计、制定出合适的制度和政策框架，做出上述改变。这需要强有力的政治承诺，增加知识、增强意识，了解继续"一切照旧"而带来的环境风险以及畜牧业方面的行动对环境的益处。

目 录

CONTENTS

前 言 ·· v

致 谢 ·· vii

缩略词 ·· ix

摘 要 ·· xiii

1 引 言 ·· 1

1.1 畜牧业在全球环境问题中的重要角色 ················· 2

1.2 背景：畜牧业成形因素 ···························· 4

　　1.2.1 人口转变 ·································· 5

　　1.2.2 经济增长 ·································· 7

　　1.2.3 营养转型 ·································· 8

　　1.2.4 技术变革 ·································· 10

1.3 畜牧业发展趋势 ································· 14

　　1.3.1 结构变化 ·································· 17

　　1.3.2 地理变化 ·································· 18

　　1.3.3 垂直整合和超市的兴起 ····················· 19

2 畜牧业在地理空间上的变迁 ·························· 21

2.1 畜牧业土地利用的历史变化 ······················ 22

　　2.1.1 概述：土地用途改变的地理差异 ··············· 22

　　2.1.2 国家土地用途改变的全球化因素 ··············· 25

　　2.1.3 土地退化：昂贵的代价 ····················· 27

2.1.4 畜牧业及其用地：地理变迁 …………………… 30

2.2 畜产品需求的地理特性 ……………………………… 32

2.3 畜牧业资源的地理空间演变 ………………………… 34

    2.3.1 牧场和饲料 ……………………………………… 34

    2.3.2 饲料作物和作物残余物 ………………………… 38

    2.3.3 农产品加工业副产品 …………………………… 42

    2.3.4 未来发展趋势 …………………………………… 45

2.4 生产系统：区域经济学原理 ………………………… 51

    2.4.1 畜牧业生产空间分布的历史趋势 ……………… 51

    2.4.2 地理集群 ………………………………………… 58

    2.4.3 对运输依赖性的增加 …………………………… 62

2.5 土地退化的焦点区域 ………………………………… 66

    2.5.1 牧场和饲料作物仍持续侵蚀自然生态系统 …… 67

    2.5.2 牧场退化：土壤沙化和植被变化 ……………… 69

    2.5.3 城市周边区域环境污染问题 …………………… 71

    2.5.4 饲料作物集约生产 ……………………………… 74

2.6 结论 …………………………………………………… 77

3 畜牧业对气候变化和大气污染的影响 …………………… 81

3.1 问题与趋势 …………………………………………… 81

    3.1.1 气候变化：趋势和前景 ………………………… 81

    3.1.2 大气污染：酸化和氮沉积 ……………………… 85

3.2 碳循环中的畜牧业 …………………………………… 86

    3.2.1 饲料生产的碳排放 ……………………………… 88

    3.2.2 牲畜养殖的碳排放 ……………………………… 98

    3.2.3 牲畜加工和冷藏运输的碳排放 ………………… 103

3.3 畜牧业的氮循环 ……………………………………… 106

    3.3.1 饲料肥料的氮排放 ……………………………… 109

    3.3.2 化肥使用以后水生资源的排放量 ……………… 110

    3.3.3 牲畜生产链的氮浪费 …………………………… 111

    3.3.4 存储粪便的氮排放 ……………………………… 112

    3.3.5 使用的或存放的粪便的氮排放 ………………… 115

    3.3.6 应用和直接沉积后粪便氮损失的排放量 …… 116

3.4 畜牧业影响的总结 …………………………………… 117

　　　　3.4.1　二氧化碳 ……………………………………………………… 117

　　　　3.4.2　甲烷 …………………………………………………………… 118

　　　　3.4.3　一氧化二氮 …………………………………………………… 118

　　　　3.4.4　氨 ……………………………………………………………… 118

　　3.5　减排措施 ………………………………………………………………… 120

　　　　3.5.1　碳封存和减缓二氧化碳的排放量 …………………………… 120

　　　　3.5.2　通过提高饮食和效率减少肠道发酵的甲烷排放量 ………… 124

　　　　3.5.3　通过提高粪便和沼气管理减少甲烷排放 …………………… 126

　　　　3.5.4　减少一氧化二氮排放和氨挥发的技术选择 ………………… 127

4　畜牧业在水资源消耗和污染中的作用 ………………………………………… 130

　　4.1　现状与趋势 ……………………………………………………………… 130

　　4.2　水利用 …………………………………………………………………… 133

　　　　4.2.1　饮用水和工业用水 …………………………………………… 133

　　　　4.2.2　产品加工 ……………………………………………………… 138

　　　　4.2.3　饲料生产 ……………………………………………………… 139

　　4.3　水污染 …………………………………………………………………… 142

　　　　4.3.1　畜禽粪便 ……………………………………………………… 143

　　　　4.3.2　畜产品加工中的废弃物 ……………………………………… 158

　　　　4.3.3　饲料和草料生产中的污染 …………………………………… 161

　　4.4　畜牧业土地利用对水循环的影响 ……………………………………… 170

　　　　4.4.1　放牧系统对水流的影响 ……………………………………… 170

　　　　4.4.2　土地利用转换 ………………………………………………… 173

　　4.5　畜牧业对水资源的影响总结 …………………………………………… 174

　　4.6　缓和措施 ………………………………………………………………… 177

　　　　4.6.1　提高水资源利用率 …………………………………………… 177

　　　　4.6.2　改善废弃物管理 ……………………………………………… 178

　　　　4.6.3　土地管理 ……………………………………………………… 185

5　畜牧业对生物多样性的影响 …………………………………………………… 188

　　5.1　问题与趋势 ……………………………………………………………… 188

　　5.2　生物多样性的维度 ……………………………………………………… 190

　　5.3　畜牧业对生物多样性丧失的影响 ……………………………………… 194

　　　　5.3.1　栖息地变化 …………………………………………………… 195

5.3.2　气候变化 ·························· 203

5.3.3　外来入侵物种 ···················· 205

5.3.4　过度开发和竞争 ·················· 210

5.3.5　污染 ···························· 218

5.4　总结畜牧业对生物多样性的影响 ·········· 222

5.5　保护生物多样性的方案 ················ 224

6　政策挑战与选择 ·························· 228

6.1　制定有益的政策体系 ················· 229

6.1.1　总体原则 ························ 229

6.1.2　特殊政策工具 ···················· 235

6.1.3　有关气候变化的政策问题 ·········· 245

6.1.4　有关水资源的政策问题 ············ 249

6.1.5　有关生物多样性的政策问题 ········ 257

6.2　应对环境压力的政策选择 ·············· 264

6.2.1　控制自然生态系统的扩张 ·········· 264

6.2.2　限制牧场退化 ···················· 267

6.2.3　在畜牧业集中区减轻营养负荷 ······ 270

6.2.4　减轻集约化饲料作物生产对环境的影响 ·· 273

7　总结与结论 ···························· 275

7.1　畜牧业与环境的联系 ················· 275

7.1.1　经济意义 ························ 275

7.1.2　社会意义 ························ 276

7.1.3　营养与健康 ······················ 277

7.1.4　食物安全 ························ 278

7.1.5　土地及土地利用的改变 ············ 278

7.1.6　气体排放和气候变化 ·············· 280

7.1.7　水 ······························ 281

7.1.8　生物多样性 ······················ 281

7.1.9　物种、产品和生产系统的差异 ······ 282

7.2　我们需要做什么 ····················· 283

7.2.1　合理定价以提高资源利用效率 ······ 285

7.2.2　校正环境的外部性 ················ 285

7.2.3 加快技术革新 ························· 286

7.2.4 减少集约化养殖对环境和社会的负面影响 ········ 287

7.2.5 重新调整粗放型放牧注重环境保护 ·········· 288

7.3 面临的挑战 ····························· 290

参考文献 ································· 293

附录1 表 格 ····························· 335

附录2 定量分析方法 ························· 350

1 引 言

畜牧活动对环境的几乎所有方面都有重大影响，例如空气和气候变化，水、土地和土壤退化，以及生物多样性。这些影响有像放牧带来的直接影响，也有像因扩大大豆饲料的生产占用南美洲森林用地带来的间接影响。

畜牧业对环境已经造成巨大影响，而且影响还在不断增强和变化。随着人口、收入增长和城市化，全球对肉类、奶类和蛋类的需求正迅速增加。

畜牧生产是一种极其多样化的经济活动。对动物源性食品没有大量需求的国家或地区，自给自足型与低投入的生产方式比较普遍，生产主要是为了自己食用而非商业目的。这与对动物源性食品具有大量需求或需求呈上升趋势的地区采用商业化的、高投入的生产方式截然不同。不同的生产系统对资源的需求也存在大量差异。生产系统及其之间相互关系的多样性使得畜牧业与环境之间的分析非常复杂，有时甚至备受争议。

畜牧业影响自然资源的很多方面，由于资源日益稀缺，其他部门和活动的机会也相应稀缺，因此必须精心管理畜牧部门。虽然集约化畜牧业生产在大型新兴国家蓬勃发展，仍有大面积地区实施粗放型畜牧生产，与其相关的生活方式也持续着。集约和粗放的畜牧业生产方式都需要关注和干预，这样才能减少其对国家和全球公共产品的消极影响，增加积极影响。

这项评估的一个主要动机是与畜牧业相关的环境问题通常没有得到足够的制度回应，无论是在发展中国家还是在发达国家。畜牧业在一些地方蓬勃发展，在另一些地方与贫困相伴，停滞不前，在很大程度上不受控制。尽管畜牧业通常被认为是农业的一部分，但在很多地方畜牧生产的发展方式和工业相同，不再固定于土地或特定位置。

随着动物周围环境的日益改进和标准化，环境影响迅速改变。无论是在发达国家还是在发展中国家，几乎都无法跟上生产技术快速转换和行业结构调整的步伐。环境法律和规划通常在已经发生严重损害之后才发布。重点继续放在保护和修复上，而不是更具成本效益的预防和缓解方法。

在这种复杂的情况下，畜牧业－环境问题需要建立一个多目标的框架，运用全面、整体的方法，结合政策措施和技术改进。

必须考虑数以亿计的以畜牧业为生的贫困群体的生计问题，他们多从事畜牧生产，因为他们别无选择。新兴中产阶级对肉类、牛奶和鸡蛋等消费需求的大量增长也同样不容忽视。试图遏制对畜产品的旺盛需求通常被证明是无效的。

畜牧业中更完善的政策对环境、社会和健康来说是必要的。动物性食品往往容易受到病原体感染、含有化学残留物。食品安全要求必须满足，这通常是在正规市场的先决条件。

LEAD之前的评估（de Haan，Steinfeld和Blackburn，1997；Steinfeld，de Haan和Blackburn，1997）强调了畜牧业视角，从畜牧业生产系统的视角分析畜牧业－环境的相互作用。

这项最新的评估反过来从环境的视角出发进行分析。它试图对畜牧业－环境之间多种多样的相互作用进行客观的评估。经济、社会和公共卫生目标都被考虑在内以得到有现实意义的结论。此项评估列举了一系列可能的方案，以有效解决畜牧业生产的负面影响。

1.1 畜牧业在全球环境问题中的重要角色

畜牧业对世界的水、土地、资源和生物多样性产生巨大影响，对气候变化的影响尤其显著。

通过直接的放牧和间接的饲料作物生产，畜牧部门大约占据了地球陆地无冰表面的30%。在许多情况下，畜牧业是陆地污染的主要来源，它向河流、湖泊和沿海水域释放养分和有机物质、病原体及药物残留。一些动物及其排泄物和排放气体对气候变化产生影响，而且饲料作物和牧场的需求导致土地用途的变化。畜牧业重塑了环境，改变了牧场和饲料作物生产的土地需求，并减少了自然栖息地。

把动物作为食物及其他产品和服务只是人类众多依赖自然资源的活动中的一种。人类使用世界上可再生自然资源的速度远超过自然自我更新的能力（Westing，Fox和Renner，2001）。人类把越来越多的污染物排放到空气、水和土壤中，超过了环境分解这些污染物的速度和能力。人类正在蚕食剩下的未触及的环境资源，迫使生物多样性面临灭绝的风险。过去的几十年中人为的土地利用变化加剧，在发展中国家最为突出。城市化和种植的扩张导致了宝贵的森林和湿地等栖息地前所未有地丧失和破碎。

水资源的可供量严重制约了农业的扩张和人类其他需求的增长。农业部门是最大的用水部门，占淡水使用总量的70%。

虽然人们对气候变化及其对环境的影响意见不一，但现在已经确定由人类活动造成的气候变化已经发生。与气候变化最为相关的气体是二氧化碳（CO_2），而其他温室气体，包括甲烷、一氧化二氮、臭氧和六氟化硫也对气候变化造成影响。过去的200年中，二氧化碳浓度增加了40%，从百万分之270个单位（ppm）增加到百万分之382个单位（ppm）（NOAA，2006）。如今的二氧化碳浓度比过去的650 000年中的任何时候都要高（Siegenthaler等，2005）。现在的甲烷浓度是工业化前水平的两倍多（Spahni等，2005）。过去一个世纪平均气温上升了0.8℃（NASA，2005）。化石燃料的燃烧是导致这些变化的主要因素。

气候变化意味着平均温度的增加，同时极端气候事件的发生频率似乎也随之增加。FAO警告说极端天气可能导致粮食物流系统和基础设施被破坏，使得饥饿人口数量激增，撒哈拉以南非洲地区最为严重（FAO，2005）。FAO指出气候变化可能使发展中国家的潜在谷物产量减少2.8亿吨。

由于不可持续的开发利用造成栖息地的损失和气候变化，生物多样性的损失加剧。千年生态系统评估（MEA，2005a），是一项对于地球环境卫生的综合评价，它估计物种的损失比在化石记录中发现的背景比率高出100～1 000倍。MEA估计1/3的两栖动物、1/5的哺乳动物和1/8的鸟类正面临灭绝的威胁。这项评估是基于已知物种，据估计，所有现存物种的90%或更多尚未被编目。有些物种能够提供诸如食物、木材或衣服等显而易见的服务，而大多数物种能提供的服务如营养再循环、授粉和种子散播、气候控制以及净化空气和水等难以引人注意，因此很少被人珍惜。

额外的可耕种的土地是有限的。因此，农业生产的增加实际上多来自于对已耕种、已放牧土地的集约化使用。作为大量消耗农作物和其他植物原料的部门，畜牧部门必须继续提高将这些原料转换成可食用产品的效率。

畜牧业活动对环境的整体影响是巨大的。应用科学知识和技术能力来处理问题可以减少部分伤害。然而，大量遗留下来的问题会给子孙后代带来损害。最终，环境问题是社会问题：由某些群体和国家产生的环境成本将由他人，或整个地球来承担。环境的健康和资源的可用性影响未来几代人的福祉，当前一代人对资源的过度使用和环境的过度污染损害了未来几代人的利益。

环境恶化常与战争和其他形式的冲突相互关联。纵观历史，民族和国家常因争夺土地和水资源等自然资源而发生冲突。资源匮乏、环境恶化的加剧增加了暴力冲突的可能性，特别是在缺乏管理机制的情况下。近年来，公众的注意力被吸引到未来战争将为争夺日益稀缺的自然资源而爆发这一预测上

（Klare，2001；Renner，2002）。五角大楼的一份报告（Schwartz和Randall，2003）指出，全球变暖可能成为比恐怖主义更严重的一种威胁，导致灾难性的干旱、饥荒和骚乱。

在地方或区域层面，南非千年生态系统评估（SAfMA）（Biggs等，2004）突出显示了生态压力和社会冲突之间的联系。这项SAfMA的研究说明了两者相互的因果关系，冲突可能导致环境恶化，但环境恶化也可能引发冲突。研究引用了在南非的夸祖鲁－纳塔尔省发生的政治暴力作为例子，派系之间因争夺稀缺的养牛用地引发了一系列的杀戮。水资源缺乏、过度放牧导致的土地退化、木材燃料短缺也会导致冲突。这项研究同时指出，布隆迪、卢旺达和刚果东部的主要生态问题与最近的暴力冲突相伴而生。

环境恶化从直接、间接两个方面显著影响人类健康。直接影响包括接触污染物而影响健康。间接影响包括气候变化增加人类和动物的接触性传染病。疟疾和登革热等许多重要疾病的地理范围和季节性对气候条件的变化非常敏感（UNEP，2005a）。血吸虫病，由水蜗牛携带，与水流的变化相关。世界资源报告（1999）突显出在发展中国家和发达国家，这些可预防的和环境有关的疾病是如何不成比例地由穷人承受着。

当前环境恶化的规模和速度显然严重威胁自然资源的可持续性。地方和全球水平的生态系统功能，已经遭受严重损害。如果任其发展，最终环境恶化不仅可能危及经济稳定和增长，还可能威胁人类的生存。

1.2 背景：畜牧业成形因素

畜牧业同食物、农业一样，正在发生深远的变化，其中变化多由外部因素引起的。几个世纪以来，人口增长和其他人口因素，例如年龄结构、城市化等决定了食物需求，从而推动了农业的集约化。经济增长和个人收入的增加也使得需求增加、饮食结构转变。过去20年中，这些变化趋势在亚洲、拉丁美洲和近东的大部分地区加快，引起动物产品以及其他高价值的食物，如鱼类、蔬菜和油类需求的迅速增加。

农业部门以生物、化学和机械方面的创新来应对食物增加和多样化的需求。改变的方向主要是集约化而非粗放式。因此，土地的利用方式随之改变。

人口、经济、饮食、技术和土地利用的长期变化驱动全球畜牧业的变化，然而，在某种程度上，畜牧业也改变着这些因素。描述这些因素的发展有助于了解畜牧业的经营环境。

1.2.1 人口转变

人口增长、城市扩大和食物需求改变

人口增长是食物和其他农产品需求的主要决定因素。当前全球人口65亿，正以每年7 600万的速度增长（UN，2005）。联合国中期预测，2050年世界人口将达到91亿，2070年人口将达到顶峰95亿（UN，2005）。

发达国家的人口整体停滞不前，95%的人口增长发生在发展中国家。最快的人口增长率（平均每年2.4%）发生在50个最不发达国家（UN，2005）。人口增长率放缓主要由于生育率下降，尽管生育率在最不发达国家仍然很高，但在大多数发达国家低于人口更替水平，在新兴国家迅速下降。

生育率下降、平均寿命延长导致全球人口老龄化。预测老龄化人口的比例将翻倍，增长超过现有水平的20%（UN，2005）。不同年龄段的人有不同的饮食习惯和消费模式，成年人和老年人通常比儿童消费更多的动物蛋白。

城市化是另一个影响食物需求的重要因素。2005年（最近可获得的统计数据），49%的世界人口生活在城市（FAO，2006b）。这个全球数据掩盖了地区间的差异：撒哈拉以南非洲地区和南亚仍然只是中等城市化，城市化率分别为37%和29%，而在发达国家和拉丁美洲，城市化率在70%～80%（FAO，2006a；2006b）（表1-1）。

表1-1　城市化率和城市化增长率

区域	城市人口占总人口比例 （2005年）	城市化增长率 （1991—2005年增长率，%）
南亚	29	2.8
东亚和太平洋地区	57	2.4
撒哈拉以南非洲	37	4.4
西亚及北非	59	2.8
拉丁美洲和加勒比	78	2.1
发展中国家	57	3.1
发达国家	73	0.6
世界地区	49	2.2

来源：FAO（2006a），FAO（2006b）。

城市化仍在世界所有地区发展着，目前城市化率低的地方其城市化增长率最高，特别是在南亚和撒哈拉以南非洲地区。2000—2030年增长的人口几乎都是城市人口（FAO，2003）（图1-1）。

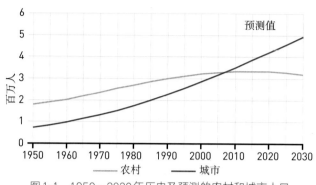

图1-1　1950—2030年历史及预测的农村和城市人口

来源：FAO（2006a），FAO（2006b）。

在斯威士兰，一个学生正在购买快餐

　　城市化通常意味着高水平的劳动力参与，从而影响食物消费模式。在城市里，通常人们在外饮食更多，同时消费大量的半成品、快餐、方便食品和零食（Schmidhuber和Shetty，2005；Rae，1998；King，Tietyen和Vickner，2000）。因此，城市化影响着动物产品消费函数的形状（Rae，1998），该函数描述某种商品的消费量对总支出变化的反应。

　　对中国来说，城市化水平的增加对动物产品人均消费水平的增加有积极影响（Rae，1998）（图1-2）。1981—2001年，中国农村地区谷物消费下降

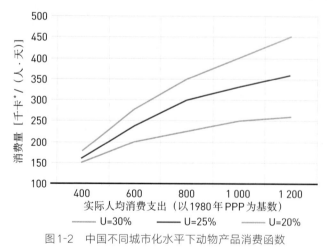

图1-2　中国不同城市化水平下动物产品消费函数

注：U指城市化；PPP指购买力平价。

来源：Rae（1998）。

＊　千卡为非法定计量单位，1千卡≈4 185.85焦耳。

7%，城市地区下降45%。与此同时，农村肉类和蛋类的消费分别增加85%、278%，城市增加29%、113%（Zhou，Wu和Tian，2003）。

1.2.2 经济增长

收入增长促进畜产品需求增加

近几十年来，全球经济经历了前所未有的扩张。人口增长、技术和科学突破、政治变革、经济和贸易自由化都对经济增长做出贡献。在发展中国家，这种增长已经反映人均收入的上涨和新兴中产阶级的出现，他们的购买力超出了基本需求。

1991—2001年，全球人均GDP年均增长率超过1.4%。发展中国家平均增长率为2.3%，而发达国家为1.8%（世界银行，2006）。东亚人均GDP增长尤为显著，年均增长率接近7%，以中国为首，其次是南亚的3.6%。世界银行（2006）预测发展中国家的GDP增长将会在未来的几十年里加速（图1-3）。

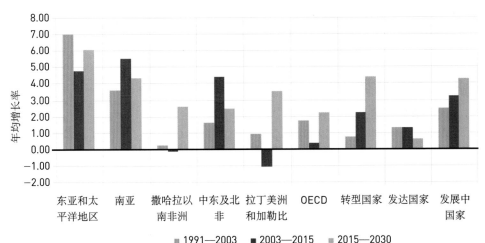

图1-3　不同区域历史及预测的人均GDP增长

来源：世界银行（2006），FAO（2006a）。

肉类和其他畜产品需求的收入弹性较高（Delgado等，1999），也就是说，随着收入的增长，畜产品消费支出迅速增加。因此人均收入增长意味着畜产品需求增加。这将缩小发达国家和发展中国家肉类、牛奶和蛋类消费水平的差距。如图1-4所示，收入的增加对低收入、中低收入人群饮食的影响是最显著的。在个人层面和国家层面都存在这一现象（Devine，2003）。

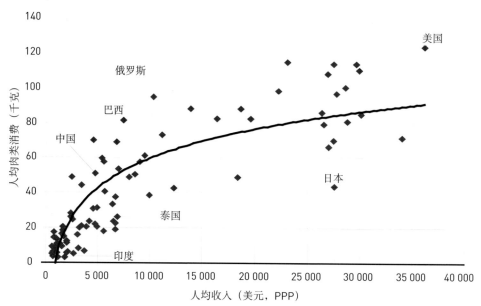

图1-4　2002年肉类消费与人均收入之间的关系

注：国家人均收入基于购买力平价（PPP）计算。

来源：世界银行（2006），FAO（2006b）。

1.2.3　营养转型

饮食偏好在全球范围内转变

农业的出现使得人们不再完全依赖打猎和采集为生，人们从此能够定居，增加的人口也能获得食物生存下来，但人类的饮食种类变少。在人类营养方面动物产品比种植业发挥了更大作用，在农业种植出现以前，人类对动物产品的摄入水平非常接近当前发达国家的摄入水平。在过去的150年中，收入的增加和农业的发展使得发达国家的饮食变得丰富、多样。发展中国家后来居上，目前正处于"营养转型"阶段（Popkins，Horton和Kim，2001）。转型的特征是从广泛的营养不足加速转向更加丰富和多样的饮食，而且常导致营养过剩。与发达国家更为长期的营养转型相比，快速增长的发展中国家的营养转型仅发生在一代人身上。

较高的可支配收入和城市化使人们摆脱相对单调的饮食（基于本土主粮或淀粉类根茎，当地种植的蔬菜，其他蔬菜和水果及有限的动物性食物），而转向更加多样的饮食，如预先加工好的食物、动物性食物、糖和脂肪以及酒类（表1-2和图1-5）。这种转变伴随着身体活动的减少，导致超重和肥胖迅速增加（Popkin，Horton和Kim，2001）。全球超重人口的数量（约10亿）已经超过了营养不良的人数（约8亿）。肥胖增长在发展中国家十分显著。例如，世界卫生组织（WHO）估计在发展中国家有3亿肥胖的成年人，1.15亿人患有与肥胖相关的疾病[①]。与饮食相关的慢性疾病，包括心脏病、糖尿病、高血压和某些癌症的快速增加与快速的营养转型相关。在许多发展中国家，与饮食有关的慢性疾病已成为国家食品和农业政策优先关注的重点，这些政策目前正在推广健康的饮食习惯、锻炼和学校营养项目（Popkin，Horton 和 Kim，2001）。

表1-2　发展中国家食物消费变化消费量［千克/（人·年）］

	1962	1970	1980	1990	2000	2003
谷物	132	145	159	170	161	156
根茎和块茎	18	19	17	14	15	15
淀粉类根茎	70	73	63	53	61	61
肉类	10	11	14	19	27	29
奶类	28	29	34	38	45	48

来源：FAO（2006b）。

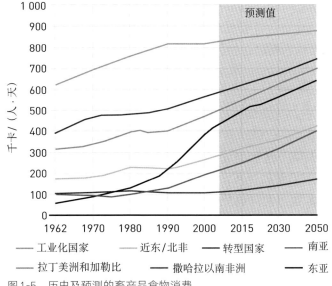

图1-5　历史及预测的畜产品食物消费

　　注：历史标注出的年份数据为3年平均数据。畜产品包括肉类、蛋类、牛奶和奶产品（不包括黄油）。

　　来源：FAO（2006a），FAO（2006b）。

收入增加和食品相对价格持续下降势推动了营养转型。自20世纪50年代

[①]　见 www.fao.org/FOCUS/E/obesity/obes1.htm。

以来，实际价格持续下降。目前人们能够消费高价值的食物，消费水平远高于发达国家在过去相同收入水平下消费的情况（Schmidhuber Shetty，2005）。

购买力和城市化能够在很大程度上解释人均消费模式，然而，其他的社会和文化因素则对地方饮食有很大的影响。例如，巴西和泰国有相近的人均收入和城市化水平，但巴西的动物产品消费约为泰国的两倍。俄罗斯与日本动物食品的消费水平相近，然而日本的收入水平约为俄罗斯的13倍（图1-4）。

自然资源禀赋是决定消费的另一个因素，因为它能够影响不同食物的相对成本。海洋资源，一方面，可以作为畜牧生产的自然资源，另一方面，也能够引导相反的消费趋势。乳糖不耐症在东亚发生得尤其多，因此当地牛奶消费有限。文化因素进一步影响消费习惯。例如，在南亚人均肉类消费水平在收入水平以下。社会文化模式创造了丰富多样的消费者偏好，但也影响了消费者对动物产品质量的看法（Krystallis Arvanitoyannis，2006）。

最近，消费模式正越来越多地受到健康、环境、伦理、动物福利和发展等问题的影响。经济合作与发展组织（OECD）建立了"关注消费者"团体（Harrington，1994），他们倾向于减少畜产品食物的消费或选择认证产品，如放养或有机食品（Krystallis 和 Arvanitoyannis，2006；King 等，2000）。虽然素食主义在大多数社会中处于非常低的水平，但素食主义呈现出日益增长的趋势。政府宣传活动也被认为是潜在的影响消费趋势的因素（Morrison 等，2003）。

1.2.4　技术变革

1.2.4.1　日益提高的生产力

深刻的技术变革已经对畜牧业带来三方面的影响：

（1）世界大部分地区将先进的繁殖和饲养技术广泛应用于畜牧生产，从而使生产力惊人地增长。

（2）作物农业、灌溉施肥技术与良种、机械化使用相结合，不断提高单产，改善了牧草和主要作物的养分。

（3）现代信息技术和其他技术的应用改善了动物产品的后期处理、流通以及销售环节。

在动物养殖中，技术发展在以下几个产品中是最为突出的：肉鸡和蛋类、猪肉和奶制品。以先进技术的传播带来的生产力的提高，在牛肉和其他小型反刍动物肉类上不太明显。然而，某些关键技术的变革则发生在所有畜产品上——越来越高的生产强度，以饲料谷物使用的增加、先进的基因学和饲养方式、动物健康保护和动物圈养为特征。这些领域的进步共同发挥着作用，很难分离出单个因素对整体生产力提高的影响。

1.2.4.2　粮食饲料增加

传统上，畜牧生产是基于本地可用的饲料资源，如农作物废料和青饲料等没有食用价值的资源。然而，随着畜牧生产的增长和集约化，畜牧生产越来越少地依赖于本地可用的饲料资源，越来越多地依赖于国内外交易的精饲料。2002年，总共有6.7亿吨谷物用来喂养牲畜，约占全球谷物产量的1/3（表1-3）。还有3.5亿吨富含蛋白质的加工副产品被用作饲料，主要是麸、油粕和鱼粉。

表1-3　精饲料的使用

类别	2002年精饲料的使用（百万吨）		
	发展中国家	发达国家	世界
谷物	226.4	444.0	670.4
麸	92.3	37.0	129.3
油籽和豆类	11.6	13.7	27.3
油粕	90.5	96.6	187.3
根茎和块茎	57.8	94.6	152.4
鱼粉	3.8	3.8	7.6
合计	482.4	691.71	1 174.1

来源：FAO（2005）。

单胃动物可以最有效地利用精饲料，即猪、禽类和奶牛等要胜过肉牛、绵羊和山羊。在单胃动物中，禽类生长率最快而价格最低，主要是因为饲料转化率高。在肉类价格相对于谷物价格较高的国家，反刍动物精饲料的使用是受限制的。在谷物价格相对于肉类价格较高的地方，通常在缺粮的发展中国家，用粮食喂养反刍动物无法带来利润。

饲料谷物使用增加背后的驱动力是什么？最重要的，是粮价长期下跌，这一趋势自20世纪50年代以来一直持续。供应已经跟上了不断增长的需求：在过去的24年（1980—2004），谷物的供应总量增加了43%。国际谷物的实际价格（美元不变价）自1961年以来降低了一半。在价格下降的情况下扩大供应量是通过面积扩张和作物生产集约化实现的。

过去的25年里，大部分增加的供应量来自于集约化生产，这是科技进步和作物生产高投入的结果，特别是植物育种、化肥和机械化的应用。面积扩张在许多发展中国家一直是增产的重要因素，尤其是在拉丁美洲（1980—2003年耕地面积增长15%）和撒哈拉以南非洲（22%）。寸土寸金的亚洲（发展中国家）已经适度扩大了12%耕地面积。一些国家耕地面积扩张迅猛，大部分是牺牲了森林面积（巴西和其他拉美国家）。扩张的大部分耕地面积是为了生产牲畜的精饲料，特别是大豆和玉米。饲料转化率和生长率大大提高，主要归功于使用线性规划发展成本最低的饲料口粮、分阶段饲养、酶与合成氨基酸的使用以及其他精饲料的使用（谷物和油粕）。

未来精饲料的使用预计将慢于畜牧生产的增长，尽管后者越来越依赖于谷物。这是因为喂养、育种和动物健康技术的发展将产生更大的收益。

1.2.4.3　更多产的品种

在动物遗传和育种方面，杂交和人工授精加速了遗传改良的进程。以禽类为例，这些技术通过优质的亲代培育出具备统一特质的动物，从而大大增加了可饲养动物的数量（Fuglie 等，2000）。传统上，遗传改良的唯一方法是基于显性进行选择。从20世纪初开始，繁殖和谱系的控制管理技术发展起来。这些技术最初仅局限于纯种家畜（Arthur 和 Albers，2003）。到20世纪中期，开始了专门化品系和杂交育种，首先在北美，然后发展到欧洲和其他经合组织国家。人工授精的首次提出是在20世纪60年代，如今已经普遍应用于所有集约化畜牧业生产系统中。大约在同一时间，发达国家开始提出育种价值评估技术。最近的创新包括使用DNA标记来识别特异性状。

随着时间的推移，育种目标发生了巨大变化，并且实现这些目标的速度和准确性显著提高。短周期的物种，如禽类和猪，与世代间隔更长的物种相比有明显的优势。在所有物种中，饲料转化率、生长率、牛奶单产、繁殖率等相关参数是育种至关重要的因素（Arthur 和 Albers，2003）。脂肪含量和其他与消费者需求相关特性的重要性也在逐渐加强。

这些变化带来了骄人的成果。例如，Arthur 和 Albers（2003）指出，在美国，鸡蛋的饲料转化率从1960年的每克蛋2.96克饲料下降到2001年的2.01克。

奶牛、猪和家禽等品种的育种发展并不那么成功，但养殖业在非转基因热带低投入的环境中表现良好。

动物健康的改善有助于进一步提高生产力，包括在特殊无菌生产环境中使用抗生素[在欧盟（EU）等地区已禁止用于强化生长]。在发展中国家，这些技术近年来广泛传播，特别是在靠近主要消费中心的产业生产系统。生产规模的持续增长也成为发展中国家生产力增长的重要动力。这使动物产品能够以不断降低的实际价格供应给不断增长的人口（Delgado 等，2006）。

1.2.4.4　更便宜的饲料粮

在作物生产方面，类似的改进提高了供应量，降低了饲料粮的价格，生产力也先于畜牧业大大提升（20世纪60 ~ 70年代）（FAO，2003）。对于发展中国家，预计到2030年作物增产的80%来自于集约化生产，以单产的增加为主，同时还有更高的作物强度。灌溉是土地集约化的主要因素：发展中国家的灌溉面积从1961—1963年到1997—1999年翻了一番，预计到2030年还将增加20%（FAO，2003）。作物生产集约化的其他重要因素还包括化肥的广泛应用、肥料成分和应用形式的改进、植物保护的提高。

收获后部门、流通和销售已经发生深远的结构性变化。这些与大型零售商的出现息息相关，逐渐朝着食物价值链垂直一体化协调的方向发展。这一趋势是由市场的自由化、物流和组织管理方面新技术的广泛应用所带来的。所有这些变化为消费者降低了价格，但同时也提高了小生产商的进入壁垒（Costales，Gerber和Steinfeld，2006）。

表1-4　世界不同区域主要生产力参数

地区	鸡肉 [千克/（千克·年）]		蛋类单产 [千克/（只·年）]		猪肉 [千克/（千克·年）]	
	1980	2005	1980	2005	1980	2005
世界	1.83	2.47	8.9	10.3	0.31	0.45
发展中国家	1.29	1.98	5.5	8.8	0.14	0.33
发达国家	2.26	3.55	12.2	15	0.82	1.2
撒哈拉以南非洲	1.46	1.63	3.4	3.6	0.53	0.57
西亚及北非	1.73	2.02	7	9.4	1.04	1.03
拉丁美洲和加勒比地区	1.67	3.41	8.6	9.8	0.41	0.79
南亚	0.61	2.69	5.8	8.1	0.72	0.71
东亚和东南亚	1.03	1.41	4.7	9.5	0.12	0.31
工业化国家	2.45	3.72	14.1	16	1.03	1.34
转型国家	1.81	2.75	9.6	13	0.57	0.75

地区	牛肉 [千克/（千克·年）]		小型反刍动物 [千克/（千克·年）]		牛奶单产 [千克/（奶牛·年）]	
	1980	2005	1980	2005	1980	2005
世界	0.11	0.13	0.16	0.26	1 974	2 192
发展中国家	0.06	0.09	0.14	0.26	708	1 015
发达国家	0.17	0.21	0.19	0.24	3 165	4 657
撒哈拉以南非洲	0.06	0.06	0.15	0.15	411	397
西亚及北非	0.07	0.1	0.21	0.25	998	1 735
拉丁美洲和加勒比地区	0.08	0.11	0.11	0.13	1 021	1 380
南亚	0.03	0.04	0.16	0.23	517	904
东亚和东南亚	0.06	0.16	0.05	0.2	1 193	1 966
工业化国家	0.17	0.2	0.2	0.25	4 226	6 350
转型国家	0.18	0.22	0.17	0.23	2 195	2 754

来源：FAO（2006b）。

1.3 畜牧业发展趋势

直到20世纪80年代早期，奶类、肉类的日常饮食很多属于OECD成员国市民及少量富人阶层的特权。当时大多数发展中国家，拉美和一些西亚国家除外，每年人均肉消耗量低于20千克。对于多数非洲和亚洲人来说，肉、奶和蛋类是昂贵的奢侈品，很少有机会可以享用。发展中国家大部分牲畜不是作为食物使用，而是具有其他重要功能，如提供畜力和肥料，被当作保单和固定资产，一般只有在公共宴会或紧急情况下才会食用。

目前大多数国家的畜牧业要比农业其他部门发展更快。一般来说，它在农业GDP中的比重随着收入和发展水平的提高而增加，在多数OECD国家，这个比重超过50%。畜牧业生产的性质在许多新兴国家和发达国家也发生了快速变化。多数变化可以在"工业化"表述下总结。通过工业化，畜牧业摆脱了造成其发展各异的环境限制。

畜牧生产和消费在南方发展繁荣，在北方发展不景气

随着很多发展中国家人口的增长和收入的提高，在过去几十年中，畜牧业有很大的发展，但发展中国家和发达国家还是有很大的差距。

在发展中国家，1980—2002年，年人均肉类消费翻倍，从14千克增加到28千克（表1-5）。

表1-5 发展中国家和发达国家历史及预测的肉类、奶类消费趋势

	发展中国家					发达国家				
	1980	1990	2002	2015	2030	1980	1990	2002	2015	2030
食物需求	14	18	28	32	37	73	80	78	83	89
年人均肉类消费（千克）	34	38	46	55	66	195	200	202	203	209
年人均奶类消费（千克）	47	73	137	184	252	86	100	102	112	121
肉类总消费（百万吨）	114	152	222	323	452	228	251	265	273	284
奶类总消费（百万吨）	14	18	28	32	37	73	80	78	83	89

来源：FAO（2006a），FAO（2006b）。

在同一时期，肉类供应量约增长了2倍，从4 700万吨增加到1.37亿吨。发展最快的国家集中在经济快速发展的国家，尤其是中国领衔的东亚。中国肉类生产增加量占发展中国家的57%（图1-6）。奶类的发展虽然没有那么快速，但也非常显著，1980—2002年，发展中国家总的奶类产量增加了118%，其中印度占了23%（图1-7）。

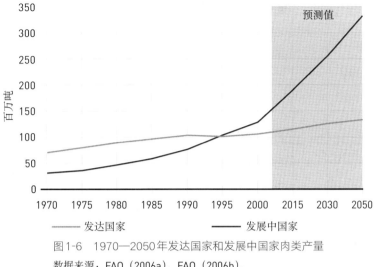

图1-6　1970—2050年发达国家和发展中国家肉类产量

数据来源：FAO（2006a），FAO（2006b）。

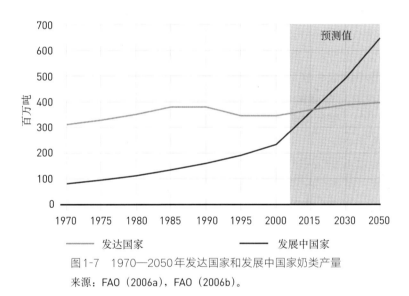

图1-7　1970—2050年发达国家和发展中国家奶类产量

来源：FAO（2006a），FAO（2006b）。

　　畜牧产品需求快速增加（1999年被Delgado等人称为"畜牧业革命"），在速度放缓前，还会保持10～20年的发展（Delgado等，1999）。一些发展中国家，尤其是巴西、中国和印度，随着贸易快速发展，逐渐走上世界舞台（Steinfeld和Chilonda，2005）。这3个国家的肉类产量几乎占世界发展中国家的2/3，奶类占一半（表1-6）。肉类和奶类产量的增加量占所有发展中国家的3/4。

表1-6　2005年发展中国家畜产品产量

国家	肉类（百万吨）	奶类（百万吨）	产量占发展中国家比重（%）	
			肉类	奶类
发展中国家	155	274.1	100	100
中国	75.7	28.3	48.8	10.3
巴西	19.9	23.5	12.8	8.6
印度	6.3	91.9	4.1	33.5

来源：FAO（2006b）。

畜牧业发展的程度和特点有着巨大的差异。中国和东亚地区的畜牧业消费和生产的发展最令人印象深刻，首先是肉类，而最近奶产品发展更加明显。该区域将进口大量饲料或畜牧产品，以满足将来消费增长的需要。与之形成对比的，印度的畜牧业依然以奶产品为主，使用传统的饲料来源和庄稼残余物。这种情况可能会改变，因为繁荣的家禽行业带来的饲料需求将远大于目前的供应能力。相比之下，阿根廷、巴西和其他拉美国家利用其低生产成本和宽广的土地（Steinfeld和Chilonda，2006），成功地扩大了国内饲料基地。它们为成为发达国家和东亚国家主要肉类出口区域做好了准备。

在发展中国家，畜牧业生产快速转向单胃动物。事实上，禽类和猪的产量增长占77%。在1980—2004年，发展中国家所有肉类产量增加了3倍多，反刍动物（牛、绵羊和山羊）的增长仅111%，也就是说在同一时期，单胃动物产量增长了4倍。

在快速增长的发展中国家，这些飞跃与发达国家的趋势形成鲜明对比。在发达国家，畜产品的消费增长很慢，或者说停滞不前。由于人口增长缓慢甚至没有增长，在多数发达国家，市场已经饱和。消费者关心摄入太多畜产品，尤其是红肉和动物脂肪对健康造成的影响。这些产品持续的高消费与一系列心血管疾病和癌症相关。其他与动物产品相关的偶发性健康问题可能永久地抑制动物产品的需求。这包括残留物（抗生素、农药、二噁英）和病原体（大肠杆菌、沙门氏菌等）的出现。

在发达国家，1980—2004年，畜产品总产量仅增长了22%。反刍类动物肉类产量实际降低了7%，禽类和猪肉产量增长了42%。结果，禽类和猪肉占肉类产量的比例由59%上升到69%。所有地区禽类都是单胃动物中增长率最高的。主要原因除了饲养便利外，还包括禽类是所有地区和文化群体都能接受的肉类。

由此我们可以做一些大致观察。热带地区畜牧生产的快速增长趋势造成一系列技术问题，如气候和疾病等相关问题。很多国家还未准备好应对这些问题，就像过去2年中，禽流感暴发那样。生产的激增也刺激了饲料供应的发展，尤其在亚洲，增加的饲料需求将依赖于进口。一些国家面临着一个选择题，是通过进口饲料满足国内畜牧生产需求还是选择进口畜牧产品。畜牧生产也正避开已经建立的高环境标准生产区域。这可能为逃避环境控制创造了机会。

从消费的角度看，有一种全球性饮食融合的趋势。虽然在一些区域，文化习性依然强大，但差异正在逐渐缩小，比如说南非和东非禽类消费激增。由于如快餐等类似饮食习惯范围的扩大，这种融合进一步得到推动，几乎蔓延到所有地方。

发展中国家禽类供应的增长多来自产量的增加，只有很少一部分来自进口。对于发展中国家这个整体，进口量仅占肉类总供应量的0.5%，奶类占14.5%（FAO，2006b）。然而，畜产品贸易的发展远快于饲料贸易。对于饲料谷物，贸易占总产量的份额在过去10年里，稳定地维持在20%~25%。肉类份额从1980年的6%增加到2002年的10%，奶类在同一时期从9%增加到12%。

畜牧产品贸易的增长也超过了产量的增长，在关税及贸易总协定（GATT）环境下，关税壁垒的减少也推动了这种情况的出现。这表明畜牧生产逐渐向饲料充足的区域倾斜，而非靠近消费中心。在主要生产国，这一趋势是通过发展基础设施和建立冷冻供应链(冷链)而实现的。

1.3.1 结构变化

畜牧业结构化调整促进了畜产品供应的激增，包括更加集约化（前文讨论到的）、生产规模扩大化、垂直一体化和地理变化。

1.3.1.1 单位规模扩大，而小农被边缘化

随着主要生产单位平均规模的快速扩大，世界很多地区畜牧生产者数量大大减少。生产各阶段操作规模的扩大实现了成本降低，从而推动了这一趋势。小农可能继续留在畜牧业，通过自身劳动价值给产品定价出售产品，但价格低于市场水平。然而，这种情况仅发生在其他行业就业机会少的国家。一旦其他行业就业机会增加，很多小农生产者会选择不再从事畜牧生产。

不同的商品和生产过程的不同步骤为规模经济的发展提供了可能。这种可能更趋向于收获后产业（屠宰场，乳品厂）。禽类生产最容易进行机械化生产，生产

© FAO/23785/R. Lemoyne

一位马赛族的妇女正背着一个婴儿给奶牛挤奶，就好像嗷嗷待哺的是它自己的幼崽。葫芦用于收集牛奶。牛晚上被关在防兽栅栏里，防止它们被野生动物伤害——肯尼亚，2003年

的工业形式甚至出现在欠发达国家。相比之下，奶产品生产的规模经济要差许多，因为它需要较高的劳动力投入。因此，奶产品生产继续以家庭生产为主导。

对于奶产品和小型反刍动物的生产，小农水平的农场生产成本可与大型企业相比，这是由于家庭劳动力成本低于最低工资，具有成本优势。然而，超出半自给的小农生产的扩大有很多限制因素，例如缺乏竞争力、风险较高。

获取土地和信用的问题不断增加。最近LEAD的研究（Delgado和Narrod，2006）显示潜在和明面的补贴促进了便宜的动物产品给城市的供应，这带来的巨大影响不利于小型农业生产者。一般来说，没有公共支持去调整或推广适用于小农生产的新技术。在小农层次上，由于市场和生产风险，生产成本较高。市场风险包括投入品和产品的价格波动。由于小农处于弱势地位，这些风险对于他们的影响往往更大。一些从自给农业发展而来的小农生产商有着完善的风险应对机制，但缺少面对完全市场风险的资本或策略。面对经济冲击时，市场总是缺乏保障体系，限制了小农的参与。生产风险可能表现在资源退化、土地和水源等资产的控制、干旱和洪水等气候变化，以及传染性疾病等各个方面。

由于产品营销中交易成本的存在，小农还面临更多其他的问题。由于易销产品产量低，在边远地区缺乏足够的硬件和市场基础设施，交易成本往往会非常高。生产者缺乏谈判力或市场信息，依赖于中间商，交易成本也会增加。此外，生产者协会或其他合作关系的常常缺失也使小农生产商更难以通过规模经济降低生产成本。

降低交易成本是促进发达国家和发展中国家垂直整合的主要驱动力。在发展中国家，禽类和猪肉生产尤为如此，奶产品的生产也是一样。如果政府向市场交易征税，这些经济驱动力有时进一步被加强。比如在饲料行业，像Delgado和Narrod（2002）在Andhra Pradesh（印度）禽类生产者案例中所描述的那样。通过垂直整合从较低交易成本得到的经济收益及对大企业更有利的税收制度的共同作用对独立的小型生产商非常不利。

1.3.2　地理变化

1.3.2.1　生产增长更加集中

传统上，畜牧生产是基于当地可用的饲料资源，尤其是那些具有有限使用价值或没有其他使用价值的饲料资源，例如天然草和农作物残渣。反刍动物的分布几乎完全取决于这些资源的可供性。猪和禽类的分布与人类密切相关，因为它们被当作废物转换器。例如，在越南的一项LEAD研究发现，90%的禽类分布模式可以由人口的分布来解释（Tran Thi Dan等，2003）。

畜牧业在发展的过程中，努力摆脱当地自然资源的约束，但一系列不同的因素塑造了其地理分布和密度。农业生态环境是其中一个决定分布的重要因素，但已经被土地的机会成本和投入品及产品的市场参与等因素所取代。

当城市化和经济增长将收入的增加转化为对动物源食品的"大量"需求，大型运营商开始出现。在初始阶段，这些厂商都靠近城镇和城市。畜产品是最易腐烂的食品之一，没有经过冷却和处理的保存，会带来严重的质量和健康问题。因此，畜产品的生产需要接近需求位置，除非有足够的基础设施和技术，畜牧业才能分布得更远。

在后一阶段，由于土地和劳动力价格下降、容易获得饲料、环境标准降低、税收激励、所处位置有更少的疾病等因素，畜牧生产距离需求中心更远了。LEAD研究发现在1992—2000年，曼谷地区周围100千米内的禽类密度下降，靠近城市的地区（不到50千米）减少得最多（40%）。在100千米以外密度增加（Gerber等，2005）。

LEAD研究发现，对于所有分析的国家（巴西、法国、墨西哥、泰国、越南）来说，尽管有各种各样确定最佳位置的因素，分析所涵盖的全部物种（牛、鸡和猪）都有不断集中的趋势。即使在发达经济体，规模的增加和集中趋势也在持续。

1.3.3　垂直整合和超市的兴起

大型跨国公司在肉类和奶产品贸易中占据主导，发达国家和许多发展中国家畜牧业经历了快速增长。这些公司的实力取决于供销活动所涉及的经济体的大小和范围。垂直整合不仅可以从规模经济获得收益，而且可通过控制各级技术投入和过程以获得市场占有率、控制产品质量和安全，从而获得利益。

在20世纪90年代，发展中国家的超市和快餐店开始快速扩张，在拉丁美洲、东亚和西亚已经占有相当大的市场比例。这一转变在南亚和撒哈拉以南非洲地区也已经开始。这种扩张伴随着传统市场和当地市场的相对衰落。例如，中国超市门店的数量从1994年的500家上升到2000年32 000家（Hu和Reardon，2003）。超市新鲜食品的零售营业额已经达到包装和加工食品零售业总额的大约20%（Reardon等，2003）。根据同一作者统计，在东南亚，在超市销售的生鲜食品的

© LEAD/Pierre Gerber

能繁母猪——泰国，2004年

营业额占到15%～20%。而在印度，在超市销售的比例仅为5%。在发达国家，大型零售行业正成为农业食品体系的主要行业。

20世纪90年代，零售采购物流、技术和库存管理创新、互联网和信息管理技术的使用促进了超市的兴起。这使得集中采购和统一配送成为可能。由全球连锁店领导的技术变革正通过知识转移在全世界扩散，国内连锁超市竞相模仿。效率提升、规模经济和协调成本降低获得的利润可以用来投资新店，这些店竞争激烈，为消费者压低价格。体积、质量、安全等各方面整体食物链的要求在整个畜牧业越来越普遍。

总之，全球畜牧业的发展趋势为：

（1）畜产品的需求和产量在发展中国家正在迅速增加，增速超过了发达国家。一些大国正在占据主导地位。禽类增长率最高。

（2）这种日益增长的需求与国家畜牧业重要的结构性变化有关，如生产集约化、垂直整合、地理集中和生产单位规模的扩大。

（3）相对于反刍动物肉类，生产禽类和猪肉所用饲料朝着粮食或精饲料转变。

这些趋势表明畜牧业对环境造成越来越多的影响，这些影响将在后面的章节详细阐述。环境影响的增加本身就是一个问题，因为它并不随着生产力的增长而被补偿。尽管环境问题很重要，但畜牧业的发展需要更多的饲料和土地资源，带来了巨大的环境成本。结构变化也改变了破坏的性质。除了过度放牧等与粗放式生产有关的问题，集约化、工业化生产带来的环境问题也急剧增加，如集中污染、饲料种植面积的扩大和环境健康问题等。而且，贸易和加工饲料的转变将环境问题扩大到了其他领域，如饲料作物的生产、渔业，同时扩大到了世界。

2　畜牧业在地理空间上的变迁

本章介绍了畜牧业用地用途的演变以及土地①用途改变②对环境的影响。土地管理对土壤、水、动物和植物等土地生物物理条件有着直接性的影响。土地利用具有空间维度和时间维度的双重属性。尽管特定位置土地的利用具有稳定性、季节性、多功能性和短暂性，但土地的最终用途则具有一定的伸缩性。土地利用受到多种因素的影响：有些因素是由自然环境决定，如土壤的生物物理特性；有些因素与土地使用者有关，如资本可获得性和技术知识资源拥有情况；有些因素则与宏观环境有关，如政治环境、市场环境和政府提供公共服务的能力。

对土地资源的争取已经成为日益尖锐的问题，并直接导致了个人、社会集团和国家间的竞争。纵观历史，对土地资源的争夺是引发国家或者种族间争端甚至战争的主要原因，而在某些地方，由争夺资源而引起的冲突也在不断增加。对土地等资源的争夺是导致武装冲突的主要原因之一（Westing，Fox 和 Renner，2001）。而土地供给的减少（土壤退化或枯竭导致）、土地分配的不公等因素则是导致这些争端或冲突的根本原因。土地价格的上涨则充分反映了土地供需的不平衡（MAFF-UK，1999）。

本章将对历史上土地的利用情况以及土地用途改变的驱动因素进行分析，并引入"畜牧业转型"的概念，对畜牧业与环境之间的相互作用进行分析。在此基础上，还将就人口、收入和畜产品需求间的关系进行研究，并对畜牧业生产所需资源（尤其是饲料资源）生产的地理分布进行研究。牧场和耕地，尤其是生产饲料用农产品的耕地均被纳入研究范围之内。畜牧生产系统通过与上游生产资源和下游畜禽产品的相互作用，实现了畜禽生产资源与畜禽产品需求之间的平衡。此外，本章还将就以下两个问题展开研究：一是畜牧业生产系统的

---

① 根据UNEP（2002）的定义，本文对土地的定义如下：土地是由土壤、包括农作物在内的生物群落、生态系统、水文系统等要素组成的地球生物生产系。

② 土地用途改变包括以下几个方面：一是土地生物资源的改变，二是土地管理的改变。农业用地管理是指人类综合利用土地生物资源、水资源和土壤资源以达到某种目标的行为，如利用农药、肥料、灌溉设施以及机械进行农作物生产（Verburg，Chen 和 Veld Kamp，2000）。

地理变迁，二是运输体系是如何解决生产资料和畜禽产品生产之间在地理分布上的障碍，并给不同地区带来不同的竞争优势。最后，将由畜牧业发展所带来的土壤退化问题进行分析。

2.1 畜牧业土地利用的历史变化

2.1.1 概述：土地用途改变的地理差异

自然栖息地转变为牧场和耕地的速度相当迅速。19世纪50年代，土地用途转变速度开始加快（Goldewijk和Battjes，1997）（图2-1）。1950—1980年30年间所增加的耕地面积要多于过去150年所增加的面积（MEA，2005a）。

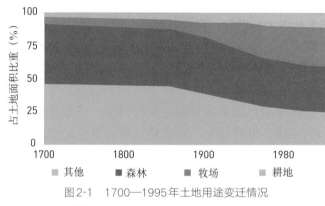

图2-1　1700—1995年土地用途变迁情况

来源：Goldewijk和Batties（1997）。

表2-1描述了过去40年各地区耕地面积、牧场面积和森林面积的变化情况。北非、亚洲、拉丁美洲和加勒比地区的农业用地（包括耕地和牧场）在不断增加。其中，拉丁美洲和撒哈拉以南非洲等地区的农业用地增加速度最快，这些地区农业农地的快速增加往往以牺牲森林为代价（Wassenaar等，2006）。亚洲地区（尤其是东南亚地区）的农业用地也在不断扩张，且扩张速度也在不断加快。相比之下，尽管北美地区耕地面积只占了土地总面积很小的一部分，但其耕地、牧场和森林面积则在以一种较为合适的速度扩张。大洋洲和撒哈拉以南非洲地区的耕地资源有限（不足土地总面积的7%），但其却拥有着丰富的牧场资源（占土地总面积的35%～50%）。实际上，大洋洲的耕地面积已经发生了大规模的增加，撒哈拉以南非洲地区的耕地规模则在快速增加。与耕地和牧场的扩张形成鲜明对比的是，各个地区的森林面积在不断萎缩。有关研究也表明，由于耕地的扩展，部分地区牧场面积正在不断萎缩。撒哈拉以南非洲地区游牧民族和农耕民族对土地的争夺导致了种族间的冲突：塞内加尔和毛里

塔尼亚在塞内加尔河流域发生的种族冲突、在肯尼亚东北省爆发的种族冲突均是由土地争夺所导致的（Nori，Switzer和Crawford，2005）。

过去4年里，西欧、东欧和北美地区的农业用地面积在不断减少，而森林面积则保持稳定甚至有所增加。但这种趋势发生的背后是，农业用地面积占土地总面积的比重已经达到很高的水平，东欧、西欧和北美的农业用地面积分别占其土地总面积的37.7%、21%和11.8%。而经济发展引致的耕地荒弃和20世纪90年代土地所有权制度的转变，则直接导致了波罗的海国家和独联体国家耕地面积的减少和畜牧业用地面积的增加。

过去40年里，耕地和畜牧业农地的扩张速度已经开始减缓（见表2-1），而人口的增长速度却是农业和畜牧业增长速度的6倍之多：1961—1991年年均人口增长率为1.9%，1991—2001年为1.4%。

表2-1　1961—2001年各地区耕地、畜牧业用地和森林面积变动情况

	耕地			牧场			森林		
	年均增长率（%）		2001年占土地总面积比重（%）	年均增长率（%）		2001年占土地总面积比重（%）	年均增长率（%）		2002年占土地总面积比重（%）[2]
	1961—1991	1991—2001		1961—1991	1991—2001		1961—1991	1991—2000[2]	
亚洲发展中国家[1]	0.4	0.5	17.8	0.8	0.1	25.4	−0.3	−0.1	20.5
大洋洲	1.3	0.8	6.2	−0.1	−0.3	49.4	0.0	−0.1	24.5
波罗的海和独联体国家	−0.2	−0.8	9.4	0.3	0.1	15.0	n.d.	0.0	38.3
东欧	−0.3	−0.4	37.7	0.1	−0.5	17.1	0.2	0.1	30.7
西欧	−0.4	−0.4	21.0	−0.5	−0.2	16.6	0.4	0.4	36.0
北非	0.4	0.3	4.1	−0.2	0.2	12.3	0.6	1.7	1.8
撒哈拉以南非洲	0.6	0.9	6.7	0.2	−0.1	34.7	−0.1	−0.5	27.0
北美	0.1	−0.5	11.8	−0.1	−0.2	13.3	0.0	0.0	32.6
拉丁美洲和加勒比地区	1.1	0.9	7.4	−0.2	0.3	30.5	−0.1	−0.3	47.0
发达国家	0.0	−0.5	11.2	0.3	0.1	21.8	0.1	n.d.	n.d.
发展中国家	0.5	0.6	10.4	0.5	0.3	30.1	−0.1	n.d.	n.d.
世界	0.3	0.1	10.8	0.3	0.2	26.6	0.0	−0.1	30.5

①牧场面积不包括沙特阿拉伯的牧场面积。②来源：FAO，2005e。
注：n.d.表示缺失数据。
来源：FAO（2005e；2006b）。

2.1.1.1 由粗放化发展走向集约化发展

在过去的十几年中，集约化农业的发展满足了人类对增加的食品需求。1980—2004年，在谷物产量增加46%的同时，谷物种植面积却减少了5.2%（图2-2）。1961—1999年，发展中国家耕地面积的增加对粮食增产的贡献率仅为29%，而粮食增产的71%是由于单产的增加和种植强度的增加。唯一的例外是撒哈拉以南非洲地区——其2/3的粮食产量增长来自可耕地的增加。

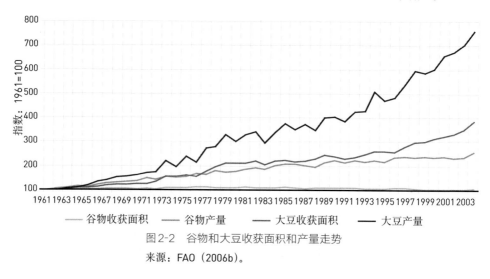

图2-2　谷物和大豆收获面积和产量走势

来源：FAO（2006b）。

土地使用的集约化进程是由多种因素共同推动的（Pingali和Heisey，1999）。在谷物生产效率大幅提高的亚洲，土地稀缺是推动土地集约利用的主要因素。拉丁美洲地区和撒哈拉地区的单产水平也在迅速提高。在拉丁美洲和撒哈拉以南，这些地区人口密度低于亚洲，并且土地稀缺的情况严重，对市场和运输基础设施的投资以及出口导向型农业是推动土地利用集约化的主要因素。相比之下，尽管人口的迅速增长带来了丰富的劳动力、拥有更为丰富的资源，但较低的市场基础设施建设水平和资本的匮乏限制了撒哈拉以南非洲地区农作物生产水平的提高，导致该地区作物生产水平增长缓慢。

从技术上讲，生产水平的提高可以通过加大种植强度（如进行间作或缩短从收获到播种的间隔时间）、提高单产水平等方式来实现。先进技术的使用和生产资料投入的增加，尤其是灌溉、高产品种、化肥的使用以及机械化水平的提高可以有效提高农作物的单产水平。在经历了1961—1991年的快速增加后，拖拉机、化肥和灌溉使用量的增长速度也逐渐放缓（见附录1，表1）。而自1991年以来，发达国家的化肥使用量则在持续减少——环境保护推动了发达国家化肥使用量的减少。

Pingali 和 Heisey（1999）的研究则发现，虽然科技进步促进了生产力的提高，但耕地退化、农业科研和基础设施投资减少以及劳动力成本的增加却在推动亚洲部分平原地区小麦和玉米生产力增长速度的下滑。耕地面积的增加依旧是全球尤其是发展中国家农产品产量增加的重要途径。1961—1999 年，耕地面积的增加、种植强度的强化和单产的提高分别贡献了 25％、6％和 71％谷物产量的增长，而 1997/99 年到 2030 年的贡献率预计分别为 21％、12％和 67％（FAO，2003a）。与发展中国家相比，发达国家谷物产量的增加将不再依赖于耕地规模而增加。而发达国家尤其是西欧和北美国家生物燃料的发展和生物量需求的增加将是刺激谷物产量增加的主要动力。

2.1.2　国家土地用途改变的全球化因素

土地用途的改变是受多种因素共同推动的，这些因素包括生态环境、人口密度、经济发展水平以及区位条件等。而人类社会对土地用途改变的决定作用同时也越来越受到经济环境和体制框架的影响（Lambin 等，2001）。

土地收益与机会成本是解释农业土地用途改变的两个重要概念。土地收益[①]是指土地或土地资产在开发经营和利用过程中由于经营性因素或其他外部客观因素所形成的利润，取决于土地的生物物理特性、市场价格以及市场、生产和服务等要素的可获得性。土地使用的机会成本[②]则是指将同样一块土地用于其他用途可获得的最高收益，包括私人生产部门的生产经济成本以及由生产部门所带来的社会成本。一个最形象的例子就是，利用土地进行谷物种植的机会成本就是，利用同样一块土地从事娱乐活动所能获得的收益（包括经济收益和社会收益）。

在生态系统服务没有市场化定价的背景下，土地的利用通常是由私人部门按照其利润最大化的原则来决定。其结果之一是私人成本大于社会成本，导致公共利益的损失。而生态系统所提供的环境和社会服务价值正得到越来越多的认可。

关于这一方面的一个案例就是人们对森林的生态功能认识的加深。虽然农林复合技术的发展将农业与林业有效融合了起来，但林业用地与真正意义上的农业用地依然相差甚远。而随着人类对森林的生态、社会服务功能认识的加深，全球越来越多的森林被用于保护生态多样性，尽管大洋洲和非洲的这一进程相当缓慢（见插文 2-1）。

---

① 土地收益指一段时间内利用土地所得到的营收减去生产成本等各类成本。
② 机会成本是指将同样的一种资源用于其他用途可获得的最高收益。

插文2-1 森林面积扩张的最新趋势

根据联合国发布的《2005年全球森林资源评估成果》，目前全球森林面积不足40亿公顷，占全球陆地面积的比重不足30%。而且，全球森林面积依旧正在以缓慢的速度不断减少，1990—2000年平均每年减少890万公顷，2000—2005年平均每年减少730万公顷。虽然人工林的面积在不断增加，但其占全球森林总面积的比重依旧不足4%（FAO，2005e）。2000—2005年，人工林面积平均每年增加280万公顷。

各个地区在森林面积的变化上存在着较大差异。2000—2005年，非洲地区、美洲地区和大洋洲地区的森林面积持续减少，而美洲地区和大洋洲地区森林面积减少得最为严重。受益于中国人工林面积的大幅增加，2000—2005亚洲森林面积实现了持续性的增加。此外，欧洲的人工林面积也在缓慢增加。而在严格的森林保护措施下，欧洲和日本的原始森林面积实现了持续性的增加。

森林对人类的发展至关重要。其一，森林为人类提供了大量木材。木材产量的变化同样存在着区域性差异。1990—2005年非洲地区的木材产量持续增加，同期亚洲的木材产量则在不断减少。其二，森林对保护生物多样性至关重要。1990—2005年，森林保护区内的森林面积增加了9 600万公顷，截至2005年，其占森林总面积的比重达到了11%。此外，森林对水土保持、防止水土流失也起着至关重要的作用。

来源：FAO（2005e）。

世界上9%的森林的主要功能是保持水土，72%的森林具有社会服务功能，欧洲2.4%的森林为人类提供着娱乐与教育服务（MEA，2005a）。

以不变价格计算，在过去15年中，全球去皮圆木的产值（衡量单位面积林地净收益的基础性指标）一直在减少（FAO，2005e），2005年减少至640亿美元。在8个地中海沿岸国家，非木材林产品、休闲文教、狩猎、水土保护、碳固存等所带来的经济价值占森林经济价值的比重在25%～96%。在阿尔及利亚、克罗地亚、摩洛哥、突尼斯和土耳其5个国家，森林所提供的放牧、木材和薪材等市场化产品的经济价值要大于其所提供的水土保护、碳固存、休闲文教和非木材林产品等非市场流通产品的经济价值，但在意大利、葡萄牙和叙利亚3个国家中，却正好相反（MEA，2005a），非市场流通产品的经济价值要大于市场化产品的经济价值。

随着经济自由化发展，本土农产品将与外来农产品展开竞争，而这将带来各大洲在土地使用方面的竞争。土地使用的收益和机会成本——受农业生态环境、市场化程度、生产资料（包括农业服务）使用效率、土地使用的竞争性机制和生态系统服务价值的影响——将直接影响到全球土地用途的改变。农业生产定位的改变将导致农业用地、森林以及其他土地用途的改变。一个典型的案例是，新西兰羊肉的进入将迫使地中海沿岸国家放弃羊肉生产，而原先用于养殖绵羊的牧场将被荒弃或者被用于其他用途。相较于地中海沿岸国家，新西兰低廉的土地成本和较高的生产力使得新西兰的羊肉生产成本要低于地中海沿岸国家的生产成本。

我们称农业用地转化为森林的过程为"森林转型"，这一概念已经被许多欧洲和北美地区发达国家所使用（Mather，1990；Walker，1993；Rudel，1998）。

在殖民时代早期，人类将大量非农用地转化为农业用地用于农业生产，以满足人类对农产品的需求。后来，随着城市和贸易的发展，越来越多的农村人口进入城市，进行农产品交易的供需双方的距离也越来越远。存在巨大农业生产潜力地区的农业生产力得到了飞速提升。

随着城市的建设和农产品贸易的发展，越来越多土地的用途发生了改变。农户开垦出肥沃的非农用地用于农业生产，而城郊地区的耕地，尤其是土壤贫瘠地区的耕地则逐渐被荒弃。而多数农业生产力较强的耕地仍然被保留下来用于农业生产。那些被荒弃的耕地则逐渐被自然生长出来的植被所覆盖，成为森林或草原。这是19世纪末期以来欧洲和北美地区森林覆盖率提高的原因之一（Rudel，1998）。欧洲、北美和亚洲地区的森林转型仍在持续进行，而各国实施的森林保护政策将加速这一进程（Rudel，Bakes和Machinguiashi，2002）。

2.1.3　土地退化：昂贵的代价

土地退化是一个全球性问题，不仅对农业生产力和生态环境有着深刻影响，还对全球食物安全和人类生活质量的提高产生威胁（Eswaran，Lal和Reich，2001）。不同学科也对土地退化有了深刻认识，并对"土地退化"赋予了不同的定义。为了方便研究，本文采用了联合国环境规划署（UNEP）的定义。UNEP对"土地退化"的定义如下：土地退化是指土地受到人为或自然因素或二者综合因素的干扰和破坏而逐步减少或丧失原先所具有的综合生产潜力的过程，包括：①风蚀或水蚀造成的土壤流失；②土壤在物理、化学、生物或经济等方面的特性恶化；③天然植被的长期损失（UNEP，2002）和负面影响。正如OECD国家所观察到的，生产系统产量的提高有助于降低将自然系统转换为耕地的压力，能够将农业用地重新转换为自然区。

农业用地退化特别值得关注的缘由是，农业用地的退化导致了农业生产能力的下降，而为了提高农作物产量，我们就不得不开垦出更多的土地用于农业生产。此外，恢复农业用地肥力需要消耗更多的资源（用石灰中和土壤酸性、用水稀释土壤盐碱度等），并有可能带来环境污染（Gretton和Salma，1996）。集约化的土地利用和粗放型土地利用均会以不同形式对环境产生不同程度的影响。集约化的土地利用方式是一把"双刃剑"，在给土地带来积极影响的同时，也给土地带来不利影响。根据对OECD成员国的研究，单位面积产量的增加使得人类可以用更少的土地提供更多的农产品，减轻了自然生态系统用地转化为农业用地的压力，甚至使得人类有条件将农业用地转化为自然生态系统用地。

然而，化肥、农业等生产资料的大量使用在给内陆水域生态系统带来污染的同时，也导致了农业用地生物多样性的减少以及更多的气体排放（MEA，2005a）。而粗放型的土地利用方式则容易导致植被覆盖和土壤特性的退化。

土地退化对环境的影响是多方面的，其中最主要的几个方面包括生物多样性的减少（由生物栖息地被破坏或水域污染所致）、气候变化（森林等植被的减少增加了二氧化碳排放）和水资源减少（土壤质地改变或植被减少影响了水循环）。接下来的章节将会对土地退化对环境的影响机制展开分析。

对"土地退化"概念的不同理解会对土地退化的程度和速度的评估结果产生影响。Oldeman（1994）的研究表明，全球约有1 960万平方千米的土地处于退化状态，且导致土地退化的主要原因是水蚀（见表2-2）。这一面积不包括由自然植被损失所导致的土地退化面积。依据UNEP对土壤退化的定义，自然植被损失也是土地退化的一种。此外，依据Oldeman（1994）的研究，亚洲约有1/3的林地出现了土地退化，面积约为350万平方千米，而拉丁美洲和非洲地区的比例则分别为15%～20%；非洲地区约有240万平方千米的牧场出现了土地退化，亚洲和拉丁美洲分别为200万平方千米和110万平方千米；亚洲地区约有1/3的农业用地出现了土地退化，约为200万平方千米，而拉丁美洲和非洲更是高达1/2和2/3的农业用地出现了土地退化。

表2-2　全球土地退化程度评估（百万平方千米）

退化类型	轻度退化	中度退化	重度+极度退化	合计
水蚀	3.43	5.27	2.24	10.94
风蚀	2.69	2.54	0.26	5.49
化学退化	0.93	1.03	0.43	2.39
物理退化	0.44	0.27	0.12	0.83
合计	7.49	9.11	3.05	19.65

来源：Oldeman（1994）。

荒漠化是土地退化的另一种常见形式，通常发生在干旱、半干旱和亚湿润的干旱地区，一般由气候变化和人类活动造成（UNEP，2002）。Dregne和Chou（1994）的研究表明，包括植被损失所导致的退化土地在内，全世界干旱地区约有36亿公顷的土地发生了土地退化情况，约占全干旱地区52亿公顷土地总面积的70%（表2-3）。而Reich等（1999）的研究则进一步指出，非洲地区多达750万平方千米的土地存在较高的土地退化风险，而处于平均风险水平线以下的土地面积却只有610万平方千米。荒漠化将会稍弱非洲地区的农业生产能力，对大约500万非洲人的生存产生影响。

土地退化带来的最直接的影响就是农产品单产的降低。土壤侵蚀导致了非洲地区2%～40%的单产损失，相当于损失了非洲土地面积的8.2%（Lal，1995）。而水蚀所导致的土地退化则使得南亚地区的农产品产量每年减少约3 600万谷物当量，农业经济损失在54亿美元左右，而其他经济损失也高达18亿美元（FAO/UNDP/UNEP，1994）。而在全球范围内，每年土壤流失量多达750亿吨，所导致的经济损失高达4 000亿美元，约合每人70美元（Lal，1998）。国际食物政策研究所（IFPRI）（Scherr和Yadav，1996）的研究表明，土地退化程度的小幅增加将导致2020年全球主要食品价格上涨17%～30%，并导致儿童营养状况的恶化。对尼加拉瓜和加纳的研究则表明，土地退化不仅会降低粮食产量和食物安全性，还将对农业发展和经济增长产生不利影响（Scherr和Yadav，1996）。土地退化还将进一步导致移民的发生和人口的减少（Requier-Desjardins和Bied-Charreton，2006）。

表2-3 干旱地区土地退化面积评估

地区	干旱地区总面积（百万平方千米）	退化土地面积[1]（百万平方千米）	退化土地面积占比（%）
非洲	14.326	10.458	73
亚洲	18.814	13.417	71
大洋洲	7.012	3.759	54
欧洲	1.456	0.973	65
北美洲	5.782	4.286	74
南美洲	4.207	3.058	73
合计	51.597	35.922	70

①包含土地和植被。

来源：Dregne和Chou（1994）。

目前，关于土地退化的长期影响，土地退化的可逆性和生态系统的恢复力仍存在争议。土壤压实问题——全球大部分耕地所面临的共同问题——便是一个典型案例。据相关统计，土壤压实问题导致欧洲和北美地区农产品的单位产量减少了25%～50%，美国每年因土壤压实问题所导致的经济损失高达12亿美元。该问题也是西非和亚洲地区所必须面临的问题（Eswaran，Lal

和Reich，2001）。土壤压实问题的解决方法却相对简单——只需要通过调整翻耕深度即可解决。水蚀和风蚀所导致的问题却可以带来不可逆转的后果，如流动沙丘（Dregne，2002）。退化土地的恢复往往需要大量投资，而在现有经济条件下，这笔投资可能已经超过人类的投资能力，更有可能的是，人类无法从这笔投资中获得可观的回报。在撒哈拉地区，退化牧场的修复成本为每公顷每年40美元，退化旱作农田的修复成本为每公顷每年400美元，退化灌溉农田的修复成本为每公顷每年4 000美元，而每公顷土地的平均修复周期为3年（Requier-Desjardins和Bied-Charreton，2006）。

2.1.4　畜牧业及其用地：地理变迁

纵观历史，通过发展畜牧业，人类获得了肉类、奶类等食物以及粪便等农业燃料和肥料。而由于养殖技术和运输条件的落后，畜产品多提供给养殖区周边的居民。养殖区域被限制在人类聚居区周边，而在多数情况下，人类过着游牧生活。

畜牧业的地理分布还与所养殖动物的种类有关。传统农业中，单胃动物（如猪和禽类）主要养殖在各家院子里，其分布与人类的分布密切相关。这是因为单胃动物主要依靠人类来保护和获取食物（如剩饭、秸秆等）。目前，在依靠传统生产方式进行畜产品生产的国家里，单胃动物的分布依旧与人类的分布密切相关（FAO，2006c；Gerber等，2005）。而反刍动物（包括牛、羊等）的分布则与饲料资源的分布密切相关。反刍动物的养殖占用了大量的土地。除了以秸秆等饲料饲养反刍动物的地区，世界上绝大多数拥有牧场资源的地区均养殖了反刍动物。放牧型的反刍动物养殖方式需要每日或季度性的迁徙，迁徙距离从几百千米到上千千米不等。虽然有些牧民也拥有固定的栖息地，但以养殖反刍动物为生存方式的他们也不得不加入到这只迁徙队伍中去。

饲料的可获取性是传统畜牧业发展的基础。但随着经济的发展，畜牧业生产正在由以往的资源驱动型向市场需求驱动型转变。

现代畜牧业的发展则取决于市场对畜产品的需求情况（Delgado等，1999），虽然饲料资源对其发展也有一定的影响。因此，畜牧业生产在地理空间上的分布发生了巨大的变化。而这一变迁过程也随着拥有巨大市场需求和生产能力的中国、印度等新兴市场的发展而加速（Steinfeld和Chilonda，2006）。畜牧业生产的地理分布及其历史变迁对研究畜牧业发展与环境之间的相互作用至关重要。一个最鲜明的例子是，在畜禽产品养殖密度较小的地区，畜禽排泄物对环境的污染几乎可以忽略不计，甚至可以用作农作物生产中所需要的肥料，提高土壤肥力；但在高密度养殖区，畜禽排泄物的数量要远远超过周边环境所能吸纳的量，并由此带来环境污染。

　　畜牧业生产受市场距离、饲料来源、基础设施水平、土地成本、劳动力成本、运输成本以及疫情等因素影响。本节将对畜牧业生产的地理变迁趋势及其影响因素展开分析，以期通过这种分析更好地理解畜牧业发展和环境之间的相互作用。在分析土地规模对畜牧业生产影响的基础上，进一步分析畜牧业生产的地理空间分布和畜牧业类型。

2.1.4.1　饲料部门土地利用的集约化发展

　　畜牧业发展的一个重要特点就是对牧场和耕地有巨大需求，以及这种需求在过去上百年中所发生的巨大变化。1800年以来，畜牧业的发展推动牧场面积不断增加，如今全球牧场面积已经达到3 500万平方千米，甚至连北美、南美、澳大利亚等几乎没有放牧业的地区也出现了牧场。许多地区将大部分没有其他用途的土地转变成了牧场，用于发展养殖业（Asner 等，2004）。南美、东南亚和中非地区是世界上仅存的能够将森林转变为牧场的地区，但在这些地区发展畜牧业，意味着需要投入大量的资金来控制疫病问题。正如将在2.5部分所阐述的，牺牲森林来满足畜牧业发展对牧场的需求将带来不可预料的生态环境问题。

　　谷物类饲料于20世纪50年代在北美发展起来，随后于60～70年代进入欧洲、苏联和日本等地区，并逐步在东亚、拉丁美洲和西亚等地区发展起来。尽管谷物类饲料在撒哈拉以南非洲和南亚等地区并未得到大面积使用，但其发展速度却相当迅猛。饲料谷物等饲料原料需求的增加使得畜牧业生产对耕地的需求迅速增加，由最初很小的一部分增加到耕地总面积的34%（见2.3节）。

　　在经历了漫长的扩张之后，牧场面积和饲料粮种植面积已经达到极限值，未来将会有所减少。而根据联合国的中长期预测，世界人口数量在2050年达到90亿，是目前世界人口的1.4倍，后不久，便开始下滑。人口的增长、收入的增加、城镇化率的提高决定着全球动物性食品需求的未来走势。在一些发达国家，动物性食品需求量的增长速度已经放缓甚至出现了负增长。而在新兴国家，过去20年中人均动物性食品消费量的快速增加以及人口增长速度的放缓也降低了动物性食品需求量的增长速度。

　　发展中国家畜产品产量的增长速度已经由20世纪90年代的5%下降到2001—2005年的3.5%。受中国畜牧业发展的驱动，亚太地区畜产品产量的增长速度在20世纪80年代高达6.4%，90年代为6.1%，但2001—2005年已经下降到4.1%。西亚和北非地区的情况与亚太地区类似。而部分地区畜产品产量的增长速度则有望进一步增加。在阿根廷和巴西等国的带动下，拉丁美洲等地区的畜产品产量增长速度有望增加。非洲等地区的畜产品产量和消费量将随着经济的发展而增加。而经济转型国家的畜产品产量增长速度将恢复到一个较高的水平。虽然拉丁美洲、非洲等地区畜产品产量的快速增长将带动全球畜产品产量的增长，但全球畜产品产量的增长速度仍将出现下滑。

与此同时，规模化的发展和单胃动物（尤其是禽类）养殖比重的提高改善了土地利用效率，减少了畜牧业发展对土地的依赖。饲料粮生产效率的提高、收获后损失的减少、加工和封装技术的改进则进一步降低了畜牧业发展对土地的需求。畜牧业发展对土地需求的减少则直接推动了发达国家牧场面积的减少，1950年以来美国的牧场面积减少了20%。

在未来一段时间内，畜牧业发展中的两种力量将展开博弈：一方面，畜产品产量的增加仍将依赖于畜牧业用地的增加；而另一方面，集约化发展将减少畜牧业对土地的依赖。这两种力量将决定着未来畜牧业用地面积的走势。有可能的是，畜牧业用地将在不久的未来达到极限值，随后逐渐减少。首先减少的是牧场面积，随后将是饲料类谷物生产用地。这一趋势为理解畜牧业生产在地理空间上的分布提供了模型。

2.1.4.2 市场和饲料来源在畜牧业地理空间变化中的影响

畜牧业发展的第二大特点就是畜牧业生产在地理分布上的变化——这种变化与饲料来源地和畜产品需求市场在空间地理上的分布密切相关。在工业化以前，单胃动物养殖和反刍动物养殖在地理分布上存在着较大差异。单胃动物养殖通常分布在人类聚集区。如果人类居住在农村，单胃动物养殖同样主要分布在农村地区。在工业化早期，随着城市化的迅速推进，人类开始向城市聚集的同时，单胃动物养殖业在城市周边地区繁荣起来。单胃动物养殖由农村向城市周边地区的转移带来了严重的环境问题，并对公众健康产生危害。而随着工业化进程的推进、生活标准和环保意识也不断提高，单胃动物养殖所带来的一系列问题的凸显，推动了单胃动物养殖由城市周边地区向农村地区转移。反刍动物养殖也经历了类似于单胃动物养殖在地理空间分布上的变化，但这种变化却要小得多，反刍动物较高的纤维饲料需求量推高了在城市周边养殖的成本。无论在哪一个发展阶段，肉、奶等反刍动物产品的产区主要分布在乡村。尽管部分地区是分布在城市周边，如印度、巴基斯坦和撒哈拉以南非洲等地区的奶类生产。

伴随着畜牧业用地集约化发展的是两种截然不同的迁移模式：一种是单胃动物的产区向城市周边地区迁移，而另一种则是畜牧产品产区向乡村地区转移。这两种模式深刻影响着畜牧业发展与环境之间的关系，是本章和下一章讨论的热点。我们将利用"畜牧业转型"这一概念来阐述这两种迁移模式。

2.2 畜产品需求的地理特性

动物性食品的需要量与各地区的人口规模密切相关。此外，收入和消费偏好的不同也对各地区的肉类消费产生了影响。消费者做出食物消费决定的理由相当复杂，通常与消费者所要实现的目标密切相关，其消费决定受个人能力、社会能力、消费偏好等各种因素的影响。目前，消费者的消费偏好正发生着快速转变。发展中国家人均蛋白质和脂肪的摄入量随着收入的增加而不断提高，而在发达国家某些地区，健康、宗教信仰等因素则使得这些地区的蛋白质和脂肪摄入量有所减少。尽管高收入国家人均动物性食物消费量更高，但经济处于强劲发展阶段的中低收入国家的人均动物性食物消费量的增长速度却要高于高收入国家。人均动物性食物消费量最高的国家基本都是OECD成员国，其次是东南亚诸国、巴西和中国的沿海地区以及印度局部地区等。而这些国家或者地区均分布于经济发展水平较高或正处于快速发展阶段的国家或者地区。

表2-4统计了1980—2002年世界主要地区人均蛋白质摄取量以及动物性蛋白摄取量的变化情况。1980—2002年，工业化国家人均动物性蛋白（不包括鱼类等水产品提供的蛋白质）摄取量占蛋白质摄取总量的比重几乎没有变化，占比超过40%。亚洲发展中国家的变化相当明显，人均动物性蛋白摄取量增加了140%，拉丁美洲人均动物性蛋白的摄取量也增加了32%。相比之下，由于经济发展停滞、国民收入下滑，撒哈拉以南非洲地区的动物性蛋白摄取量则有所下滑。各地区动物性食品对脂肪、蛋白质等主要营养素的贡献请参考附录1的表2。许多发展中国家，在畜产品、鱼类、蔬菜和水果等食物消费量增加的同时，谷物和薯类等主食的消费量却在减少。

表2-4 1980—2002年动物性蛋白质和总体蛋白质摄取量（克/人）

	人均动物性蛋白质摄取量		人均蛋白质摄取总量	
	1980	2002	1980	2002
撒哈拉以南非洲地区	10.4	9.3	53.9	55.1
近东地区	18.2	18.1	76.3	80.5
拉丁美洲和加勒比地区	27.5	34.1	69.8	77.0
亚洲发展中国家	7.0	16.2	53.4	68.9
工业化国家	50.8	56.1	95.8	106.4
世界平均水平	20.0	24.3	66.9	75.3

来源：FAO（2006b）。

畜产品需求呈现出了两个特点。第一个特点就是，巴西、中国和印度等新兴国家的崛起为畜牧业的发展提供了新的增长极。发展中国家的畜产品产量在1996年左右超过发达国家，并有可能在2030年占据世界总产量的2/3（FAO，2003a），而发达国家的畜产品产量和消费量则停滞不前甚至有所下滑。而另外一个特点则是，聚集了较高消费能力消费者的城市的发展以及加工畜产品消费量的增加。尽管文化传统对畜产品消费产生着巨大影响，但各地区的动物性食品的消费结构趋于同质化。

2.3 畜牧业资源的地理空间演变

不同畜禽种类在利用植物物质方面存在着能力上的差异。通常情况下，饲料可以划分为粗饲料（包括饲草和农作物秸秆）和精饲料（如谷物和油籽）。此外，饲料的另一个重要来源就是家庭厨余和农产品加工业副产品。

2.3.1 牧场和饲料

2.3.1.1 土地用途转变、土地管理和土地生产力的变化

草原占据地球陆地总面积的40％（FAO，2005a；White，Murray和Rohweder，2000）。牧场在除沙漠、密林以外的区域均有一定程度的存在。草原是大洋洲主要的植被类型，占陆地总面积的58％，而在澳大利亚，草原面积更是占到陆地总面积的63％。在西亚地区和南亚地区，草原面积只占到陆地总面积的14％和15％。北美、撒哈拉以南非洲地区、拉丁美洲和加勒比地区以及独联体国家的草原面积均超过700万平方千米（见附录1，表3）。

正如表2-5所示，越来越多的草原被用于种植业生产和城市建设用地（White等，2000）。而种植业扩张、城市化建设、工业化发展、过度放牧也取代了传统放牧型畜牧业，成为导致草原退化的主要因素。这种转变对生态系统、土壤结构和水资源带来了深远影响。与此同时，人们对草原生态系统及其在保护生物多样性、减缓气候变化和防止沙漠化等方面重要性的认识也逐步加深。

表2-5　草原用途转变情况和草原面积

	剩余草原占比（%）	转化为耕地的草原占比（%）	转化为城市用地的草原占比（%）	其他用途草原占比（%）	转化草原总占比（%）
北美洲高草草原	9.4	71.2	18.7	0.7	90.6
南美洲稀树草原	21.0	71.0	5.0	3.0	79.0
亚洲达乌尔草原	71.7	19.9	1.5	6.9	28.3
非洲中部等地区	73.3	19.1	0.4	7.2	26.7
大洋洲灌木林地	56.7	37.2	1.8	4.4	43.4

来源：White，Murray和Rohweder（2000）。

永久性牧场是人类利用草原的主要方式，其面积大概为3 480万平方千米，约占草原总面积的26%（FAO，2006b）。牧场的管理水平及其为畜牧业提供生物量的能力与耕地存在着巨大差异。总的来说，单位面积牧场所提供的生物量要远低于耕地，尽管很难对生物量的多少做出准确的测量。这种差异是由多种因素共同导致的。首先，大部分牧区分布在低温、干旱等不适合谷物生产的地区，这也是牧场生产能力低于耕地的首要原因。其次，牧场主要分布在干旱和半干旱地区，而在这些地区，牧场的集约化利用存在着技术和社会经济方面的困难。在这些地区，大部分土地的生产能力已经达到了极限值。此外，在非洲和亚洲大部分地区，牧场属于公共资源，因此，牧场管理责任主体的缺失极易导致"公地的悲剧"的发生（见插文2-2）。在这种情况下，私人投资有可能被挤压，整体投资水平也无法达到社会最优水平。基础设施建设的缺失则进一步降低了通过私人投资提高土地生产能力的机会。在非集约化牧场，或者说粗放型牧场，对草原的管理通常是比较适度的。

而在所有权明确或者具有强力监管措施的地区，牧场的利用通常更合理、更具有规划性，通过季节性的调整放牧规模和养殖结构（如种牛、仔牛、奶牛、育肥牛等）等方式以减轻气候变异的影响。此外，火灾控制技术、灌木祛除剂等技术的应用也提高了牧场的生产能力，尽管这些技术的使用将在一定程度上导致土壤侵蚀以及乔木和灌木覆盖率的减少。较低的管理水平是非集约化牧场能够提供高环境服务水平的主要原因。

插文2-2　牧场使用权管理上的困境

牧场的所有权和使用权以多种形式存在着。三种常见的土地所有者是私人（企业或者个人）、集体（当地社区）和公共（国家）。牧场所用权拥有者可能同时拥有牧场使用权，而这则可能导致旨在控制牧场使用的复杂使用规则的出现。而牧场使用规则和牧场使用者所承担责任之间的不匹配往往容易导致牧场使用者之间的冲突。在这一方面，尼日尔政府制定的《尼日尔农村规范》在保障农民的牧场使用权的同时，也保障了牧场的公共财产属性。表2-6列举了不同形式土地所有权和使用权对养殖户牧场使用稳定性的影响。在干旱地区，水资源及其分布对牧场的使用至关重要。因此，水资源使用权是决定对干旱地区和半干旱地区牧场使用权的关键因素。在没有取得土地使用权的情况下，牧民往往也没有机会获得水资源的使用权——这使得他们的畜牧业生产处于双重劣势之下（Hodgson，2004）。

表2-6　不同形式土地所有权和使用权对养殖户牧场使用稳定性的影响

	无使用权和所有权	租赁	依据社会习俗确定的使用权[①]	非法使用
私人部门	+++ 不动产	++ — +++ 取决于租赁合同合作期限和合同的有效性	0 — ++ 依据社会习俗确定的使用权与现行政策之间的差异可能会导致问题的产生	0 — + 冲突
公共部门	+++ 如集体或国家所有牛群		+ — +++ 移民、使用权的外生性使得这种使用权缺乏稳定性	+ — ++ 取决于当地社区/公共管理和畜牧业者的相对实力

注：0表示牧场资源使用权极不容易得到保障，+++表示牧场资源使用权能够得到很好的保障。
①依据社会习俗确定的使用权存在多种形式，最常见的就是"先到先得"，即先进入者获得使用权。因此，这种使用权容易受到移民的影响，并有可能加剧种族冲突。
来源：Chauveau，2000；Médard，1998；Klopp，2002。

　　牧场资源使用的安全性和稳定性对畜牧业的发展至关重要，对牧场使用者的管理策略的制定起着决定性的作用。只有在中长期内可以实现经济效益的情况下，资本才有可能流入，并推动基础设施建设，提高牧场的生产能力。目前，相关研究已经表明，明确的使用权是保障牧场环境服务功能必不可少的前提条件。尽管缺少准确的统计证明，但目前一个基本事实就是，世界上大部分牧场属于私人所有，而不是集体或者国家所有。非洲（如博茨瓦纳，私有土地仅占国土面积的5%）、南亚（如印度，牧场面积占国土总面积的20%左右）、西亚、中国、中亚和安第斯高原等地区的牧场基本是建立在集体所有和国家所有的土地上。此外，澳大利亚大部分公有土地，约占澳大利亚国土面积的50%，被租赁出去用作牧场。相比之下，拉丁美洲和美国等地区的大部分牧场则属于私人所有。一项调查表明，美国63%的牧场属于私人所有，25%的牧场属于联邦政府所有，其余则属于地方政府所有和集体所有（表2-7）。在欧洲，肥沃地区的牧场普遍为私人所有，而山区等贫瘠地区的牧场则属于政府所有或者集体所有，但即便如此，牧民遵循某种约定成俗的协议，拥有这些牧场的使用权。

表2-7　美国不同类型土地的所有权分布

类型	耕地	牧场	森林	其他	合计
面积					
联邦政府	0	146	249	256	651
地方地府	3	41	78	73	195

（续）

类型	耕地	牧场	森林	其他	合计
印第安人	2	33	13	5	63
私人部门	455	371	397	141	1 364
合计	**460**	**591**	**737**	**475**	**2 263**
占比					
联邦政府	0	25	34	54	29
地方地府	1	7	11	15	9
印第安人	0	6	2	1	2
私人部门	99	63	54	30	60

来源：Anderson 和 Magleby（1997）。

为了方便进一步的分析，我们将牧场划分为三个类型：低生产潜力地区粗放型牧场、高生产潜力地区粗放型牧场和集约型牧场。

低生产潜力地区粗放型牧场是指净初级生产力低于每年每平方米1 200克碳的牧场（见附录1表4）。该类型牧场是所有牧场类型中面积最大的一类，占牧场总面积的比重高达60%，主要分布在干旱地区和寒冷地区。低生产潜力地区粗放型牧场是发达国家最主要的牧场类型，其面积占发达国家牧场面积的80%，而在发展中国家，该类型牧场占牧场总面积的比重要低于50%。这种差异可以用土地利用机会成本的区域差异进行解释：在发达国家，具有良好农业生产潜力的土地往往被用于集约化农业生产。而低生产潜力地区的土地则被用作粗放型农业生产，如放牧（如非洲、独联体国家、南亚和东亚）或者大牧场（如大洋洲、北美地区）。利用实际蒸散量（AET）作为衡量植被对气候变化应对能力的指标，Asner 等（2004）的研究表明，干旱地区牧场系统中的生物群落倾向于向干旱地区和气候最不稳定地区发展，而温带地区生物群落则倾向于向潮湿地区发展。此外，作者还发现，干旱地区牧场系统中的生物群落倾向于向贫瘠土壤和非冻土壤发展，而热带地区生物群落则向贫瘠和中等肥沃土壤发展。他们据此得出结论，土地已经无法继续支撑牧场向低生产潜力地区扩展。

高生产潜力地区粗放型牧场是指净初级生产力高于每年每平方米1 200克碳的牧场（附录1表4）。该类牧场是热带湿润和半湿润气候地区、西欧和美国部分地区等地区主要的牧场类型。受生物量生产的季节性影响，这些牧场主要以围栏放牧为主。

集约型牧场主要分布在气候、经济和体制条件较为优越但土地稀缺的地区，如欧盟、北美、日本和韩国。欧盟的肉类生产和奶类生产很大程度上依赖于临时牧场（轮作草场）以及饲料作物的生产。集约化程度最高的牧场分布在英国南部、比利时、荷兰、法国和德国部分地区。通过肥料的使用以及机械化的大量使用，集约型牧场实现了高产的目标。而牧场的集约化生产则直接导致了这些国家的土壤污染。在这些地区，用于牧草生产的土地的生物多样性很差，黑麦草等少数物种通常占主导地位（欧盟委员会，2004）。在某种程度下，集约化的牧草生产也推动了苜蓿脱水和干草压实等饲草加工业的发展。目前，饲草加工业主要分布在加拿大和美国等国家，其发展具有高度外向性的特点。

2.3.2 饲料作物和作物残余物

在过去数十年中，饲料需求的迅速增加以及传统饲料资源在产量和质量上的局限性，推动了谷薯类等粮食作物成为重要的饲料原料。在食物需求和饲料需求不断增加的同时，其价格却没有上涨。相反，谷物价格却在下跌。以实际价格计算，自1961年以来，谷物实际价格（美元不变价格）已经下跌了50%（FAO，2006b）。在谷物价格下跌时期，生产强度的提高是推动供给量增加的关键动力。

2.3.2.1 谷物

饲料转化率提高减缓饲料使用量增速

2002年，畜禽养殖消耗了大约6.7亿吨的谷物，占用耕地面积2.11亿公顷。其中，猪和禽类等单胃动物的养殖消耗了大部分的饲料谷物。在反刍动物养殖中，谷物饲料通常用作饲料的辅助成分，而非饲料的主要成分。在畜禽产品、奶制品等畜产品生产的集约化发展背景下，谷物饲料成为饲料的主力军。

在20世纪80年代中期以前，全球谷物饲料消耗量的增长要快于肉类产量的增长。这一趋势主要是由OECD成员国畜牧业的集约化发展以及依赖于谷物饲料的畜禽产品养殖量的增加所致。在这一时期，谷物饲料的使用推动了肉类产量的提高。而在此之后，肉类产量的增长速度超过谷物饲料的增长速度。这主要是因为受饲料转化率提高的影响——单胃动物养殖比重的增加、高产畜禽品种的集约化生产以及管理水平的提高改善了饲料转化率。此外，欧盟共同农业政策框架下欧盟成员国谷物生产补贴的减少以及中欧地区经济的复苏也减少了饲料谷物的需求。

发展中国家肉类产量的增长趋势与谷物饲料消耗量的增长趋势基本相同（图2-3）。而最近几年，在肉类产量持续增加的同时，谷物饲料消耗量却维持在相对稳定的水平，这可能与巴西、中国、泰国等单胃动物的集约化养殖有关。

整体上看，自20世纪80年代末开始，全球谷物饲料的需求处于一种比较稳定的状态。但各个地区对谷物饲料的需求则自20世纪80年代中期开始发生

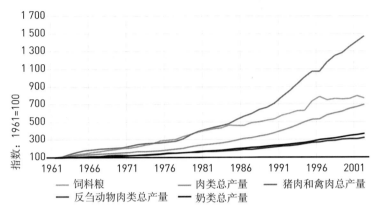

图2-3 发展中国家特定畜产品产量增长速度与饲料使用量增长速度的比较
来源：FAO（2006b）。

变化。转型国家的谷物饲料需求快速减少，而亚洲发展中国家的谷物饲料需求却在快速增加（图2-4、图2-5）。工业化国家的谷物饲料需求逐步减少的同时，发展中国家的谷物饲料需求也在缓慢增加。

图2-4 不同区域饲料使用量变化情况
来源：FAO（2006b）。

饲料谷物产量占谷物总产量的比重自20世纪60年代开始持续增加，直到90年代末期，此后该比重便保持在相对稳定甚至有所下滑的状态。

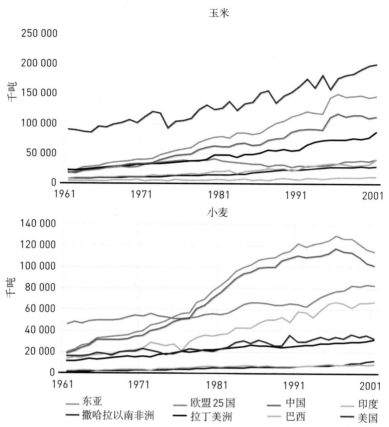

图2-5　1961—2002年不同国家和地区谷物饲料生产对玉米和小麦需求的变动
来源：FAO（2006b）。

饲料谷物的主要品种为玉米和高粱，1961—2001年这两种作物产量的60％用于生产饲料。但各地区饲料谷物的种类却存在着较大差异，巴西和美国主要利用玉米来生产谷物饲料，而加拿大和欧洲则主要利用小麦和高粱来生产。20世纪90年代早期开始，东南亚主要谷物饲料由原先的小麦转向玉米。这一差异反映了这些地区在农作物生产方面的比较优势，相较于玉米，小麦和高粱更适在温带和寒冷气候区种植。

在谷物生产方面比较优势的差异导致了各地区饲料成分的不同。虽然各地区饲料中谷物所占比重不存在太大差异（鸡饲料中谷物的比重为60％，图2-6），但主要谷物成分却存在巨大差异。巴西、中国和美国等地区鸡饲料最主要的成分是玉米，但欧盟却是小麦。猪饲料的情况与鸡饲料差不多：猪饲料中60％的成分是谷物（图2-7）。

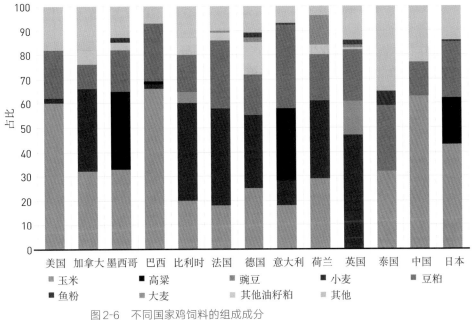

图2-6 不同国家鸡饲料的组成成分

注：泰国鸡饲料中，大米占了很大比重，被划入"其他"饲料中。

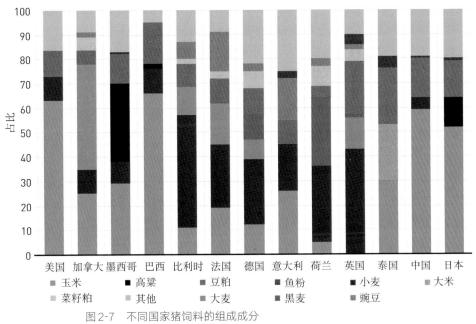

图2-7 不同国家猪饲料的组成成分

注：意大利猪饲料中，燕麦占了很大比重，被划入"其他"饲料中。

2.3.2.2 农作物残余物

一种有价值但却日益被忽视的资源

农作物残余物是农业生产中所产生的一种纤维含量高、营养物质含量低、难以被畜禽消化的副产品。其通常被用于饲喂反刍动物，为其补充能量以及必要的纤维。稻草和秸秆用作饲料依旧是畜牧业生产利用农作物产品的的最基础方式。畜禽（尤其是反刍动物）通过食用消化农作物残余物，为人类提供食物以及非食品产品和服务。农作物残余物依旧在世界饲料市场尤其是热带半干旱和半湿润等贫困人口密集地区的饲料市场中扮演着重要角色（Lenné，Fernandez-Rivera 和 Bümmel，2003）。在牧草短缺的时间和地区，农作物残余物及农产品加工业副产品往往是最主要的饲料来源（Rihani，2005）。Devendra 和 Sevilla（2002）的研究表明，在亚洲，约有6.725亿吨谷物秸秆、0.67亿吨其他农作物副产品被用作饲料，用于畜牧业生产。不同国家稻草的饲料化利用程度存在着较大差异，孟加拉国和泰国约有70%的稻草被用作饲料，韩国这一比例却只有15%，东南亚其他国家和中国的比例则在25%～30%。

尽管有助于实现小农生产效益的最大化，但农作物残余物的饲料化利用程度却在不断减少。农业生产的集约化发展是导致这一趋势的主要原因。首先，低含量残余物品种的推广使用（如矮生谷物）和高效收割设备的使用导致单位产量农产品残余物产量的降低。其次，主产品导向型的品种选择减少了农作物残余物质量（Lenné，Fernandez-Rivera 和 Bümmel，2003）。最后，畜牧业的集约化发展对饲料质量提出了更高要求，而农作物秸秆往往很难满足这些要求。此外，越来越多的农作物秸秆被用于能源生产和家具生产。

2.3.2.3 其他饲料作物

根茎类作物和蔬菜是谷物之外的第二大饲料来源。2001年，大约有4 500万吨的根茎类作物和蔬菜被用作饲料，主要是木薯、马铃薯、甘薯、甘蓝和车前草。此外，约有1 700万吨菜豆类作物（主要是豌豆和豆类）被用作饲料，而菜豆类作物也是法国、意大利和荷兰等国最为主要的蛋白饲料。据统计，全球菜豆类作物、根茎类作物和蔬菜作物的种植面积超过2 200万公顷。油籽也是最为主要的饲料来源之一，油料被加工成食品后，其副产品通常被用作饲料。2001年，饲料市场对油籽的需求量约为0.14亿吨，占用耕地640万公顷。目前，最主要的油籽有大豆、棉籽、菜籽、葵花子。

2.3.3 农产品加工业副产品

随着食品链条的延长，加工农业得到了充分发展，而农产品加工业所产生的副产品则增加了饲料的来源。随着加工食品消费量的增加，食品加工链条在不断延长，加工企业规模也在不断增长。这增加了高质量农产品加工业副产品的可获取性，提高了将这些副产品加工成饲料产品的经济效益。

2.3.3.1 大豆

饲料需求的增加推动了大豆生产的繁荣

豆粕（大豆油脂工业的副产品）是一个典型案例。在大豆油脂工业中，大豆中18%～19%的成分被用来生产豆油，73%～74%的成分被用来生产豆粕（Schnittker，1997），而其余成分则被浪费掉。只有很少一部分大豆被直接用作饲料（大约占全球产量的3%）。而相比之下，全球豆粕产量的97%被用作饲料。起初，豆粕主要用作家禽饲料，只有一小部分用作猪饲料。过去40年来，大豆以豆油加工业加工为主，豆粕生产在大豆加工中占相对稳定的比重（图2-8）。从全球范围来看，饲料行业对豆粕的需求量在过去40年里迅猛增加，2002年达到1.3亿吨（图2-8），远远超过了第二大油渣饼——油菜和芥末籽饼的2 040万吨的需求量。

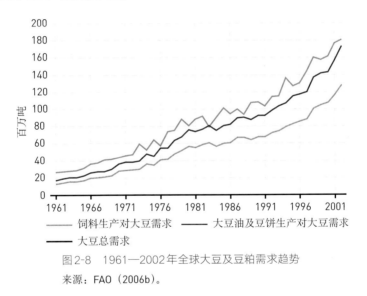

图2-8　1961—2002年全球大豆及豆粕需求趋势

来源：FAO（2006b）。

在发展中国家快速增长的需求的推动下，豆粕产量在20世纪70年代中期开始增长，并在90年代初加速增长。尽管发展中国家的豆粕需求量实现了快速增长，但发达国家人均豆粕使用量仍要高于发展中国家（发达国家为50千克/人，而发展中国家仅为9千克/人）。在此期间，豆粕需求量的增长速度要快于肉类产量的增长速度，这意味着每千克肉产品所消耗的豆粕量增加了。单胃动物和反刍动物均是如此。豆粕需求量的增加在一定程度上是快速发展的水产养殖业对鱼粉需求增加的结果：水产养殖业对鱼粉需求的增加使得鱼粉市场处于供不应求的状态，从而推动畜牧业部门转而寻找其他蛋白饲料，以替代鱼粉在其饲料供应体系中的地位。相对于畜牧业部门，水产养殖部门的发展更加依赖于鱼粉（及鱼油）。尽管水产养殖部门努力通过各种措施减少其发展对鱼粉的依赖，但其鱼粉消耗量占鱼粉消耗总量的比重仍由1988的8%提高至2000年的35%（Delgado等，2003），并在2005年达到45%（世界银行，2005a）。而导致豆粕需求量增加的另一个原因是，为了避免疯牛病的发生，畜牧业部门禁止将动物内脏用作饲料，这使得畜牧业部门不得不寻找其他蛋白饲料，以解决畜禽养殖中蛋白质缺乏的问题（见2.3.4节）。

世界豆粕产量在1984—2004年增长了2倍，其中有一半的增长是在过去5年里实现的。豆粕生产主要集中在少数几个国家和地区。产量最多的8个国家生产了世界97%的豆粕，其中豆粕产量最大的3个国家（阿根廷、巴西和美国）分别贡献了全世界39%、26%和17%的产量。这3个国家是过去40年里豆粕产量增长最为迅速的3个国家。

不难看出，大豆的生产地区分布较为集中。而大豆的加工和销售同样具有较高的地理集中度、专业化、纵向一体化和规模经济特征。这使得小生产者，尤其是发展中国家，很难与规模化生产者进行竞争，而在激烈的贸易竞争中更是如此。最近几年，一些国家相继开展了出口导向型的大豆生产，并在1999—2004年期间实现了产量的快速增长。这些国家包括拉丁美洲的玻利维亚、厄瓜多尔和乌拉圭，捷克、吉尔吉斯斯坦、俄罗斯和乌克兰以及非洲的乌干达等国。作为世界上最大的大豆生产国，美国的大豆单产水平最高，达到2.6吨/公顷。

其他国家中，阿根廷和巴西的大豆单位面积产量为2.6吨/公顷，中国只有1.65吨/公顷。印度的单产水平更是低于世界平均水平，只有0.9吨/公顷（Schnittker，1997）。在过去的10年中，大豆的单产水平已经得到了显著提高，但推动这一时期大豆供给量的超常增长的最关键因素依旧是大豆收获面积的增加（图2-2）。饲料需求已经取代食用大豆油，成为刺激大豆生产的最关键因素。实际上，豆粕的产值已经占到大豆总产值的2/3，而大豆油的产值仅占1/3。在过去的三四十年间，畜牧业部门和水产业部门的快速发展增加了对豆粕等蛋白饲料的需求，而棕榈油、菜籽油以及葵花油等食用油的崛起则打压了大豆油的发展，这助推了豆粕产值占比的提高（Schnittker，1997）。对图2-6和图2-7的分析也证明了这一点：豆粕是所有国家畜牧业部门最主要的蛋白质来源。豌豆以及其他油籽饼对蛋白质的贡献则相当有限，但生物燃料对油料需求的增加将有可能改变这一趋势（见2.3.4节）。

2.3.3.2 其他农产品加工业副产品

除了豆粕之外，其他农产品加工业副产品几乎没有被商业化生产推广，而使用地区也局限在副产品的生产地区。这些副产品通常是在干旱季节或者饲料短缺的时候才会被用作农作物残余物或牧草资源的补充饲料（Rihani，2005）。在北美地区资源充沛的时节，这些副产品贡献了小型反刍动物养殖所消耗饲料的10%，而当发生干旱、牧草资源或者农作物秸秆供应不足时，其贡献率能够达到23%（Rihani，2005）。北美地区用作饲料的此类副产品有啤酒渣、柑橘、番茄、黑枣、橄榄饼和甜菜糖蜜等。在日本，30%的农产品加工业副产品在脱水之后被用作饲料，进入养殖环节（Kawashima，2006）。

相比之下，超市和零售店产生的食物废弃物很少（有5%～9%的比例）被用作饲料，这主要是因为这些食物在成分构成上存在较大差异，且较为分散的地理分布增加了回收的难度和成本。此外，这些食物的安全性也值得进一步商榷。

2.3.3.3　生活废弃物

将生活废弃物用作饲料来使用在发展中国家农村中仍然相当常见，但在OECD成员国中却鲜有将生活垃圾用作饲料的情况（表2-8）。虽然食物废弃物往往来自于食品加工厂，但居民家庭生活所产生的食物废弃物在传统上一直是饲料尤其是小农户养殖猪、鸡等单胃动物所需饲料的重要来源。实际上，家庭废弃物用作单胃动物养殖所需饲料在一定程度上解释了工业化之前及工业化早期阶段猪及禽类和人类在空间分布上的密切关系。然而，居民对环境问题和健康的关注将使得畜禽养殖不得不由城市向城市周边并进一步向农村地区转移，但这种转移发生的前提条件是农村地区可以为城市提供充足的畜禽产品。

表2-8　日本食品副产品的回收利用情况

	食物副产品总量（千吨/年）	用于饲料占比（%）	其他用途占比（%）
食品制造业	4 870	30	48
食品销售业	3 360	9	26
餐饮业	3 120	5	14
合计	11 350	17	32

来源：Kawashima（2006）。

2.3.4　未来发展趋势

增长的饲料需求量

目前，饲料生产用地已经占到人类已使用土地总面积的30%。全球共有牧场3 480万平方千米，占已使用土地总面积的26%；饲料用农作物生产用地470万平方千米，占已使用土地总面积的4%、耕地总面积的33%（统计方法见附录2）。相比之下，散养、散养+集约化养殖和集约化养殖这三种养殖方式分别贡献了世界上8%、46%和45%的肉类产量（见2.4节）。这充分说明了集约化生产对畜禽产品生产的重要性。

畜产品产量的持续增加将推动饲料需求量的增加。根据FAO（2003a）的估算，1997/1999至2030年，饲料谷物需求量将增加近10亿吨，其中1997/1999至2015年期间年均增加1.9%，2015—2030年年均增加1.6%。发展中国家畜产品产量的增长将成为全球畜产品产量增长的动力，而其精饲料使用量的增长速度有望超过肉类产量的增长速度。饲料需求的增长将成为推动谷物市场发展最为主要的动力来源，而饲料谷物消耗量占谷物消耗总量的比重也将提高。2002—2030年，饲料用玉米的消耗量将由现在的6.25亿吨增加至9.64亿吨，而大部分增长将发生在发展中国家（2.65亿吨），尤其是东南亚国家（1.33亿吨）、拉丁美洲国家（0.56亿吨）以及撒哈拉以南非洲国家（0.33亿吨）等。饲料谷物产量的增长速度较过去15年将有所提高。未来饲料谷物需求量的增长是由多种发展趋势共同推动的结果。

首先，转型经济体经济的持续性增长推动了畜产品需求量的增加。需求量的增加则进一步带动了谷物产量的增长。此外，共同农业政策（CAP）改革推动了欧盟谷物价格的下滑，这将刺激欧盟畜牧业部门谷物需求量的增加。

奥巴拉牧场上的混合牛群——喀麦隆，1969年

1992年提出并在1994年正式实施的欧盟共同农业政策改革（麦克萨里改革）使得欧盟成员国的谷物价格在3年中下滑了30%。随着欧盟成员国间协议《2000年议程》的实施，欧盟谷物价格政策的支持力度将进一步被弱化，谷物价格将进一步下跌。而减少谷物需求的因素却在不断被弱化，如很难再通过饲料效率的提高来减少饲料消耗。

在过去几十年里，饲料转换率更高的单胃动物尤其是禽类养殖量的增加、先进饲养方法和技术（如多阶段全程饲养）的使用推动了畜牧业饲料效率的提高，减轻了快速发展的畜牧业所面对的饲料需求压力。生产1千克单胃动物的肉产品需要消耗2～4千克饲料，反刍动物却需要消耗7千克饲料（Rosegrant，Leach和Gerpucio，1999）然而，有证据表明，单胃动物养殖规模的增长速度在过去25年里已经开始放缓（FAO，2003a），饲养技术的改进也面临着困难。水产养殖业能够在多大程度上减轻养殖业所面临的饲料需求压力依然有待考证。人工养殖的水产品（如罗非鱼）有可能成长为畜产品的替代品。由于拥有更高的饲料转化率（生产1千克罗非鱼只需要1.6～1.8千克的饲料）[1]，水产品有可能成为另一种"禽类"，成为减轻饲料需求压力的主力军。然而，在由畜禽养殖业向水产养殖业调整的过程中，我们不得不面对的问题是，如何建立起组织化的水产品供应体系以及消费者消费偏好的改变，但这需要花费漫长的时间。

尽管增长缓慢，但放牧型畜禽或者说散养型畜禽的养殖规模仍在增加，并带来更多的饲料需求。根据Tilman等（2001）估算，2020年前全球牧场面积将增加200万平方千米，2050年前将增加540万平方千米。尽管拉丁美洲以及撒哈拉以南非洲地区的牧场面积仍将有所增加，但牧场增加的面积有可能被高估。生态系统、经济水平、技术条件和政策环境对植物性饲料的潜在生产能力和实际产量产生着重要影响。我们将讨论如何平衡饲料的供应与需求。

2.3.4.1 牧场：已无路可退

在探索扩张牧场的途径方面，Asner等（2004）指出，牧场的进一步扩展已或多或少受到了气候或土壤因素的限制。牧场的大规模扩张只可能发生在农业生态潜力较大的地区。

为了研究牧场扩张会导致土地用途的哪些变化，本文选取了适合作为牧场但尚未用作牧场的土地进行研究。从全球范围来看，适合作为牧场但尚未用作牧场的土地主要分布在林地（近70%），各大洲亦是如此，而撒哈拉以南非洲地区88%、拉丁美洲87%的该类型土地分布在林地。在西亚、北非、东欧和南亚地区，适合作为牧场但尚未用作牧场的土地主要为耕地。在西欧，城市建设用地占用了11%适合作为牧场的土地。

这些结果表明，牧场的大规模增加只能通过减少耕地（这几乎不可能），或者牺牲森林（通常发生在湿热带地区）来实现。

实现上，牧场极有可能持续向耕地转化。这种趋势已经在很多地方发生，尤其在对粮食需求日益增加的亚洲和撒哈拉以南非洲地区。城市化建设也将占用牧场用地，尤其是在人口迅速增长的撒哈拉以南非洲和拉丁美洲等地区。城市化及耕地的侵蚀将会占用土壤肥沃的土地，给牧场生产和生态系统带来危害。在生物量减少的旱季，土壤贫瘠的牧场难以维持牛羊群的生存。而这又进一步导致过度放牧、旱季损失的发生以及农民与牧民间冲突的增加。

在土地开垦面积不断增加的非洲和拉丁美洲地区，牧场面积仍在不断增加。林地转化为牧场的速度主要取决于当地在宏观和微观层面所采取的政策。在经合组织国家，由于牧场转化为农田、城镇、自然生态系统或娱乐用地，牧场总面积将保持稳定或减少。在牧场面积无法继续扩张的情况下，大部分适宜

---

① 鱼类是冷血动物，能够在消耗更少能量的同时保持身体机能，不需要像陆地上的动物那样运动从而消耗能量。此外，鱼的代谢活动和繁殖活动也更加高效。

地区牧草生产的集约化进程仍在继续推进，而低生产潜力牧场的面积也在持续减少（Asner等，2004）。据估计，通过改善牧场的管理水平，牧草的产量还有较大的提升空间。Sumberg（2003）指出，在非洲尤其是西非的半湿润地区，农作物生产和畜牧业生产向土壤肥沃的地区转移，而偏远地区的土地将被逐渐边缘化甚至抛荒。

气候变化同样可能对牧场生态系统产生影响。气候变化对自然草场的影响要大于对耕地的影响，因为在耕地，作物的生长环境更易被控制（例如通过灌溉或者防风处理）。在干旱的地区，气候变化的影响可能会更为严重。Butt等（2004）在马里做的研究结果表明，到2030年，气候变化可能使饲料单产减少16%～25%，而农作物单产却不会受太多影响，减产最多是高粱，其单产只减少9%～17%。相比之下，寒冷地区的牧场将受益于不断升高的气温（FAO，2006c）。转型中国家存在牧场面积扩大的机会，因为其大面积被抛荒的牧场能够以相对较低的环境成本重新成为牧场。

2.3.4.2 耕地

（1）耕地退化与环境变化背景下的单产与土地扩张

更高的农作物产量意味着更高的生产效率和更大的生产面积。尽管某些地区的生产能力已达到顶峰（如恒河流域），但人类已经就油料作物与谷物单产所存在的巨大提升空间达成共识（Pingali和Heisey，1999；FAO，2003a）。就谷物作物而言，通过工业化国家的技术转让，发展中国家的玉米生产能力很容易得到提高。据Pingali和Heisey（1999）估算，农业生产技术的转让最有可能发生在中国和其他亚洲地区，在这些地区，饲料玉米需求的快速增加推动了农作物收益的增加，私人部门也进行了必要的投资。相比之下，大豆生产率的增长速度将会放缓（普渡大学，2006）。耕地仍有扩张的可能性。据估计，目前全球耕地面积与多年生作物用地面积超过适宜农作物生产土地面积的1/3（FAO，2003a）。因此，我们认为土地扩张将继续为作物产量增长做出贡献。

不同地区的耕地扩张前景存在差异。南亚和东南亚地区谷物和大豆种植面积几乎无法再继续扩张（Pingali和Heisey，1999）。在其他大洲如非洲和拉丁美洲，耕地扩张更有可能发生。1997/1999至2030年，耕地扩张对拉丁美洲和加勒比地区谷物产量增长的贡献预计高达33%，撒哈拉以南非洲达27%，南亚地区为6%，东亚地区为5%（FAO，2003a）。这些数据反映了谷物生产潜力与大豆生产潜力的最高水平。

未来农产品产量的提高和耕地面积继续增加受两大问题影响。

第一，耕地使用强度的增加以及耕地的扩张所导致的土地退化，将对生态环境以及土地生产力带来长期的不利影响。高强度土地使用所带来的生态环境破坏，如盐碱度升高、涝渍增多、土壤肥力下降、土壤毒性增加、虫害增加，直接导致了近期南亚地区土地生产力的降低（Pingali 和 Heisey，1999）。耕地向自然生态系统的扩张对生态系统在保护生物多样性、防止水土流失等方面的功能产生了深远影响。2.5 节中将对由集约化农业所带来的土地退化问题作出进一步研究。

第二，尽管全球耕地还存在着巨大的生产潜力，但是地区间差异却十分明显。由于土地的稀缺与贫瘠土地较低的种植适应性，部分地区可能出现土地短缺现象（FAO，2003a）。气候变化的影响同样存在地区差异。气候变化将会对温度、降雨、二氧化碳浓度、紫外线辐射和害虫的分布产生影响，并进一步影响牲畜所需植物性资源的产量。此外，气候变化还将通过对土壤的化学与生物学特性的影响，间接对植物性资源的产量产生影响。有些变化是不利的，比如会使很多地区农作物单产水平降低；有些则是有益的，如二氧化碳浓度上升将带来"施肥效应"。各研究文献倾向于认为，气候变化将导致全球农作物单产水平的下降。然而，北美、南美、西欧和大洋洲等地区的农作物单产水平有可能因气候变化而提高（Parry 等，2004）。

（2）各部门对生物量需求增加所引起的竞争和合作

动物不是粮食、谷物残余物以及农副产物的唯一消费者。食品工业、水产养殖业、林业和能源同样也是粮食、谷物残余物以及农副产物的消费者，并与畜牧业部门在谷物等资源上展开竞争。饲料部门与食品部门间的直接竞争是低于平均水平的。畜牧业部门对谷物以及油料作物的需求弹性远远高于人类的需求弹性。因此当农作物价格上升时，肉类、奶类、蛋类的需求呈快速的下降趋势，为人类的谷物消费提供更多供给。因此，畜牧业部门对谷物的需求起到了缓冲带的作用，避免食品需求的波动所带来的影响（Speedy，2003）。这种缓冲效果同样在小范围内发挥作用，比如荒漠草原上的绵羊养殖。在收成好的年份里，剩余的谷物作物被用于绵羊的养殖；反之，在收成不好的年份里，谷物作物只被用来作为人类的食物。但在收成好的年份中，谷物的饲料化利用促使农民种植超出需求的农作物，从而保证收成不好的年份中食物的安全。

FAO 项目表明，即便某些地区饲料谷物的产量有所减少，到 2030 年，饲料谷物产量占谷物总产量的比重仍将会上升，届时，谷物产量将由 1999/2001 年期间的 18 亿吨增长到 2030 年的 26 亿吨。所增加的饲料谷物中，很大一部分将被水产养殖部门所消耗，2015 年之前，水产养殖部门谷物饲料消耗量的年均增长速度为 4%～6%，而在 2015—2030 年则为 2%～4%（FAO，1997）。

实际上，在东南亚以及撒哈拉以南非洲等地区，拥有更高饲料转化率的水产养殖部门将成为单胃动物养殖部门强有力的竞争对手。

能源部门是畜牧业部门的另一个竞争者。随着化石燃料的枯竭以及抵御气候变化运动的兴起，基于植物生物量的绿色能源也逐渐得到发展。甘蔗乙醇占据了巴西能源市场40％的销售额。在全球范围内，乙醇燃料的产量由2000年的200亿升增长到了2005年的400亿升，在2010年到达650升（Berg，2004）。2005年，生物燃料生产占用了欧盟180万公顷的农业用地（EU，2006），每公顷土地生物乙醇的产量为3 000升/公顷（玉米乙醇）到7 000升/公顷（甜菜乙醇）不等（Berg，2004）。中长期内，生物能源的发展将与饲料生产展开激烈竞争。然而，第二代生物燃料将会依赖于一种完全不同的生物资源（木质纤维原料）的发酵进行生产。如果这一愿景最终被实现，那么，生物能源部门将与畜牧业部门在牧草领域展开竞争。

畜牧业部门与其他部门间的合作同样存在。饲料部门与食品生产部门在农作物残余物、农产品加工业副产品的"合作"已经广为人知，某种程度上已经实现了（如油籽粕）。农产品加工业副产品以及非传统饲料资源的增长代表了饲料部门从初级农产品生产中获取更多饲料原料来源的潜在趋势。相反，相较于农产品加工业副产品，食品废弃物很少用作饲料原料。日本饲料的自给水平很低（为24％），因此，正探索将食品废弃物回收用作饲料的方法。除了减少饲料进口，其目的还在于减轻焚化及填埋食物废弃物对环境的冲击。Kawashima（2006）提出了基于脱水、热处理和青贮的三阶段循环利用食物废弃物的技术方案。

食物废弃物以及农产品加工业副产品的充分利用可以为饲料供给做出贡献，并且减轻给土地带来的压力。其更好的循环机制可以提高饲料自给率，并提高畜牧生产效率。食物废弃物以及农产品加工业副产品的循环利用，不仅有利于营养以及能量的循环，还有利于生态环境的保护，避免了传统处理手段对环境的危害。然而，食物安全和道德关怀却限制了此类实践的发展前景以及其被充分接受的可能性。

（3）食物安全和消费倾向对饲料需求的提高

牛海绵状脑病（疯牛病，BSE）带来的恐慌已表明，将不恰当的农业副产品（此案例中为肉和骨粉）循环利用为动物饲料会导致严重的后果。这一事件及其报道将畜牧业养殖带入了公众视线。诸如二噁英鸡污染事件等食品污染事件的发生，使畜牧业部门工业化生产方式的公众信任度受到损害。根据预先防范原则（UN，1992），自2001年1月1日起，欧盟禁止所有畜牧业养殖部门饲喂含肉骨粉成分的饲料。

尽管基于预先防范原则施行的禁令能够保证动物性食品的安全，但其同样对饲料的需求产生了重大影响。欧盟的肉骨粉禁令就是一个典型例子。在禁令施行前，欧盟每年肉骨粉的需求量为250万吨。其提供的蛋白质相当于290

万吨豆粕或370万吨大豆所提供的蛋白质量（USDA，2000）。受禁令影响，欧盟的豆粕进口量在2001—2003年增加了近300万吨，同比增长了50%。大豆产量的增加及豆类的运输带来诸多环境影响，例如生物多样性降低、环境污染及温室气体的排放（见第3章）。此外，禁令实施之后，欧盟玉米麸质饲料、豌豆、油菜籽粕、向日葵籽粕等蛋白饲料的进口也有所增加。本示例揭示了畜牧业部门生产目标间的冲突。

人们越发迫切地需要找到解决这种两难问题的答案，而生产政策的制定将是畜牧业部门实现环境保护与社会可持续发展的关键。人们对转基因作物的关注同样影响着饲料部门，尤其是豆粕市场。作为对于这一消费者关心问题的回应，欧盟已要求含有转基因成分的产品需贴上标签以便消费者识别。此外，欧盟正推动转基因大豆与其他大豆品种的分离，这样，购买大豆作为饲料或配料的人就能够做出选择。若这种趋势继续持续下去，在影响生产者生产活动的同时，也将影响生产者的竞争力。一般来说，使用或禁止将转基因作物用作动物饲料将对作物品种选择、生产实践、小农户竞争力、产量与生产的地域分布产生影响。

2.4 生产系统：区域经济学原理

畜牧业的生产和加工布局与市场和资源（饲料、劳动力、水等）密切相关。这也是畜牧业生产在地理空间分布上存在着巨大差异的重要原因。随着人口的变化（如人口规模的增长和人口迁徙）、技术变革（如养殖、种植和运输技术）和文化偏好的改变，畜牧业生产的地理空间分布也发生了重大变化。

畜产品需求、资源分布、生产技术以及全球贸易等因素正推动这种地理空间上的变化加速进行（见第1章）。第2.2节已经就禽产品需求在地理空间格局上的主要变化进行了分析。拥有巨大消费能力的城市的崛起改变了畜禽产品的需求格局。

资源尤其是土地和水资源的可获得性直接影响着畜牧业生产成本的高低。前面章节已经指出，一些地区继续增加饲料生产用地的可能性微乎其微，而另一些地区在增加饲料生产用地方面则存在着巨大潜力。在这一部分，我们将基于畜牧业发展史的角度，分析当前畜牧业生产加工的地理空间格局，并在此基础上探讨目前有地生产系统和无地生产系统的空间演变趋势。

2.4.1 畜牧业生产空间分布的历史趋势

历史上，交通运输的基础设施建设水平要远远落后于现在，产品很难进行运输，而技术也很难得到快速的传播。因此，需求和资源必须在本地进行有效对接，而生产则主要依赖于本地资本和技术。传统上，畜产品生产主要是依赖于本地可获取的资源，尤其是天然牧草和农作物秸秆等稀缺但很难被替代的资源。而在通信系统不发达的年代里，文化习俗和宗教信仰只局限在有限的地区，这导致地区间文化习俗和宗教信仰的巨大差异。这种地区间文化习俗和宗教信仰的差异对消费者的消费偏好和畜牧业生产产生了重要影响。

2.4.1.1 畜牧业生产系统

在畜牧业生产环境、生产强度以及生产目标等方面存在着巨大差异。畜产品需求的不同和农业生态环境的差异塑造了各国不同的畜牧业生产体系。一般情况下，经过生物物理特性和社会文化环境的调节作用，畜牧业生产与周边的环境达到一种平衡状态，而在多数情况下，除非有外部因素的介入，这种平衡状态会一直持续下去。

在许多生产系统中，畜牧业生产往往与农作物生产融合在一起，如亚洲的大米/水牛生产系统、谷物/耕牛生产系统。通过这种融合，动物粪便通常成为维持土壤肥力的基本保证，而这又反过来为畜禽养殖提供了重要的饲料来源。而游牧式的畜牧业生产方式则充分利用了半干旱地区、山区以及季节性牧场的畜牧业资源。尽管许多生产体系是经过漫长的历史演变才发展而来，但在快速发展的社会里也不得不做出调整，以适应快速发展的社会经济条件。在最近数十年里，畜产品需求的快速增加推动了许多发展中地区畜禽养殖尤其是生猪和禽类养殖的规模化、集约化发展。

为了方便分析，需要将畜牧业生产系统进行分类。理想情况下，应考虑以下标准：①与农作物生产相结合情况；②土地利用程度；③农业生态类型；④集约化程度（生产强度）；⑤灌溉类型（水浇地或旱地）；⑥产品类型。

FAO（1996）根据与农作物生产相结合情况、土地利用依存度以及农业生态类型将畜牧业生产系统（LPS）划分为11个四级子系统（图2-9），其中2个二级子系统为：

①纯粹畜牧业生产系统。在该生产系统中，草原、牧场、一年生饲料作物和购买等渠道所供给的干物质（已消耗）占畜禽养殖所消耗干物质的90%以上，非畜禽养殖活动产值占农业生产总值的比重不超过10%。

②农牧结合生产系统。在该生产系统中，秸秆等农作物副产品消耗量占畜禽养殖所消耗干物质总量比重要超过10%，或畜禽养殖活动的产值占农业生产总值的比重不超过10%。

纯粹畜牧业生产系统和农牧结合生产系统被进一步划分为4个畜牧业生产子系统。表2-9和表2-10则统计了4个子系统当前畜禽养殖规模和产量。其中，无地畜牧业生产系统和草地畜牧业生产系统属于纯粹畜牧业生产系统。

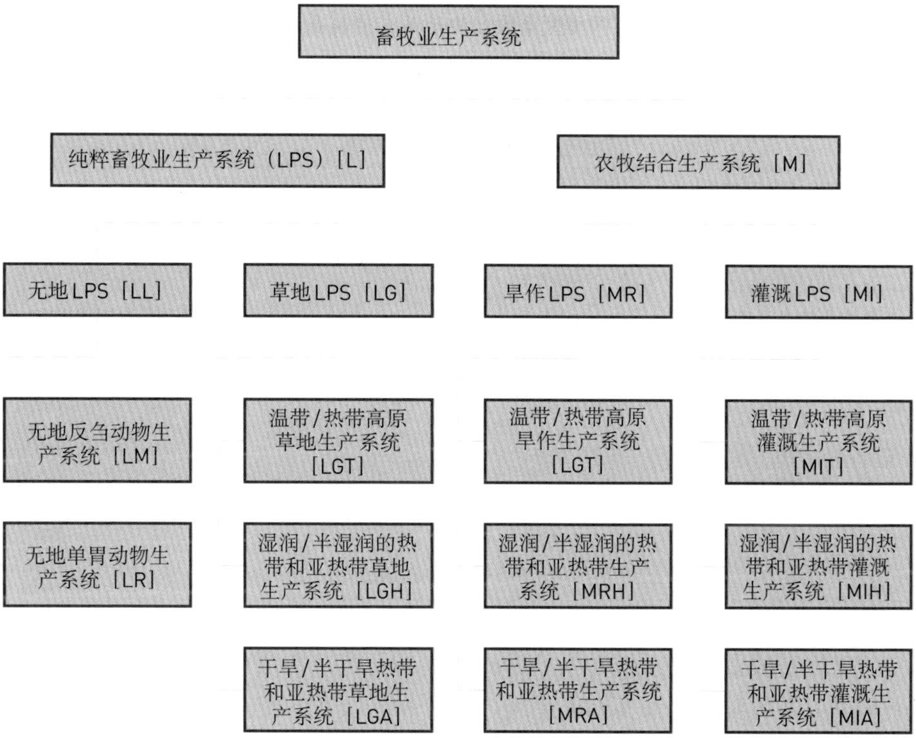

畜牧业生产系统

纯粹畜牧业生产系统（LPS）[L]　　　　农牧结合生产系统 [M]

| 无地LPS [LL] | 草地LPS [LG] | 旱作LPS [MR] | 灌溉LPS [MI] |

| 无地反刍动物生产系统 [LM] | 温带/热带高原草地生产系统 [LGT] | 温带/热带高原旱作生产系统 [LGT] | 温带/热带高原灌溉生产系统 [MIT] |

| 无地单胃动物生产系统 [LR] | 湿润/半湿润的热带和亚热带草地生产系统 [LGH] | 湿润/半湿润的热带和亚热带生产系统 [MRH] | 湿润/半湿润的热带和亚热带灌溉生产系统 [MIH] |

| | 干旱/半干旱热带和亚热带草地生产系统 [LGA] | 干旱/半干旱热带和亚热带生产系统 [MRA] | 干旱/半干旱热带和亚热带灌溉生产系统 [MIA] |

图2-9　畜牧业生产系统分类

来源：FAO（1996）。

表2-9　全球不同类型畜牧业生产系统的畜禽养殖规模和畜禽产品产量

	畜牧业生产系统类型			
	草地畜牧业生产系统	旱作农牧结合生产系统	灌溉农牧结合生产系统	无地/工厂化畜牧业生产系统
养殖规模（百万头）				
黄牛和水牛	406.0	641.0	450.0	29.0
绵羊和山羊	590.0	632.0	5 460.0	9.0
畜产品产量（百万吨）				
牛肉	14.6	29.3	12.9	3.9
羊肉	3.8	4.0	4.0	0.1
猪肉	0.8	12.5	29.1	52.8
禽肉	1.2	8.0	11.7	52.8
奶类	71.5	319.2	203.7	——
蛋类	0.5	5.6	17.1	35.7

注：2001—2003年的全球产量均值。

表2-10　发展中国家不同类型畜牧业生产系统的畜禽养殖规模和畜禽产品产量

	畜牧业生产系统类型			
	草地畜牧业 生产系统	旱作农牧结 合生产系统	灌溉农牧结 合生产系统	无地/工厂化畜 牧业生产系统
养殖规模（百万头）				
黄牛和水牛	342.0	444.0	416.0	1.0
绵羊和山羊	405.0	500.0	474.0	9.0
畜产品产量（百万吨）				
牛肉	9.8	11.5	9.4	0.2
羊肉	2.3	2.7	3.4	0.1
猪肉	0.6	3.2	26.6	26.6
禽肉	0.8	3.6	9.7	25.2
奶类	43.8	69.2	130.8	0.0
蛋类	0.4	2.4	15.6	21.6

　　无地畜牧业生产系统的生产方式为集约化生产，所消耗的饲料主要从饲料企业等渠道购买。这种畜牧业系统广泛分布于美国东北部、欧洲、东南亚和东亚等地区。根据无地畜牧业生产系统的定义，在该系统中，来自于农场生产的干物质占畜禽养殖所消耗的干物质不超过10%，每平方千米农业用地的年平均载畜量不低于10个家畜单位（LU）。FAO（1996）将无地畜牧业生产系统划分为无地反刍动物生产系统和无地单胃动物生产系统两个子系统。无地畜牧业生产系统，或者说工厂化畜牧业生产系统的产生与畜禽产品的需求和供给密切相关。无地畜牧业生产系统通常分布在人口密集、消费能力强的地区，如东亚、欧盟、美国等地区拥有大量港口、方便饲料调入的沿海地区。而在美国中西部地区、阿根廷和巴西内陆地区等拥有丰富饲料资源的地区，无地畜牧业生产系统的发展则更加依赖于本地饲料生产体系。工厂化单胃动物生产主导着东亚和东南亚发展中地区的畜牧业生产。此外，巴西南部也成为工厂化畜牧业生产系统的重要分布地区。智利、哥伦比亚、墨西哥和委内瑞拉等地区则发展成为区域工厂化畜牧业生产系统的重要中心，近东、尼日利亚和南非的工厂化鸡肉生产系统亦是如此。

　　除了无地畜牧业生产系统，纯粹畜牧业生产系统另一种类型为草地畜牧业生产系统，依据农业生态环境，该系统又进一步划分为温带和热带高原草地生产系、湿润/半湿润的热带和亚热带草地生产系、干旱/半干旱热带和亚热带草地生产系3个子系统。

　　草地畜牧业生产系统唯一具备的农业生产功能就是畜牧业生产，主要分布在温度较低、降水量较少、海拔较高等不适合进行农作物生产的地区，尤其是半干旱和干旱地区。根据草地畜牧业生产系统的定义，在该系统中，畜禽养殖所消耗的干物质总量的10%以上来自于农场，每公顷农业用地的年平均载畜量要小于10个家畜单位。草地畜牧业生产系统由大量拥有不同生物生产力水平的农业生态环境构成，其所占用的土地面积约占据全球无冰陆地总面积的26%。

另外2个三级畜牧业生产子系统由农牧结合生产系统划分而来。农牧结合生产系统广泛分布于农业生产环境较好的区域。

旱作农牧结合生产系统。在该系统中，90%以上非畜禽产值来自旱作土地。大部分的农牧结合生产系统均属于该系统，主要分布在半干旱和半湿润热带地区及温带地区。

灌溉农牧结合生产系统。在该系统中，10%以上非畜禽产值来自灌溉土地。灌溉农牧结合生产系统在世界各地均有分布，但面积却相当有限，只有在中国东部、印度北部和巴基斯坦等少数地区才有大面积分布。

表2-9和表2-10分别统计了4个系统全球和发展中国家的畜禽养殖规模和畜禽产品产量。有地畜牧业生产系统（包括草地畜牧业生产系统和农牧结合生产系统）承载了15亿头牛（黄牛和水牛）、17亿只羊（山羊和绵羊）的养殖规模。由于拥有更高的畜禽养殖业承载能力，灌溉农牧结合生产系统的畜禽养殖密度要高于旱作农牧结合生产系统，而旱作农牧结合生产系统则又高于草地畜牧业生产系统。

单胃动物养殖向工业化养殖系统转变，反刍动物养殖依旧依赖于有地生产系统

反刍动物养殖主要依赖于有地畜牧业生产系统，世界上只有很少一部分反刍动物养殖依赖于工业化养殖系统。发展中地区是进行反刍动物养殖最主要的地区。尽管各地区反刍动物的生产效率存在着显著差异，但总的来说，发展中国家草地生产系统和农牧结合生产系统生产反刍动物的效率要低于发达国家：全球草地生产系统每头肉牛每年可以提供36千克的牛肉，而发展中国家仅为29千克。目前，作为最大的反刍动物生产系统，旱作农牧结合畜牧业生产系统在生产强度方面已经发生了巨大变化。尽管发展中地区养殖了该系统中超过50%的反刍动物群体，但其反刍动物产品产量却不足全球产量的一半。实际上，发展中国家每头反刍动物每年提供了26千克的牛肉，远低于46千克的世界平均水平，而奶类产量也仅为世界总产量的22%。就整个畜牧业生产系统而言，发展中地区生产了全球50%的牛肉、70%的羊肉以及40%的奶类产品。

而单胃动物的生产则与反刍动物的生产形成了鲜明对比。目前，无地/工厂化畜牧业生产系统生产了世界50%以上的猪肉、70%以上的禽肉，而发展

中地区贡献了其中一半的产量。尽管缺乏可靠的数据进行验证，但发展中地区和发达地区在单胃动物生产效率上的差距要远低于在反刍动物生产上的差距。然而，发展中地区间在单胃动物生产方面却存在着巨大差异。在灌溉农牧结合生产系统所产生的猪肉、禽肉和蛋类中，很大一部分来自于发展中地区。亚洲地区生产了绝大部分的单胃动物产品，拉丁美洲的产量不足亚洲的1/9，相比之下，非洲和西亚地区的产量几乎可以忽略不计。发达国家和亚洲地区生产了工业化畜牧生产系统中猪肉总产量95%的猪肉。

2.4.1.2 主要畜禽品种的地理空间分布

表2-11统计了各畜禽品种在不同农业生态类型的分布。热带和亚热带地区工厂化单胃动物养殖的迅速发展推动了单胃动物产品产量的提高，这一情况也发生在温带地区。而反刍动物养殖业的发展形势则与单胃动物养殖业存在着很大不同，这可能是与其较高的土地依赖性相关。此外，与单胃动物生产不同的是，冷凉地区的反刍动物生产效率和产量要高于温暖地区。但（半）干旱（亚）热带地区的小型反刍动物的养殖可能是个例外，这可能与其庞大的养殖群体和相对较高的生产效率有关，通常是由对特定环境较高的适应性所致。潮湿热带地区相对较低的奶类生产效率与这些地区农牧结合生产系统的统治性地位密切相关：在这些地区，多数牲畜被用于畜力或者运输工具。

表2-11 不同农业生态类型的畜禽养殖规模和畜禽产品产量

	农业生态类型		
	干旱半干旱热带和亚热带类型	湿润半湿润热带和亚热带类型	温带和热带高原类型
养殖规模（百万头）			
黄牛和水牛	515	603	381
绵羊和山羊	810	405	552
畜产品产量（百万吨）			
牛肉	11.7	18.1	27.1
羊肉	4.5	2.3	5.1
猪肉	4.7	19.4	18.4
禽肉	4.2	8.1	8.6
奶类	177.2	73.6	343.5
蛋类	4.65	10.2	8.3

注：2001—2003年的全球产量均值。

在所有的畜禽种类中，禽类的分布与人口的分布最为接近。这可能看起来让人吃惊，因为禽类的养殖方式一般是集约化养殖，但不应该忽略的事实是，集约化的禽类养殖厂也广泛分布在各地区。全球每公顷农业用地平均养殖了3只禽类动物，养殖密度最高的为西欧（7.5只）、东亚和东南亚地区（4.4只）和北美地区（4.3只）。中国每公顷农业用地养殖了6.9只禽类动物。人均养殖家禽数量最高的为北美地区（平均每个人养殖6.7只家禽），其次是拉丁美洲（为每人4.5只）。这两个地区同样是禽产品出口地区（见附录1表14）。

历史上，猪在地理上的分布与人类的分布密切相关。然而，生猪的集约化养殖在区域分布上出现了高度集中的趋势。图2-10也进一步说明了生猪养殖在区域分布上的高度集中。这种在区域分布上高度集中的发展趋势可能是生猪生产所来的环境问题推动的结果。生猪生产在地理分布上的另一个显著特点是，由文化因素所导致的西亚、北非、撒哈拉以南非洲和南亚等地区生猪养殖的缺失，见附录1表7。此外，生猪养殖与农业用地和人口密度关系最为密切的地区分布在欧洲和东南亚地区。

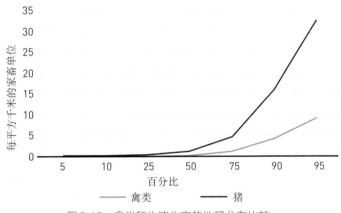

图2-10　禽类和生猪生产的地理分布比较

牛的集约化生产主要分布在印度（每公顷农业用地的养殖头数在1头以上）、中国东北地区（主要是奶牛）、北欧、巴西南部地区以及东非高原（见附录1表8）。集约化生产程度较小的地区包括美国、中美洲和中国南部地区等。尽管大洋洲没有大型集约化养牛基地，但该地区的牛比居民多，尤其是在澳大利亚，牛的数量比人口数量多50%。在这里单位农用地的存栏数量是最低的，符合粗放式养牛的特征。

除了乌拉圭部分地区、墨西哥和巴西北部地区等少数地区，美洲地区几乎没有小型反刍动物的养殖（见附录1表9）。而在南亚、西欧（每公顷农业用地分别养殖1.3头和0.8头）以及澳大利亚、中国、北非和非洲干旱地区的部分地区，小型反刍动物的养殖却很常见。撒哈拉以南非洲地区每个人养殖的小型反刍动物数量要高于世界平均水平，这主要是由该地区对反刍动物较高的依赖性以及反刍动物较低的生产力引起的。

畜牧业生产主要集中在美国中部和东部、中美洲地区、巴西南部、阿根廷北部、西欧、中欧、印度和中国。此外，东非、南非、澳大利亚和新西兰部分地区的养殖密度较低。

2.4.1.3 最近几年的分布趋势

单胃动物以更快的速度扩张

FAO（1996）针对两个时期（1991—1993年，2001—2003年）全球畜牧业生产系统的对比研究发现，地区资源禀赋的重大变化给畜牧业生产带来了重要影响。在全球牛存栏量增加5%、撒哈拉以南非洲地区、亚洲和拉丁美洲实现迅速增加的同时，东欧、独联体国家的牛存栏量却随着苏联的解体而锐减50%。

这一时期全球牛产品产量增加了10%，但地区间却存在着巨大差异。亚洲的牛肉产量实现了翻倍增长。撒哈拉以南非洲地区增长了30%，拉丁美洲地区增长了40%，西亚和北非地区增长了20%。牛产品产量增加最为迅速的生产系统是湿润地区的农牧结合生产系统。小型反刍动物肉类产量在较低的基础产量上（见表2-9和表2-10）实现了10%的增长，尽管小型反刍动物的存栏量并没有增长。此外，小型反刍动物的生产还发生了地理空间分布上的变化。在撒哈拉以南非洲地区和亚洲的小型反刍动物存栏量大幅增长的同时，拉丁美洲、OECD成员国、东欧和独联体国家的小型反刍动物存栏量却在大幅下滑。而湿润地区的农牧结合生产系统产量的增长则成为小型反刍动物产量增长的主要动力。这种变化在单胃动物的生产上体现得更加明显。全球猪肉产量（2002年产量最高的肉类品种）增长了30%，且主要发生在亚洲地区。大多数地区的猪肉产量均实现了增长——但例外的是，东欧和独联体国家的猪肉产量减少了30%。工厂化生产系统生产的猪肉年均增长率为3%。此外，湿润和温带地区的灌溉生产系统的猪肉产量在这一时期也实现了强劲增长。

禽肉是这一时期增长最为迅猛的肉类，增长幅度高达75%。地区间的差异同样存在，增长最为迅猛的亚洲，其禽肉产量增长了150%，年均增长9%，而其他地区普遍增长2%～10%。这一时期推动禽肉产量增长最为关键的动力是，工业化生产系统的扩张。全球禽蛋产量增长了约40%。其中亚洲增长幅度超过100%，占世界禽蛋产量的比重也提升至约50%。无地畜牧业生产系统禽蛋产量的年均增长速度约为5%。

2.4.2 地理集群

经济的发展往往伴随着畜牧业生产的工业化进展（见第1章）。因此，工厂化畜牧业生产体系往往分布在工业化国家或者经济快速增长的国家。在该生产系中，畜牧业的生产过程被划分为几个生产环节，即饲料环节、喂养环节、屠宰环节和生产环节，且各个环节通过选择最合适的地理空间布局，来实现生产成本的最小化。在这个选择过程中，畜牧业生产的各个环节往往容易形成集群效应。

无地畜牧业生产系统的集群效应不仅仅发生在发达国家，同样也发生在发展中国家。通过对巴西生猪生产和禽类生产的分析发现，禽类生产能够比生猪生产更快速、更容易实现产业集群，1992—2001年，巴西各类畜禽品种的地理集中度也在不断提高（见图2-11和图2-12）。1992年，5%的土地养殖着78%的

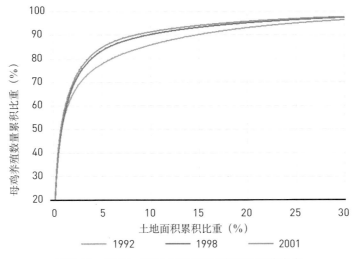

图2-11　1992—2001年巴西母鸡养殖地理集中度

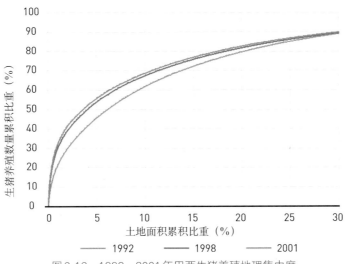

图2-12　1992—2001年巴西生猪养殖地理集中度

母鸡群，而到2001年，这一比重提高至85%。这一期间，5%的土地养殖生猪的比重由45%提高至56%。同样的趋势也发生在法国和泰国（图2-13和图2-14）。

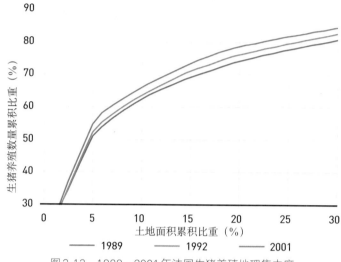

图2-13　1989—2001年法国生猪养殖地理集中度

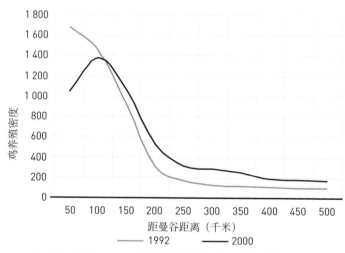

图2-14　1992—2000年泰国曼谷周边地区鸡养殖地理集中度

2.4.2.1　无地畜牧业生产系统

（1）由农村向城市转移，再由城市向饲料来源地转移

随着发展中国家工业化进程的推进，畜牧业生产经历了两次转移过程（Gerber和Steinfeld，2006）。在城市化和经济发展的推动下，消费者对动物性食品的消费量大幅增加，而大型畜牧业生产者也开始出现。在城市化早期阶段，

畜牧业生产主要分布在城市和城镇周边地区。这主要是因为在没有冷冻处理的情况下，畜产品很容易腐烂变坏，很难进行保存和长途运输。因此，在运输设施没有得到改进的情况下，畜禽类食品就必须在需求市场附近进行生产。大部分饲料生产厂、生猪养殖场和生猪屠宰企业分布在距离胡志明市40千米的范围内。

在第二次转移中，运输设施和技术的发展使得畜禽产品的长途运输成为可能。在土地成本低、劳动力价格低廉、更接近饲料生产基地、较低的环境标准、税收优惠以及更少的疫病等因素的推动下，畜牧业生产逐步由城市周边地区向更适合畜牧业生产的地区转移。1992—2000年，曼谷周边100千米范围内的禽类养殖密度逐步下降，50千米范围内的禽类养殖密度下降了近40%。而曼谷周边100千米范围之外的地区禽类养殖密度却在增加（图2-14）。税收优惠是推动1992—2000年曼谷周边地区禽类养殖转移的主要因素。

无地畜牧业生产系统由城市周边转出的同时，开始向饲料来源地转移——旨在降低饲料等投入品的运输成本。转移的方向有两个，一个是饲料生产地区（如美国玉米带、巴西马托格罗索州和墨西哥索诺拉州），另一个就是饲料进口和加工地区（如泰国差春骚府、沙特阿拉伯吉达市）。

OECD成员国畜牧业生产系统的工厂化进程始于1950年，并在谷物盈余的农村形成了产业集群。在这些地区，畜牧业的生产最初只是作为多元化和提高产值的手段。在欧洲，法国布列塔尼区、意大利波河河谷、丹麦西部、德国佛兰德斯等地区均形成了这种产业集群。这些产业集群的地理位置受到了进口饲料使用量增加的影响。在进口饲料的影响下，与港口存在密切联系的产业集群得到了进一步的发展，如法国布列塔尼区、丹麦西部和德国佛兰德斯；此外，新的畜牧业生产基地也开始在主要港口附近出现，如德国下萨克森州、荷兰、西班牙加泰罗尼亚。最新的一种畜牧业集群类型则出现在饲料加工基地附近。通过分析村级生猪养殖数量和饲料作物

© USDA/Joseph Valbuena

把鸡运送至马吉附近的家禽厂——美国

产量间的关系，我们发现，这种畜牧业集群类型已经在巴西出现。1992—2001年，巴西中部的马托格罗索州传统生猪主产区的生猪主产规模开始下滑，并开始向饲料加工厂周边地区进行转移。

然而，疫病控制策略有可能对畜牧业产业集群产生不利影响。为了防止疫病的传播，大型养殖场倾向于将养殖场建立在远离其他养殖场的地区。几千米的距离就足以防止动物疫病的传播。尽管疫病控制方面的考虑有可能给畜牧

业尤其是在城市周边地区的畜牧业在地理空间上的集中带来不利影响，但却几乎不可能扭转畜牧业生产向特定区域（即满足畜牧业生产对饲料加工厂、屠宰场和疫病控制要求的区域）集中的趋势。

（2）有地畜牧业生产系统：向集约化生产方向发展

饲料体积大，运输成本高。有地畜牧业生产系统的畜牧业生产局限在饲料生产地区。由前面章节的分析可知，由于适合土地的匮乏以及具有低机会成本的土地的竞争（如耕地、林地和保护用地），牧场继续扩张的可能性微乎其微。

这样导致的结果就是，在牛肉、奶制品等需求增长的驱动下，部分反刍动物产品的生产由有地生产系统向集约化生产系统（如饲养场、乳制品场）转移，经历单胃动物养殖所经历的转移过程，见第1章。

有地畜牧业生产倾向于向生产潜力较好的牧场或者缺乏竞争者的地区扩张。这些地区主要分布在大洋洲和南美洲地区。1983—2003年，大洋洲的牛肉产量和奶类产量分别增长了136%和196%，南美洲则分别增长了163%和184%。相比之前，世界牛肉和奶类总产量在这一时期均只增加了124%（FAO，2006b）。

区域分析也证实了上述观点。根据对村级养牛数量的分析，巴西有地畜牧业生产系统要比无地集约化畜牧业生产系统的分布更为广泛（图2-15）。而牧场向亚马孙雨林的扩张成为导致土地退化的主要原因（见2.5节）。

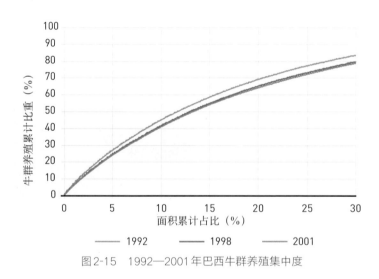

图2-15 1992—2001年巴西牛群养殖集中度

2.4.3 对运输依赖性的增加

（1）运输系统的发展推动了畜禽产品的长途运输

畜禽产品的运输在经济上和技术上的可行性越来越强。交通运输技术的革新，如交通基础设施、大宗货物运输设备、长途冷链运输技术，成为推动畜牧业部门变革的重要因素。

　　交通运输业的发展破除了畜禽产品需求市场与生产资源间的地理障碍。畜禽产品和饲料区域贸易的增加成为推动畜牧业部门工厂化和集约化发展的基本动力。庞大的生产体系、投入品需求量和产出量，使得无地畜牧业生产系统不得不依赖于交通系统来运输投入品（尤其是饲料）和产出品。此外，交通系统低廉的私人成本对畜牧业产业链（从饲料生产到畜产品生产，再到屠宰和加工）上各个环节的的区位分布产生了影响。由于连接产业链各个环节的运输成本占比较低，其他生产成本对畜牧业各部门的区域分布产生了更为巨大的影响。这些成本包括劳动力成本、土地成本、疫病管控成本、税收政策和环保政策。有地畜牧业生产系统本对交通系统的依赖性较低，但如今其对交通系统的依赖性却在增加。由于向土地资源丰富的地区转移，有地畜牧业生产系统距离消费中心的距离越来越远。

　　从全球范围来看，大部分的畜禽产品主要用于国内消费。尽管如此，畜禽产品的国际贸易量却在不断增加，目前，参与国际贸易的畜禽产品产量占其总产量的比重较20世纪80年代有了大幅提高。其中，禽肉的比重提高最快，由1981—1983年的6.5%提高至2001—2003年的13.1%。2001—2003年，全球超过12%的牛肉、禽肉和奶制品产量、8.3%的猪肉产量进入国际贸易市场，均高于1981—1983年的比例。在饲料产品中，饲料占比最高，2001—2003年，全球24%～25%的饲料产量进入了国际贸易市场——这一比例与1981—1983年的比例持平（表2-12）。进入国际贸易市场的饲料谷物占比也处于比较稳定的状态。世界贸易组织（WTO）农业协定、贸易法律和标准、区域贸易协定等的制定，刺激了畜产品和饲料产品的国际贸易。

表2-12　全球农产品国际贸易量占总产量比重（%）

	1981—1983年均值	2001—2003年均值
牛肉	9.4	13.0
猪肉	5.2	8.2
禽肉	6.5	13.1
奶制品	8.9	12.3
豆粕[①]	24.3	25.4

注：①豆粕贸易量/大豆产量。
来源：FAO（2006b）。

（2）饲料贸易：美国主导出口，中国和欧盟主导进口
随着畜牧业的发展和集约化进程的推进，其对本地饲料的需求越来越少，

而对需要通过国内贸易和国际贸易才能获取的精饲料的需求却在不断增加。饲料贸易以及从饲料中摄取水分、营养和能量的能力决定了畜牧业部门对生态环境的影响程度。尽管并没有将饲料谷物贸易从谷物贸易剥离出来，但各地区饲料谷物贸易的趋势仍可以借助于谷物贸易的整体趋势进行分析，对玉米的分析见附录1表10。北美和南美地区是世界上最主要的玉米出口地区。出口到非洲的玉米主要用作粮食，而出口到亚洲、欧盟和美国的玉米则主要用作饲料（Ke，2004）。亚洲主要从北美进口玉米，尽管最近从南美进口玉米的量迅速增加。北美地区还向南美和中美地区出口了大量玉米（2001—2003年出口了280万吨和920万吨）。过去15年里，北美地区向亚洲及中美和南美地区出口的玉米数量实现了强劲增长。南美洲主要向欧盟出口玉米。国家的实际情况和发展战略解释了上述现状。北美和南美地区玉米的主要出口国均为拥有丰富土地资源和强大谷物出口鼓励政策的国家，如阿根廷、加拿大和美国。而中国，作为亚洲最为主要的谷物进口国，则通过进口来弥补自身土地紧缺所导致的谷物缺口。

通过对比各地区饲料资源和饲料需求情况，可以对一国的国内饲料贸易情况进行评估。

全球约有1/3的大豆、豆油和豆粕产量（分别为29.3%、34.4%和37.4%）参与了国际贸易。这一比例要显著高于其他农产品。豆粕和大豆分别占据了全球大豆产品（大豆、豆粕、豆油等）贸易额的35%和50%（FAO，2004a）。世界上少数几个大豆出口大国通过向其他国家出口大豆，供给了全球多数大豆消费（见附录1表11、表12）。美国是世界上最大的大豆出口国（出口2 900万吨），其次是巴西（出口1 700万吨）。在几个大豆生产大国中，中国是唯一一个出口量在减少的国家（见附录1表11）。实际上，在过去的10～20年，中国已经由一个大豆出口国转变为世界上最大的大豆进口国以及主要豆粕进口国，中国1/3的豆粕消耗来自进口。

一个国家是进口大豆还是豆油或者豆粕，主要取决于国内市场需求，并受国内加工业结构的影响。美国出口大豆产品的35%为未经加工的大豆。相反，阿根廷和巴西出口大豆产品的80%～85%为大豆加工品（Schnittker，1997）。在豆粕出口方面，南美主导着世界豆粕出口，其最大的豆粕出口市场为欧洲和亚洲（2002年分别出口了1 890万吨和630万吨）。而美国的豆粕出口量只占全球豆粕出口量很少的一部分。最近几年，为了实现豆粕的本土化生产，部分进口国尤其是欧盟成员国开始由进口豆粕转向进口大豆。其结果就是，欧盟贡献了全球600万吨的豆粕出口量，主要流向其他欧盟成员国以及东欧国家。首蓿加工品和压缩干草等饲料产品也相继进入国际贸易市场。这些饲料产品的主要出口国为加拿大和美国。日本是这类饲料最大的进口国，其次是韩国和中国台湾省。

（3）畜禽产品及其制品贸易量的全球性增长

受制于需求量的有限和单位产品运输成本的高昂，相较于饲料产品，畜禽产品及其制品的贸易量要小于饲料产品的贸易量。然而，畜禽产品贸易量的增长速度远高于饲料贸易量和畜禽产品产量的增长速度。而全球贸易规范和标准的制定以及关税壁垒的弱化削弱了畜禽贸易的快速增长。同时，家庭和餐饮业对畜禽产品加工的需求增加，进一步促进了畜禽产品贸易。

过去15年中，禽肉贸易量已经超过牛肉贸易量，从1987年的200万吨增加至2002年的900万吨，相比之下，同期牛肉的贸易量则从480万吨增加至750万吨。除了东欧地区，其他地区的禽肉贸易量均实现了增长（见附录1表14）。北美地区贡献了大约50%的禽肉贸易量（2001—2003年年均贸易量为280万吨），其次是南美地区（同期年均贸易量为170万吨）和欧盟（同期年均贸易量为90万吨）。巴西是最大的禽肉出口国。低廉的饲料成本和劳动力成本以及规模经济的增长，巴西全净膛鸡的生产成本在主要生产国中处于最低水平[美国农业部海外农业局（USDA-FAS），2004]。在禽肉进口方面，禽肉进口国数量要多于牛肉进口国数量，尽管几个主要进口地区进口了多数的禽肉。亚洲是世界上禽肉进口最多的地区，其次是波罗的海国家、独联体国家、欧盟、撒哈拉以南非洲地区和中美洲地区。其中，亚洲、欧盟是禽肉生产相对具有优势的地区，也是世界上最重要且增长速度最快的禽肉贸易地区。

为了进一步评估肉类产品的运输流向，我们估算了各地区肉类生产和需求之间的关系。大部分地区生产的禽用于供给当地的禽肉消费。禽肉生产和消费处于平衡状态（+/-100千克/平方千米）的地区主要分布在有地畜牧业生产系统中。禽肉生产过剩的地区则主要分布在无地畜牧业生产系统中，而禽肉生产不足则通常分布在人口密集的城市地区。对猪肉进行的分析同样表明，猪肉生产过剩的地区主要分布在集约化畜牧业生产系统中。然而，猪肉和禽肉在生产不足地区和生产过剩地区的地理分布上却存在着差异。相对于猪肉，禽肉生产地区更接近于禽肉的消费地区。

借助于在有地肉牛生产系统方面的优势，大洋洲和南美洲成为牛肉出口的主要地区（见附录1表13）。大洋洲牛肉主要出口到北美地区（2001—2003年年均出口90.3万吨），而亚洲从大洋洲进口的牛肉数量在最近几年则实现了迅猛增长，2001—2003年年均进口68.6万吨，在过去15年里增长了173%。南美洲的牛肉主要出口到欧盟（2001—2003年年均出口39万吨）和亚洲（同期年均出口27万吨），且向这两个地区出口的牛肉量在过去15年里均实现了成倍的增长。借助于集约化生产系统，欧盟和北美尤其是北美也对世界牛肉的供给做出了贡献。欧盟的牛肉贸易主要发生在欧盟成员国之间，2002年也向波罗的海国家和独联体国家出口了牛肉。北美地区的牛肉主要出口到亚洲，亚洲地区是世界上最大的牛肉进口地区，2001—2003年年均进口牛肉180万吨（见附录1表13）。亚洲主要受中国的驱动，同样是世界上牛肉进口增长最快的地区，1987—2002年亚洲牛肉进口量增长了114%。亚洲通过国际贸易平衡国内牛肉需求的同时，也刺激了国际牛肉市场的繁荣。撒哈拉以南非洲地区的牛肉贸易也在逐步发展之中。而由附录1表13可知，过去15年中，东欧地区的牛肉贸易出现了急速下滑，而目前从北美、撒哈拉以南非洲地区、波罗的海国家和独联体国家的进口量几乎为零。

2.5 土地退化的焦点区域

畜牧业作为土地主要用途之一，在人类对土地施加压力日益增加所导致的土地退化机制中起了重要作用（见插文2-3）。对于陆地养殖而言，有两个区域的问题最为严重。首先，牧场正处于退化过程之中，尤其是位于非洲和亚洲的干旱和半干旱区域的牧场，拉丁美洲半湿润区域牧场同样面临严重的退化。其次，牧场扩张、开垦林地建设牧场的问题同样严重，拉丁美洲尤为严重。

插文2-3 生态足迹

为衡量人类给土地带来的压力和对稀缺资源日益加剧的竞争，全球足迹网络定义了一个指标叫作"生态足迹"。生态足迹衡量在当前主流技术条件下需要多少土地和水域面积为维持一定数量人口生存提供资源以供其消耗，并吸纳其产生的废物（全球足迹网络）。该指标便于人们比较资源需求和可获得性。据全球足迹网络估计，到20世纪80年代末，全球土地需求就超过了供给。进一步估计结果表明，当前人类生态足迹比整个地球能够维持的水平超出20%。换言之，地球需要一年零两个月才能再生出人类一年所消耗的资源。

畜牧业相关活动极大地增加了生态足迹，它通过牧场和作物种植的土地利用直接增加生态足迹，也通过吸收二氧化碳排放（畜牧生产中使用的化石燃料）和海洋渔业（与饲用鱼粉生产相关的）所需要的面积间接增加生态足迹。

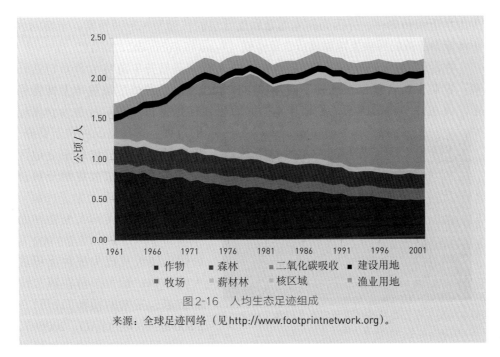

图 2-16 人均生态足迹组成

来源：全球足迹网络（见 http://www.footprintnetwork.org）。

无土地的工业养殖系统与支持其的地面系统相隔离。而与资源隔离的饲料生产和畜牧养殖场，通常会带来污染和土壤退化问题。同样，饲料作物向自然生态系统的扩张也会造成土地退化。

在随后的章节中，我们将回顾与畜牧部门相关的土地退化的4种主要机制：

（1）向自然生态系统扩张；

（2）牧场退化；

（3）城市边缘区域环境污染；

（4）饲料作物生产区域污染、土壤退化和产量损失。

我们将评估这些问题所影响的地域范围及其潜在的生物物理学过程。我们将会在本节完整列出这些问题对全球环境带来的影响，而这些问题对气候变化、水源枯竭和生物多样性衰退的影响则将在后续几章进一步介绍。

2.5.1 牧场和饲料作物仍持续侵蚀自然生态系统

饲料作物和牧场向自然生态系统的扩张有助于增加畜牧的产量，并且有可能在未来照常继续发展。无论向自然生态系统扩张的目的为何，通过破坏自然环境去开垦农业用地会对生物多样性造成直接且重大的损失。千年生态系统评估（MEA）将土地用途变化列为生物多样性丧失的最主要原因（MEA，2005a）。植被破坏导致碳排放增加，加速气候变化。此外，森林滥伐影响水文循环，减少雨水下渗和储存，并因为树木遮盖和落叶层的移除增加地面径流，土壤雨水下渗能力的减弱导致土地腐殖质含量降低（Ward 和 Robinson，2000）。

在经合组织成员国中，决定种植大豆或谷物通常并不意味着开垦自然环境。农业生产者仅仅在几种不同作物中作出选择，而种植区域基本上保持稳定。而在许多热带国家，种植作物的同时也往往是将自然环境开垦为农用地

2004年发生在巴西帕拉州诺沃波罗戈莱索（Novo Progresso）的非法砍伐森林用于生产大豆

的过程。这种情况在拉丁美洲、撒哈拉以南非洲和东南亚地区非常普遍。种植大豆是开垦自然环境的最大驱动力。1994—2004年，拉丁美洲大豆播种面积增加了两倍多，增至 3 900 万公顷，使大豆成为播种面积最大的作物，远大于排在第二位的玉米，玉米的播种面积只有 2 800 万 公 顷（FAO，2006b）。地处亚马孙河西部的巴西隆多尼亚州 1996 年大豆播种面积 1 800 公顷，到 1999 年，该州大豆播种面积快速增至 14 000 公顷。1996—1999 年，位于亚马孙河东部的巴西马拉尼昂州的大豆播种面积从 89 100 公顷增加到 140 000 公顷（Fearnside，2001）。饲料需求的增加和其他因素导致了土地资源相对丰富的国家（如巴西）饲料产量和出口量增加。

过去几十年以来，新热带区粗放养殖的牧场占用土地持续增加，其中大部分新增用地原先都是森林。牧场扩张引致的森林砍伐是导致中美洲和南美洲热带雨林中独特动植物种群消失和碳排放增加的主要原因。据预计，未来森林砍伐之后整理出的土地将主要被用于畜牧生产。实际上，据 Wassenaar 和他的同事（Wassenaar 等，2006）估计，牧场扩张占用的森林面积比用于作物种植占用的森林面积大。对于南美而言，森林砍伐的重点区域采伐行为更为分散。这种森林采伐过程对生态和环境带来的全部影响尚未得到完全理解，因此值得科学界更多关注。这是一个非常紧迫的问题，因为未来牧场扩张的潜力区域主要位于目前湿润和半湿润森林区。几乎没有证据表明畜牧部门是导致非洲热带区域森林砍伐的主要因素。林木采伐和火灾是导致森林毁坏的两大主因。小农户种植，或将次生林和灌木丛当成木材砍伐是导致将森林开垦为农田的主要原因。

与侵蚀自然生态系统的饲料作物播种和牧场面积扩大有关的主要全球环境问题，包括气候变化，通过生物质氧化和碳排放而增加的大气排放，由于水

文循环中断而导致的水耗竭以及由于栖息地破坏而造成的生物多样性退化。这些问题将分别在第3、4和5章进行阐述。

2.5.2 牧场退化：土壤沙化和植被变化

过度放牧导致的牧场退化是一个经常深入研究的问题。牧场退化可以发生在所有的气候和农业系统中，通常是由于放牧动物的密度和践踏超过了牧场的承载能力。管理不善的问题非常普遍。在理想状态下，需要根据牧场的情况持续调整土地/放牧量比率，尤其那些处于干旱气候条件下植被生长量不稳定的牧场，然而很少有牧场进行这种调整。这种情况在萨赫勒和中亚地区的干旱和半干旱公共放牧区非常突出。在这些区域，日益增长的人口和耕地对牧场的侵蚀已经严重限制了牧群的移动和数量变化，因而无法对土地/放牧量比率进行相应的调整。牧场退化会引起一系列环境问题，包括水土流失、植被退化、有机物分解增加碳排放量、因栖息地改变造成生物多样性衰退和损害水文循环。

溪流岸边、小道、给水站、饲养点等畜群集中"踩踏"的区域，湿土（不论是否有植被覆盖）会被压实，干的裸露在外的土壤也将被机械踩踏破坏。畜群踩踏带来的影响取决于土壤的质地，淤泥和黏土含量较高的土壤比沙化土壤更易被压实。被压实和不可渗土壤能减少雨水渗透率，增加径流量和速度。在干旱季节被畜群松动过的土壤会成为下一个雨季初期雨水沉积物的来源。在河岸区域，畜群活动引起河岸结构不稳定，导致河水侵蚀河岸带走本地大量冲刷物。此外，牧群会过度啃食植被，降低植被固定土壤的功能，增加水土流失和污染。反刍动物的啃食植被习惯非常特别，因此造成过度啃食植被的程度也各不相同。例如，因为山羊能啃食残余生物质和木本植被，因此其对草地恢复造成的破坏最大（Mwendera和Mohamed Saleem，1997；Sundquist，2003；Redmon，1999；Engels，2001；Folliott，2001；Bellows，2001；Mosley等，1997；克拉克自然保护区，2004）。

Asner等（2004）指出有3种生态系统退化情况与放牧相关：①土壤沙漠化（在干旱气候条件下）；②在半干旱和亚热带牧场中木本植被增加；③森林破坏（在湿润气候条件下）。

在之前的2.1节我们已经回顾了畜牧养殖对森林破坏的影响。Asner和他的同事描述了造成土壤沙化的3个主要因素：增加土壤裸露面积，减少草本植被的覆盖面，以及木本灌木和灌木丛面积增加。

植被覆盖和土壤条件，例如，有机质含量，土壤养分，土壤湿度，空间差异增大是主要模式之一。

已有大量文献记载全球半干旱和亚热带区域牧草地已经面临木本植被的

侵入。北美、南美、非洲、澳大利亚和其他一些地方都有木本植被侵入牧草地的热点区域，在这些区域木本植被覆盖面在过去的几十年明显增加。其成因包括草本植被被畜群过度啃食、火灾、大气二氧化碳浓度升高和氮沉降（Asner等，2004；van Auken，2000；Archer，Schimel和Holland，1995）。

由于量化非常复杂，所以干旱和半干旱气候条件下牧草地退化的程度是人们关注和讨论的焦点。由于缺乏稳定和易操作的土地质量测量指标，生态系统也处于变化之中，这些干旱区域每年的植被看上去恢复力很强。例如，萨赫勒在历经10年的沙漠化之后，现在已有证据表明撒赫尔在1982—2003年绿色植被覆盖面积很大，且持续扩张。降雨是绿色植被增加的主要成因，除此之外，有证据表明绿色植被增加还有另外一个成因，也许是人类行为引致的变化和气候变化趋势的叠加影响。由人类行为导致撒赫尔牧场产生不可逆退化的观念也因此转变（Herrmann，Anyamba和Tucker，2005）。与此同时，中国西北部的牧场正在快速沙化（Yang等，2005）。已有的研究对土壤沙化的估计值各不相同。据全球人为作用下的土壤退化方法评估，受沙化影响的土地面积达到11亿公顷，该估

梭罗河流域的土壤流失——印度尼西亚，1971年

计与联合国环境规划署的估计值相近（UNEP，1997）。据联合国环境规划署（1991）估计，如果加上植被退化的牧场（26亿公顷），旱地退化的比例高达69.5%。据Oldeman和Lynden（1998）估计，轻度、中度和严重退化的面积分别占49亿公顷、50亿公顷和14亿公顷。然而，这些研究并没有将植被退化考虑在内。在气候条件恶劣、植被所生长的土壤松软的区域，如果管理不当，牧场退化的风险最为显著。

此外，在潮湿到中度气候条件下的牧场同样有退化的风险。当载畜率过高，由于过度放牧和土壤退化使得土壤中营养物（特别是氮和磷）的流失大于供给，土壤相当于被"开采"过了。长期看，牧场退化通常会通过产量下降得到证实（Bouman，Plant和Nieuwenhuyse，1999）。随着土壤肥力持续下降，野草和其他杂草会抢走更多的光照和养分，除草需要使用更多的除草剂和人工，并导致生物多样性的衰退和农民收入的减少（Myers和Robbins，1991）。牧场退化是一个很普遍的问题，据估计，中美地区900万公顷牧场中已经有一半退化（Szott等，2000）。实际上，当地牧场退化的情况可能比这更加严重。

例如，Jansen等（1997）估计，哥斯达黎加大西洋北部区域超过70%的牧场正处于退化晚期，退化主要由过度放牧和缺乏足够的氮造成。

与牧场退化相关的全球环境主要问题包括：气候变化、通过土壤有机质氧化和碳排放增加向大气的气体排放、因地下水补给减少导致水源枯竭，以及因栖息地破坏造成的生物多样性衰退。这些问题将分别在第3、4和5章进行更深入的评估。

2.5.3 城市周边区域环境污染问题

畜牧生产体系持续性的地理集中情况前文已有阐述，它们首先聚集于城市周边地区，其次聚集在饲料和加工周边区域。畜牧加工企业也布局在城市周边，以最大限度地降低运输、用水、能源和服务的成本。畜牧生产在缺乏甚至没有农业用地的区域集中，会因为粪便和废水处理失当，对环境（水、土壤、空气和生物多样性）带来很大影响。导致营养物质过剩的行为包括：给作物过量施肥、给鱼塘投放过量饲料、农业（包括畜牧业）或农业企业废弃物处置失当。农畜系统引起的营养物质过剩主要发生在畜禽粪便未恰当移除或循环使用。Menzi（2001）将动物粪便处置不当对环境的主要影响总结为以下几个方面：

（1）地表水富营养化（水质恶化，藻类生长，损害鱼类等）。畜牧生产过程中产生的排泄物和污水通过排放、径流和污水池外溢等途径流入溪流，给溪流输入有机物和营养物，造成地表水富营养化。地表水污染将危及水生生态系统和取自溪流的饮用水品质。氮和磷通常都是造成地表水富营养化的营养素（Correll，1999；Zhang等，2003）。然而，蓝绿藻能够利用空气中的氮气，所以磷是其生长的限制因素。磷素管理常被用作控制农业导致的地表水富营养化的主要策略（Mainstone和Parr，2002；Daniel等，1994）。

（2）向地下水渗入硝酸盐并可能传播病原体。动物粪便储存设备或过量施用动物粪便的农田会向地下水渗入硝酸盐并有可能传播病原体。硝酸盐浸出和病原体的传播尤其会危及饮用水的水质。

（3）养分在土壤过量累积。粪便施用量过大，导致土壤中养分过量累积。由于营养成分不平衡，甚至有毒成分富集会危及土壤肥力。

（4）湿地和红树林沼泽地等自然生态区直接受水污染影响，造成生态多样性衰退。

LEAD研究表明，在大部分亚洲地

临近公寓建筑的农场，印度普鲁

区，动物粪便在作物种植或鱼类养殖（包括卫生成本）循环利用的成本比通过生化方法去除养分的粪便处理更低（东亚地区牲畜排泄物管理项目，LWMEA）（见插文2-4）。当畜牧生产和加工点位于城市周边区域时，因远离作物种植和鱼类养殖地（见图2-17），高昂的运输成本使得循环利用做法无利可图。畜牧生产单位也通常面临高昂的土地价格，因此倾向于在粪便处理设备建设规模上偷工减料，经常造成牲畜粪便直接排向城市排水道，影响水体养分、药物和激素残留以及有机物含量。不过，高价值的畜牧粪肥产品（如鸡粪、牛粪）通常被被卖到农村地区。

插文2-4 东亚的牲畜废物管理

没有任何地方的畜牧生产增速及其对环境的影响比亚洲一些部分更明显。仅在20世纪90年代，中国、泰国和越南的生猪和禽类生产几乎翻了一番。到2001年，这3个国家的生猪产量超过全球产量的一半还多，鸡肉产量超过全球的1/3。

不出预料，这3个国家同时也经历着与集约型畜牧生产集中相伴而来的污染的快速增加。生猪和禽类生产企业集中在中国沿海区域，越南和泰国正逐渐成为中国南海主要的营养物污染的源头。在大部分人口密集的海岸，生猪养殖密度超过每平方千米100头，农用地超负荷承载着大量的过量营养物。携带大量营养物的雨水径流严重降低了这片原本是世界上生物多样性最为丰富的浅水海域的海水和海底沉积物质量，导致"赤潮"产生，危及脆弱的沿岸海生生物的生长环境，包括红树林、珊瑚礁和海草。

生产和污染的快速增长促成全球环境基金牲畜废物管理东亚项目（LWMEAP），该项目在全球环境基金的资助下，由FAO及跨机构畜牧业、环境与发展倡议项目（LEAD，www.lead.virtualcentre.org）与中国、泰国和越南政府合作开展。项目通过制定相关政策促进畜牧生产企业布局与土地资源平衡，鼓励作物种植农民利用动物粪便和其他营养物。项目还将建立试验农场，示范动物粪便管理的技术。

这3个国家排放的污染物已经危及中国南海。不过，这些国家畜牧养殖企业的情况差别很明显。泰国大型的、工业化、规模在500头以上的养殖场生产了其3/4的生猪。而在越南，养殖3～4头生猪的小规模养殖场占95%。在中国广东，虽然规模在100头以下的养殖企业贡献了生猪产量的一半，但大型工业化养殖企业正快速发展，其中，养殖规模在3 000头以上的企业的生猪产量约占广东生猪总产量的1/4。

全球环境基金牲畜废物管理东亚项目制定了国家和地方两个层面的政策纲要。在国家层面，该项目强调跨部门合作，以制定出有效和切实可行的环境监测和动物粪便管理的规章制度，制定未来畜牧发展选址空间规划，为更好循环利用养殖废水创造条件。作为地方政策形成和实施的关键工具，LWMEAP为制定适应具体的养殖条件的实践操作规范提供支持。

来源：FAO（2004d）。

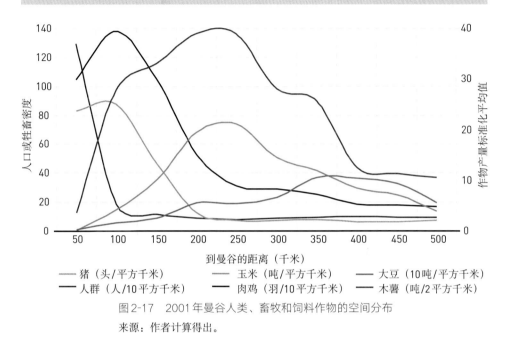

图2-17　2001年曼谷人类、畜牧和饲料作物的空间分布

来源：作者计算得出。

还有一些动物疫病与日益增加的畜牧养殖密度和集中度有关。这些动物传染病中有许多种都会威胁人类健康。工业化、密集型的畜牧生产模式或许是新型动物疫病（如尼帕病毒、疯牛病）的温床，影响公共健康。在城市周边环境中，人口密度和牲畜养殖密度都很高，同种牲畜或跨牲畜品种的污染风险尤其高（图2-17）。

由于规模经济，工业化畜牧生产的单位收入通常比小规模农户低，利润主要归于更少的生产者。此外，经济收入和溢出效应通常发生在更为富裕的城市区域。因此，总体看，这种生产方式的转变对农村发展多半会带来负面影响（de Haan等，2001）。

与城市周边环境污染相关的全球环境主要问题包括：牲畜污染物管理中的气体排放造成的气候变化，地表水和地下水污染造成的水资源枯竭，水和土壤污染对生物多样性的侵蚀。这些问题将在第3、4和5章进一步评估。

2.5.4 饲料作物集约生产

通过集约化生产带来的饲料作物单产提高通常会伴随着巨大的环境成本（Pingali和Heisey，1999；Tilman等，2001）。农业集约化生产可能会有不同程度的影响：

（1）本地影响：加剧土壤流失，降低土壤肥力，减少生物多样性；

（2）区域性影响：污染地下水，导致河水和湖水富营养化；

（3）全球影响：影响大气构成成分、气候和海洋水体。

2.5.4.1 农业生态系统层面的生物学影响

集约化农业生产的一个重要特征就是生产的高度专业化，因为严格控制"杂草"，通常会导致作物品种单一。植物群落多样性的减少影响了害虫多样性、土壤无脊椎动物和微生物，而这又反过来影响作物的生长和健康。单一农作物系统的低多样性造成作物产量更大损失，因为害虫多样性减少，但却变得更多（Tonhasca和Byrne，1994；Matson等，1997）。对这种情况的第一反应通常是增加农药使用。因此，农药随着野生生物的食物链逐渐传播，农药抗药性已成为全球范围内的一个严重问题。

与对农业生态系统相比，单一作物对土壤生物群落的影响相对更不明显。对主要微生物的研究表明，农业生产造成的土壤生物多样性减少可能很大程度上改变了微生物分解过程和土壤养分含量（Matson等，1999）。

2.5.4.2 自然资源变化

有机物是土壤的关键构成成分，它为土壤养分释放提供基质，因此在土壤结构中扮演着至关重要的角色，能够增强土壤蓄水能力，减少土壤侵蚀。对温带农业中的作物集约种植而言，土壤有机质在刚开垦的最先25年流失最快，其中原有碳素通常会流失50%。而在热带区域土壤中，这个过程仅需5年时间（Matson等，1999）。除对当地造成影响外，有机物的分解会排放出大量的二氧化碳，大幅加剧气候变化。

单产的提高还需要使用更多的水。1961—1991年，灌溉土地面积年均增长2%，过去10年年均增速为1%（FAO，2006b）。这个趋势对水资源影响极大。过度开采地下水已经引起很多区域的严重关切，尤其是那些饲料作物种植在适宜的农业生态区外的地方，如欧洲的大部分玉米产地，这些地区对不可再生的水资源的利用更加频繁。农田通常在水资源稀缺的背景下才需要灌溉，而随着人口持续增长、经济不断发展和气候变化加剧，水资源用途竞争加剧，很可能会进一步恶化灌溉用水状况。

2.5.4.3 栖息地破坏

农业集约化生产通常伴随着全球氮肥（N）和磷肥（P）施用量的大幅增加。1961—1991年，化肥消耗量年均增长4.6%，此后施用量维持稳定（FAO，2006b）。全球化肥消耗量维持稳定是平衡的结果，其中发展中国家化肥消耗量继续增加，而发达国家的消耗量开始减少。

作物所能吸收的化肥成分是有限的，化肥中很大一部分的磷被地表水流带走，而据Matson等（1999）估计，其中作物种植中施用化肥40%～60%的氮残留在土壤中或因雨水浸滤流失。从土壤中浸滤到水中的硝酸盐导致饮用水硝酸盐浓度升高，污染了地下水和地表水系统，威胁人类健康和自然生态系统。特别是，内陆水域和沿海区域水体富营养化扼杀水生生物并最终导致生物多样性损失。

氮肥，无论是化肥还是有机肥，都会导致氮氧化合物（NO_x）、一氧化氮（NO）和氨（NH_3）等气体排放增加。Klimont（2001）发现，在1990—1995年，中国氨的排放量从970万吨增至1 170万吨，据他预测，到2030年，中国氨的排放量将增全近2 000万吨。尿素和碳酸氢铵是中国使用最广泛的两种化肥，也是上述气体排放的最大来源。氮氧化合物和氨等气体可能会随风扩散到下风生态系统中，并在那里沉积下来。这些气体的沉积会导致土壤酸化和自然生态系统的富营养化，并通过影响食肉动物和寄生虫改变生物多样性（Galloway等，1995）。氮沉降主要与农业相关，在接下来的几十年中，氮沉降将急剧增加。氮氧化合物气体排放同样会影响全球气候，造成全球变暖，实际上一氧化氮造成全球变暖的能力比二氧化碳强310倍。

最后，农用地的集约利用会影响野生动物的栖息地。单作物种植区域几乎无法给野生动物提供食物或栖息地。因此，野生动物大都不在作物集约种植区域活动。

插文2-5 美国畜牧生产系统和土壤流失情况

在美国，土壤流失被视为最为严重的环境问题之一。在过去的200年间，美国的表层土壤至少约流失1/3（Barrow，1991）。虽然，土壤流失率在1991—2000年已经下降，但2001年土壤平均流失率仍有每年每公顷12.5吨（表2-13），仍高于已经确定的每年每公顷11吨的可持续土壤流失率基准（Barrow，1991）。

表2-13　美国畜牧业对农用地土壤流失的影响

种植用地土壤流失	
种植用地土壤总流失量（百万吨/年）	1 620.8
水和风导致的平均累积流失率 [吨/（公顷·年）]	12.5
用于饲料作物生产的耕地（百万公顷）	51.6
与饲料生产相关的种植用地土壤流失（百万吨/年）	**648.3**
占种植用地土壤流失总量比例	40
牧场土壤流失	
水和风导致的平均累积流失率 [吨/（公顷·年）]	2
牧场总面积（百万公顷）	234
牧场土壤流失总量（百万吨/年）	**524.2**
农用地土壤流失（种植用地和牧场）	
农业用地土壤流失总量（百万吨/年）	2 145.0
畜牧生产相关土壤流失总量（百万吨/年）	**1 172.5**
占农业用地土壤流失总量比例	**55**

　　土壤流失率和严重程度很大程度上取决于各地的具体情况和土壤类型。不过，土壤流失和畜牧生产的关系是令人信服的。美国约7%的农地（2001年）用于生产动物饲料。可以说，美国土壤流失中很大一部分比例是直接或间接受畜牧生产影响。一份有关作物和牧场土地土壤流失的详细评估报告指出，畜牧是导致农地土壤流失的主要因素，每年土壤流失总量中的约55%都是畜牧养殖造成的（表2-13）。在这些流失的土壤体中，约40%最终冗余水中，其余的最终将在其他地方沉积下来。

　　此外，考虑到农业用地对水体污染的严重影响，我们可以合理地推断，畜牧生产系统是淡水资源沉积物污染的主要来源。

来源：USDA/NASS（2001）；FAO（2006b）。

　　此外，集约种植的作物群经常会妨碍野生动物活动，导致生态系统的碎片化。为此，Pingali 和 Heisey（1999）建议，要满足长期的粮食需求，尤其是对谷物的需求，仅仅提高单产是不够的。需要对化肥农药使用方式和土地管理进行根本改变。要达到保持谷物产量增长可持续的同时保护资源基础的目标，需要做到产量增长的比例大于化学投入增长的比例。化肥农药新近配方的改进，及其有效使用的技术和方法可能有助于达成这些目标（Pingali 和 Heisey，1999）。

2.5.4.4　土壤侵蚀

　　土壤侵蚀率取决于当地情况，变化很大，所以通常很难比较各地数据。

侵蚀率受几个因素影响，包括土壤结构、地貌形态、植被、降雨、风速，以及土地利用和管理包括方法、时机选择和耕作频率（Stoate等，2001）（见插文2-5）。由于最严重的土壤流失通常是雨水径流造成的，雨水渗透减少往往会加剧土壤流失。任何对雨水渗透过程有重大影响的活动都会影响土壤流失。

农田，尤其是集约种植的农田，总体上比其他土地利用类型更易遭受侵蚀。影响农田土壤流失率的主要因素包括：①能够固定土壤，保护土壤免受风侵，并改善雨水渗透的自然植被被破坏的情况；②不恰当的耕作方法；③重型农用机器的机械影响；④土壤肥力的衰竭。

Barrow（1991）回顾了不同国家农田土壤侵蚀程度。但是，由于没有标准化的评估土壤侵蚀的方法，很难比较不同的评估措施。他指出在一些地方土壤侵蚀很严重，如厄瓜多尔和科特迪瓦每年每公顷流失500吨土壤。每年每公顷流失50吨土壤被当做一个标准，这个程度的流失量会导致土壤层每年减少3毫米。如果土壤表层比较浅，这将在很短时间内就会影响农业。相关研究对于土壤流失率的可接受范围尚未取得一致意见，年均0.1～0.2毫米的土壤流失通常被认为是可以接受的（Barrow，1991）。

与饲料作物集约化种植相关的全球环境主要问题包括：气候变化，因化肥使用和土壤中有机物分解导致的气体排放，因污染和利用造成水资源枯竭，因栖息地破坏、水和土壤污染对生物多样性的侵蚀。这些问题将分别在第3、4和5章进一步分析。

2.6　结论

当前，畜牧部门是主要用地部门之一，覆盖约39亿公顷，约占全球陆地表面积的30%。不过，各地畜牧部门用地强度却差异极大。这39亿公顷包括：5亿公顷用于饲料作物种植，产量相对较高的14亿公顷牧场，以及剩下的20亿公顷产量相对较低的粗放牧场。畜牧部门是农业中第一大用地部门，约占农用地的78%，其中占作物用地的33%。虽然集约型"无地"生产系统是近来畜牧部门主要的增长来源，但畜牧部门对农田的影响仍然很大。因此，如果研究不包含作物种植就无法全面理解畜牧生产相关的环境问题。

随着畜牧行业的发展，其土地规模要求持续增加，并且正在经历土地集约利用和地理分布类型的转变。

（1）集约化发展降低了畜牧相关的土地利用面积扩张

转型的第一个方面就是土地利用集约化。这与饲草料供应相关，生产饲草料是畜牧部门土地的主要用途（包括直接用于牧场或间接用于生产饲料作物）。在交通基础设施先进、制度健全和农业生态适应能力强的地区，饲料作物和人工牧场得到了加强。图2-18显示了全球用于牧场和饲料作物生产的面积增长率与肉类和奶类产量增长率的明显差别。从全球范围看，畜牧部门集约化增强是产量增长的主要原因。在此过程中，畜牧品种从反刍动物转为单胃动物和饲养方法的改进起了关键作用。

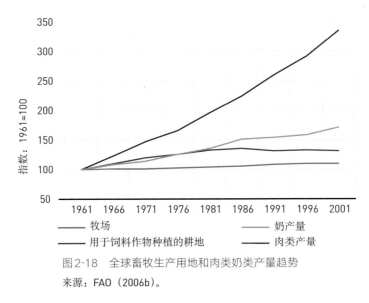

图2-18 全球畜牧生产用地和肉类奶类产量趋势

来源：FAO（2006b）。

虽然畜牧行业已呈现集约发展的趋势，但在未来的几十年中，对畜牧产品的需求持续增长仍将起主要作用，导致用于畜牧生产的区域保持净增长。由于机会成本较低，集约型牧场和饲料作物种植将扩张到自然栖息地。然而，牧场和饲料作物种植面积很可能已经完成大规模扩张，因而集约化进程将很快超过面积扩张的趋势，最终导致牧场和饲料种植面积出现净减少。

区域变化趋势和全球趋势有可能不一致。在欧盟（图2-19），肉类和奶类产量增加伴随着牧场和饲料作物种植面积减少，这个过程在OECD成员国中更为普遍。饲料转化率的提高是这个趋势得以实现的主要因素，但也有部分饲料作物生产面积的减少是通过进口饲料实现的，特别是从南美洲进口饲料来弥补缺口。实际上，南美洲（图2-20）是饲料作物种植面积扩大势头相对强劲的区域，虽然集约型畜牧生产部门的快速发展促使饲料生产行业不断壮大，但是出口却是导致需求量过度增长的主要原因。饲料作物在1970年到1990年末期间增长尤为迅猛，首先是在发达国家，随后发展中国家也专注于畜牧产业工业化并开始进口蛋白饲料。

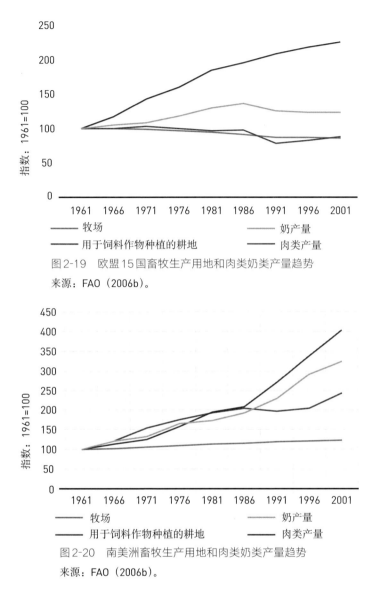

图2-19　欧盟15国畜牧生产用地和肉类奶类产量趋势

来源：FAO（2006b）。

图2-20　南美洲畜牧生产用地和肉类奶类产量趋势

来源：FAO（2006b）。

例如，与那些饲料作物及牧场增长平稳的区域相比，东亚及东南亚的饲料作物生产的增长就更为迅猛（图2-21），这是由于饲料进口，集约型畜牧行业的品种优化、畜牧业改善及家畜改良而导致增长率不同。

（2）畜牧生产向饲料资源区或低成本区域转移

畜牧生产地理变迁的第二个特征表现为生产空间布局的改变。生产和消费不再处于同一地点，大部分消费发生在城市，远离饲料资源。畜牧部门已经适应了将商品链与当地的生产或加工环节（可以获取最低生产成本）分开的产

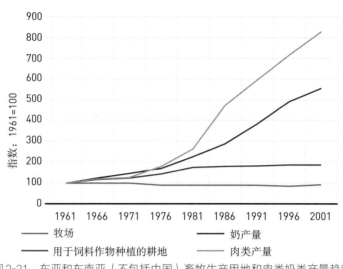

图2-21　东亚和东南亚（不包括中国）畜牧生产用地和肉类奶类产量趋势

来源：FAO（2006b）。

业新模式。随着交通设施的发展，畜牧产品的货运成本与其他生产成本相比变得相对较低，畜牧产品加工趋势的发展进一步降低了运输成本。因此，畜牧生产向饲料资源、政策（如税制、劳动水平及环境水平）优惠区及服务和疾病条件补贴等区域迁移，实现生产成本最小化。本质上，畜牧业是从"默认的土地利用者"政策（比如，利用边缘土地、农作物残渣和土地间隙的生物质的唯一方式）倒向"活跃的土地利用者"政策（比如，与其他部门就饲料作物、集约牧场和生产单元的组建进行良性竞争）。

（3）为环境付出代价

虽然这个过程提高了资源利用效率，但却往往是在基于个人而非社会总体的视角，导致资源定价过低，环境和社会外部性没有解决的情况下形成的。因此，畜牧生产地理布局的改变给环境带来了巨大压力。例如，私人运输成本极低，并不能反映社会成本；农作物种植面积的扩张及生产集约化导致严重的土地退化问题；农业向自然生态系统的持续扩张导致气候变化及生物多样性损失。畜牧生产从饲料基地分离恶化了开展动物废物管理良好操作的条件，往往造成温室气体排放、土壤和水污染。

当前的趋势是畜牧部门的生态足迹因土地使用的扩张及土地退化而继续增加。控制土地利用的全球性环境挑战，需要评估和管理满足动物源性食品的当前需求和维持未来食品供应及服务的生态系统能力之间的内在平衡。最后，要想达到可持续平衡还需要对自然资源、外部效应内化及重点生态系统保护进行充分评估。

3　畜牧业对气候变化和大气污染的影响

3.1　问题与趋势

　　大气是地球上的生命之本。除了供人呼吸的空气以外，它还控制温度、分配水资源，是碳、氮、氧等元素循环等的关键过程的一部分，并且保护生命不受到有害辐射的侵害。在一个脆弱的动态均衡里，这些功能通过复杂的物理和化学过程相互交织在一起。越来越多的证据表明，人类活动正在改变着大气的运行机制。

　　在接下来的章节中，我们将重点阐述气候变化和大气污染的人为过程以及牲畜在这些过程中的作用（不包括臭氧层空洞）。畜牧业作为整体对这些过程的作用不得而知。实际上，牲畜生产过程的每个环节所产生的作用于气候变化和大气污染的物质都被释放到大气中，或者被其他水库隔离阻止。这些变化或者是饲养牲畜的直接效应，或者来自于市场交易的动物产品的漫长过程中各个环节的间接效应。我们将按食物链的顺序分析最重要的环节，总结评估它们的累计效应，然后给出一系列降低影响的选择。

3.1.1　气候变化：趋势和前景

　　人为的气候变化近来已成为公认的事实，对环境造成的影响也已经显现。温室效应是温度控制的关键机理，没有它，地球表面的平均温度可能不是15℃，而是−6℃。地球将从太阳接收到的能量通过光的反射和热量的释放返回到太空中去。一部分热量流动是由所谓的温室气体吸收，并在大气中保存。这个过程涉及的主要温室气体有二氧化碳（CO_2）、甲烷（CH_4）、一氧化二氮（N_2O）和氯氟烃。在工业时代初期，人为排放使得这些气体在大气中的浓度升高，从而造成全球变暖。19世纪后期以来，地球表面的平均温度升高了0.6℃。

　　最近的预测表明，到2100年平均温度可能会再增加1.4～5.8℃（UNFCCC，2005）。甚至在最乐观的情况下，未来100年平均温度的上升将比当前间冰期中过去一万年中的任何一个世纪都大。以冰核为基础的气候记录可以将现在的情况与以前间冰期时代的情况进行比较。南极沃斯托克冰核封存着过去42

81

万年的地球历史，显示出在4个冰期－间冰期循环（大约10万年一个自然循环）中温室气体和气候之间总体上具有显著的关系。这些发现已于最近被南极冰穹C的冰核所证实，它是迄今钻孔最深的冰核，代表74万年左右，这是从冰提取的时间最长、不间断的年度气候记录 [欧洲南极冰芯计划（EPICA），2004]。这就证实了二氧化碳逐渐积累的时期最有可能造成地球表面的全球变暖。结果也同时表明当前，由人类活动造成的二氧化碳和甲烷浓度是过去65万年地球历史所未有的（Siegenthaler等，2005）。

预计全球变暖将导致气候模式的变化，包括全球降水的增加以及诸如风暴、洪涝和干旱等极端事件的严重性和频率增加。

© FAO/7398/F. Botts

破裂的黏土——突尼斯，1970年

气候变化可能对环境产生显著的影响。总体来说，变化越快，超出我们应对能力的损害风险就越大。预计到2100年，海平面平均会升高9 ~ 88厘米，导致低洼地区的洪灾和其他灾害。气候带可能向南（或北）极和向上转移，破坏森林、沙漠、牧场和其他尚未有人参与的生态系统。因此，许多生态系统将衰退或者变成碎片，个别物种可能灭绝（IPCC，2001a）。

这些变化的水平和影响在不同地区是非常不一样的。社会将面临新的风险和压力。在全球层面上，食物安全可能不会受到威胁，但是一些地区可能遭遇主要农作物减产，而一些地区可能遭受食物短缺和饥饿。水资源将会因为世界降水和蒸发模式的变化而受到影响。物质基础设施将会受到损害，尤其是通过海平面上升和极端天气事件的增多造成的。经济活动、人类定居以及人类健康将受到许多直接或者间接的影响。贫困的、弱势的以及更普遍意义上不发达的国家在气候变化的负面结果下是最脆弱的，因为他们缺乏实施应对机制的能力。

全球农业在未来20年里将面临许多挑战，并且气候变化将使这些挑战复杂化。大于2.5℃的变暖可能减少食物供给并导致更高的食物价格。对作物单产和生产率的影响会有很大不同。一些农业地区，尤其是热带和亚热带，将受到气候变化的威胁，但是其他地区，主要是温带或高纬度地区，可能会从中受益。

插文3-1　京都议定书

1995年，《联合国气候变化框架公约》（UNFCCC）成员国开始就条款进行谈判，这是一份与现存协议相关的国际性协议。所谓京都议定书的文本于1997年一致通过，并于2005年2月16日生效。

议定书的主要特点是它对接受条款的世界主要经济体的温室气体排放具有强制性目标。这些目标从各国1990年排放水平的8%以下到10%以上不等，"承诺在2008年至2012年间，着眼于降低各国温室气体排放的总体水平，至少低于现有1990年水平的5%"。在几乎所有的国家里，甚至对那些高于1990年10%的国家，这些限制号召明显减少了现有预测的排放。

为了对一系列约束性目标做出补偿，协议对各国如何达标给予灵活性。例如，通过增加森林等"吸纳物"来抵消工业、能源以及其他排放，这些"吸纳物"可以将二氧化碳从自己领土上或者其他国家的大气中移除。

或者可以对进行温室气体减排的外国项目进行补偿。一些排放交易的机制已经建立起来。议定书允许未使用排放指标的国家将他们多余的部分卖给那些超出目标的国家。这个所谓的"碳市场"是既灵活又现实的。不能达到承诺的国家能够"买"承诺，但是价格可能离谱。贸易和销售不仅关系到直接的温室气体排放。各国将通过种植或者扩大森林面积（"移除单位"）以及推行与其他发达国家的"联合实施工程"——为在其他工业化国家的减排工程支付费用来减少温室气体总量，并因此而获得信用。通过这种方式获得的信用可能在排放市场里买卖或者"存起来"以备将来使用。

议定书也为"清洁发展机制"做好准备，它允许工业化国家为较贫困国家减少或者避免排放的工程付费。然后这些工业化国家将因此获得信用，从而应用这些信用来达到他们自己的排放目标。受援助国家从先进技术的免费输入获益，例如使他们的工厂或者发电厂经营更加有效率——更低的成本和更高的利润。大气由于未来排放低于本应有的水平而受益。

来源：UNFCCC（2005）。

畜牧部门也会受到影响。如果农业遭到破坏导致更高的粮食价格，牲畜产品会变得更昂贵。总体来说，集约型管理的畜牧系统将比种植系统更容易适应气候变化。放牧系统可能没有那么容易适应气候变化。放牧社区适应新方法和新技术更为缓慢，而且牲畜依靠牧场的生产率和质量，其中一些可能受到气候变化的负面影响。此外，粗放型畜牧系统对牲畜疾病和寄生虫影响程度及分布的变化更为敏感，而这种变化可能是由全球变暖引起的。

随着温室效应的人为因素变得清晰，气体排放因素得到确认，国际性机制得以确立来帮助理解和应对这个问题。《联合国气候变化框架公约》（UNFCCC）在1992年启动国际谈判程序，以专门解决温室效应问题。它的目的是为了在一个经济上和生态上的时间框架里稳定大气中温室气体浓度。它也鼓励开展其他可能的环境影响以及大气化学方面的研究和监测。通过具有法律约束性的京都议定书，UNFCCC关注主要的人为排放对直接变暖的影响（见插文3.1）。本章聚焦并描述牲畜生产对这些排放的作用。同时，本章对有关牲畜养殖实践变化的减排措施等缓解策略提供深度评价。

仅就二氧化碳来说，其对直接变暖的影响是最高的，因为二氧化碳的浓度和排放量远高于其他气体。甲烷是第二重要的温室气体。一旦被排出，甲烷在大气中大约存留9～15年。在过去100年里，甲烷收集大气热量的有效性比二氧化碳高21倍。自前工业化时代以来，大气中甲烷浓度增加了150%（表3-1），尽管近年来增长率在一直下降。它的排放来自于自然和人为影响的一系列来源。人为影响包括垃圾填埋、天然气和石油系统、农业活动、采煤、固定和移动的燃烧、废水处理和特定的工业过程（US-EPA，2005）。IPCC估计目前流到大气的甲烷，有略多于一半是人为的（IPCC，2001b）。全球人为的甲烷通量估计达到每年3.2亿吨，相当于每年2.4亿吨碳（van Aardenne等，2001）。这个总量与自然来源的总量相当（Olivier等，2002）。

表3-1 重要温室气体的过去和现在的浓度

气体	工业时代以前的浓度（1750年）	现在对流层的浓度	全球变暖潜力*
二氧化碳（ppm）	277	382	1
甲烷（ppb）	600	1 728	23
一氧化二氮（ppb）	270～290	318	296

注：ppm为百万分率；ppb为十亿分率；ppt为万亿分率；*全球变暖潜力（GWP）与100年时间的二氧化碳相关。GWP是比较不同温室气体潜力的一种简单方法。一种气体的GWP不仅取决于吸收和再释放辐射的能力，而且还取决于效果持续的时间。气体分子逐渐分离或与其他大气化合物反应形成具有不同辐射特性的新分子。

来源：WRI（2005）；NOAA（2006）；IPCC（2001b）。

一氧化二氮是具有直接变暖潜力的第三种温室气体，它存在于大气中的量很小。但是，它比二氧化碳收集热量的有效性高296倍，并且具有非常长的大气寿命（114年）。

牲畜活动排出大量的三种气体。牲畜的直接排放是以二氧化碳的形式，来自所有动物的呼吸过程。反刍动物和一小部分单胃动物，排出甲烷是它们消化过程的一部分，包含纤维饲料的微生物发酵。动物粪便也会排出甲烷、一氧化二氮、氨和二氧化碳，取决于它们产生（固体、液体）和管理（采集、存储、传播）的方式。

牲畜也会影响用于放牧或种植饲料作物的土地的碳平衡，这样会间接导致大量的碳释放到大气中。当森林被砍伐变成牧场，同样的情况也会发生。此外，温室气体会从用于生产过程的化石燃料中排出，也会从牲畜产品的饲料生产、加工和营销过程中排出。一些间接影响很难估计，因为与排放相关的土地使用大不相同，取决于土壤、植物、气候以及人类活动等生物物理因素。

3.1.2 大气污染：酸化和氮沉积

工业和农业活动导致许多其他物质排放到大气中，其中很多降低了地球生物赖以生存的空气质量[①]。空气污染物的重要例子是一氧化碳、氯氟烃、氨、一氧化二氮、二氧化硫和氮氧化物转化成硫黄和硝酸。这些空气传播的酸类对呼吸系统有害并且腐蚀一些物质。这些空气污染物以酸雨和酸雪的形式，以干燥储存的气体和颗粒返回到地球，损害庄稼和森林，使湖泊和河流不适合鱼类以及其他动植物生长。尽管相比气候变化，通常空气污染物到达的范围更有限，但是空气污染物通过风可以影响到离释放点很远的地方。

有时候弥漫在牲畜设施周围的刺鼻味道在一定程度上是由于氨的排放[②]。氨挥发是湿润的和干燥的大气沉积酸化的最重要原因之一，并且很大一部分来源于牲畜排泄物。北欧的氮沉积比其他地方要高（Vitousek等，1997）。在大部分地区，与空气污染相连的低水平的氮沉积增加与森林生产力的提高有关。温带和寒带森林在历史上是限氮的，似乎受到的影响最大。氮饱和的地区，其他营养物质从土壤中过滤出来，最终导致森林枯死，抵消甚至压制任何提高二氧化碳富集影响的增长。研究表明，在7%～18%的全球（半）自然生态系统地区，氮沉积实质超过临界值，呈现出富营养化和增加浸出的风险（Bouwman和van Vuuren，1999），尽管对氮沉积在全球层面上的影响认知有限，但是许多具有生物价值的地区可能会受到影响（Phoenix等，2006）。西欧的风险尤其高，超过90%脆弱生态系统的大部分地区接收到超过临界值的氮。东欧和

---

① 向大气中排出的对环境、人类健康和生活质量造成直接损害的额外物质称为空气污染。
② 其他重要的产气牲畜排放有挥发性的有机化合物和硫化氢。事实上，超过100种气体通过进入牲畜经营传递到周围的环境中（Burton和Turner，2003；NRC，2003）。

北美处于中等风险水平。结果表明，甚至一些人口密度低的地区，比如非洲和南美，以及加拿大和俄罗斯联邦的偏远地区，可能也会受到氮富营养化的影响。

3.2 碳循环中的畜牧业

碳要素是所有生命的基础。从图3-1中可以看出，碳要素存储在主要的沉

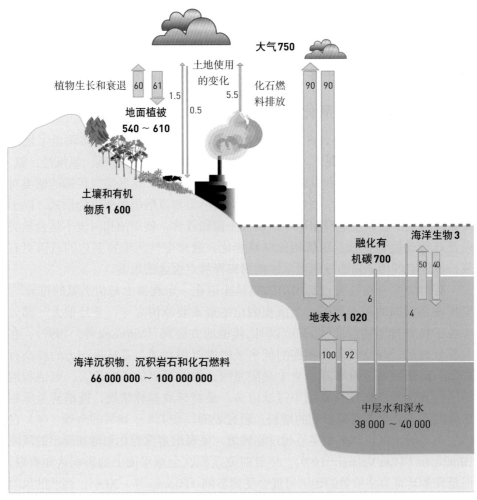

图3-1 目前的碳循环

注：碳总量和交换量以10亿吨计。图显示出1980—1989年的年平均值。要素循环已被简化。越来越多证据表明，许多通量在逐年发生着显著的变化。尽管数字传达的是静态观点，但是在现实世界里，碳系统是动态的，并且在季节的、跨年的以及十几年的时间里与气候系统结合在一起。

来源：根据UNEP-GRiD重要的气候图片编辑整理（www.grida.no/climate/vital/13.htm）。

降物里，并且显示出主要通量的相对重要性。全球的碳循环可以被分为两类：地理的，即在很长的时间里形成比如成千上百万年；生物或物理的，即在较短的时间里形成，比如从几天到几千年不等。

生态系统从大气中获得大部分二氧化碳。许多自养生物[1]，例如植物，具有专门的机能将气体吸收转化成自身的细胞。一些有机物质中的碳由植物产生，这些碳通过非自养动物吃掉植物而传递给非自养动物，然后以二氧化碳的形式散发到大气中去。二氧化碳通过简单传播到达海洋。

碳以二氧化碳和甲烷的形式通过动物和植物的呼吸过程从生态系统释放出来。同时，呼吸和分解将生物集中固定的碳返还到大气中，呼吸主要通过细菌和真菌来消耗有机质。每年通过光合作用吸收的以及通过呼吸作用释放回大气的碳量比每年通过地质循环移动的碳量多1 000倍。

光合作用和呼吸作用也在长期的地质碳循环中发挥着重要的作用。地表植被的存在增强了岩石的风化作用，导致从大气中摄取二氧化碳是长期且缓慢的。在海洋里，浮游生物将一些碳沉淀到海底而形成沉积物。在光合作用超出呼吸作用的地质时期，有机物质缓慢累积几百万年，形成煤和油田。通过光合作用和呼吸作用，从大气中转出和返还的碳量是巨大的，并且造成大气的二氧化碳浓度产生波动。在一年的时间里，这些生物的碳通量比通过化石燃料燃烧释放到大气中的碳量高出十几倍。但是人为流量只是单向的，这个特征就是导致全球碳成本不平衡的原因。这些排放或者是生物循环的净增加，或者是循环内通量变化的结果。

牲畜对碳净排放的影响

表3-2综述出不同碳来源和沉降的情况。人口、经济增长、技术和主要能源需求是人为二氧化碳排放的主要驱动因素（IPCC-排放情景的特别报告）。

大气中的碳净增加估计在每年45亿～65亿吨。通常化石燃料的燃烧和土地使用的变化是主要原因，它们会破坏土壤中的有机碳。

牲畜的呼吸作用只占畜牧部门的碳净排放的非常小的部分。更多的是通过其他渠道间接排放，包括：①燃烧化石燃料来生产用于饲料生产的矿物质肥料；②甲烷从肥料的分解和动物的粪便中释放；③土地使用因饲料生产和放牧而改变；④土地退化；⑤在饲料和动物生产过程中的化石燃料使用；⑥加工冷藏的动物产品在生产和运输过程中的化石燃料使用。

在接下来的章节里，我们将看看这些不同的渠道和牲畜生产的不同环节。

---

[1]　自养生物是指能量供应自给自足的生物，区别于那些寄生的和腐生的生物；非自养生物需要能量的外部供应来维持它们的存在，这些能量包含在复杂的有机化合物中。

表3-2 大气碳来源及沉积

因素	碳通量（每年10亿吨碳）	
	进入大气	从大气中排出
化石燃料燃烧	4～5	
土壤有机质氧化/侵蚀	61～62	
生物有机物的呼吸	50	
森林砍伐	2	
通过光合作用并入生物圈		110
扩散到海洋		2.5
净值	117～119	112.5
大气碳年净增加总量	4.5～6.5	

来源：可从www.oznet.ksu.edu/ctec/Outreach/science_ed2.htm获得。

3.2.1 饲料生产的碳排放

（1）生产肥料过程中的化石燃料使用可能每年排出4 100万吨二氧化碳

氮对植物和动物的生命必不可少。只有有限的过程能够将它转化成植物和动物直接使用的活性形态，例如光照或者根瘤菌固定。过去，缺乏固氮的有效方法，对食物生产和人口造成自然限制。

但是，自从20世纪30年代起，Haber-Bosch过程提供一种解决方案。使用极高的压力，加上主要由铁和其他重要的化学物组成的催化剂，氮就变成负责化学肥料生产的主要程序。现今，这个过程用来生产每年大约1亿吨的人造氮肥。大约1%的世界能量用于此（Smith，2002）。

就像第二章讨论的那样，世界上大部分的农作物生产，或者直接的，或者作为农业工业化的副产品，用于喂养动物。矿物质氮肥适用于大部分相应的农田，尤其是像玉米一样的高能量作物，这些农田用来进行浓缩饲料的生产。因此，由肥料生产造成的气态排放应该归为动物食物链排放的一种。

97%左右的氮肥来自于通过Haber-Bosch过程生产合成的氨。从经济和环境的原因来看，天然气是当今制造过程的燃料选择。到2020年，天然气预计将占全球能源使用的1/3，而20世纪90年代中期这一比例只有1/5（IFA，2002）。在20世纪90年代中期，氨产业消耗大约5%的天然气。但是，氨产业能够利用广泛的能量来源。当油气供应最终变少的时候，可以使用煤炭，以目前的生产水平来看，煤储量足够超过200年的使用。

在估计与这种能量消耗相关的二氧化碳排放以前，我们应该尝试将动物食物链的肥料使用量化。1997年的作物化肥使用（FAO，2002）和主要氮肥消费国将部分作物用作饲料，两者相结合显示出动物生产占据这种消费的较大部分。表3-3给出了几个国家的例子[①]。

表3-3 部分国家化学肥料氮用于饲料和牧草的情况

国家	氮总消费的份额（%）	绝对量（每年1 000吨）
美国	51	4 697
中国	16	2 998
法国*	52	1 317
德国*	62	1 247
加拿大	55	897
英国*	70	887
巴西	40	678
西班牙	42	491
墨西哥	20	263
土耳其	17	262
阿根廷	29	126

* 拥有相当大数量的氮肥草原的国家。
来源：FAO（2002，2003）。

除了西欧国家，化肥的生产和消费在各国都是增长的。动物饲料中含有高比例的氮肥主要归因于玉米，在温带和热带气候条件下有大面积的玉米种植，并且需要氮肥的高投入。超过半数的玉米总产量用作饲料。大量的氮肥用于玉米和其他动物饲料，尤其是在北美、东南亚和西欧等氮短缺的地区。事实上，在分析的66个玉米主产国中，18个国家的氮肥消费量最高的作物是玉米（FAO，2002）。在这66个国家中，41个国家的玉米位列氮肥消费作物的前三位。这些国家的玉米产量预测显示出面积的扩张速度一般低于产量的增长速度，这也就意味着化肥消费量的增长带来单产的提高（FAO，2003）。

其他饲料作物也是氮肥的重要消费者。大麦和高粱等谷物也吸收大量氮肥。尽管一些油料作物与固氮生物体自身有关系（见3.3.1节），但是它们的集约化生产经常会使用氮肥。这些作物主要用作动物饲料，包括油菜籽、大豆和向日葵，吸收相当多的氮肥：阿根廷氮肥消费总量的20%、巴西的11万吨氮

---

① 估计值是在食物和饲料生产使用一样施肥面积份额的假设基础上做出的。考虑到这些国家的饲料作物生产是大规模的、集约化的，而食物供给则主要来自小规模和低投入的生产，这可能是一个保守的估计。此外，需要注意的是，这些估计并未考虑除了油饼以外的其他副产品的重要使用情况（麸、富含淀粉制品、糖蜜等）。这些产品会加到初级商品的经济价值中，这就是为什么应用于初始作物的一些肥料应该归因于它们。

肥（仅用于大豆）以及中国的超过130万吨氮肥用于生产这些作物。此外，在一些国家甚至连草场也吸收一定量的氮肥。

表3-3中的国家共同代表着用于饲料生产的绝大多数的世界氮肥使用量，每年总共有大约1 400万吨的氮肥投入到动物食物链。若独联体和大洋洲也加进来，总量约达全世界每年消耗的8 000万吨氮肥的20%左右。加上除了油饼以外的其他副产品的化肥使用量，尤其是麸，可能占据总量的25%以上。

在这些数据的基础上，二氧化碳的相应排放量可以被估计出来。以现代天然气为基础的系统的能源需求在每吨氨33～44吉焦变化。考虑到在包装、运输和肥料应用过程中（估计代表至少10%的额外成本；Helsel，1992）的额外能量使用，这里应用的上限是每吨氨40吉焦。正如前面提到的，中国的能源使用被认为高于25%，即每吨氨50吉焦。以中国煤的IPCC排放因子（每万亿焦耳26吨碳）和其他地方的天然气IPCC排放因子（每万亿焦耳17吨碳）为例，估算碳100%被氧化（官方估计在98%和99%之间变化）并应用二氧化碳/碳的分子重量比，这在动物食物链初始阶段造成每年估计超过4 000万吨的二氧化碳排放（表3-4）。

表3-4　部分国家从化石燃料的燃烧到用于饲料作物的氮肥生产的二氧化碳排放情况

国家	化学氮肥的绝对量 （1 000吨氮肥）	每吨肥料的能量使用 （吉焦/吨氮肥）	排放因子 （吨/太焦）	排放的二氧化碳 （1 000吨/年）
阿根廷	126	40	17	314
巴西	678	40	17	1 690
墨西哥	263	40	17	656
土耳其	262	40	17	653
中国	2 998	50	26	14 290
西班牙	491	40	17	1 224
英国*	887	40	17	2 212
法国*	1 317	40	17	3 284
德国*	1 247	40	17	3 109
加拿大	897	40	17	2 237
美国	4 697	40	17	11 711
总量（万吨）	14 00			4 100

* 包括相当大数量的氮肥草原。
来源：FAO（2002，2003）；IPCC（1997）。

（2）每年农场的化石燃料使用可能排出9 000万吨二氧化碳

畜牧生产不同阶段所占的能源消费份额变化很大，这取决于畜牧生产的强度（Sainz，2003）。在现代生产系统中，大量能量消耗在饲料生产阶段，不管是反刍动物的饲料还是家禽和猪的浓缩饲料。与用于肥料的能量一样，大量的能量也用在种子、除草剂或杀虫剂、柴油机械（用于土地整理、收割、运输）和电力（灌溉泵、干燥、加热等）上。通过集约型系统的农业用化石燃料所产生的二氧化碳排放量可能比用于饲料的化学氮肥的二氧化碳排放量更大。Sainz（2003）估计，在20世纪80年代，在美国的典型农场中，每千克胴体鸡、猪和牛分别消耗大约35、41和51兆焦耳的能量，占生产消耗量的80%～87%[1]。这其中，电力形式占很大份额，以能量当量为基础计算，以电力形式产生的排放量要比直接使用化石能源所产生的排放量低得多。尽管也使用了大量的化石燃料进行饲料运输，但是集约化单胃动物生产的电力份额更大，主要用于加热、冷却和通风。然而，在畜牧业生产的过程中，超过一半的能源消耗是饲料生产，几乎所有的集约化牛肉作业都是这样的情况。我们已经考虑到肥料生产对饲料能量投入的贡献：在集约系统中，种子和除草剂或杀虫剂的生产以及机械的化石燃料的能量使用加在一起，通常超过肥料生产的能量使用。

在一些情况下，饲料生产并不是化石能源使用的最大来源。明尼苏达州奶业经营者指出，奶牛场就是一个重要的例子。电力是其主要的能源使用形式。相反，对于国内生产主要大宗粮食作物的农民来说，柴油是农场能源使用的主要形式，从而导致更高的二氧化碳排放量（Ryan和Tiffany，1998，1995年的数据）。在此基础上，我们可以认为，明尼苏达州的大量农业能源使用所产生的二氧化碳排放量同样与饲料生产有关，并超过与氮肥使用相关的排放量。相对于用来进行玉米生产的农业能源使用所产生的126万吨二氧化碳来说，玉米的平均施肥量[2]致使明尼苏达州因玉米而产生的排放量大约相当100万吨的二氧化碳（表3-5）。在明尼苏达州，至少有超过一半的玉米和大豆的二氧化碳排放量以及二氧化碳来源可以归因于集约型畜牧业。饲料生产以及猪和奶牛的经营加在一起，使畜牧部门成为明尼苏达州迄今为止农业二氧化碳排放量的最大来源。

如果没有世界其他地区的类似估算，则无法对畜牧业农业中使用化石燃料所产生的二氧化碳排放量进行全球量化。生产不同产品的能源强度和能源的来源都大不相同。假设在低纬度地区和机械化水平较低的地区，生产饲料所需要的能源较其他地区要低，例如在低纬度地区玉米干燥所需消耗的能源要低于其他地区，我们可以由此得到集约生产系统使用化石燃料所产生排放的一组粗略指标。而在这些低纬度地区和机械化水平较低的地区，较低的能源需求会和

---

[1] 与收获后加工、运输、储存和准备不同。生产包括饲料生产和运输的能源使用。

[2] 在美国每公顷玉米要用150千克氮肥。

较差的能源利用效率以及较少使用低碳排放能源（例如天然气和电力）之间相抵消。明尼苏达州的数据可以和全球的饲料生产以及集约化生产系统下畜牧业的牲畜数量结合起来。仅就玉米的估计分析而言，其生产所造成的排放量与生产用于其他饲料作物的氮肥所产生的排放量大体相当。作为保守估计，我们认为农业中用于生产饲料的化石能源所排放的二氧化碳可能比生产饲料专用氮肥所排放的二氧化碳高50%，即全球范围内约6 000万吨二氧化碳。对此我们必须加上与牲畜饲养直接相关的农场排放量，我们估计大约有3 000万吨的二氧化碳。这个数字是将明尼苏达州的数字应用到全球集约化管理的牲畜总数而得到的，假设在低纬度地区对于加热的能源需求较低，但是对通风的能源需求却较高，加之这些地区能源利用效率较低，这几者之间就会相互抵消。

表3-5 美国明尼苏达州农业生产的农场能源使用情况

商品	明尼苏达州在美国的排名	作物面积（10³平方千米）、10⁶头、10⁶吨	柴油（1 000立方米～2.65×10³吨二氧化碳）*	液化石油气（1 000立方米～2.30×10³吨二氧化碳）*	电力（10⁶千瓦时～288吨二氧化碳）*	直接排放的二氧化碳（10³吨）
玉米	4	27.1	238	242	235	1 255
大豆	3	23.5	166	16	160	523
小麦	3	9.1	62	6.8	67	199
奶制品（吨）	5	4.3 *	47	38	367	318
猪	3	4.85	59	23	230	275
牛肉	12	0.95	17	6	46	72
火鸡（吨）	2	40	14	76	50	226
甜菜	1	1.7	46	6	45	149
甜玉米/豌豆	1	0.9	9	—	5	25

注：报告的9种商品主导着明尼苏达州的农业产出，因此也就主导着该州的农业能源使用。相关的二氧化碳排放是根据2005年美国按照UNFCCC共同报告格式（CRF）要求提交的数据报告里的排放效率和排放因子计算得出的。

*柴油2.65，液化石油气的2.3以及电力对应的288，是各自的碳排放系数的原始系数，即提到的排放因子，柴油的排放因子为每立方米排放2.65吨二氧化碳，即每燃耗使用1 000立方米的柴油，会释放2.65×10³吨二氧化碳。同理，每使用1 000立方米液化石油气，排放2.3×10³吨二氧化碳；每使用10⁶千瓦时的电力排放288吨二氧化碳。

来源：Ryan和Tiffany（1998）。

相较上述估计，在粗放系统中，饲料主要来自于天然草原或作物残渣，由农业化石燃料使用产生的排放量预计是较低的，甚至可以忽略不计。事实证明，在发展中国家的大部分地区，特别是在非洲和亚洲，动物是一个重要的畜力来源，这可以被视为一种避免二氧化碳排放的实践。据估计，1992年发展中国家大约一半的种植总面积需要动物牵引（Delgado 等，1999）。随着机械化的快速发展，这一份额正在迅速减少，如中国或印度的部分地区。然而，畜力仍然是一种重要的能源形式，在世界许多地区代替化石燃料的燃烧，并在某些地区特别是在西非，这种情况正在增加。

森林砍伐和斜山坡种植转移的例子。森林破坏在几年里造成灾难性的土壤流失。——泰国，1979年

（3）每年牲畜相关的土地使用变化可能排出24亿吨二氧化碳

世界各地区的土地使用情况正在不断变化，通常是为了响应用户之间的竞争需求。土地使用发生变化会对碳通量产生影响，并且许多土地使用的变化涉及畜牧业，要么占用土地（作为牧场或者耕地用于饲料作物的种植），要么放出一些土地作为他用，例如牧场边缘的土地变为森林。

森林比年年耕作的田地和牧场含有更多的碳，因此，当森林被砍伐，或被燃烧，大量的碳就会从植被和土壤里释放到大气中。碳储量的净减少并不简单地等于采伐面积的净二氧化碳通量。现实情况更加复杂：砍伐森林会产生一个十分复杂的碳流动模式，碳净流出方向会随着时间的推移而发生变化（IPCC 指南）。基于森林转换的碳通量计算，在许多方面来看，是排放清单组成部分中最复杂的。森林砍伐的排放估算因有多种不确定因素而不同：每年的森林砍伐率，被砍伐土地的用途，不同生态系统中的碳含量，二氧化碳释放模式（例如，燃烧或衰减），以及受干扰的土壤释放的碳量。

不同时间尺度上的生物系统反应是不同的。例如，生物质燃烧发生在不到一年的时间，而木材的分解可能需要十年，土壤碳的损失可能会持续几十年甚至几个世纪。IPCC（2001b）估计在1980—1989的10年，由于热带森林砍伐，平均每年以二氧化碳排出的碳有（16±10）亿吨（CO_2-C）。在任何一年里，从森林转换中释放的碳，只有50%～60%是那一年转换和随后的生物质燃烧的结果。其余的来自于往年收获的生物氧化所产生的延迟排放（Houghton，1991）。

显然，估算土地使用和土地使用变化所产生的二氧化碳排放量远不如计算化石燃料燃烧所产生的二氧化碳那么直接。将这些排放归因于一个特定的生产部门，如畜牧业，更是困难的。然而，畜牧业在砍伐森林中的重要作用已在拉丁美洲被证明，这片陆地正在遭受最大的森林净损失和由此造成的碳通量。在第2章，拉丁美洲被认为是牧场扩张以及耕地用于饲料作物种植最强的地区，大多是以牺牲森林面积为代价的。Wassenaar等（2006）的前沿研究和第2章显示的大部分被砍伐的森林最终变成了牧场，而且建成大规模牧场可能是进行砍伐的主要动机。即使这只是砍伐森林的原因之一，但是畜牧业生产已经是森林退化的主要原因。森林转化成牧场释放出相当数量的碳到大气中，特别是当该地区没有将树劈成木材，而是简单地烧毁。砍伐的小块土地可能经历几种土地使用类型的变化。2000—2010年，拉丁美洲的牧场面积预计将以平均每年240万公顷的速度向森林进行扩张，相当于预期的森林砍伐面积的65%左右。如果我们假设，玻利维亚和巴西的至少一半耕地向森林扩张是因为要向畜牧业提供饲料，那么这将会导致每年额外增加超过50万公顷用于畜牧的森林砍伐。牧场和饲料作物用地加在一起，大约每年300万公顷。

鉴于这一点，以及粗放牲畜养殖和耕地用于饲料生产的世界性趋势（第2章），我们可以现实地估计，"畜牧业造成的"森林砍伐的排放量大约等于每年24亿吨二氧化碳。这基于一定的简化假设，即在同等的气候条件下，森林完全转化为草地和耕地（IPCC，2001b），以及考虑不同年份的植被和土壤[①]的碳密度变化。虽然物理上不正确（由于"继承性"，需要一年以上达到新的状态，即延迟的排放量），但是考虑到变化过程的连续性，所引起的排放量估计是正确的。

根据报告，其他可能重要的，但未量化的牲畜相关的森林砍伐并未包含在此估计中，如阿根廷的例子（见5.3.3节的插文5-5）并未包含在此估计中。

除了产生二氧化碳排放量，土地转换也可能对其他排放产生负面影响。例如，Mosier等（2004）指出，森林转换为牧场以后，土壤中的微生物大大降低甲烷的氧化，在牛走来走去的过程中土地被压实，从而限制了土壤对排放气体的吸收，在这种情况下，土地甚至可能成为气体净排放源，而无法有效地吸纳气体。

（4）每年畜牧相关的种植土壤总共释放出大约2 800万吨二氧化碳

土壤是陆地碳循环中最大的碳库。存储在土壤中的碳总量为11 000

---

① 由该来源提供的最新估计：热带森林的植物和土壤分别是每公顷194吨和122吨碳，热带草原的植物和土壤分别是每公顷29吨和90吨碳，农田的植物和土壤分别是每公顷3吨和122吨碳。

亿～16 000亿吨（Sundquist，1993），是活植物碳储量（5 600亿吨）或大气碳储量（7 500亿吨）的两倍以上。因此，即使土壤的碳储量发生相对较小的变化也可能会对全球碳平衡产生显著的影响（Rice，1999）。

在土壤中储存的碳是死亡植物埋入土壤以及分解和矿化过程中的损失之间平衡的结果。在有氧条件下，大部分进入土壤的碳是不稳定的，因此会很快释放到空气中。一般而言，每年550亿吨碳中有不足1%会进入土壤，不断积累，以更稳定的形态长时间存在于土壤中。

人为干扰可以加快分解和矿化。在北美大平原，据估计，通过燃烧、挥发、侵蚀、收获或放牧，大约有50%的土壤有机碳在过去50～100年的种植中损失掉。在热带地区的森林砍伐后，类似的损失不到10年就发生了（Nye和Greenland，1964）。这些损失大多发生在由自然覆盖向人为开发土地的最初转变过程中。

进一步的土壤碳损失可以由管理实践引发。在适当的管理措施下（如免耕），农业土壤可以用作碳汇，而且这样的做法在未来会越来越多（见3.5.1节）。然而，目前它们作为碳汇的作用在全球范围内并不明显。如第2章所述，在温带地区，一大部分粗粮和油料作物的生产最终用作饲料使用。

绝大多数的相应地区处在大规模的集约化管理中，而且传统耕作方式占主导地位，这些都会逐步降低土壤的有机碳含量，并且产生相当一部分的二氧化碳排放量。鉴于来自土地使用和土地使用变化所产生排放量的复杂性，估算一个全球范围内可接受的精准排放量是不可行的。通过使用从温带气候条件下的土壤到低有机质含量的土壤之间平均损失率，即损失率在零和传统耕作的损失率之间，来进行重要性排序：假设年损失率是每年每公顷释放100千克二氧化碳（Sauvé等，2000），包括温带棕色土壤的二氧化碳损失，不包括来自农作物秸秆的排放量，大约180万平方千米耕地就会产生1 800万吨的二氧化碳，这些耕地主要种植饲用的玉米、小麦和大豆，由此产生的二氧化碳就会计入畜牧业的碳排放平衡中去。

热带土壤的含碳量较低（IPCC，2001b），所以碳排放量也就较低。另一方面，大规模饲料作物种植不仅向尚未开垦的土地扩张，而且也向以前的牧场或基本生存作物的种植区域扩展，从而增加二氧化碳的排放量。此外，土壤施用石灰等做法会有助于排放。由于土壤的酸性，土壤施用石灰是精耕细作的热带地区的一种常见做法。例如据估计巴西[①]因土壤施用石灰的二氧化碳排放量在1994年达到899万吨，而这些很有可能在那以后有所增加。在一定程度上，这些排放量涉及农田的饲料生产，它们应该归因于畜牧业。往往只有作物残体

① 巴西给UNFCCC的第一次国家通信，2004。

和副产品用于喂养，在这种情况下，排放的份额对应着应该归因于畜牧业商品的部分价值①（Chapagain 和 Hoekstra，2004）。把不同热带国家间的交流所报告的石灰施用产生的排放量，与 UNFCCC 按照饲料生产在这些国家的重要性所报告的石灰施用产生的排放量进行比较，表明归因于畜牧业的石灰施用全球份额的相关排放量与巴西的排放量处在同一个数量级上（1 000 万吨二氧化碳）。

另一种牲畜促成的农田气体排放是通过稻谷种植的甲烷排放，这是全球公认的甲烷的重要来源。大多稻田的甲烷排放来源于动物，因为土壤中的细菌在很大程度上靠动物粪便"养活"，动物粪便是重要的肥料来源（Verburg，Hugo 和 van der Gon，2001）。施肥方式和洪水管理的类型是控制稻谷种植区域甲烷排放的最重要因素。有机肥比无机肥的排放量更高。Khalil 和 Shearer（2005）指出，在过去的 20 年中，中国每年稻谷种植的甲烷排放量大幅减少，从每年约 3 000 万吨到每年可能不到 1 000 万吨，主要是用含氮化肥代替有机肥料。然而，这种变化会以不同的方式影响其他气体的排放量。随着稻田中氧化亚氮排放量的增加，使用人造氮肥时，中国蓬勃发展的碳基氮肥行业的二氧化碳排放量也在增加。由于不可能对牲畜促成的稻谷种植的甲烷排放量做出一个粗略的估计，这里就不进一步考虑它的全球定量问题。

（5）牲畜引起的牧场荒漠化可能会释放每年 1 亿吨的二氧化碳

畜牧业也会对荒漠化起作用（见第 2 章和第 4 章）。在荒漠化发生的地方，退化往往会导致生产效率下降或植被覆盖减少，从而改变碳和养分的存量以及系统的循环。这似乎会导致地上碳储量的小幅减少，以及固碳的轻微下降。尽管地上生物量发生微小的，有时甚至是不能察觉的变化，但是土壤总碳量通常会下降。Asner、Borghi 和 Ojeda（2003）在阿根廷的一项最新研究也发现，荒漠化导致木本植物发生微小变化，但在长期放牧区，土壤有机碳下降 25%～80%。虽然土壤侵蚀占一部分损失，但绝大多数来源于不可再生的腐烂的有机物存储，即产生显著的二氧化碳净排放。

Lal（2001）估计了由于荒漠化而造成的碳损失。假设在 10 亿公顷荒漠化的土地上（UNEP，1991），每公顷损失 8～12 吨土壤碳（Swift 等，1994），总的历史损失将达到 80 亿～120 亿吨的土壤碳。类似地，地上植被的退化导致每公顷预计 10～16 吨的碳损失，历史总量达 100 亿～160 亿吨。因此，荒漠化造成的总损失可能有 180 亿～280 亿吨碳（FAO，2004b）。畜牧业对这个总量的贡献很难估计，但它无疑是很高的：畜牧业约占全球旱地面积的 2/3，据估计牧场荒漠化率比其他土地用途更高，耕地是每年 250 万公顷，而牧场是每年 320 万公顷（UNEP，1991）。仅考虑土壤碳损失，即每公顷约 10 吨碳，

---

① 产品的价值部分等于产品的市场价值与主要作物所获得的所有产品的市场总价值的比值。

由碳氧化引起的草场荒漠化会导致每年1亿吨的二氧化碳排放量。

影响土壤碳命运的另一个因素，是气候变化的反馈效应，但这种效应是不可预估的。在更高纬度的耕作地区，全球变暖预计将通过更长的生长期和二氧化碳施肥来增加单产（Cantagallo，Chimenti和Hall，1997；Travasso等，1999）。但同时，全球变暖也可能加速已经储存在土壤中的碳分解（Jenkinson，1991；MacDonald，Randlett和Zalc，1999；Niklinska，Maryanski和Laskowski，1999；Scholes等，1999）。虽然做了大量的工作来量化耕地的二氧化碳施肥效应，Ginkel、Whitmore和Gorissen（1999）估计（按照目前大气中的二氧化碳增加率），这种影响的大小为温带草地每年每公顷净吸收0.036吨碳，即使在扣除温度升高对分解的影响以后。最近的研究表明，温度上升的幅度对衰变加速的影响可能更强，在过去几十年的温带地区已经有非常明显的净损失（Bellamy等，2005；Schulze和Freibauer，2005）。这两种情况都可能是真实的，导致从土壤到植被的碳转移，即转到更为脆弱的生态系统，目前发现是转到更多的热带地区。

插文3-2　热带大草原燃烧的许多气候性事实

燃烧在牧场、热带雨林和热带草原地区，以及世界各地草地的建立和管理中是常见的（Crutzen和Andreae，1990；Reich等，2001）。火将未经放牧的草、枯草和杂物清除掉，刺激新草的生长，并能控制木本植物的密度（乔木和灌木）。由于许多草种比树种（特别是幼苗和幼树）更耐烧，燃烧可以决定草本和木本植被的平衡。火刺激大草原上的多年生牧草的生长，并为牲畜提供再生长的营养。可控的燃烧可以预防那些不可控的特别是具有破坏性的火灾，这种可控燃烧还可以消耗处于一定湿度的较低的易燃层。燃烧的成本很低或根本没有成本。它也被小规模用在保护区，来维持生物的多样性（野生动物栖息地）。

草地和草原火灾对环境产生的影响取决于环境的基础和应用。在热带大草原进行有控制的燃烧对环境有显著的影响，因为涉及的面积大和控制水平相对较低。每年大面积的湿润半湿润热带草原通过燃烧进行草场管理。在2000年，燃烧对约400万平方千米产生影响。超过2/3的面积在热带和亚热带地区（Tansey等，2004）。全球约3/4的燃烧发生在森林以外。85%的拉丁美洲燃烧面积、60%的非洲燃烧面积以及约80%的澳大利亚燃烧面积是以大草原燃烧为代表的。

通常认为草原燃烧不产生二氧化碳净排放量，因为由燃烧排放的二

猎人在森林地区放火，以赶出一种啮齿动物并猎杀为食物。牧民和猎人都从中受益

氧化碳又被草的再生长所吸收。除了二氧化碳，生物质燃烧释放出大量重要的影响全球的痕量气体（氮氧化物、一氧化碳和甲烷）和悬浮颗粒（Crutzen和Andreae，1990；Scholes和Andreae，2000）。气候效应包括光化学烟雾、碳氢化合物和氮氧化物的形成。许多排出物质会导致对流层产生臭氧（Vet，1995；Crutzen和Goldammer，1993），这是影响大气氧化能力的另一个重要的温室气体，而从草原大火中释放的大量溴会减少平流层臭氧（Vet，1995；ADB，2001）。

烟流可能分散在当地，或通过较低的对流层流动，或夹带在中高对流层的大规模环流模式中。通常对流层的火将元素带到高处的大气中，增加气候变化的潜力。卫星观测发现非洲、美国南部、热带的大西洋和印度洋的大部分地区有臭氧和一氧化碳含量很高（Thompson等，2001）。

通过牧场生物质的燃烧所产生的气溶胶主导着亚马孙河流域和非洲地区大气中的气溶胶浓度（Scholes和Andreae，2000；Artaxo等，2002）。气溶胶粒子的浓度是高度季节性的。在干燥（燃烧）季节有一个明显的峰值，这有助于通过增加入射光的大气散射和云凝结核的供应来进行冷却。来自生物质燃烧的高浓度云凝结核促进降雨的产生，并影响大规模的气候变化（Andreae和Crutzen，1997）。

3.2.2　牲畜养殖的碳排放

（1）牲畜呼吸系统不是二氧化碳的净来源

目前，人类和牲畜大约占陆地动物总生物量[1]的1/4。根据动物数量和体

---

① 基于范围13（Bolin等，1979），人口更新到现在的65亿左右。

重，牲畜总质量约达7亿吨（表3-6；FAO，2005b）。

表3-6 牲畜数量（2002年）以及来自呼吸系统的二氧化碳排放估计

品种	世界总量（百万头）	生物量（百万吨）	二氧化碳排放量（百万吨二氧化碳当量）
牛和水牛	1 496	501	1 906
小型反刍动物	1 784	47.3	514
骆驼	19	5.3	18
马	55	18.6	71
猪	933	92.8	590
家禽*	17 437	33.0	61
总量**		699	3 161

* 鸡、鸭、火鸡和鹅。** 也包括兔。
来源：FAO（2006b）；作者的计算。

这些动物对温室气体排放的贡献有多大？根据Muller和Schneider（1985，Ni等，1999）建立的函数，应用到各个国家和物种（国家的特定体重）的长期存量，牲畜呼吸过程所产生的二氧化碳约等于30亿吨二氧化碳（表3-6）或8亿吨碳。在一般情况下，由于较低的销售率和较高的库存，反刍动物相对于它们的产量来说具有较高的排放量。牛就占呼吸系统排放二氧化碳总量的一半以上。

然而，牲畜呼吸的排放量是快速循环的生物系统的一部分。植物物质消耗的是其本身通过大气中的二氧化碳转化为有机化合物而创造的。由于排出和吸收的数量被认为是相等的，因此《京都议定书》不认为牲畜呼吸是一个净来源。事实上，由于所消耗的一部分碳是储存在正在生长的动物活体中，不断增长的全球牛群甚至可以被看做是一个碳汇。在过去的几十年里，牲畜生物量显著增加，从1961年的4.28亿吨左右到2002年的6.99亿吨左右。这种持续的增长，可以被视为一个碳封存过程，约每年100万或200万吨碳。但是，这个不足以被同样增加的甲烷排放量所抵消。

然而，生物周期的平衡会在过度放牧或饲料作物种植管理不善的情况下遭到破坏。由此产生的土地退化是植被再生长时所吸收二氧化碳减少的一个标志。在某些地区，相关的净二氧化碳损失可能是显著的。

（2）每年肠道发酵总共释放出大约8 600万吨甲烷

在全球范围内，畜牧业是最重要的人为甲烷排放来源。在驯养牲畜中，反刍动物（牛、水牛、绵羊、山羊和骆驼）在其正常的消化过程中产出大量的甲烷。在这些动物的瘤胃或大的前胃中，微生物发酵将纤维饲料转化为动物可以消化和利用的产品。这种微生物发酵过程，简称为肠道发酵，产生的副产品就是被动物呼出的甲烷。其他动物的消化过程中也会产生少量甲烷，包括人类（US-EPA，2005）。

肠道发酵的甲烷排放量有显著的空间变化。在巴西，1994年肠道发酵的甲烷排放量共计940万吨，占农业排放的93%和全国甲烷总排放量的72%。超过80%来源于肉牛（巴西农业研究公司－巴西农业畜牧和食品供应部，2002）。在美国，2002年肠道发酵的甲烷排放量总计550万吨，绝大多数来自肉牛和奶牛，占所有农业排放的71%和国家总排放量的19%（US-EPA，2004）。

在开放牛棚中饲料喂养奶牛。——墨西哥，1990年

这种变化反映的是甲烷排放量的水平是由生产系统和区域特性决定的。它们受能量摄入、一些其他动物特性和饮食因素的影响，如饲料的数量和质量、动物的体重、年龄和运动量。因此，评估任何特定国家肠道发酵的甲烷排放量需要详细说明牲畜的数量、种类、年龄和生产效率种类，以及日常饲料摄入量和饲料的甲烷转化率的信息（IPCC指南修订版）。由于许多国家没有这种详细信息，一种基于标准排放因子的方法通常用来报告排放量。

生产系统正朝着更多的饲料使用和更高的生产效率发展，肠道发酵的甲烷排放量将随着这种变化而变化。我们已经尝试对畜牧部门的肠道发酵总甲烷排放量做出一个全球性的估计。附录2.1给出评估结果的具体信息，比较联合国政府间气候变化专门委员会第一层引文（IPCC Tier 1）默认的排放因子和特定区域的排放因子。若将这些排放因子应用到各生产系统的牲畜数量，估计每年的肠道发酵的全球甲烷总排放量为8 600万吨。这与美国环境保护局的全球性估计相差不远（US-EPA，2005），每年约8 000万吨的甲烷。这是一个更新的且比以前的尝试更精确的估计（Bowman等，2000；Lerner，Matthews和Fung，1988），同时也提供了针对不同生产系统的估计。表3-7总结了这些结果。相对于放牧系统，混合系统具有全球重要性，这反映出约2/3的反刍动物处在混合系统中。

表3-7　2004年全球肠道发酵的甲烷排放情况

国家或地区	排放（根据来源，每年百万吨甲烷）					
	奶牛	其他牛	水牛	绵羊和山羊	猪	总计
撒哈拉以南非洲	2.30	7.47	0.00	1.82	0.02	11.61
亚洲*	0.84	3.83	2.40	0.88	0.07	8.02
印度	1.70	3.94	5.25	0.91	0.01	11.82
中国	0.49	5.12	1.25	1.51	0.48	8.85
中南美洲	3.36	17.09	0.06	0.58	0.08	21.17
西亚和北非	0.98	1.16	0.24	1.20	0.00	3.58
北美	1.02	3.85	0.00	0.06	0.11	5.05
西欧	2.19	2.31	0.01	0.98	0.20	5.70
大洋洲和日本	0.71	1.80	0.00	0.73	0.02	3.26
东欧和独联体	1.99	2.96	0.02	0.59	0.10	5.66
其他发达国家	0.11	0.62	0.00	0.18	0.00	0.91
总计	**15.69**	**50.16**	**9.23**	**9.44**	**1.11**	**85.63**
牲畜生产系统						
放牧	4.73	21.89	0.00	2.95	0.00	29.58
混合	10.96	27.53	9.23	6.50	0.80	55.02
工业	0.00	0.73	0.00	0.00	0.30	1.04

* 不包括中国和印度。

来源：作者的计算。

（3）每年动物粪便产生的甲烷可能总共达到1 800万吨

畜牧粪便的有机物厌氧分解也释放甲烷。这大多发生在粪便以液体形式管理时，如在泻湖或污水储存槽中。泻湖系统是世界上大部分国家（除了欧洲）进行大规模养猪经营的典型系统。在北美洲和一些发展中国家，例如巴西，这些系统也被用于大型乳品经营。存储在田野和牧场的粪便，或以干燥形式处理的粪便，并不产生大量的甲烷。

牲畜粪便的甲烷排放受到多种因素的影响，这些因素影响负责甲烷形成的细菌生长，包括周围环境的温度、湿度和储存时间。产生的甲烷量也取决于粪便的能量含量，而粪便的能量含量则在很大程度上取决于牲畜的饮食。不

先进的泻湖是900头猪的农场废物管理系统。设施完全自动化和温度控制——美国，2002年

仅越多的粪便会产生更多的甲烷排放，而且更高能量的饲料也可产生含有更多挥发性固体的粪便，增加产生甲烷的基础物质。但是，这种影响在一定程度上会被可能实现的更高的饲料消化率所抵消，从而减少能源浪费（USDA，2004）。

在全球范围内，粪便厌氧分解的甲烷总排放量估计已超过1 000万吨，或约占4%的全球人为甲烷排放量（US-EPA，2005）。尽管粪便的排放量比肠道发酵小得多，但其排放量却远高于燃烧残渣的排放量，与水稻种植已知的较低排放量相似。美国的粪便排放量是最高的，接近190万吨（美国的年度排放清单报告，2004），其次是欧盟。按照物种来说，猪生产贡献了最大的份额，其次是乳制品。中国和印度等发展中国家并不是远远落后的，印度尤其表现出强劲增长。目前在《联合国气候变化框架公约》（UNFCCC）的国家报告中使用的默认排放因子并没有反映全球畜牧业的剧烈变化。例如，巴西的UNFCCC国家报告提到1994年粪便的排放量为38万吨（科技部，2004），这主要来自奶牛和肉牛。但是，巴西也有很强的工业养猪生产部门，其中约95%的粪便在应用前放在开放的存储槽中几个月（EMBRAPA，个人交流）。

因此，类似上一小节的一项新的排放因子评估是必要的，见附录2.2。把这些新的排放因子应用到每一个具体的生产系统的动物数量数据中，我们得出每年粪便分解的全球甲烷排放量总计为1 750万吨。这明显比现有估计高。

表3-8是按物种、区域和耕作制度汇总结果。中国是世界上最大的粪便甲烷排放国家，主要来源于猪的粪便。在全球范围内，猪粪便的排放量几乎占到

总的牲畜粪便排放量的一半。超过1/4的甲烷排放总量来源于工业系统的管理粪便。

表3-8 2004年全球粪便管理的甲烷排放情况

国家或地区	排放（根据来源，每年百万吨甲烷）						
	奶牛	其他牛	水牛	绵羊和山羊	猪	家禽	总计
撒哈拉以南非洲	0.10	0.32	0.00	0.08	0.03	0.04	0.57
亚洲*	0.31	0.08	0.09	0.03	0.50	0.13	1.14
印度	0.20	0.34	0.19	0.04	0.17	0.01	0.95
中国	0.08	0.11	0.05	0.05	3.43	0.14	3.84
中南美洲	0.10	0.36	0.00	0.02	0.74	0.19	1.41
西亚和北非	0.06	0.09	0.01	0.05	0.00	0.11	0.32
北美	0.52	1.05	0.00	0.00	1.65	0.16	3.39
西欧	1.16	1.29	0.00	0.02	1.52	0.09	4.08
大洋洲和日本	0.08	0.11	0.00	0.03	0.10	0.03	0.35
东欧和独联体	0.46	0.65	0.00	0.01	0.19	0.06	1.38
其他发达国家	0.01	0.03	0.00	0.01	0.04	0.02	0.11
全球总计	**3.08**	**4.41**	**0.34**	**0.34**	**8.38**	**0.97**	**17.52**
牲畜生产系统							
放牧	0.15	0.50	0.00	0.12	0.00	0.00	0.77
混合	2.93	3.89	0.34	0.23	4.58	0.31	12.27
工业	0.00	0.02	0.00	0.00	3.80	0.67	4.48

* 不包括中国和印度。

来源：见附录2.2，作者的计算。

3.2.3 牲畜加工和冷藏运输的碳排放

大量研究对把动物加工成肉类或其他产品的能源成本进行量化，并找到可能节约能源的领域（Sainz，2003）。企业间的差异是很大的，所以也很难概括。例如，Ward、Knox和Hobson（1977）指出，在科罗拉多进行牛肉加工的能源成本从每千克活体84万焦耳到502万焦耳不等。Sainz（2003）则给出了加工的能源成本的指示值，见表3-9。

（1）每年牲畜加工的二氧化碳排放可能总共达到几千万吨

我们可以将能源使用的指示性因素和以市场为导向的全球畜牧业集约生产系统的估计结果相结合，从而获得一个世界范围内的加工过程的排放估计值。但是，除了它们的全球有效性令人质疑，能源的来源和如何在世界范围内变化都是高度不确定的。由于来自集约型系统的大部分产品都处于加工状态，上述明尼苏达州的案例（关于农场化石燃料使用的第3.2.1小节和表3-5）构成一个加工的能源使用以及分解成不同的能量来源（表3-13）的有趣例子。这里的柴油主要用于将产品运输到加工工厂。由于量大以及运输能力的低利用率，牛奶所产生的与运输相关的排放量是较高的。此外，大量能量用来进行牛奶消毒并把它变成奶酪和奶粉，使奶业的二氧化碳排放量成为明尼苏达州食品加工中第二高的。最大的排放量来自大豆加工，使用物理和化学的方法将豆油和豆粕从大豆中分离出来。考虑到这两种商品的价值形态（Chapagain 和 Hoekstra，2004），大豆加工所产生的排放量约2/3可归因于牲畜部门。因此，大部分明尼苏达州农业生产加工的能源消耗所产生的二氧化碳排放量，可以归因于畜牧业。

表3-9 加工的指示性能源成本

产品	化石能源成本	单位	来源
禽肉	2.59	兆焦/千克（以活重计）	Whitehead 和 Shupe，1979
鸡蛋	6.12	兆焦/打（12个）	OECD，1982
鲜猪肉	3.76	兆焦/千克（以胴体计）	Singh，1986
加工猪肉	6.30	兆焦/千克（以肉计）	Singh，1986
羊肉	10.4	兆焦/千克（以胴体计）	McChesney 等，1982
冷冻羊肉	0.432	兆焦/千克（以肉计）	Unklesbay 和 Unklesbay，1982
牛肉	4.37	兆焦/千克（以胴体计）	Poulsen，1986
冷冻牛肉	0.432	兆焦/千克（以肉计）	Unklesbay 和 Unklesbay，1982
牛奶	1.12	兆焦/千克	Miller，1986
奶酪、奶油和乳清粉	1.49	兆焦/千克	Miller，1986
奶粉、黄油	2.62	兆焦/千克	Miller，1986

来源：Sainz（2003）。

明尼苏达州因为其牲畜加工的二氧化碳排放量，可以被认为是一个"热点"，但是根据上述论述的能源效率和来源差异，它并不能用来作为得出全球性估计的基础。不过，表3-10也表明美国的畜产品和饲料加工相关的总排放量约达几百万吨二氧化碳。因此，全球动物产品加工所产生的排放水平可能是数千万吨的二氧化碳。

表3-10 1995年美国明尼苏达州农产品加工的能源使用情况

商品	生产[①] （10^6 吨）	柴油 （1 000 立方米）	天然气 （10^6 立方米）	电力 （10^6 千瓦时）	排出的二氧化碳 （10^3 吨）
玉米	22.2	41	54	48	226
大豆	6.4	23	278	196	648
小麦	2.7	19	–	125	86
奶制品	4.3	36	207	162	537
猪	0.9	7	21	75	80
牛肉	0.71	2.5	15	55	5
火鸡	0.4 4	1.8	10	36	3
甜菜[②]	7.4	19	125	68	309
甜玉米/豌豆	1.0	6	8	29	40

①商品：带壳玉米穗、牛奶、活体动物的体重。51%的牛奶被制成奶酪，35%被干燥，14%用于液体灌装。

②甜菜加工需要额外的44万吨煤炭。1 000立方米柴油～ 2.65×10^3吨二氧化碳；10^6立方米天然气～ 1.91×10^3吨二氧化碳；10^6千瓦时～ 288吨二氧化碳。

来源：Ryan 和 Tiffany（1998）。也见表3-5。相关的二氧化碳排放是根据2005年美国按照UNFCCC共同报告格式（CRF）要求提交的数据报告里的排放效率和排放因子计算的得出的。

（2）每年牲畜产品运输所产生的二氧化碳排放可能超过80万吨

在这篇碳循环的评论中所考虑的食物链的最后一个元素就是连接生产链上的各元素，并将产品运送给零售商和消费者的元素，即运输。在许多情况下，运输是短距离的，如上述所提到的牛奶采集。越来越多的链条上的步骤在长距离中得到分离（第2章），这使得运输成为温室气体排放的一个显著的来源。

运输主要发生在两个关键的阶段：加工的饲料运送到动物生产的地方和动物产品运送到消费市场。大量用于浓缩饲料的原材料运到世界各地（第2章）。这些长途运输显著增加了牲畜平衡中的二氧化碳排放量。其中一个最值得关注的长途饲料贸易流量就是大豆，同时也是最大的饲料成分交易量，并伴有最强劲的增长。在大豆（饼）的贸易流量中，巴西到欧洲是尤其重要的流量。Cederberg 和 Flysjö（2004）研究了将豆饼从马托格罗索州运到瑞典奶牛场的能源成本：运输一吨需要2.9焦耳，其中海洋运输占70%。把这种能量需要应用到每年从巴西运到欧洲的大豆饼中，并结合海洋船舶发动机的IPCC排放因子，得出每年的排放量约为3.2万吨二氧化碳。

虽然有大量的贸易流量，我们可以采用猪、家禽和牛肉来代表在世界各地运输动物产品的化石能源使用所产生的排放量。附录1表15给出相关的数据，附录1是考虑相对于各自距离的交易量（FAO，2005年12月获得）、船舶容量和速度、主发动机和制冷辅助发电机的燃料使用，以及它们各自的排放因子（IPCC，1997）以后得出的结果。

这些流量代表了约60%的国际肉类贸易。每年它们产生约50万吨的二氧化碳。这代表了超过60%的二氧化碳总排放量由肉类相关的海运引起，因为贸易流量选择偏向于长途交易。另一方面，海港进出的路面运输没有考虑在内。为简单起见，假设后两者的影响相互抵消，每年肉类运输导致的二氧化碳总排放量为80万～85万吨。

3.3　畜牧业的氮循环

氮是生命的基本要素，在世界生态系统的组织和运行中起着核心作用。在许多陆地和水生生态系统中，氮的可用性是决定植物生命的本质和多样性，放牧动物及其天敌数量变化，以及植物生产力和碳及土壤矿物质循环等重要生态过程的一个关键因素（Vitousek等，1997）。

自然碳循环是以大量化石陆地和水生池，以及很容易被植物吸收的大气形式为特点的。氮循环是完全不同的：大气中的双原子氮（N_2）是唯一稳定的（而且是非常大的）池，约占大气的78%（见图3-2）。

虽然氮是所有生物体生存和发展所需要的，但是这个池在自然条件下大部分是不可用的。对于大多数生物体来说，这种营养物质通过活的和死亡的生物体组织提供，这就是为什么世界上许多生态系统受到氮限制的原因。

少数能吸收大气氮的生物体是中度自然氮循环（相对于碳循环）的基础，导致有机物和水资源的动态池的产生。一般而言，氮通过土壤中的微生物从大气中转移出去，例如寄生于豆科植物根部的氮固化菌。这些细菌将氮转换成其他形式（所谓的活性氮，Nr，实质上是除氮气以外的所有氮化合物），如氨（NH_3），能被植物利用，这个过程称为固氮。同时，其他微生物将氮从土壤中转移出去，并把它返还给大气。这个过程称为反硝化作用，将氮以各种形式返回到大气中，主要是氮气。此外，反硝化作用产生温室气体一氧化二氮。

人类对氮循环的影响

自然生态系统驱动氮循环的有限能力成为满足不断增长人口的食品需求的一个主要障碍（Galloway等，2004）。虽然豆类、水稻和大豆种植的增长使固氮增加，但是大量人口的需求在20世纪的第一个10年发明Haber-Bosch过程以后才得到满足，通过将氮气转化为矿物肥料。

鉴于自然循环的强度适中，化学氮肥的增加有明显的影响。据估计，人类已经使氮进入土地氮循环的自然率增加了一倍，并且这个自然率正在持续增长（Vitousek等，1997）。目前合成肥料提供被作物吸收的所有氮的40%（Smil，

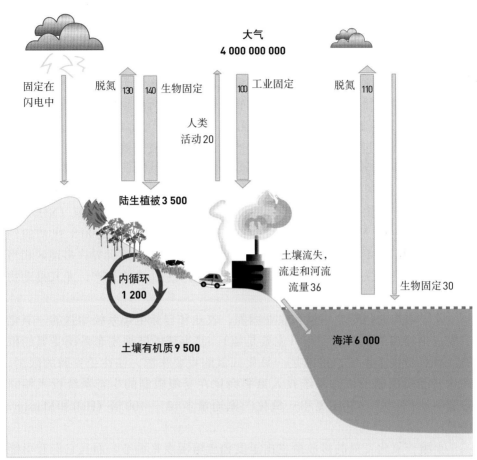

图3-2 氮循环

注：单位为百万吨。

来源：Porter和Botkin（1999）。

2001）。不幸的是，作物生产，特别是动物生产，正以一个相当低的效率（约50%）使用这种额外的资源。其余的估计进入了所谓的氮倾泻（Galloway等，2003），顺流或顺风而下，对生态系统和人类产生一系列影响。过量的氮增加会污染生态系统，改变它们的生态功能以及它们所支持的生活社区。

给大气带来的问题是，人类对氮循环的干预改变了大气和其他水库中物种的氮平衡。非活性氮分子既不是温室气体也不是空气污染物。然而，人类活动将大部分氮以活性氮的形式返回，活性氮是一种温室气体或空气污染物。一氧化二氮在大气中非常执着，可持续长达150年。除了其在全球变暖中的作用，一氧化二氮也参与了臭氧层的消耗，而臭氧层会保护生物圈免受太阳紫外线辐射的有害影响（Bolin等，1981）。大气中的一氧化二氮的浓度加倍估计会导致臭氧层减少大约10%，这反过来会增加20%的紫外线辐射到达地球。

自工业时代开始以来，大气的一氧化二氮浓度稳步增长，比1750年的浓度高出16%（IPCC，2001b）。天然来源的一氧化二氮估计每年大约排放1 000万吨氮，其中土壤贡献约65%，海洋贡献约30%。根据最近的估计，人为因素的一氧化二氮排放量（农业、生物质燃烧、工业活动和牲畜管理）每年为700万～800万吨氮（Aardenne等，2001；Mosier等，2004）。根据这些估计，70%来自农业，包括农作物和畜牧生产。人为的一氧化氮排放量也在大幅增加。虽然它不是温室气体（因此不在这一节进一步讨论），一氧化氮参与臭氧的形成过程，而臭氧是温室气体。

虽然能够很快重新沉积（几小时到几天），但是空气污染物氨（NH_3）的年均大气排放量从19世纪末的约1 880万吨氮增加到20世纪90年代初的约5 670万吨氮。预计2050年将上升到每年1.16亿吨氮，造成世界许多地区相当大的空气污染（Galloway等，2004）。这几乎完全是由食物生产，尤其是动物粪便造成的。

除了增加的化肥使用量和农业固氮，农业和自然生态系统增强的一氧化二氮也由增加的氮沉积引起（主要是氨）。北半球的陆地生态系统受氮的限制，而热带生态系统，目前是一氧化二氮的重要来源，往往受到磷的限制。在这些受磷限制的生态系统投入氮肥会比在受氮限制的生态系统投入相同的肥料所产生的一氧化氮和一氧化二氮通量多10～100倍（Hall和Matson，1999）。

土壤一氧化二氮的排放量也由温度和土壤湿度来调节，而且它们有可能对气候变化做出响应（Frolking等，1998）。事实上，涉及一氧化二氮的化学过程是非常复杂的（Mosier等，2004）。硝化，即氨对亚硝酸盐和硝酸盐的氧化，基本发生在所有的陆地、水生和沉积的生态系统中，并由专门的细菌完成。反硝化，微生物将硝酸盐或亚硝酸盐还原为气态氮并以一氧化氮和一氧化二氮作为还原中间物，是由不同的而且分布广泛的好氧异养细菌来完成。

如今，氨的主要用途是肥料，由非活性氮分子生产，其中一部分直接挥发。最大的大气氨排放源于土壤有机质的衰败。从土壤释放到大气中的氨量是不确定的，但估计在每年5 000万吨左右（Chameides和Perdue，1997）。每年由驯养产生相当于2 300万吨氮的氨，由野生动物贡献大约每年300万吨氮，由人类废物增加每年200万吨的氮。

氨易溶于水，是一种非常活跃的酸化合物。因此，一旦暴露在大气中，氨就会被水吸收，与酸反应形成盐。这些盐在几小时到几天的时间里再次沉积到土壤中（Galloway等，2003），它们又会对生态系统产生影响。

3.3.1 饲料肥料的氮排放

据估计，20世纪90年代中期，由于使用合成氮肥，每年全球氨挥发损失约为1 100万吨氮。其中，27万吨来自施肥的草原，870万吨来自旱地作物，230万吨来自水稻（FAO/IFA，2001；以1995年的排放量估算）。大多数是发生在发展中国家（860万吨氮），其中近一半在中国。发展中国家来自合成肥料使用的氨的平均氮损失（18%）比发达国家和转型国家高出一倍以上（7%）。损失率的差异大多是因较高的温度和发展中国家主要使用尿素和碳酸氢铵造成的。

在发展中国家，大约50%的氮肥是以尿素的形式使用的（FAO/IFA，2001）。Bouwman等（1997）估计，尿素的氨排放损失可能是热带地区的25%，以及温带地区的15%。此外，水稻种植的氨排放量可能比在旱地农田更高。在中国，40%～50%的氮肥以碳酸氢铵的形式被使用，这具有高挥发性。碳酸氢铵的氨损失在热带可能是30%，在温带可能是20%。相比之下，注入无水氨的氨损失只有4%，这在美国被广泛地使用（Bouwman等，1997）。

化肥直接排放量的多大份额可以归因于畜牧业？正如我们所看到的那样，世界的大部分农作物生产用来喂养动物，而大部分农田使用矿物肥料。集中管理的草原也使用大量的矿物肥料。在3.2.1小节，我们估计有20%～25%的矿物肥料的使用（约2 000万吨氮）可以归因于畜牧业的饲料生产。假设美国等重要的"饲料肥"用户的低损失率被南亚和东亚高损失率所抵消，平均矿物肥的氨挥发损失率为14%（FAO/IFA，2001）。在此基础上，畜牧业生产被认为是全球矿物肥的氨挥发的原因，每年全球矿物肥的氨挥发量为310万吨NH_3-N（氨态氮）。

现在说说一氧化二氮，矿物氮肥使用的排放水平取决于施肥的模式和时间。世界主要地区的一氧化二氮的排放量可以采用FAO/IFA（2001）模型进行估计。一氧化二氮排放量等于1.25%±1%的施氮量。这个估计是所有肥料类型的平均值，由Bouwman（1995）提出并由IPCC（1997）采用。不同肥料的排放率也各不相同。FAO/IFA（2001）的计算得到矿物肥料的氮损失率为1%。和氨进行同样的假设，畜牧业生产被认为是全球矿物肥的一氧化二氮排放的原因，每年全球矿物肥的一氧化二氮排放量为20万吨N_2O-N。

豆科的饲料作物也有一氧化二氮排放，尽管它们一般不施氮肥，因为它们根瘤中的根瘤菌能够固定植物所使用的氮。研究表明，这种作物具有和那些施肥的非豆科作物一样的一氧化二氮排放量。考虑到大豆和豆类的世界面积，用于饲料的生产份额在2002年共有7 500万公顷（FAO，2006b）。这意味着每年增加20万吨N_2O-N。加上苜蓿和三叶草可能使这个数据加倍，尽管没有它们耕地面积的全球估计。例如，Russelle和Birr（2004）指出在密西西比河流域大豆和苜蓿共收获约290万吨固氮，其中苜蓿的固氮率几乎是大豆的两倍（Smil，1999）。因此，畜牧业可能是土壤和饲料作物种植的N_2O-N排放的原因，其中豆科作物土壤的N_2O-N排放量每年超过50万吨，饲料作物种植的N_2O-N排放量每年超过70万吨。

3.3.2 化肥使用以后水生资源的排放量

上述的农田直接排放量代表了10%～15%人为的额外活性氮［矿物肥料和种植引起的生物固氮作用（BNF）］。不幸的是，一大部分剩余的氮不包含在收获的植物组织中，也没有存储在土壤中。世界农业土壤有机氮库的净变化很小，且可正可负（加上或减掉400万吨氮，Smil，1999）。某些地区的土壤有显著的收益，而其他地区管理不善的土壤则遭受巨大的损失。

正如Von Liebig在1840年（Smil，2002）指出的那样，农业的主要目标之一就是产生可消化的氮，所以种植的目的是在所收获的产品中积累尽可能多的氮。但即使现代农业也含有较大的损失，全球作物生产的氮效率估计只有50%～60%（Smil，1999；van der Hoek，1998）。重新用世界耕地收获的氮量与每年的氮投入量相比来估计效率[①]，得到的效率甚至更低，约40%。

这一结果受动物粪便的影响，与矿物肥料相比，动物粪便的损失率相对较高。矿物肥料的吸收，取决于肥料的施用率和矿物肥料的种类。报道过的最有效的组合吸收近70%。欧洲的矿物肥料吸收通常略高于50%，而亚洲稻谷的吸收率为30%～35%（Smil，1999）。

那么剩下的氮都损失了，大部分氮的损失并没有直接排放到大气中，而是通过水进入氮倾泻。源于施肥农田的损失份额并不易确认。Smil（1999）试图推出施肥农田的氮损失的全球估计。他估计，在20世纪90年代中期，通过硝酸盐滤出（1 700万吨氮）和土壤侵蚀（20吨氮），全球范围约有3 700万吨氮从农田排出。此外，来自矿物肥料氮的一小部分挥发氨（每年1 100万吨氮）最后也会在沉积后进入地表水（每年大约300万吨氮）。

---

① 作物生产，由van der Hoek定义，包括牧场和草场。减少氮平衡中的输入和输出只反映耕地平衡（动物粪便氮降到2 000万吨，FAO/IFA，2001；Smil，1999，减去所消耗的草地氮输出），这导致作物产品具有38%的同化效率。Smil对耕地氮恢复率的定义并不太广泛，但它的确包括饲料作物。饲料作物包含许多豆科品种，因此，提高整体效率，把它们从平衡中除去似乎只有轻微的影响。不过，Smil用包含在整个植物组织中的氮来表述恢复。这其中很大一部分没有被收获（他估计作物残留物含有2 500万吨氮）：一部分在作物收获后的分解中损失掉；一部分（1 400万吨氮）又进入下一轮的耕作周期。把作物残留物从平衡中除去使得收获作物的氮恢复率达到38%（60/155百万吨氮）。

氮是从氮倾泻的后续水库中逐渐脱离出来的（Galloway等，2003）。由此产生的具有活性氮的丰富水生生态系统不仅产生氮排放，而且产生一氧化二氮的排放。Galloway等（2004）估计水库的人为一氧化二氮排放量约为150万吨氮，而有约5 900万吨氮被运往内陆水域和沿海地区。饲料和牧草生产造成的水生来源的氮损失为每年800万～1 000万吨，如果假设这种损失与饲料和牧草生产的氮肥份额相一致（占世界总量的20%～25%）。把人为水生的一氧化二氮的整体排放率（1.5/59）应用于牲畜引发的矿物肥料氮在水库中的损失时，导致来自水生来源由牲畜引发的排放大约有20万吨 N_2O-N。

3.3.3 牲畜生产链的氮浪费

作物的氮吸收效率较低。在很大程度上，这种低效率是由于管理因素造成的，如通常过量使用肥料，以及使用的形式和时间。优化这些参数可以导致高达70%的效率水平，余下的30%可以被看做是内生（不可避免的）损失。

畜牧业的氮吸收效率甚至更低。氮在动物生产和作物氮使用中有两个重要的区别：①整体吸收效率要低得多；②由非最佳投入引起的浪费普遍较低。因此，动物产品的内生氮吸收效率低，导致所有情况下的氮浪费较高。氮通过饲料进入畜牧业。动物饲料中每千克干物质含有10～40克的氮。各种估计显示，牲畜从饲料中吸收氮的效率较低。把所有的牲畜品种加总，Smil（1999）估计，在20世纪90年代中期，畜牧业约排出7 500万吨氮，van der Hoek（1998）估计1994年的全球畜产品约含1 200万吨氮。这些数字表明隐含的吸收效率只有14%。只考虑作物喂养的动物生产，Smil（2002）计算出一个类似的平均效率，15%（3 300万吨氮，其中饲料、牧草和残渣产生500万吨动物饲料氮）。NRC（2003）估计美国畜牧业的氮吸收效率也是15%（590万吨氮中的90万吨氮）。根据IPCC（1997），动物产品的氮存留，如牛奶、肉、羊毛和鸡蛋，通常占氮储总量的5%～20%。这种明显的同质性估计可能隐藏着不同的原因，例如半干旱放牧系统的饲料质量低和集约型系统中的过度氮丰富的饮食。

不同动物品种和产品之间的效率差异很大。根据van der Hoek（1998）的估计，全球猪的氮效率在20%左右，全球家禽的氮效率在34%左右。对于美国，Smil（2002）计算出奶产品的蛋白质转化率为40%，而肉牛的转化率只有5%。在全球范围内，牛具有较低氮效率的部分原因是内生的，因为它们是大动物，有着很长的妊娠期和很高的基础代谢率。但是，全球牛场也包括一大部分的畜力动物，其任务是提供能量，而不是蛋白质。例如，10年前，牛和马仍然占中国农业能源消耗量的25％（Mengjie和Yi，1996）。此外，在世界的许多地区，放牧动物的喂养只维持在生存水平，消耗但生产得不多。

因此，大量的氮是通过动物的排泄物返回到环境中去的。然而，并不是所有排泄的氮都被浪费了。当用做有机肥，或直接沉积在草地或农田里，一些活性氮会重新进入作物生产周期。反刍动物的粪便对氮损失的贡献小于其他动物。Smil（2002）也指出，反刍动物主要食草或农作物及食品加工残渣（秸秆、糠、饼粕、葡萄皮），而这些是非反刍动物不能消化或不爱吃的。如果鼓励农业生态系统减少氮损失，则应该鼓励养殖反刍动物。然而，如果只用精饲料（主要是玉米和大豆的混合物）喂养牛，牛的养殖则会对整体氮使用产生很大的影响。

大量的温室气体排放到大气中的确由动物粪便的氮损失造成，动物粪便含有大量的氮和一种产生很高损失率的化学成分。对于羊和牛来说，粪便排泄中，所消耗的每千克干物质中通常有约8克的氮，无论饲料的氮含量如何（Barrow和Lambourne，1962）。剩余的氮排到尿液中，并且随着饮食的氮含量增加，尿液中的氮比例也增加。在动物生产系统中，动物的氮摄入量很高，超过一半的氮以尿的形式排出体外。

粪便损失发生在不同的阶段：①在储存过程中；②应用后不久，或直接沉积到土地上；③后面阶段的损失。

3.3.4 存储粪便的氮排放

在存储过程中（包括前面在动物房舍的排泄），粪便和尿液中的有机氮开始矿化为氨/铵，为硝化细菌和反硝化细菌提供基质，因此，最终产生一氧化二氮。在大多数情况下，这些排泄的氮化合物矿化迅速。在尿液中，通常超过70％的氮是以尿素形式存在的（IPCC，1997）。尿酸是家禽排泄物的主要氮化合物。尿斑中的尿素和尿酸很快水解成氨/铵。

首先从一氧化二氮排放开始。在处理和储存粪便的过程中，排出的氮总量中只有一小部分转化为一氧化二氮。如上所述，粪便成分决定着其潜在的矿化率，而一氧化二氮排放的实际大小取决于环境条件。对于一氧化二氮排放的发生来说，垃圾必须首先进行有氧处理，使氨或有机氮转化为硝酸盐和亚硝酸盐（硝化）。然后它必须进行无氧处理，使硝酸盐和亚硝酸盐被还原为氮，中间会产生一氧化二氮和一氧化氮（反硝化）。这些排放物最有可能发生在干燥的废物处理系统，系统里提供有氧条件，并包含由于饱和而产生的无氧环境。例如，干燥的粪便沉积在土壤中，它被氧化为亚硝酸盐和硝酸盐，并有可能遇到饱和条件。不同的粪便存储途径存在甲烷和一氧化二氮排放风险的相克作用，减少甲烷排放量可能会增加一氧化二氮的排放量。

在动物粪便的贮存和处理过程中，一氧化二氮排放量取决于系统、粪便管理的持续时间以及温度。不幸的是，没有足够的定量数据来建立通风程度与存储及处理过程中的泥浆的一氧化二氮排放量之间的关系。而且，关于损失的估计也很广泛。当用 N_2O -N / 千克来表示粪便中的氮即粪便中的氮以一氧化二氮的形式排放到大气中的份额，在贮存过程中动物粪便的损失范围从泥浆氮的小于 0.000 1 千克 N_2O-N/ 千克到充满猪粪便的畜舍氮的超过 0.15 千克 N_2O -N/千克。全球粪便排放量的估计需要考虑这些不确定性。根据不同系统和世界区域的现有粪便管理，结合默认的 IPCC 排放因子（插文 3-3）[①]，专家的判断显示出存储的粪便所产生的一氧化二氮排放量相当于每年 70 万吨氮。

插文 3-3　按照生产系统、物种、地区对粪便产生的一氧化二氮排放量的新估计

我们列举的全球数据表明动物生产中的一氧化二氮排放量的重要性。然而，在解决问题的优先序上，我们需要通过评估不同的生产系统、物种和世界区域对全球总数的贡献，来更详细地了解这些排放的起源。

我们的评估，详见下面的内容，是根据目前的牲畜数据，得出一个比最近的文献高很多的估计结果，最近的文献是根据 20 世纪 90 年代中期的数据进行估计的。畜牧业在过去的 10 年中有了很大的发展。我们估计全球氮排放量约为每年 1.35 亿吨，而最近的文献（Galloway 等，2003）仍引用基于 20 世纪 90 年代中期数据做出的每年 7 500 万吨的估计。我们对粪便和土壤产生的一氧化二氮排放量的估计是应用 IPCC 方法（IPCC，1997），综合考虑当前畜牧业生产和数量数据的结果（Groenewold，2005）。从粪便管理中推出一氧化二氮排放量需要以下知识：

• 不同牲畜类型的氮排放；
• 在不同的粪便管理系统中的粪便处理比例；
• 不同粪便管理系统的排放因子（每千克的氮排放）。

结果是在加总世界区域或生产系统内的各类畜种（第 2 章），并乘以相应牲畜类型的氮排放量，得到每头的一氧化二氮排放因子。

---

① 参见附录 2.3。地区牲畜专家通过一份调查问卷提供了该地区生产系统中的废物管理系统的相对重要性的信息。在这份信息的基础上，来自循环农业以及农业网络中的市政和工业残留（可查阅 www.ramiran.net）的废物管理和气体排放专家们估计了地区和系统具体的排放。

表3-11　2004年动物排泄物产生的一氧化二氮总排放量（百万吨/年）

地区/国家	粪便管理系统的N_2O的排放量，土壤应用/沉积后和直接排放						
	奶牛	其他牛	公牛	绵羊和山羊	猪	家禽	总计
撒哈拉以南非洲	0.06	0.21	0.00	0.13	0.01	0.02	0.43
亚洲*	0.02	0.14	0.06	0.05	0.03	0.05	0.36
印度	0.03	0.15	0.06	0.05	0.01	0.01	0.32
中国	0.01	0.14	0.03	0.10	0.19	0.10	0.58
中南美洲	0.08	0.41	0.00	0.04	0.04	0.05	0.61
西亚和北非	0.02	0.03	0.00	0.09	0.00	0.03	0.17
北美	0.03	0.20	0.00	0.00	0.04	0.04	0.30
西欧	0.06	0.14	0.00	0.07	0.07	0.03	0.36
大洋洲和日本	0.02	0.08	0.00	0.09	0.01	0.01	0.21
东欧和独联体	0.08	0.10	0.00	0.03	0.04	0.02	0.28
其他发达国家	0.00	0.03	0.00	0.02	0.00	0.00	0.06
总计	**0.41**	**1.64**	**0.17**	**0.68**	**0.44**	**0.36**	**3.69**
畜牧生产系统							
放牧	0.11	0.54	0.00	0.25	0.00	0.00	0.90
混合	0.30	1.02	0.17	0.43	0.33	0.27	2.52
工业	0.00	0.08	0.00	0.00	0.11	0.09	0.27

*不包括中国和印度。
来源：作者的计算。

尿素和尿酸快速降解成铵，导致在贮藏和处理过程中通过挥发损失的氮是极为显著的。而实际排放量受很多因素的影响，特别是粪便管理系统和环境温度，大部分的NH_3-N在贮藏期间（通常约为最初排出氮的1/3）以及使用或者排出前挥发。Smil（1999）估计在20世纪90年代中期全球有大约1 000万吨的NH_3-N从精细的动物饲养管理过程中损失到大气中。尽管所有收集的粪便中只有一部分来源于工业系统。

以工业系统中的牲畜量为基础（第2章），以及他们估计的粪便生产（IPCC，1997），相应动物粪便的当前氮量估计有1 000万吨，存储粪便的相应氨挥发量有200万吨氮。

因此，动物粪便管理过程中的挥发损失与目前的合成氮肥使用的挥发损失相差不远。一方面，一旦应用到农田里，这种氮损失会减少粪便的排放量；另一方面，它产生一氧化二氮排放量，从而进一步降低"氮倾泻"。

3.3.5 使用的或存放的粪便的氮排放

沉积在土地上的新排泄物，无论是采用机械摊铺还是由牲畜直接沉积，有较高的氮损失率，形成大量氨挥发。反刍动物消耗的牧草在质量上有很大差异，同时环境条件也使得粪便的氮排放量难以量化。FAO/IFA（2001）估计通过动物粪便的氨挥发所造成的氮损失达到全球的23%。Smil（1999）估计这种损失至少有15%～20%。

IPCC提出由氨挥发造成的标准的氮损失为20%，没有区分粪便是使用过的还是直接沉积的。考虑到在储存过程中挥发造成大量的氮损失，排泄后的氨挥发总量估计在40%左右。把这个比率应用到直接沉积的粪便似乎是合理的（最多是60%或是破纪录的70%），假设热带陆地系统的尿液中较低的氮比例被较高的温度抵消。我们估计，在20世纪90年代中期，约3 000万吨的氮通过动物在更为集约的系统中直接沉积在土地上，经氨挥发损失约1 200万吨氮[①]。

此外，根据FAO/IFA（2001），管理的动物粪便使用后的损失约为800万吨氮，共造成陆地上的动物粪便所产生的氨挥发氮损失在2 000万吨左右。

这些数字在过去10年中有所增加。即使在IPCC对氨挥发损失率做出非常保守的20%的估计，减去继粪便使用或沉积之后，粪便用于燃料所产生的氨挥发损失，在2014年估计约2 500万吨氮。

现在说到一氧化二氮，源于剩余的外部氮投入的土壤排放量（减去氨挥发以后）取决于多种因素，特别是土壤水填充的孔隙空间、有机碳的可用性、pH、土壤温度，植物或作物吸收率以及降雨特征（Mosier等，2004）。然而，由于产生一氧化二氮通量的复杂相互作用和高度不确定性，修订的IPCC指南只以氮投入为基础，不考虑土壤特性。尽管有这种不确定性，粪便引起的土壤排放量显然是世界上最大的一氧化二氮牲畜来源。动物放牧产生的排放量（未管理的粪便，直接排放）和把动物粪便作为肥料进行耕作所产生的排放量是可比大小的。放牧产生的一氧化二氮排放量在0.002～0.098千克N_2O-N/千克氮排泄，而用于肥料使用的默认排放因子为0.012 5千克N_2O-N/千克氮。几乎所有的数据都属于温带地区和集中管理的草原。在这里，粪便中的氮含量，尤其是尿，高于热带或亚热带的非集中管理的草原。大家不知道的是，在一定程度

---

① 从通过牲畜排泄的约7 500万吨的氮，我们推断出3 300万吨集中用于草原、旱地作物和湿地水稻（FAO/IFA，2001），1 000万吨氨在存储期间损失。使用动物粪便作为燃料被忽略。

上，这抵消了在更受磷限制的热带生态系统所增强的排放量。

使用过的粪便排放量必须和动物排泄的粪便分别计算。FAO/IFA研究（2001）估计使用过的粪便的一氧化二氮损失率为0.6%[①]，即低于大多数矿物氮肥，导致在20世纪90年代中期动物粪便土壤一氧化二氮损失为20万吨氮。使用IPCC方法将把这个增加到30万吨氮。

关于牧场上排泄的动物粪便，在20世纪90年代中期，粪便所含的约3 000万吨氮沉积在更为集约的系统土地上。把IPCC"全面合理的平均排放因子"（0.02千克N_2O-N/千克氮排泄）应用到这个总量上，得到动物粪便土壤一氧化二氮损失为60万吨氮的结果，使得一氧化二氮排放总量在20世纪90年代中期约达90万吨氮。

IPCC方法应用到当前畜牧业生产系统和动物数量的估计，导致每年整体的"直接"动物粪便土壤一氧化二氮损失共计170万吨。其中，60万吨来自放牧系统，100万吨来自混合系统，10万吨来自工业生产系统（见插文3-3）。

由粪便的使用（和牧草堆积）产生的直接土壤排放是由氮应用到土地的默认排放因子推算出来的（0.012 5千克N_2O-N/千克氮）。为了估计用于土地的氮量，考虑到在堆积和存储过程中作为氨和氮氧化物所估计的损失部分，由放牧牲畜直接沉积的部分，以及作为燃料使用的部分，每头牲畜的氮排放有所减少。

表3-11的计算结果显示，源于动物粪便的排放量比畜牧部门其他的一氧化二氮排放量要高得多。粗放和集约型系统的粪便排放都以土壤排放为主。在土壤排放中，粪便管理的排放更加重要。不同生产系统特征的影响是相当有限的。由混合的牲畜生产系统产生的一氧化二氮的主要排放量与相应动物的数量呈线性相关关系。大约一半的粪便产生的一氧化二氮的排放量来自大型的反刍动物。

3.3.6 应用和直接沉积后粪便氮损失的排放量

在20世纪90年代中期，在贮藏以及后面的应用和直接沉积的过程中，氮损失到大气中以后，每年仍有大约2 500万吨动物粪便产生的氮可用于全世界农田和集中使用的草地的植物吸收。吸收取决于地表植物：豆科或草的混合物可以吸收大量附加氮，而行栽作物[②]的损失一般很大，裸土或耕土的损失仍然高得多。

如果我们假设草地的氮损失，通过滤出和侵蚀，几乎可以忽略不计，同

---

① 表示为最初施用量的一部分，没有扣除现场的氨挥发，这或许可以解释为什么IPCC的默认值更高。

② 农作物，例如玉米和大豆，按行生长。

时把40%的作物氮利用效率应用到剩余的适用于农田的动物粪便氮中，则剩下约900万吨或1 000万吨氮，它们在20世纪90年代中期大多通过水进入氮倾泻。把一氧化二氮损失率应用到后续的一氧化二氮排放量（3.3.2小节），得出从这个渠道额外排出约20万吨 N_2O-N 的估计。在20世纪90年代中期，类似大小的一氧化二氮排放预计由粪便挥发的氨到达水库重新沉积而成[1]。

我们已为当前畜牧业生产系统的估计更新了这些数据，使用IPCC方法计算间接排放量。目前，在挥发和滤出以后，整体的"间接"动物粪便排放总量在130万吨氮左右。然而，这种方法存在较大的不确定性，并可能因为考虑了放牧时的粪便而导致高估。大部分一氧化二氮排放量，或约90万吨氮，仍然来源于混合系统。

3.4 畜牧业影响的总结

总的来说，牲畜活动贡献了约人为温室气体排放总量的18%，这些人为温室气体排放主要来自5个主要部门：能源，工业，废物，土地利用、土地利用变化和林业（LULUCF）以及农业。

在最后两个部门中，牲畜的份额超过50%。对农业部门来说，牲畜几乎占所有排放量的80%。表3-12总结了牲畜对气候变化的影响：主要的温室气体、气体排放的来源以及是由哪种生产系统造成的气体排放。

在这里，我们将总结三大温室气体的影响。

3.4.1 二氧化碳

畜牧业占全球人为二氧化碳排放量的9%

如果考虑因牧场和饲料用地需要而进行的森林砍伐，以及草场退化，畜牧业相关的二氧化碳排放量是全球总量的重要组成部分（约9%）。但是，从以前小节所做出的很多假设可以看出，这些总量有一定程度的不确定性。尤其是土地利用、土地利用变化和林业（LULUCF）部门的排放量是非常难以量化的，并且大家都知道这个部门给UNFCCC的报告值具有很低的可靠性。因此，这一部门经常在排放报告中被省略，虽然它的份额被认为是重要的。

尽管与LULUCF相比数量还较小，但是畜牧业食物链对化石燃料的使用更为集约，这增加了来自畜牧业生产的二氧化碳排放。随着畜牧生产从反刍动物产品（基于传统的本地饲料资源）向集约化的单胃动物产品（基于食品的长

---

① 据参考文献，在20世纪90年代中期，将相同一氧化二氮损失率应用到后续约600万吨排放到水库的氮，这是总计2 200万吨以氨形式出现的粪便氨挥发的一部分。

途运输）转移，能源的利用也发生了从利用太阳能的光合作用向使用化石燃料的转变。

3.4.2　甲烷

畜牧业占全球人为甲烷排放量的35%～40%

牲畜在甲烷排放中的主要作用一直是一个公认的事实。肠道发酵和粪便加在一起占约80%的农业甲烷排放量和35%～40%的人为甲烷排放总量。

随着反刍牲畜的相对下降，以及反刍动物生产效率增高的整体趋势，肠道发酵的重要性将不太可能进一步增加。但是，动物粪便的甲烷排放量，虽然在绝对值水平上要低得多，但仍是相当大的并且增长迅速。

3.4.3　一氧化二氮

畜牧业占全球人为一氧化二氮排放量的65%

牲畜活动对一氧化二氮的排放量有很大的贡献，一氧化二氮是三种主要温室气体中最有效的。它们几乎占据所有人为一氧化二氮排放量的2/3，以及农业排放量的75%～80%。目前的趋势表明，这一水平将在未来的几十年里大幅增加。

3.4.4　氨

畜牧业占全球人为氨排放量的64%

全球人为的大气氨排放量最近估计约为4 700万吨氮（Galloway等，2004）。其中，约94%是由农业部门生产的。畜牧业占约68%的农业份额，主要来自沉积和使用过的粪便。

由此产生的空气和环境污染（主要是水体富营养化，也是一种气味）不仅是一个全球性的环境问题，更是一个当地或地区性的环境问题。事实上，类似水平的氮沉积，根据它们影响的生物系统类型，可以产生完全不同的环境效应。比起全球数据，大气氮沉积水平的模拟分布是一个更好的环境影响指标。该分布与集约型的畜牧生产区域有强烈而清晰的吻合度。

所提供的数字是对全球温室气体排放的总体估计。但是，它们没有描述畜禽引起的变化的全部范围。为了帮助决策，需要根据当地情况了解排放的水平和性质。例如，在巴西，土地利用变化（森林转换和土壤有机质损失）的二氧化碳排放量要远远高于能源部门的排放量。同时，由于巨大的肉牛数量，肠道发酵的甲烷排放量占全国甲烷排放总量的绝对主导地位。同样的原因，在巴西，牧场土壤产生最高的一氧化二氮排放量，粪便的贡献在不断增加。如果牲畜在土地利用变化中的作用被包括在内的话，那么在这样一个大国里，畜牧业对温室气体排放总量的贡献估计高达60%，也就是比世界水平高18%（表3-12）。

表3-12 畜牧业在二氧化碳、甲烷和一氧化二氮排放量中的作用

气体	来源	主要涉及广泛系统（10^9吨 CO_2 当量）	主要涉及集约化系统（10^9吨 CO_2 当量）	对总动物性食物的温室气体排放量的贡献百分比
二氧化碳	人为的二氧化碳排放总量		24（~31）	
	来自于牲畜活动的总量		~0.16（~2.7）	
	氮肥生产		0.04	0.6
	农场化石燃料、饲料		~0.06	0.8
	农场化石燃料，与畜牧相关		~0.03	0.4
	森林砍伐	（~1.7）	（~0.7）	34
	耕作土壤，耕种		（~0.02）	0.3
	耕作土壤，撒石灰		（~0.01）	0.1
	草地沙漠化		（~0.1）	1.4
	加工		0.01~0.05	0.4
	运输		~0.001	
甲烷	人为的甲烷排放总量		5.9	
	来自于牲畜活动的总量		2.2	
	肠道发酵	1.6	0.20	25
	粪便管理	0.17	0.20	5.2
一氧化二氮	人为的一氧化二氮排放总量		3.4	
	来自于牲畜活动的总量		2.2	
	氮肥应用		~0.1	1.4
	间接排放肥		~0.1	1.4
	豆科饲料种植		~0.2	2.8
	粪便管理	0.24	0.09	4.6
	施肥、沉积	0.67	0.17	12
	间接排放粪便	~0.48	~0.14	8.7
	人为排放量总和		33（~40）	
	牲畜活动的总排放量		~4.6（~7.1）	
	粗放和节约牲畜系统排放总量	3.2（~5.0）	1.4（~2.1）	
	人为排放总量的百分比	10（~13%）	4（~5%）	

注：所有值都以数十亿吨二氧化碳当量表示；括号内的值或包括土地利用、土地利用变化和林业类别；相对不精确的估计值前面加一个波浪号。全球总数来自气候指标数据分析工具（CAIT），世界资源研究所（WRI）。只有二氧化碳、甲烷、一氧化二氮的排放量考虑在总温室气体的排放量中。基于本章节的分析，牲畜排放量归因于其持续产生的生产系统各方面（从粗放型到集约/工业型）。

3.5 减排措施

正如畜牧业对气候变化和空气污染的巨大且多元的贡献一样，也有多种有效的缓解方案。很多事情可以做，但要超越"像往常一样的经营"背景，需要公共政策的强有力的参与。大多数选择不可能不增加成本，即简单的提高意识并不会让减排措施得到广泛的接受和采纳。而且，迄今为止最大的排放量来自更粗放的系统，贫穷的牲畜拥有者经常从日益减少的资源中获取边际生计，并缺乏资金来改变投资。改变是我们的当务之急，改变才是富有远见的行为，它可以通过短期内付出一定代价（用于补偿或创造替代品）来获取长期的利益。

我们将在第6章考察政策方面的问题。在这里，我们探索的主要是技术方案，包括大幅减少当前的主要排放量和创建或扩大碳的沉积收集。

全球气候变化与二氧化碳排放密切相关，大约占人为排放量的3/4。由于能源部门约占人为二氧化碳的3/4，因此很少关注其他部门的其他气体排放的减少。特别是在一个发展的环境下，这是没有道理的。发展中国家只占二氧化碳排放量的36%，而他们生产超过一半的一氧化二氮和近2/3的甲烷。因此，令人惊讶的是，即使是在巴西这样的大国，大部分减排努力的重点仍是能源部门。

3.5.1 碳封存和减缓二氧化碳的排放量

与土地利用变化和土地退化的碳排放量相比，食物链的排放量是很小的。因此，对二氧化碳来说，环境重点需要放在解决土地利用变化和土地退化的问题上。在这里，畜牧业为碳封存提供显著的潜力，特别是以改善牧场的形式。

3.5.1.1 通过农业集约化来减缓森林的砍伐

当谈到土地利用变化时，挑战在于减缓并最终停止和扭转森林砍伐的局面。基于不同空间和时间范围内收益和成本的权衡，迫切需要有意识地计划仍在很大程度上不受控制的流程。亚马孙森林砍伐，与牲畜的农业扩张有关，已被证明为全球人为二氧化碳的排放量做出巨大贡献。如果实施发展战略来控制边界扩张并创造经济的替代品，预测排放量的增长可能会受到限制（Carvalho等，2004）。

建立森林保护和减少森林砍伐的激励机制，在亚马孙和其他热带地区，可以为气候变化的减缓提供一个独特的机会，尤其是考虑到附加效益和相对低的成本。必须执行任何放弃土地用于碳固存的计划，前提是不威胁到区域粮食安全。Vlek等（2004）认为，腾出必要的土地来固碳的唯一可用选择就是在部分更好的土地上进行农业的集约生产，例如通过肥料投入。他们指出，与森林砍伐相关的封存或避免有机碳排放远远超过了生产额外肥料所产生的二氧化碳。增加肥料的使用，只是集约化的众多选项之一。其他的包括引进高产、适应性强的品种，改进的土地和水管理。虽然具有理性的吸引力，"通过集约农业进行固碳"的典范模式并不是在所有的社会政治环境下都是有效的，并且对监管框架和执法有严格的约束条件。在森林砍伐发生的地方，公认应注意的是迅速将其改造为可持续的农业区，例如通过实施林牧复合生态系统和农业保护等实践，从而防止不可逆转的损害。

耕地中相对较低的二氧化碳排放量给显著减排留下很小的空间。耕地土壤的净固碳却有巨大潜力。世界农业和退化土壤的碳汇能力是历史碳损失的50%～66%，这些碳损失来自420亿～780亿吨的土壤碳（Lal，2004a）。此外，固碳有可能提高粮食安全和抵消化石燃料的排放量。

相对于碳，土壤过程具有输入（光合作用）和输出（呼吸作用）的动态平衡特点。在传统的栽培实践中，自然系统向栽培农业的转换导致土壤有机碳（SOC）损失，为栽培前最上面一米存储量的20%～50%（Paustian等，1997；Lal和Bruce，1999）。

不断变化的环境条件和土地管理可能会使平衡点变化到稳定的新水平。现在已经证明：新方法能够改善土壤质量，并提高土壤有机碳水平。陆地土壤固碳的全部潜力是不确定的，因为数据不足以及未能充分理解土壤有机碳在不同水平上的动态变化，包括分子、景观、地区和全球尺度（Metting等，1999）。根据IPCC（2000），改进的做法通常允许土壤碳以每年每公顷大约0.3吨碳的速度增加。如果这些做法被全世界60%的可用耕地采用，那么在接下来的几十年里，它们会每年捕获约2.7亿吨碳（Lal，1997）。这个速度是否是可持续的尚不清楚：研究表明，在大约25年的时间里，固碳呈现出相对快速的增长，在此之后，逐渐趋于平稳（Lal等，1998）。

非常规做法可以分为三类：农业集约化、保护性耕作，以及减少水土流失。加强实践的例子有改良品种、灌溉、有机和无机肥料、土壤酸度管理、综合病虫害管理、复种，以及绿色肥料和覆盖作物的轮作。增加作物产量导致更多的碳以作物生物量或收获指数的变化进行积累。较高的作物残留物，有时与更高的产量相关，有利于提高土壤碳储存（Paustian等，1997）。

IPCC（2000）提供了"碳获得率"的指标，这个指标能够从一些实践中获得。

保护性耕作是指30%或者更多的作物残渣在种植后仍然留在土壤表面的耕作和种植系统。通常它也包括在种植季节减少机械干预。保护性耕作可以分为免耕、垄耕、膜耕、片耕和条耕等特定的耕作类型，由农民根据土壤类型、作物种植、可用的机械设备和当地的实践来选择。虽然开发这些系统最初是为了解决水质、水土流失和农业可持续发展的问题，但是它们也导致更高的土壤有机碳和燃料效率的提高（由于减少土壤耕作机械的使用）。因此，与此同时，他们增加碳汇并减少碳排放。

保护性耕作正在被世界各地广泛采用。2001年，一项由美国大豆协会（ASA）进行的研究表明，在美国50万种植大豆的农民中，大多数在引进抗除草剂大豆后采用了保护性耕作方法（Nill，2005）。由此产生的表层土壤碳增加也使得土地吸收越来越多的降雨，相应地减少径流并比常规耕作的大豆具有更好的抗旱性。

IPCC（2000）估计，保护性耕作可以在全球范围内每年每公顷削减0.1～1.3吨碳，并有可能被多达60%的耕地所采用。这些好处只有在保护性耕作持续进行时才能产生：回归集约型耕作或模板耕作可能会取消或抵消收益，并将封存的碳归还到大气中。当覆盖作物与保护性耕作结合使用时，土壤碳封存能够进一步增加。

自20世纪早期演化而来的有机农业①也报告了类似的结果。有机农业增加土壤有机碳含量。报告的额外收益包括扭转土地退化、增加土壤肥力和健康。Vasilikiotis（2001）的玉米和大豆试验表明，与传统的集约型系统相比，有机系统可以实现投资效益，同时改善长期土壤肥力和抗旱性。

这些改进的农业实践也是联合国环境与发展大会《21世纪议程》（第14章）框架体系中的可持续农业和农村发展的主要组成部分。尽管农民采用这些实践也创造出农场收益，例如增加作物产量，但这些做法的广泛采用很大程度上取决于农民面对采用现行做法的环境后果的程度。在投资这些实践以前，农民可能也需要额外的知识和资源。在现有农业和环境政策的背景下，农民将根据预期的净回报率做出自己的选择。

表3-13　改进管理的全球陆地碳封存潜力

碳汇	封存潜力（10亿吨/年）
耕地	0.85～0.90
用生物质农作物作为燃料	0.5～0.8
草地和牧场	1.7
森林	1～2

来源：Rice（1999）。

---

① 自从20世纪早期，有机农业是理论和实践发展的结果，包含一系列不同的农业生产方法，主要是北欧。有三个重要运动：出现在德国的生物动态农业；起源于英国的有机农业；发起于瑞士的生物农业。尽管重点有所不同，所有这些运动的共同特征是强调农业和自然之间的必然联系，并提出对自然平衡的尊重。他们与传统的耕作方法不同，通过使用各种各样的合成产品来最大化产量。

3.5.1.2 扭转退化草地的土壤有机碳损失

据报道，1991年世界上接近71%的草原在一定程度上有所退化（Dregne等，1991），这是过度放牧、盐化、碱化、酸化等过程的结果。

改善草原管理是另一个主要领域，土壤碳损失通过树木的使用、改良的品种、施肥等措施，能够转化为净封存。因为牧场是最大的人为土地利用，改善牧场管理可能会比其他任何实践封存更多的碳（IPCC，2000）。此外，可能还会带来其他好处，特别是保护或恢复生物多样性。它可以使许多生态系统受益。

在潮湿的热带地区，森林－放牧系统是一个碳封存和牧场改进方法。

在旱地草场，土壤容易退化和荒漠化，导致土壤有机碳池的大幅减少（Dregne，2002）。然而，旱地土壤的某些方面可能有助于碳封存。与湿土壤相比，干燥的土壤损失碳的可能性比较小，因为缺水限制土壤矿化，并因此限制到大气中的碳通量。因此，旱地土壤中碳的存留时间有时甚至比森林土壤更长。尽管碳封存在这些地区的速度较低，但是它可能是划算的，特别是考虑到所有方面——土壤改良和恢复的好处（FAO，2004b）。由于土壤碳的增加，土壤质量的改善将对生活在这些地区的人们的生活产生重要的社会和经济影响。此外，在很大程度上旱地的碳封存潜力巨大，因为大量历史碳损失意味着旱地土壤现在远未饱和。

180亿～280亿吨碳由于沙漠化而损失（参阅饲料来源小节）。假设其中的2/3可以通过土壤和植被恢复进行再封存（IPCC，1996），在50年的时间里，通过沙漠化控制和土壤恢复进行碳封存的潜力是120亿～180亿吨碳（Lal，2001，2004b）。Lal（2004b）估计，在旱地生态系统中进行土壤碳封存的"生态化技术"（最大可实现的）范围约为每年10亿吨碳，尽管他认为要实现这一目标将需要"在防治荒漠化，恢复退化的生态系统，转换为合理的土地利用以及采用建议的农田和牧场管理方法方面进行动态而协调的全球范围的努力"。只拿非洲草原来说，如果土壤碳储量的增加，随着管理的改进在技术上可实现，实际上只能实现所考察地区的10%，这将导致每年以13.28亿吨碳的速度收获土壤有机碳，持续大约25年（Batjes，2004）。澳大利亚的牧场，占全国土地的70%，通过更好的管理，其封存潜力估计为每年7 000万吨碳（Baker等，2000）。

过度放牧是草原退化的最主要原因，也是确定土壤碳水平的最重要的人为影响因素。因此，在许多系统中，改进的放牧管理，如优化存储数量和循环放牧，将导致碳池的大幅增加（IPCC，2000）。

还有许多其他的技术方案，包括消防管理、土地保护、获得补贴而休耕的土地、增强草原生产（如施肥以及深根豆科品种的引进）。模型提供了一个在特定情况下这些做法的各自影响的指标。更严重的退化土地需要景观恢复和侵蚀控制。这是更加困难并且昂贵的，但是澳大利亚的研究指出通过促进重建修补程序来实现景观恢复功能是相当成功的（Baker等，2000）。

因为旱地条件几乎不提供经济刺激来投资以农业生产为目的的土地恢复，在某些情况下可能需要碳汇补偿方案来扭转局面。UNFCCC提出的许多机制目前正在运行（见第6章）。他们的潜力在放牧的旱地可能是高的，在那里每个家庭管理大面积的牲畜。典型的牧区人口密度是每平方千米10个人或每10公顷1个人。如果碳的价值在每吨10美元，并且适度的管理改进可以获得每年每公顷0.5吨碳，那么个人可能每年从碳封存中赚50美元。非洲大约一半的牧民每天至少赚1美元或者每年约赚360美元。因此，适度调整管理可以使个人收入增加15%，这是一个显著的提高（Reid等，2004）。碳改善也与生产提高有关，创造一个双赢的局面。

3.5.1.3 通过农林业进行碳封存

在许多情况下，农林实践也为恢复退化土地和碳封存提供了良好的且经济上可行的可能性（IPCC，2000；FAO，2000）。

尽管可能来自农林的碳收益更高，但是Reid等（2004）估计，在这些系统中的人均回报可能较低，因为他们主要产生在更高潜力的牧场，那里的人口密度比更干燥牧场的人口密度高3～10倍。通过森林牧场系统进行碳封存的付款计划已经在拉丁美洲国家证明了他们的可行性（参见第6章插文6-2）。

开启碳信贷计划等机制的潜力仍然是一个遥远的目标，不仅需要全球范围内的有力的协调性努力，而且需要克服许多当地的障碍。就像Reid等（2004）所说的，碳信贷计划需要相距很远的团体之间的沟通，然而与潜力更高的地区相比，牧区通常拥有较少的基础设施和较低的人口密度。文化价值观可能构成约束，但有时也为牧场提供机会。最终，在最需要的国家和地区，实施这些计划所需的政府机构的力量和能力常常是不够的。

3.5.2 通过提高饮食和效率减少肠道发酵的甲烷排放量

反刍动物的甲烷排放不仅对环境有害，而且降低生产效率，因为甲烷代表了瘤胃中碳的损失，从而阻碍了饮食能量的有效利用（US-EPA，2005）。当饮食差的时候，动物和产品的单位排放会更高。

通过改善动物营养和改良基因，可以提高畜牧业的生产能力和生产效率，而这是当前减少牲畜甲烷排放的最有效途径。更高的效率意味着动物饲料中的更大部分能量直接产生有用的产品，如牛奶、肉类、畜力，所以单位产品的甲烷排放是在减少的。高度驯化动物，尤其是单胃的和家禽，其发展趋势在这种情况下是有价值的，因为它们减少单位产品的甲烷。生产效率的增加也会减少生产给定水平产品所需要的群的大小。因为许多发展中国家正在努力增加来自反刍动物的生产（主要是牛奶和肉类），在不增加群体大小和相应的甲烷排放的情况下实现这些目标迫切需要提高生产效率。

还存在许多技术来减少肠道发酵释放的甲烷。其基本原理是提高饲料的消化率，或者通过改善饲料，或者通过控制消化过程。发展中国家的大多数反刍动物，尤其是在非洲和南亚，以纤维饲料为生。从技术上讲，通过使用饲料添加剂或补充剂来改善这些饲料是相对容易实现的。然而，这些技术往往很难被从事牲畜生产的小农户采纳，他们可能缺乏必要的资本和知识。

在许多情况下，这些改进可能不是经济的，例如在没有足够的需求和基础设施的地方。即使在像澳大利亚这样的国家，低成本的乳品生产关注的是每公顷的生产力而不是每头牛的生产力，因此减少排放的许多选择都是缺乏吸引力的，例如膳食脂肪补充或增加谷物喂养（Eckard 等，2000）。另一个技术选择是增加饲料中的淀粉水平或可快速发酵的碳水化合物，以减少多余的氢和随后的甲烷的形成。再者，低成本集约型系统采纳这些措施可能是不可行的。但是，大国的国家规划战略可能带来这种变化。例如，Eckard 等（2000）建议，集中在澳大利亚温带地区的乳品生产可能会减少甲烷排放，因为温带草原可能含有更高的可溶性碳水化合物和易于消化的细胞壁组件。

对于美国来说，US-EPA（2005）报告称，在过去几十年中，畜牧生产的更高效率已经导致牛奶产量的增加和甲烷排放的减少。效率提高的潜力，并因此减少甲烷，对于牛肉和其他反刍动物肉类生产来说更大，这些肉类生产通常是以很差的管理为基础，包括劣质的饮食。US-EPA（2005）列出一系列管理措施来提高牲畜经营的生产效率和减少温室气体排放，包括：①改善放牧管理；②土壤检测，并添加土壤改良剂和肥料；③在牛的饲料中补充所需的营养物；④开发一种预防性种群健康项目；⑤提供适当的水资源并保护水质量；⑥改善遗传和生殖效率。

当评估减排技术时，重要的是要认识到，用于提高生产力的饲料和饲料补充剂很可能产生相当多的温室气体排放，这将对平衡起到负面的影响。如果这些饲料的生产大幅增加，那么也需要考虑在饲料生产水平上的减排选择。

更先进的技术仍正在研究中，尽管它们还没有操作。这些包括：①通过刺激乙酸细菌减少氢的生产；②驱除原虫（从瘤胃消除某些原生动物）；③疫苗接种（减少甲烷微生物）。

这些选项也具有适用于自由放养的反刍动物的优势，尽管后者可能会遇到消费者的阻力（Monteny 等，2006）。驱除原虫已被证明会导致甲烷排放平均减少20%（Hegarty，1998），但常规剂量的驱除原虫药剂仍然是一个挑战。

3.5.3 通过提高粪便和沼气管理减少甲烷排放

厌氧粪便管理减少甲烷排放的方法通过现有技术就很容易实现。多数排放来自集约混合的工业系统，而这些商业控股公司通常有能力投资这些技术。

通过粪便管理减少排放的潜力是巨大的，并且选择多种多样。首先值得考虑的一个选择就是均衡饲养，它还可以影响其他的排放。低碳氮比饲料会导致甲烷排放呈指数增长。含氮高的饲料与含氮低的饲料相比将会排放更多的甲烷。因此，提高饲料中的碳氮比将会减少甲烷排放。

粪便的储存温度显著影响甲烷气体的产生。在农业系统中，储存在马厩中的粪便比储存在周围温度较低的室外粪便的甲烷排放要高（如在养猪场，污水储存在地下室的深坑中）。在温带气候中，频繁且完全将室内储存的粪便移除可以有效减少甲烷排放，但是需要有足够的户外存储能力（以及额外的措施防止甲烷排放到户外）。减少气体排放也可以通过深度冷却粪便实现（低于10℃）。但是这也需要更大的投资和能源消耗，同时会有增加二氧化碳排放的风险。冷却的猪粪比未冷却的猪粪减少21%的室内甲烷排放（Sommer 等，2004）。

额外的措施包括厌氧消化（生产沼气作为额外收益）、加热燃烧（化学氧化、燃烧）、特殊生物过滤器（生物氧化）（Monteny 等，2006；Melse 和 van der Werf，2005）、堆肥和有氧方法。沼气是在控制条件下以厌氧消化方式产生的，在一个封闭容器的控制条件下，有机物质通过细菌发酵产生。沼气通常是由65%甲烷和35%二氧化碳组成的。这种气体可直接燃烧用来加热或发光，或在改造后的天然气锅炉中去运行内燃机或发电机。

据推测，沼气在寒冷的气候条件下可以减少50%的排放，否则，粪便会以液体形式储存，因此会有相对较高的甲烷排放。在温暖的气候条件下，估计液体粪便存储系统的甲烷排放量将超过3倍（IPCC，1997），75%的减排空间是有可能的（Martinez，个人交流）。

存在挖掘这种巨大潜能的各种系统，例如覆盖着的池塘、坑、贮

一个商业养猪场中用于沼气生产的厌氧消化窖——泰国中部，2005年

© LEAD/Pierre Gerber

水器以及其他的液体储存结构。由于其广泛的技术选项和不同程度的复杂性，适合开发大型或小型的沼气系统。此外，覆盖了的池塘和沼气系统会产生一种泥浆，可以取代未经处理的粪便应用于稻田，从而减少甲烷排放（Mendis 和 Openshaw，2004）。这种系统在亚洲的很多地方很常见，尤其是中国。在越南、泰国和菲律宾沼气也被广泛使用。在炎热气候的地方出现了一种新的尝试，即将沼气作为现代冷却系统（例如燃油蒸发控制系统）的燃料，从而节省了大量的能源成本。

然而，许多国家通过补贴政策或其他形式的推广促进了沼气系统的发展。由于监管体系不完善和适当的财政激励措施缺位，当前许多国家的沼气技术吸收是有限的。沼气系统的广泛使用（用于田间或提供电力给公共网络）取决于其他能源的相对价格。在没有补贴支持的情况下，沼气系统通常是没有竞争力的，除了在电力和其他形式的能源不可用或不可靠的偏远地区。沼气系统的可行性也取决于可以通过选择共同消化废弃物来增加天然气产量的程度（Nielsen 和 Hjort-Gregersen，2005）。

控制厌氧消化的进一步发展和推广将产生大量额外的积极效应，这些积极效应与由动物粪便引起的其他环境问题，和可再生能源的推动有关。例如，厌氧消化可以减少气味和病原体。

虽然农民耗费了更多的时间，但减少沼气排放的可能解决方案也在向固体粪便管理的方向转移。需氧处理也可以用来减少沼气排放和气味。在实践中，它们通过通风被应用于液体粪便，通过堆肥被应用于固体粪便，并且对病原体经常有积极的作用。

3.5.4 减少一氧化二氮排放和氨挥发的技术选择

控制人们继续干预氮循环的最好方式是最大化人们的氮使用效率（Smil，1999）。

正如上述建议中所提到的，减少粪便中的氮含量可以降低畜棚以及应用于土壤后的一氧化二氮排放。

通过更加均衡的饲养方式（例如针对特定的动物或动物组织使用优化蛋白质或氨基酸），提高动物较低的氮同化效率（14%，农作物大约为50%）是一个重要的减排途径。改善饲养方式包括对动物按性别进行分组和分生产阶段进行饲养，通过和生物学要求相适应的饲养方式提高饲料转化率。然而，即使好的管理实践被用来减少氮排泄，仍然有大量的氮存在于粪便中。

另一个可能的干预点是立即将活性氮作为一种资源（如饲料消化），但是要在它排放到环境中之前。在集约化生产中，大量氮损失主要通过氨挥发的形式发生在存储过程中。使用封闭的水槽几乎可以消除这种损失。在一个开放的水槽中，在粪便表面保持一个自然的外壳将更加有效。然而，选择第1种（即采用封闭水槽），则可能会同时减少甲烷排放，形成一种潜在的合力，即同时减少氨的损失和甲烷的排放。

当粪浆存储了6个月或者在传播之前通过厌氧消化，那么从粪浆到草地的一氧化二氮的排放量会减少（Amon等，2002）。可以推断出，在存储和厌氧消化现成的碳的期间（否则燃料脱氮和增加气体氮损失）会成为微生物量的一部分或是作为二氧化碳或甲烷排放。因此当将粪浆应用于土地时，粪浆中只有更少的碳可以使用。由此可见，厌氧消化如沼气生产，可以大大减轻一氧化二氮和甲烷排放（假如使用沼气并且不排出）。此外，还可以发电，且一氧化二氮排放量也会减少。

识别和选择减少存储过程中一氧化二氮排放量的方法是复杂的，同时由于农场、环境约束和成本的限制，可选用的方法也是有限的。在甲烷和一氧化二氮排放之间存在重要的权衡：减少一氧化二氮的潜在技术常常反过来会增加甲烷的排放。例如一个来自秸秆打浆系统的管理改变可能会减少一氧化二氮排放，但甲烷的排放会增加。同时，压缩固体粪便堆来减少氧气进入和保持厌氧条件已经在减少一氧化二氮排放方面有了效果（Monteny等，2006），并可能增加甲烷排放。

很多减少氨和一氧化二氮排放的任务落在了农民身上。粪便的快速合并和浅注射法可以减少至少50%的氮进入大气，而土壤深注射可以从根本上消除这种氮排放（但同时会通过土壤滤出导致氮释放）。轮耕可以使养分得到有效循环利用。而且在作物需要的时候提供氮可以降低氮进一步流失的可能性。更通俗地讲，减少一氧化二氮排放的关键是，考虑不同的环境因素，对废物进行微调并应用于土地。这些环境因素包括计时、为应对作物生理和气候变化而采取措施的数量和形式。

在施用或沉积期间减少排放的另一种选择是向尿素或铵化合物中添加硝化抑制剂（NIs）。Monteny等（2006）列举了大量减排的例子。有些物质可以用于牧草，因为它们可以对尿氨起作用，此种方法在新西兰已应用（Di和Cameron，2003）。硝化抑制剂的成本可以被作物增产或牧草对氮的有效摄取而抵消。硝化抑制剂的利用程度可能取决于公众对向环境中引进另一种化学制剂的认知。

因为放牧是造成一氧化二氮排放很重要的因素，所以减少来自放牧系统排放的方法显得尤为重要。对于放牧来说，通过不过度放牧，避免深秋和冬季放牧，可以大量减少土壤肥力的损失。

最后，在氮进入下一个循环环节前，土地排水是另一个减少一氧化二氮排放的好方法。提高土壤物理条件，降低湿润环境下土壤的湿度，尤其是在草地系统中，可以大大减少一氧化二氮的排放。由交通、耕作、牲畜导致的土壤压实，可以提高土壤抗氧性，加强反硝化作用。

这一部分概述了具有最大可能的技术选择。许多其他方法当然也可以实现，其潜力也可以被解释①，但它们大多都没那么重要，并且在不同系统和地区的应用并不广泛。在所有上述方法中，能同时减少若干气体排放（粪便厌氧消化）的和能提供其他环境益处的方法应当特别关注。

---

① 更加关注限制硝酸盐到水的损失的减缓措施，尽管在这里也有涉及，但将在下一章进行介绍。

4　畜牧业在水资源消耗和污染中的作用

4.1　现状与趋势

　　水是一切生命机体的组成物质，其质量占生物质量的50%以上。水不仅在生态系统中起着至关重要的作用，而且在人类生产活动中也发挥重要作用。

　　水循环系统推动着全球水资源的流动与分配。海水等地表水通过蒸发的形式进入大气层，大气层中的水分则以降水的形式成为地表水（美国地质调查局，2005a；Xercavins和Valls，1999）。

　　淡水资源提供了包括饮用水、灌溉水、工业用水、电力等资源，并支持着多种用户群体的娱乐活动。淡水资源对推动世界可持续发展、维护世界的粮食安全、生计、工业增长和环境的可持续性发挥着关键作用（Turner等，2004）。

　　然而，淡水资源严重稀缺，仅占地球水资源的2.5%。海水占全球水资源的96.5%，分布于地表或地下的咸水占1%。此外，70%的淡水资源以冰川、永久积雪和多年冻土的形式储存于地表和大气层中（Dompka，Krchnak和Thorne，2002；联合国教育、科学及文化组织，2005）。每年，全球约有110 000立方千米的淡水以降水形式进入地表，其中的70 000立方千米立即蒸发到大气中，剩余的40 000立方千米中只有12 500立方千米可以供人类使用（Postel，1996）。

　　淡水资源在全球范围内分布极不均衡。全球21个国家、超过23亿人生活在用水紧缺的地区（每年人均淡水可用量为1 000～1 700立方米），大约17亿人口生活在严重缺水地区（每年人均淡水可用量不足1 000立方米），全球则有超过10亿人没有足够的清洁用水（Rosegrant，Cai和Cline，2002；Kinje，2001；Bernstein，2002；Brown，2002）。而世界大部分的人口增长和农业扩张是发生在用水紧张地区的。

　　水资源的可用性一直限制着人类的活动，尤其是农业生产。与此同时，人们对于水资源日益增长的需求也备受关注。人类过度用水、无效的淡水管理政策导致地下水位降低、土壤破坏和世界范围的水质污染。由于缺乏适当的水资源管理，许多国家和地区面临着持续的水资源枯竭问题（Rosegrant，Cai和Cline，2002）。

1995年，从蓄水层提取到河流中的淡水资源已经达到2 906立方千米（Rosegrant，Cai和Cline，2002）。部分淡水得以回归生态系统，与此同时日益增加的废水排放加速了水资源的污染。在发展中国家，90%～95%的公共废水以及70%的工业废水未被处理，而是直接被排放到地表水系统中（Bernstein，2002）。

农业部门是淡水资源的最大用户。2000年，农业用水量占世界的70%，水损耗量占比达93%（Turner等，2004）（表4-1）。从20世纪末到2003年，农业灌溉面积增加了近5倍，达到2.77亿公顷（FAO，2006b）。而近几十年来，家庭用水和工业用水量的增加速度远快于农业。1950—1995年，家庭和工业用水翻了两番，而农业用水只翻了一番（Rosegrant，Cai和Cline，2002）。如今，每人每天家庭用水消费量为30～300升，而用于种植日常食物的水量为3 000升（Turner等，2004）。

表4-1　各部门水利用和水消耗状况（按总百分比计算）

部门	用水量	水消耗
农业	70	93
家庭	10	3
工业	20	4

来源：Brown（2002）；FAO农业与水信息系统（FAO-AQUASTAT）（2004）。

当今农业发展的主要挑战之一，是如何在不增加水资源消耗、破坏生态系统的情况下维持粮食安全、减轻贫困（Rosegrant，Cai和Cline，2002）。

水资源日益短缺的威胁

预测显示，水资源短缺的情况在未来几十年将变得更加恶劣，并有可能会导致水资源使用和用户之间矛盾的恶化。按照目前的发展速度和方式，2025年世界用水量预计将增加22%，达到4 772立方千米（Rosegrant等，2002）。这一增长将主要由家庭、工业和畜牧业用水引起，后者预计将增加超过50%。1995—2025年，非农业用水预计会增至62%，而灌溉用水在此期间只会增加4%，其中，灌溉用水需求增幅最高的地区是撒哈拉以南非洲和拉丁美洲，分别为27%和21%，而目前这两个地区的灌溉资源十分有限（Rosegrant，Cai和Cline，2002）。

按Rosegrant、Cai和Cline（2002）预测，水资源需求增加的直接后果是，到 2025 年，全球人口的 64% 将生活在缺水流域（目前为 38%）。国际水资源管理研究所（IWMI）最近的评估预测，到 2023 年，世界人口的 33%（18 亿人口）将生活在绝对缺水的地区，这些地区包括巴基斯坦、南非以及印度和中国的大部分地区（IWMI，2000）。

水资源的匮乏，将导致水资源被迫从农业用途转移到环境、工业和家庭用途，而这将危及到世界的粮食生产（IWMI，2000）。按照目前的形势，水资源匮乏预计将导致粮食产量减少 3.5 亿吨，这相当于美国当前谷物作物的产量（2015 年产量为 3.64 亿吨）（Rosegrant，Cai 和 Cline，2002；FAO，2006b）。绝对缺水的国家将不得不大比例地进口以满足本国的谷物消耗，而无力负担这些进口支出的国家将受到饥饿和营养不良的威胁（IWMI，2000）。

即使是拥有充足水资源的国家，也将不得不扩大供水，以满足对水的日益增长的需求。引起广泛关注的是，许多国家，尤其是撒哈拉以南非洲地区，将没有足够的财务和技术能力来应对由水资源匮乏所带来的危机（IWMI，2000）。

水资源还受到其他方式的威胁。不合理的土地利用会通过减少渗透、增加径流、限制地下水资源的自然补给和维持充足的河川径流而减少水资源供给，尤其是旱季的水资源供给。土地利用不当会严重制约未来水资源的获取，并可能危及生态系统的正常运转。根据 FAO 最新报告，每年 940 万公顷的森林砍伐面积危害着地球水循环系统的正常运行（FAO，2005a）。

作为生化过程的介质和反应物，水还在生态系统中起着重要作用。水资源的消耗将会减少动植物的水资源可获取性，从而导致生态系统更加缺水，影响生态系统的稳定性。由于水是众多污染因子的传播媒介，水污染也会危害生态系统。由于水具有极强的流动性，水污染不仅会对本地的生态系统带来危害，同时还会通过水循环系统对其他生态系统带来危害。

在众多受水资源消耗影响的生态系统中，湿地生态系统受到的影响显得尤其显著。湿地生态系统包括湖泊、泛滥平原、沼泽和三角洲等，是世界上拥有最为多样化的生物物种的生态系统。生态系统提供了广泛的服务价值和功能，价值 33 万亿美元，其中湿地提供了 14.9 万亿美元（Ramsar，2005）。湿地在防洪、地下水补给、海岸线稳定和风暴防护、沉积物和养分调节、减缓气候变化、水净化、生物多样性保护、休闲旅游、文化孕育和传递等方面发挥着重要作用。然而，湿地生态系统面临巨大威胁，受到水资源超采、污染和水资源转移的困扰。据推测，世界上 50% 的湿地已经在 20 世纪消失 [世界自然保护联盟（IUCN），2005；Ramsar，2005]。

决策者往往并不十分清楚畜牧业对水资源的影响。决策者往往优先关注的是畜牧业的生产水平，而畜牧业对水资源利用[①]却总是被忽略。畜牧部门对水资源消耗[②]的影响往往集中在排泄物的水质污染中。

本章试图全面论述畜牧业在水资源消耗中所起的作用，定量评估在主要的动物食物商品链中水资源的使用和污染的联系。在此基础上，分析畜禽在水污染和蒸散现象中起到的作用，以及其在不合理的土地使用中对水资源补给过程的影响。最后一部分提出如何利用技术扭转水资源消耗的趋势。

4.2　水利用

畜牧业用水对于水资源的消耗影响越来越大。从饲料作物的生产到产品供应的过程中，水在畜牧业生产过程中的使用与需求量与日俱增。

4.2.1　饮用水和工业用水

畜牧业生产中，最有需求的是饮用水和相关服务用水。水是维系动物生理机能和正常代谢的重要成分，其质量占据了动物体重的60%～70%。畜禽通过饮水满足自身对水的需求，这部分水存在于饲料作物和营养物的氧化产生的代谢水中。水通过身体各个部分流失，如呼吸（肺部）、蒸发（皮肤）、排便（肠道）、排尿（肾）。当体温升高或者湿度降低时，水流失增速（Pallas，1986；美国国家科学研究委员会，1981，1994）。水摄入量的减少会降低肉类、牛奶和蛋类的产量。大量失水后，动物将丧失胃口，导致体重的减轻；当体重减轻15%～30%时，畜禽将会出现死亡。

在粗放式放牧中，水通常集中在饲料作物中。在干旱的气候条件下，随着旱季时间的增长，饲料中的水分从90%下降到10%～15%（Pallas，1986）。风干的饲料、谷物和浓缩物中的水分含量只占5%～12%，通常被用于水需求较少的工业化生产系统中（美国国家科学研究委员会，1981，2000）。食物代谢产生的水可以满足多达15%的水需求。

一系列相关联因素影响水需求，包括：动物物种、生理状态、干物质摄入水平、饮食的物质形态、水资源可利用量和质量、水温、周围环境的温度以

---

① "水利用"（文献中也称为"取水量"）指的是水被从某种资源中提炼出并为人类使用，其中一部分被使用后会返回到最初的资源并且在改变了数量和质量后被下游再利用。"需水量"指的是潜在的用水量（Gleick，2000）。

② "水消耗"（文献中也称为"耗水量"）指的是将水使用或从某流域除去后而使得它不能再被用于其他用途。它包括4个过程：蒸发、下沉、污染、并入农业或工业产品（Roost等，2003；Gleick，2000）。我们特意在本章标题处指明"污染"，尽管这实际上指的是水源的消耗，是为了引起读者对于这种机制的重视。

在隆安省，一名工人在给农场里养在鸡舍旁边的猪喂水。——越南，2005年

及生产系统（美国国家科学研究委员会，1981；Luke，1987）。单个动物的水需求可以很高，尤其是高产的动物在温暖以及干燥的条件下（表4-2）。

表4-2　牲畜对饮用水的需求

物种	生理状态	平均重量（千克）	气温（℃）		
			15	25	35
			水需求［升/（头·日）］		
牛	非洲农牧系统—哺乳期—牛奶2升/天	200	21.8	25	28.7
	大型—不产乳的母牛—怀孕279天	680	44.1	73.2	102.3
	大型—泌乳中期—牛奶35升/天	680	102.8	114.8	126.8
山羊	哺乳期—牛奶0.2升/天	27	7.6	9.6	11.9
绵羊	哺乳期—牛奶0.4升/天	36	8.7	12.9	20.1
骆驼	泌乳中期—牛奶4.5升/天	350	31.5	41.8	52.2
鸡	成年肉鸡—100只		17.7	33.1	62
	下蛋—100只		13.2	25.8	50.5
猪	哺乳期—日增重200克	175	17.2	28.3	46.7

来源：Luke（2003）；美国国家科学研究委员会（1985；1987；1994；1998；2000）；Pallas（1986）；Ranjhan（1998）。

畜牧生产，特别是工厂化的畜禽生产系统，需要使用大量水资源进行清理生产单位、清洗动物，为设备、动物和产品（如牛奶）降温以及废物处置（Hutson等，2004；Chapagain和Hoekstra，2003）。当猪被关在"冲洗系统"①时，

———————
① 在冲洗系统中，大量的水携带粪肥排入水沟，通常被倾倒在瓦环礁湖或盆地等储存地（Field等，2001）。

要耗费大量的水，冲洗用水量是饮用水需求的7倍。虽然数据稀缺，但表4-3表明了这些水需求。这些估计值并没有考虑到需要消耗大量水资源的的降温需求。

表4-3 不同种类的牲畜对于用水的需求

种类	年龄阶段	工业用水 [升/（头或只·日）]	
		工业化生产	放养
肉牛	小牛犊	2	0
	成年	11	5
奶牛	小牛犊	0	0
	（未生育过的）小母牛	11	4
	产奶牛	22	5
猪	小猪	5	0
	成年	50	25
	哺乳母猪	125	25
绵羊	羔羊	2	0
	成年	5	5
山羊	幼年	0	0
	成年	5	5
肉鸡	小鸡×100	1	1
	成年×100	9	9
蛋鸡	小鸡×100	1	1
	产蛋期×100	15	15
马	马驹	0	5
	成年	5	5

来源：Chapagain 和 Hoekstra（2003）。

不同的生产系统，对资源的需求量和水资源的使用结构存在着显著不同。在粗放模式下，动物寻找食物与水源耗费的精力，导致它们所需的水相应增加，相反，在工业化生产系统中，动物不需要很多活动。相比之下，集约化生产需要额外的工业用水用于冷却和清洗设备。需要格外注意的是，在工业化生产和粗放式生产中水资源的来源相差很大。在粗放模式中，饲料作物用水需求（包括工业用水）占比达25%，而集约化畜牧生产系统中，只占10%（美国国家科学研究委员会，1981）。

相较于其他部门，在某些地方，畜禽的饮用水和相关服务用水的重要性显得尤为突出。例如在博茨瓦纳，畜牧业用水占全国总比重的23%，是全国第二大用水部门。由于地下水资源补充缓慢，卡拉哈里沙漠的地下水位从19

世纪起大幅下降。未来，由于其他部门增加的水需求，水荒需要格外注意，详见插文4-1（Els和Rowntree，2003；Thomas，2002）。然而，在大多数国家，相较于其他产业，饮用水和相关服务用水仍旧占比很小。例如在美国，2000年统计显示，尽管畜牧业十分重要，但某些州的畜禽饮用水及相关服务用水不足淡水资源的1%（Hutson等，2004）。

插文4-1　博茨瓦纳的畜牧业用水情况

作为地区干旱地区的国家，博茨瓦纳已经感受到了"水资源压力"，每人每年可用水只有1 000～1 700立方米。畜牧业是博茨瓦纳淡水资源的主要使用部分。1997年，畜牧业用水占全国的23%，是全国第二大用水部分（灌溉和林业仅占全国需求的15%）。

在博茨瓦纳，地下水占可用水的65%，但数量有限。蓄水层的补给范围从极北地区的40毫米/年到中西部地区几乎为0。在博茨瓦纳所有可再生资源中，可再补充的地下水资源占比少于0.4%。

地下水通过钻井获取，并供给给家庭和畜牧业。据估计，博茨瓦纳有15 000个水井分散在全国。在1990年，从水井取水总量为7 600万立方米，超过补给率的760%。

为了给日益增长的畜禽养殖提供水源，卡拉哈里沙漠的众多牧场都建造了远超允许数量内的水井。钻井的超建导致地下水层的降低，同时可能永久性地削弱了自然水特征。这直接导致卡拉哈里沙漠的地下水位从19世纪起大幅度下降。

在现有的提取率下，博茨瓦纳地表水和地下水资源的使用年限只剩下几十年。由于农户用水量预计从1990年的29%将增至2020年的52%，水资源的压力将不断增加，而畜牧业当下的产量也无法再长期维持。

来源：Els和Rowntree（2003）；Thomas（2002）。

基于代谢需求，考虑到生产系统中的用水，估计畜禽饮用水的整体需求为16.2立方千米，而相关服务用水为6.5立方千米（不包括反刍动物的相关服务用水需求）（表4-4和表4-5）。相关服务用水和饮用水需求最多的是南美（共计5.3立方千米/年）、南亚（共计4.1立方千米/年）和撒哈拉以南非洲地区（3.1立方千米/年）。这些区域的畜牧业用水需求，占整体用水量的55%。

在全球范围内，畜禽的饮用水以及相关服务用水占比仅为0.6%（表4-4和表4-5）。由于大多数决策者只看到了这个数据，所以畜牧业一直没有被看做是导致淡水资源短缺的元凶之一。然而，这个数字被完全低估了，它并没有计算畜牧业直接或间接的其他水需求。现在，我们将调查整个生产过程中被"隐藏"的水资源。

表4-4 水利用中对于饮用水的需求

地区	年摄入总量（立方千米）						
	牛	水牛	山羊	绵羊	猪	家禽（100）	总计
北美	1.077	0.000	0.002	0.006	0.127	0.136	1.350
拉丁美洲	3.524	0.014	0.037	0.077	0.124	0.184	3.960
西欧	0.903	0.002	0.013	0.087	0.174	0.055	1.230
东欧	0.182	0.000	0.003	0.028	0.055	0.013	0.280
独立国家联合体	0.589	0.003	0.009	0.036	0.040	0.029	0.710
西亚和北非	0.732	0.073	0.140	0.365	0.000	0.118	1.430
撒哈拉以南非洲	1.760	0.000	0.251	0.281	0.035	0.104	2.430
南亚	1.836	1.165	0.279	0.102	0.017	0.096	3.490
东亚和东南亚	0.404	0.106	0.037	0.023	0.112	0.180	0.860
大洋洲	0.390	0.000	0.001	0.107	0.010	0.009	0.520
总计	**11.400**	**1.360**	**0.770**	**1.110**	**0.690**	**0.930**	**16.260**

来源：FAO（2006b）；Luke（2003）；美国国家科学研究委员会（1985；1987；1994；1998；2000a）；Pallas（1986）；Ranjhan（1998）。

表4-5 水利用中工业用水的需求

地区	工业用水（立方千米）			
	牛	猪	家禽（100）	总计
北美	0.202	0.682	0.008	0.892
拉丁美洲	0.695	0.647	0.009	1.351
西欧	0.149	1.139	0.004	1.292
东欧	0.028	0.365	0.001	0.394
独立国家联合体	0.101	0.255	0.002	0.359
西亚和北非	0.145	0.005	0.006	0.156
撒哈拉以南非洲	0.415	0.208	0.003	0.626
南亚	0.445	0.139	0.003	0.586
东亚和东南亚	0.083	0.673	0.009	0.765
大洋洲	0.070	0.051	0.000	0.121
总计	**2.333**	**4.163**	**0.046**	**6.542**

注：根据Chapagain和Hoekstra（2003）计算得出。

4.2.2 产品加工

畜牧业提供了各种各样的产品，从牛奶、肉类到高附加值的产品，例如皮革制品、熟食制品。由于在整个产业链中，识别畜牧业各个环节的用水十分复杂，此文重点关注产品加工链中的主要环节，包括屠宰、肉类和牛奶加工以及皮革鞣制环节。

4.2.2.1 屠宰场和农产品加工业

初级畜产品例如动物、牛奶，通常被加工成肉类或者奶制品用于消费。肉类加工中包括一系列活动，从屠宰到复杂的增值过程。图4-1描述了肉类加工的一般流程，根据种类不同，步骤会有所改变。除了一般流程，肉类加工还包括内脏的加工处理。深加工将副产品转变为附加值产品，例如动物油脂、肉及血类食品。

正如很多其他的食品加工活动，肉类加工的卫生和质量要求需要大量用水，并产生了大量废水。在每个工艺步骤，除了最后的包装和仓储流程中，水都是主要的投入品（图4-1）。

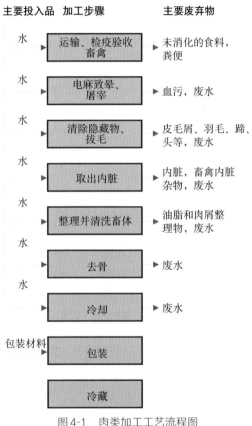

图4-1　肉类加工工艺流程图
来源：UNEP（2004a）。

在红肉（食用牛和野牛）屠宰场，水主要被用于在不同阶段清洗尸体和后期清理。在整个加工过程中，44%～60%的水被用于屠杀、取出内脏和去骨阶段（MRC，1995）。每千克胴体需要耗费6～15升的水。2005年世界牛肉产量为6300万吨，据此保守估计，屠宰阶段的用水量为0.4～0.95立方千米，占世界用水的0.010%～0.024%（FAO，2005f）。

在禽类加工厂，水被用于清洗尸体及后期清理。热水用于浸烫家禽以便去毛，而冷凉水主要用于运输羽毛、头、脚、内脏和冷冻。生产每千克家禽所消耗的水量比生产每千克红肉所消耗的水量更多［沃尔乔泊工程公司（Wardrop Engineering），1998］。生产每只家禽需要用水1590升（Hrudey，

1984）。2005年，全球总计屠宰480亿只禽类，据此保守估计，全球生产家禽的用水量大约为1.9立方千米，占全球用水的0.05%。

奶制品同样需要大量的水。最节省用水的商业化牛奶生产过程，每生产一千克牛奶需要耗水0.8～1升（UNEP，1997a）。据此保守估计，全球生产牛奶的用水量不少于0.6立方千米，占全球用水量的0.015%，但这一数据还未考虑生产奶酪等其他奶制品的用水量。

4.2.2.2　皮革鞣制工业

1994—1996年，每年大约有550万吨生皮被加工成46万吨厚革和大约9.4亿平方米的轻革。62万吨生皮被生产为将近3.85亿平方米的绵羊和山羊皮革。

制革工艺包括4个主要操作步骤：仓储和皮革厂准备车间、制革厂、前期晒制、完成。根据应用到的技术，加工皮革的用水量非常大。按照传统工艺，生产每吨生皮耗水37～59立方米；而用先进技术，生产每吨生皮耗水14立方米（表4-6），据此计算，全球生产生皮每年需要消耗0.2～0.3立方千米水资源，占全球用水量的0.008%。

表4-6　皮革工艺中水利用及水消耗状况

工艺流程	耗费量（立方米/吨）	
	传统技术	先进技术
浸水	7～9	2
浸灰	9～15	4.5
脱灰，软化	7～11	2
鞣制	3～5	0.5
鞣制后处理	7～13	3
结束	1～3	0
总计	**34～56**	**12**

来源：Gate information services – GTZ（2002）。

在某些地区，加工动物制品的水需求会产生巨大的环境影响，然而，主要的环境威胁是生产设备排出的大量的污染物。

4.2.3　饲料生产

正如之前描述的，畜牧部门是世界上最大的人造土地的使用部门，而这些土地的绝大部分，以及它包含的大部分水都被用于生产饲料。

蒸散是农作物和草原消耗水资源的主要机制。生产饲料作物的农田蒸发的水量极为巨大，上文描述的用水量与其相比都相形见绌。Zimmer 和 Renault

（2003）粗略计算显示，畜牧部门大概消耗了全球食品生产用水量的45%，但这对环境几乎没有带来显著影响。放牧草地和非耕地饲料用地的蒸散量占很大比例。这种水一般没有机会成本，事实上，在没有放牧的情况下，失去的水量可能不会更少。而越集约化管理的牧场中，土地的机会成本越高于水，因为这里通常很有农业潜力，且大多数集中在水资源丰富的地区。

以陆地为主的畜牧生产系统中，饲料生产的用水量不能大幅增加。如前文所述，世界大多数地区的放牧系统在相对减少。一个很重要的原因是，大多数放牧是在水缺乏的干旱或半干旱地区，限制了畜牧生产的扩张和强化。在这些地区，动物食用大量的作物残留物，畜牧业和作物生产一体化程度的提高将带来生产率的提高。

© 美国农业部国家自然资源保护局/Charma Comer

小口径喷灌系统——美国，2000年

相反，高度集约管理的混合畜牧生产系统和工业化畜牧生产系统需要大量的外部投入品，即浓缩饲料和添加剂，这些通常需要远距离的输送，对这些产品需求的增加导致相应的原材料（例如谷物和油料作物）需求快速增加①。此外，谷物和油料作物占用了可耕地，而这些地区的水通常有巨大的机会成本。其中的大部分在相对缺水的地区②灌溉产生。由于灌溉用水导致水枯竭，这些地区的畜牧部门应该对于日益严峻的环境恶化问题负直接责任。尽管在雨量充沛的地区，日益增长的用于畜牧部门的可耕地也会间接导致可用水的枯竭，并减少了粮食作物生产等其他用途的水资源的可获取性。

---

① 谷物生产增量中不断增长的部分（主要是粗粮）被用于畜禽饲料。因此，发展中国家的玉米生产预计每年增长2.2%，相较于小麦的1.3%和大米的1.0%（FAO，2003a）。这样的对比度在中国尤其明显，小麦和大米产量仅预计相比上述报告的规划略有增长，而玉米产量预计将增长近一倍。

② FAO（2003a）估计，发展中国家预计增长的作物生产中，大约80%将来自于集约化生产，其中，67%以增产的形式，12%为增加作物密度。在土地资源匮乏的西亚北非和南亚，增产部分将增至90%以上。据估计，目前在发展中国家，占可耕地的1/5的灌溉农业，40%用于作物生产，60%用于谷物生产。预计发展中国家在规划期内，用于灌溉的地区将扩增4 000万公顷（占比20%）。这强调了畜牧部门对于灌溉用水的重要责任：很多地区加强了饲料生产，尤其是在一些热点地区，如中国中部、美国中西部、拉丁美洲包括巴拉圭东部、巴西南部以及阿根廷北部，这些地区将不断扩张，发展成为日益重要的全球供应中心，并将当前充足的水供应转变成有限的生产要素。

考虑到畜牧部门日益增长的昂贵的水资源使用量，很有必要评估畜牧部门当下的意义。附录2.4提供了一个方法，用于量化这种类型的畜禽用水量并评估其重要性。此项评估是基于空间范围的详细的水平衡计算和有效的大麦、玉米、小麦和大豆（以下简称BMWS）等4项主要饲料作物的信息。结果如表4-7所示，但这并不能代表全体饲料作物的用水量。这4种作物供应了单胃动物集约化生产中大约3/4的饲料用量。在集约化生产的乳制品生产等其他生产部门中，BMWS供应了该类农产品生产所需要的饲料用量的比例也基本在3/4左右。

表4-7 大麦、玉米、小麦和大豆饲料生产中水蒸散损失量

地区/国家	灌溉的BMWS饲料			雨水浇灌的BMWS饲料		BMWS饲料蒸散的灌溉水占全部BMWS饲料蒸散水的比例
	蒸发的灌溉水（立方千米）	占所有蒸散的灌溉水的比例	占所有灌溉地区水蒸散损失量[①]的比例	水蒸散量（立方千米）	占所有雨水浇灌地区水蒸散损失量的比例	
北美	**14.1** ~ 20.0	9 ~ 13	11 ~ 15	321 ~ **336**	21 ~ 22	4 ~ 6
拉丁美洲和加勒比海	3.0 ~ **3.8**	6 ~ 8	7 ~ 9	220 ~ **282**	12 ~ 15	1
西欧	**8.5** ~ 9.5	25 ~ 28	25 ~ 29	**65** ~ 99	14 ~ 22	7 ~ 10
东欧	**1.8** ~ 2.4	17 ~ 22	19 ~ 23	**30** ~ 46	12 ~ 18	4 ~ 5
独立国家联合体	**2.3** ~ 6.0	3 ~ 7	3 ~ 7	**19** ~ 77	2 ~ 8	7 ~ 9
西亚和北非	**11.2** ~ 13.1	9 ~ 10	13 ~ 14	**30** ~ 36	9 ~ 11	17 ~ 19
撒哈拉以南非洲	0.2	1	1	**20** ~ 27	1 ~ 2	1
南亚	**9.1** ~ 11.7	2 ~ 3	2 ~ 3	**36** ~ 39	3	16 ~ 18
东亚和东南亚	20.3 ~ **30.1**	14 ~ 20	13 ~ 18	226 ~ **332**	11 ~ 16	6 ~ 7
大洋洲	**0.3** ~ 0.6	3 ~ 5	3 ~ 5	**1.7** ~ 12	1 ~ 4	5 ~ 12
澳大利亚	**0.3** ~ 0.6	3 ~ 5	4 ~ 6	**1.4** ~ 11	1 ~ 5	5 ~ 14
中国	15.3 ~ **19.3**	14 ~ 18	15 ~ 16	141 ~ **166**	14 ~ 16	7 ~ 8
印度	**7.3** ~ 10.1	3	2 ~ 3	**30** ~ 36	3	17 ~ 18
巴西	0.2 ~ **0.4**	6 ~ 10	9 ~ 14	123 ~ 148	14 ~ 16	0
世界	**81** ~ 87	8 ~ 9	10	1 103 ~ **1 150**	10 ~ 11	6

注：黑体数字代表了空间集聚方法的结果，其他数字是依据区域一体化方式（此方法详见附录2.4）。所有数据是实际蒸散量（ET）的估值，根据J. Hoogeveen，FAO提供的全球灌溉和自然蒸发的数据（根据FAO，2003a中描述的估值方法）。

①灌溉地区水蒸散损失量是指灌溉水蒸发量以及灌溉地区降水的蒸发量总和。

来源：自行计算。

附录2.4描述了由于缺乏对于饲料作物种植地区的了解，在估计饲料作物的用水量时，为了解决不确定性而设计的两种不同方法。正如表4-7呈现的，这两种方法产生的结果十分相似。这表明尽管有一定数量的未经核实的假设，但是该评估的精确性仍然较高。

在全球，生产BMWS饲料的土地所蒸发的水分大约占所有土地所蒸散的灌溉水的9%。当我们将灌溉地区的降水产生的蒸发量计算在内时，这个比例升至10%左右。考虑到未加工的BMWS原材料只占集约化畜牧生产中的3/4，那么灌溉地区将近15%的水蒸散损失将归咎于畜牧业。

不过这仍有显著的地区差异。在撒哈拉以南非洲和大洋洲，无论是从绝对值看还是相对值看，仅有很少的灌溉水用于生产BMWS饲料作物。在南亚和印度，BMWS饲料蒸散的灌溉水尽管可观，但只占所有灌溉水蒸散的一小部分。在相对缺水的西亚和北非占比达15%。目前，BMWS饲料蒸散的灌溉水占所有灌溉水蒸散比例最高的是西欧，占比超过25%，其次是东欧，占比20%。作为不缺水的地区，灌溉在欧洲并不普遍，并且按绝对值计算，BMWS饲料的灌溉用水比西亚北非（WANA）的少，但是西欧的南部受夏季干旱的影响，例如在法国的西南部，在夏季干旱时期，灌溉生长的饲料用玉米接连受到主要河流流量的影响而严重下降，沿海的水产业也同样遭受破坏，反刍动物所需的牧草也没有产量（《世界报》，2005年7月31日）（Le Monde，31-07-05）。BMWS饲料的灌溉用水实际蒸发量最多的地区是美国、东亚和东南亚，这些地区的占比也很高，大约为15%。在美国，仍有相当一部分灌溉水发源于化石地下水资源（美国地质调查局，2005）。在东亚和东南亚（ESEA），由于畜牧业的不断变化，未来几十年将不得不面临水资源枯竭和水资源冲突。

尽管具有环境相关性，灌溉用水仅占全部BMWS饲料蒸散水的一小部分，全球占比达6%。考虑到其他作物，北美和拉丁美洲的BMWS作物主要在雨量充沛的地区，它们占所有雨水浇灌地区水蒸散损失量的比例远高于灌溉水蒸发比例。在欧洲，甚至在严重缺水地区如西亚北非（WANA）正相反，BMWS作物主要是依靠灌溉水，其灌溉水蒸发比例远高于雨水浇灌蒸散的比例。很明显，相较于其他用途及使用者，饲料生产耗费了大量的水资源。

4.3　水污染

大多数由畜禽使用的水都返回到环境中。一部分用水可能在相同地区被再次利用，但其他部分的水则有可能会被污染或者蒸散流失从而被耗尽[1]。畜牧生产、饲料生产和畜禽产品加工造成的水污染使得水供应减少并加剧了水资源枯竭。

污染的类型可以分为点源污染和面源污染。点源污染是指显著的、具体的、密闭排放的污染物进入水体。在畜牧生产系统中，点源污染是指饲养场、食品加工厂以及农药加工厂。面源污染的特点是污染物扩散排放，一般指大的区域，比如牧场。

4.3.1 畜禽粪便

大多数用于畜禽的饮用水和相关服务用水最终以粪便和废水的方式进入环境中。畜禽的粪便中包含了大量的富营养盐（氮、磷、钾）、药物残留、重金属和病原体。如果它们进入水中或者累积在土壤中，会对环境造成极大的危害（Gerber和Menzi，2005）。粪便和废水产生的水污染会牵涉到不同的机制。水污染可以直接通过农业建筑的径流、仓储设施的损耗、排泄物质流入水源、经由农业排泄水的深层渗漏和转移形成点源污染，也可以间接通过放牧地区和农田地表径流、坡面流进入水体而形成面源污染。

4.3.1.1 主要污染物

（1）养分剩余导致富营养化，并带来健康危机

动物的营养摄入量极高（表4-8）。一头高产奶牛每年摄取163.7千克氮和22.6千克磷。一部分摄入的营养留在了动物体内，但绝大多数又被排泄回了环境中并可能对水质造成威胁。每年不同动物的营养排泄量如表4-8所示。以一头高产奶牛为例，每年它排出了129.6千克氮（占总摄入量的79%）和16.7千克磷（占总摄入量的73%）（de Wit等，1997），排泄的磷相当于18～20个人的总量（Novotny等，1989）。猪粪便中的氮含量最多，每千克净重含氮76.2克，其次为火鸡（59.6，每千克净重含氮）、蛋鸡（49.0）、羊（44.4）、肉鸡（40.0）、奶牛（39.6）、肉牛（32.5）。磷含量最高的是蛋鸡，每千克净重含磷20.8克，其次为猪（17.6）、火鸡（16.5）、肉鸡（16.9）、羊（10.3）、肉牛（9.6）和奶牛（6.7）（Sharpley等，1998）。在集约生产地区，富营养会压垮当地生态系统的吸收能力，使地表和地下水水质恶化（Hooda等，2000）。据测，2004年全球畜禽排放了1.35亿吨氮和5 800万吨磷。其中，肉牛排放的量最大，共计排放了58%的氮，猪排放了12%的氮，家禽排放了7%的氮。

---

[1] 水污染是指废弃物达到一定程度后影响其潜在用途，并导致物理化学和微生物的性能变化而引起的水质改变（Melvin，1995）。

表4-8　不同动物的营养摄入量和排泄量

动物种类	摄入量（千克/年）		吸收量（千克/年）		排泄量（千克/年）		排泄的矿物质氮占比[①]
	氮	磷	氮	磷	氮	磷	
奶牛[②]	163.7	22.6	34.1	5.9	129.6	16.7	69
奶牛[③]	39.1	6.7	3.2	0.6	35.8	6.1	50
母猪[②]	46.0	11.0	14.0	3.0	32.0	8.0	73
母猪[③]	18.3	5.4	3.2	0.7	15.1	4.7	64
育肥猪[②]	20.0	3.9	6.0	1.3	14.0	2.5	78
育肥猪[③]	9.8	2.9	2.7	0.6	7.1	2.3	59
蛋鸡[②]	1.2	0.3	0.4	0.0	0.9	0.2	82
蛋鸡[③]	0.6	0.2	0.1	0.0	0.5	0.1	70
肉鸡[②]	1.1	0.2	0.5	0.1	0.6	0.1	83
肉鸡[③]	0.4	0.1	0.1	0.0	0.3	0.1	60

①假定相当于尿液中的氮排放。由于矿物质氮易挥发，它的占比通常低于施于土壤的肥料。
②高产情况下。
③低产情况下。
注：由于摄入量以及饲料营养的变化，这些值仅作为案例列举，并不是高产和低产情况的平均值。
来源：de Wit等（1997）。

　　混合畜牧系统是营养物的主要排放部门，其排放了畜牧业部门70.5%的氮、磷等营养元素，而放牧系统则排放了全球畜牧部门22.5%的营养元素。按地理划分，亚洲畜牧部门的营养元素排放占据了全球首位，约占全球氮磷排放的35.5%。

　　水的富营养化引起藻类及其他水生植物的迅速繁殖，导致水体异味和细菌的过度生长。营养元素将保护水中微生物免于盐分和温度的影响，并给公众健康带来危害。富营养化是湖泊和河口老化的自然过程，但是畜禽和其他农业相关活动增加了营养和有机物质进入周边水域的概率，极大地加速了水体的富营养化过程（Carney等，1975；Nelson等，1996）。在全球范围内，富营养化沉积的营养盐（特别是氮）的临界负荷值，超过自然或半自然生态系统的7%～18%（Bouwman和van Vuuren，1999）。

　　如果水生生物在富营养中的增长是适度的，那么它将为水生群落提供一个食物来源；但水生生物，如藻华和微生物的过快生长将会消耗大量溶解氧资源，破坏生态系统的正常运行。其他水体富营养化的负面影响包括：①水生植物的变化导致栖息地特征的变化；②适应力强的鱼类代替了适应力差的，并带来经济损失；③某些藻类产生的毒素；④增加公共供水系统的运营费用；⑤水生杂草填满并堵塞了灌溉通道；⑥娱乐功能的损失；⑦茂密的杂草生长导致航海导航障碍。

淡水和海洋生态系统均受到水体富营养化的影响，如藻华所释放的毒素导致水体缺氧、给水产养殖和渔业造成严峻的负面影响（环境保护署，2005；Belsky，Matze 和 Uselman，1999；Ongley，1996；Carpenter 等，1998）。

磷通常被认为是对水栖生态系统影响最大的营养成分。在正常运转的生态系统中，湿地和河流保持磷的能力对于下游至关重要。而越来越多的研究也认为氮对水栖生态系统的影响也极为深刻。总体看来，磷将成为威胁地表水质量的最为关键的营养元素，而氮通过硝酸盐进入土壤层，往往对地下水水质构成更大的威胁（Mosley 等，1997；Melvin，1995；Reddy 等，1999；Miller，2001；Carney，Carty 和 Colwell，1975；Nelson，Cotsaris 和 Oades，1996）。

氮：氮在环境中以不同的形式存在，有些形式的氮是无害的，而有些形式的氮却非常有害。根据它的化学状态，氮会存留在土壤中、渗透进地下水资源中，或挥发到空中。无机氮比有机氮更易透过土壤层。

畜禽以有机氮和无机氮的形式将氮元素排到体外，无机氮主要是通过尿液排到体外，且无机氮的量远多于有机氮。氮以氨气（NH_3）、氮气（N_2）、一氧化二氮（N_2O）或硝酸盐（NO_3^-）等无机物状态挥发到空气中（Milchunas 和 Lauenroth，1993；Whitmore，2000）。部分无机氮以氨气的形式从屠宰场、堆积和肥料仓储、有机肥施用以及牧场上挥发排出。

有机肥的仓储以及适用条件在很大程度上影响了氮化合物的生物转化程度，由此产生的化合物会对环境造成不同程度的影响。在缺氧情况下，硝酸盐转化成无害的氮气（脱氮反应）。然而，如果有机碳不充分，相对于硝酸盐，有害的一氧化二氮副产品将会增多。当氨气被直接从土地冲洗进入水资源中时，将会发生不饱和的氮化学反应（Whitmore，2000；Carpenter 等，1998）。

从土壤中滤出是氮流失于水中的另一种机制。硝酸盐（NO_3^-）中（无机氮）的氮在土壤溶液中非固定，十分易于渗透到根茎层以下的地下水中，或者进入地下水流。氮（尤其是有机形式）也会通过径流进入水系统。牧场旁的水道中发现高浓度的硝酸盐，这主要是受地下水流量和水位的影响。在没有作物覆盖的土地上，当粪便被当做有机肥施用后，受土壤有机质矿化作用的影响，大多数氮将流失，与得不到有效利用有关（Gerber 和 Menzi，2005；Stoate 等，2001；Hooda 等，2000）。

水中高浓度的硝酸盐给人类的健康带来了威胁。饮水中过量的硝酸盐可能会引发高铁血红蛋白症（"蓝婴并发症"）并使婴儿中毒。对于成人，硝酸盐的毒性也会导致流产或者胃癌。世界卫生组织（WHO）建议饮用水中硝酸盐的浓度为45毫克/升（NO_3-N含量10毫克/升）（Osterberg和Wallinga，2004；Bellows，2001；Hooda等，2000）。亚硝酸盐（NO_2^-）极易析出硝酸盐，其毒性更甚。

工业化畜牧生产系统所带来的水污染威胁被广泛关注。在美国，Ritter和Chirnside（1987）曾分析了特拉华州200口地下水井中的硝态氮浓度（Hooda等，2000），结果显示工业化畜牧生产系统中的风险最高：在家禽生产区，硝态氮平均浓度为21.9毫克/升，远高于作物生产区的6.2毫克/升和林区的0.58毫克/升。在英国威尔士西南部，Schofield、Seager和Merriman（1990）指出，农牧地区的河水受到的污染最为严重，硝态氮浓度通常达到3 ~ 5毫克/升，雨后的浓度更是高达20毫克/升，雨水将硝态氮从农场中的垃圾和施肥后的土地中冲刷出来（Hooda等，2000）。

在东南亚，LEAD分析了中国由陆地带来的污染，重点分析了泰国、越南和中国广东省不断扩大的生猪养殖地区。据估测，猪粪污给这三个国家带来了比人类还严重的污染。在泰国，水系统中14%的氮和61%的磷是由生猪粪污提供的；在中国广东省，该比例更是达到72%和94%（Gerber和Menzi，2005）（表4-9）。

表4-9　水系统中由猪粪污、生活污水以及面源污染造成的氮和磷的排放

国家/省份	营养素	负荷量（吨）	水系统中各营养素的排放比例		
			猪粪污	生活污水	面源污染
中国广东	氮	530 434	72	9	19
	磷	219 824	94	1	5
泰国	氮	491 262	14	9	77
	磷	52 795	61	16	23
越南	氮	442 022	38	12	50
	磷	212 120	92	5	3

来源：FAO（2004d）。

磷：由于水中的磷并不会对人体或动物产生直接的毒性，因此，饮用水指标并没有建立含磷量的标准。当化肥被直接放置或排泄进水流中，或者当过高浓度的磷被施用于土壤中时，磷会对水源造成污染。不同于氮，除非浓度过高，磷一般会被土壤颗粒携带，而且不易被析出。腐蚀通常是磷的主要来源，并且磷通常以可溶解或微粒形式转移至地表径流。在畜禽高密度养殖的地区，土壤中会有高浓度磷通过径流到达水道中。在放牧系统中，牛群的踩踏会影响土壤渗透率和孔隙大小，并会导致牧场和耕种土壤通过坡面径流形成沉积物和磷沉淀（Carpenter等，1998；Bellows，2001；Stoate等，2001；McDowell等，2003）。

（2）总有机碳量减少了水中的氧气浓度

有机废弃物包含了大量威胁水质的固体有机化合物。有机污染会刺激藻类的蔓延，从而藻类对氧气的需求将增加，导致其他物种可用氧气的减少。生化需氧量（BOD）通常被作为衡量有机物对水体污染的程度。Khaleel和Shearer（1998）发现生化需氧量与畜禽数量或农场直接排放的污水有很强的相关性。在畜禽养殖区排出的水流中，除非农场污水被直接排放入径流中，否则雨水对生化需氧量浓度的变化起着重要作用（Hooda等，2000）。

表4-10展现了英国不同废水中生化需氧量的浓度，与畜牧业相关的废水中生化需氧量浓度最高。在地方一级评估了总有机碳和相关BOD水平对水质和生态系统的影响，但数据的缺乏使得在更大范围内的评估无法实施。

表4-10　不同废水和动物产品中生化需氧量浓度范围

来源	生化需氧量（毫克/升）
牛奶	140 000
青贮渗出液	30 000 ~ 80 000
猪粪	20 000 ~ 30 000
牛粪	10 000 ~ 20 000
粪便仓储流出的污水	1 000 ~ 12 000
挤乳间和庭院清洗的污水	1 000 ~ 5 000
未处理的生活污水	300
处理过的生活污水	20 ~ 60
清洁的河水	5

来源：大不列颠及北爱尔兰联合国农业、渔业、食品部（MAFF-UK）（1998）。

（3）生物污染引发公众健康危害

畜禽粪污带来了可在动物间传播的微生物病菌和影响人类健康的多细胞寄生虫（Muirhead等，2004）。微生物病原菌会通过水传播或食物传播，尤其是在粮食作物受到污水影响的情况下（Atwill，1995）。大量的病原菌通常通过有效的传递过程被其他动物所感染。有一些生物污染会在土壤中的粪便里持续很多天甚至几周，然后通过径流污染水资源。

在公共及动物防疫中，通过水传播的细菌和病毒的病原体主要有：

弧形杆菌：不同种类的弧形杆菌在人类的胃肠道感染中起着重要的作用。

弧形杆菌症引发了全球5%～14%的痢疾病例（动物生物制品国际合作研究所，食品安全和公共卫生中心，2005）。临床案例证明，一些人类临床疾病是由畜牧业产生的污水引起的（Lind，1996；Atwill，1995）。

O157：H7大肠杆菌：O157：H7大肠杆菌是人类病原体，会导致结肠炎，有时还会引发溶血性尿毒症。牛群被认定为是携带致病菌O157：H7大肠杆菌的水和食物的罪魁祸首。幼童、老人或患有消耗性疾病的人群极易出现并发症并引发死亡。在美国，每年有近73 000人感染并致病（动物生物制品国际合作研究所，食品安全和公共卫生中心，2004；Renter等，2003；Shere等，2002；Shere，Bartless和Kasper，1998）。

沙门氏菌：畜禽是人类感染沙门氏菌的重要来源之一。都柏林沙门氏菌是从牛体中分离的、更为常见的一种血清型，也是一种严重的食源性致病菌。饮用被都柏林沙门氏菌污染的水或食用被都柏林沙门氏菌污染的水冲洗过的食物，都会导致人体感染疾病。在美国加利福尼亚州，41%的火鸡被检测出沙门氏菌，在美国马萨诸塞州，50%的鸡禽中被检测出沙门氏菌（动物生物制品国际合作研究所，食品安全和公共卫生中心，2005；Atwill，1995）。

肉毒杆菌：肉毒杆菌（肉毒毒素致病）能够产生剧烈的神经毒素，其孢子耐热且可在加工不当或微加工的食物中残留。在7种血清型毒素中，A、B、E、F会导致人体中毒，C和D会引发动物中毒。肉毒杆菌可以通过田间径流进行传播（Carney，Carty和Colwell，1975；Notermans，Dufreme和Oosterom，1981）。

病毒性疾病：一些病毒性疾病同样在兽医学中很重要，如能够通过饮用水进行传播的小核糖核酸病毒（口蹄疫、猪捷申病、雏鸡传染性颤搐病、猪水疱病、脑心肌炎）、细小病毒感染、腺病毒感染、牛瘟病毒或猪瘟疫。

家畜寄生虫病：家畜寄生虫病可以通过传播媒介（孢子、卵囊、卵细胞、幼虫和隐囊期）、食品加工或受污染的水，或通过与传染性寄生虫直接接触进行传播。牛是人体感染的主要来源（Olson等，2004；Slifko，Smith和Rose，2000）。家畜寄生虫病通过排泄传播的范围很广，其对兽医公共卫生的威胁可能远超过受污染地区（Slifko，Smith和Rose，2000；Atwill，1995）。在这些寄生虫中，贾地鞭毛虫、隐孢子虫、微孢子虫和肝片吸虫病给水资源公共安全带来的威胁最大。

蓝氏贾第鞭毛虫和隐孢子虫：这两种寄生虫都能够导致人体胃肠道疾病（Buret等，1990；Ong，1996）。很多动物本身就携带有蓝氏贾第鞭毛虫病和隐孢子虫，这两种寄生虫也是重要的水源致病菌。其卵囊小到足够污染到地下水，并且普通的水处理技术无法有效地对隐孢子虫的卵囊进行清除（Slifko，

Smith和Rose，2000；东湾市政事业部，2001；Olson等，2004）。发达国家有1%～4.5%的人患有由这两种寄生虫所带来的疾病，发展中国家患病率则达到了3%～20%（动物生物制品国际合作研究所，食品安全和公共卫生中心，2004）。

微孢子虫属：微孢子虫属是胞内寄生虫。14种微孢子虫被界定为人体中新兴的病原体。在发展中国家，微孢子虫属极易感染免疫能力低下的人群，给公共安全带来了越来越严重的危害。微孢子虫所引发的疾病是一类潜在的新出现的肉源性人畜共患病，其可以通过生的或未煮熟的鱼或甲壳类动物进行传播。在人体中发现畜禽身上的微孢子菌属的案例已被广泛关注，微孢子虫（人体中最常见的种类）在猪、牛、猫、狗、美洲驼和鸡的体内均有发现（Slifko，Smith和Rose，2000；Fayer等，2002）。

肝片吸虫属：肝片吸虫病（肝片吸虫和大片吸虫）是草食动物主要感染的寄生虫和食源性人畜共患病。其最常见的传播途径是食物摄取和水污染。食物（例如沙拉）的灌溉水中一旦受到后期囊虫幼污染，也会成为一种可能的传播途径（Slifko，Smith和Rose，2000；Conceição等，2004；Velusamy，Singh和Raina，2004）。

（4）药物残留污染水体环境

药物主要包括抗菌药物和激素类药物，其被大量用于畜牧业部门。抗菌药物有多种用途，它们被用于治疗的同时也被用于所有健康动物的防疫工作，尤其是在如断奶后和运输途中等应激事件和病菌高发期。它们也被长期置于动物日常的饲料和水中来提高增长率和饲料转化效率。当抗菌药物被用于饲料和饮用水中时，科学家称此为抗菌药物的"亚治疗"或"非治疗"用途（Morse和Jackson，2003；Wallinga，2002）。激素被用于提高饲料转化率，尤其是在牛和猪生产部门。而这种应用在一些国家或地区则不被允许，例如欧洲（FAO，2003a）。

在发达国家，药物在动物生产中的应用非常重要。美国每年生产的2.27亿千克抗生素中，其中将近一半被用于动物养殖（Harrison和Lederberg，1998）。据美国医学研究所（IOM）估算，在美国，给畜禽使用的抗生素中约有80%用于非治疗目的，例如预防疾病和促进生长（Wallinga，2002）。在欧洲，由于禁止某些药物的使用以及对于药物的公开讨论，1997年后，抗生素的用量减少：1997年，欧盟使用了包括1 599吨生长促进剂（多为聚醚类抗生素）在内、共计5 093吨抗生素；1999年，欧盟15国（包括瑞士）畜牧生产系统总计消耗4 688吨抗生素，其中3 902吨（占83%）被用于治疗（四环素是最常见的类别），只有786吨被用于促进生长；2006年后，莫能菌素、卑霉素、黄霉素和盐霉素等4种欧盟曾使用的药用饲料添加剂将被禁用（Thorsten等，2003）。世界卫生组织（WHO）已经颁布禁令，禁止给健康的动物提供抗生素以提高产量（FAO，2003a）。

没有国家激素使用量的数据。内分泌干扰物通过影响生长、代谢和身体功能来干扰正常的人体激素功能。它们被植入耳内或作为饲料添加剂添加到饲养场的动物体中（Miller，2001）。通常使用的天然激素包括雌激素、黄体酮和睾酮，人工激素包括折仑诺和乙酸去甲雄三烯醇酮。在全球，包括澳大利亚、加拿大、智利、日本、墨西哥、新西兰、南非和美国等国在内，约有34个国家允许在牛肉生产中使用激素。使用激素后，肉牛每天能够增重8%～25%，饲料转化效率提高15%（加拿大动物卫生研究所，2004）。因为经科学证实并正确使用激素，目前，激素在畜禽养殖中的使用并未对人类健康造成直接的负作用。然而，在消费者的压力下，欧盟对畜牧业生产使用激素有严格的限值标准（FAO，2003a）。

但是，大量的药物并没有在动物体内降解，并最终回归大自然。在地下水，地表水和自来水等多种水栖环境中发现了包括抗生素和激素在内的药物残留（Morse和Jackson，2003）。美国地质调查局发现，在被调查的139条河流中，48%的河流发现有残留的抗菌剂，而且动物被认定为是抗菌剂来源的罪魁祸首，尤其是当粪便残留在农业用地时（Wallinga，2002）。至于激素，Estergreen等（1977）称，牛使用的50%的黄体酮会随粪便排出，2%随尿液排出。Shore等（1993）发现，睾酮很容易从土壤中滤出，但是雌激素不会。

即使淡水中只残留低浓度的抗菌药物，细菌也会慢慢产生抗药性。抗药性会通过遗传物质的转变而在微生物间传递，从而使非致病性的细菌转化为致病性的细菌。由于具有进化优势，这类基因会在细菌生态系统中快速传播：具有抗病基因的细菌会战胜无抗病基因的并快速繁衍（FAO，2003a；Harrison和Lederberg，1998；Wallinga，2002）。抗生素抗药性的潜在传播，是一个不容忽视的导致环境问题的重要根源。

关于激素问题，在环保意识中要关注激素给作物的生长以及给人类和野生动物所造成的内分泌干扰的潜在可能性（Miller，2001）。乙酸去甲雄三烯醇酮会在粪堆中残留超过270天，所以水源会被径流带出的激素类活性剂污染。虽然很难证实畜禽养殖中激素的使用与环境有关系，然而它却可以解释即使在雌性激素类农药的禁令颁布之后，野生动物发育、神经系统和内分泌仍在不断发生变化。这个推论获得了越来越多的案例报道的支撑，如鱼类的雌性化或雄性化以及日益增长的乳腺癌、睾丸癌和哺乳动物雄性生殖道的变化（Soto等，2004）。

令人担忧的药物不仅仅有抗菌剂和激素。奶制品生产中用到了大量的清洁剂和消毒剂。清洁剂在奶制品加工中是占比最多的化学成分。而畜牧业生产系统中也运用到了高浓度的抗寄生物药剂。

（5）饲料中的重金属与环境

为了促进畜禽的健康和生长，畜禽养殖中也使用到了低浓度的重金属。被喂给畜禽的金属包括铜、锌、硒、钴、砷、铁和锰。在养猪业，铜（Cu）被用做肠道的抗菌剂，锌（Zn）被喂给断乳仔猪以防止腹泻。在养鸡业，锌和铜被当做辅酶因素使用，低剂量的镉和硒被发现可以促进生长，也被使用。另外一些重金属也被用于畜禽的饮食包括饮用水中，而石灰岩和腐蚀金属被用于畜舍中 [Nicholson，2003；Miller，2001；可持续发展表（Sustainable Table），2005]。

动物只消化金属摄入量的5%～15%，因此，大多数被摄入的重金属都被排泄到环境中。给牛羊蹄子消毒所用到的铜和锌会随着牛踏入水中而污染水源（Nicholson，2003；Schultheiß等，2003；Sustainable Table，2005）。

源自畜禽的重金属已被各国广泛分析。1995年，瑞士在164万头牛和149万头猪的粪肥中发现有94吨铜、453吨锌、0.375吨镉和7.43吨铅（FAO，2006b）。其中，64%的锌和87%的铅在牛的粪便中，高浓度的铜和锌则在猪的粪便中（Menzi和Kessler，1998）。

4.3.1.2 污染途径

（1）集约生产系统中的点源污染

正如第一章所述，如今畜牧部门主要的结构变化与工业发展和集约化的畜牧生产系统有关。数量巨大的动物集中在拥挤的环境中，处于很少的管理之中。在美国，4%的养牛场生产了84%的牛肉。这种集约化生产系统所带来的大量垃圾，意味着需要较为完善的管理水平，以避免由此带来的水污染（Carpenter等，1998）。不同形式的畜禽粪污管理方式，意味着集约化生产体系对水资源的影响也各不相同。

发达国家虽然有规章制度，但其条例经常不被遵守或者违反。在美国艾奥瓦州，307种主要粪便中，6%被故意倾倒在地上或倒在蓄水池中，24%是由于粪坑结构的故障或溢出引起（Osterberg和Wallinga，2004）。在英国苏格兰，有关农场垃圾的相关污染事件被报道的数量从1984年的310起增加至1993年的539起；在英格兰和北爱尔兰，有关农场垃圾的相关污染事件的报道则从1981年的2 367起增加至1988年的4 141起。在畜牧集约生产的国家，从养殖场地流出的垃圾也是污染的主要来源。

在发展中国家，尤其在亚洲，生产部门结构的变化以及施肥管理措施也导致了类似的对环境的负面影响。养殖规模的增长和集中于城区的畜牧业生产导致了土地和畜牧业间的矛盾，阻碍了肥料的循环使用，如将粪肥当肥料用于耕地——在这种情况下，将粪便运输至农田的成本过高。此外，由于城郊地区的土地成本过于昂贵，导致生产者无法承担潟湖等粪污处理系统所带来的建设和运营成本。因此，大多数液体粪污被直接排入水系。这种污染主要发生在人口密集的地方，给人类健康带来了极大威胁。只有少数农场有治理措施，而大多数都无法达到可接受的排放标准。尽管发展中国家出台了相关规定，但是鲜有实施。即使在排水槽中收集了畜禽粪污，大部分还是在雨季溢出，污染了地表水和地下水。

养猪场的废水氧化池——泰国中部，2000年

由于缺乏大部分污染的数据记录，因此无法对全球污染中畜牧业相关的点源污染的程度进行综合评估。根据对集约化畜牧生产系统在全球的分布和各地区集约化牲畜活动直接造成的水污染的研究，可以很清楚地发现大多数污染发生在高密度的畜牧生产活动中。这些地方集中在美国（西海岸和东海岸）、欧洲（法国西部、西班牙西部、英国、德国、比利时、荷兰、意大利北部和爱尔兰）、日本、中国和东南亚（印度尼西亚、马来西亚、菲律宾、泰国、越南）、巴西、厄瓜多尔、墨西哥、委内瑞拉和沙特阿拉伯。

（2）牧场和可耕地的面源污染

畜牧业同三个面源污染机制相关。

第一，部分畜禽废物，尤其是粪肥被当做肥料施于土地，用来生产食品和饲料。

第二，在集约化畜牧生产系统中，地表水污染可能来自于排入水道的排泄物直接形成的沉淀物垃圾，或残存于土壤的垃圾通过径流和地表水流形成污染。

　　第三，畜牧生产系统需要大量的饲料和草料，所以也需要农药、无机肥料等生产资料，这些东西被使用于土地后，也会对水源造成污染（这个影响会在4.3.4部分详细阐述）。

　　污染物沉积在牧场和农田可能会污染地下水和地表水资源。施用于土地上的肥料、药物残留、重金属或生物污染物，或经过土壤层析出或被水冲走，其程度由土壤或天气状况、强度、频率、放牧期和施肥频率决定。在干旱天气，水流不会太频繁，所以大部分粪便污染是由于动物直接将粪便排入水道所引起。

　　土地退化的程度也对污染机制和污染程度造成影响。当植被减少、土壤分离和随之而来的腐蚀增加，土壤流失加剧，并将更多的营养盐、生物污染、沉积物和其他污染带入水道。由于畜牧业是直接或间接的污染源，它直接影响（通过土地退化）原本可以控制和减轻污染负荷的自然机制。

在威斯康星州，粪肥被抛洒在田地——美国

　　在农地施粪肥有两重目的。首先，它是一种有效的有机肥料，可以减少化肥的购买量。其次，它通常比处理粪肥以达到排放标准更省钱。

　　据估计，1996年，全球用于农地的粪肥中包含3 400万吨氮和880万吨磷（Sheldrick，Syers和Lingard，2003）。粪肥占全部肥料的比重下降。1961—1995年，粪肥提供的氮素占全部肥料所提供的氮素比从60%减少至30%，磷从50%减少至38%（Sheldrick，Syers和Lingard，2003）。然而，在很多发展中国家，粪肥仍旧是农地主要的营养素来源（表4-11）。粪肥占比较多的是东欧和独联体（56%），撒哈拉以南非洲（49%）。这主要是因为，在这些地区尤其是在撒哈拉以南非洲，相比于负担不起或者无法购买到的无机肥，粪肥具有更高的经济价值。

表4-11　全球来自无机肥料和畜肥并施用于作物和牧草的氮和磷

地区/国家	作物				牧草				畜肥中的氮含量占比（%）
	面积（百万公顷）	无机肥料（千吨）	畜肥（千吨）		面积（百万公顷）	无机肥料（千吨）	畜肥（千吨）		
		氮	氮	磷		氮	氮	磷	
北美									
加拿大	46.0	1 576.0	207.0	115.3	20.0	0.0	207.0	115.3	22
美国	190.0	11 150.0	1 583.0	881.7	84.0	0.0	1 583.0	881.7	
中美洲	40.0	1 424.0	351.0	192.4	22.0	25.0	351.0	192.4	43
南美洲	111.0	2 283.0	1 052.0	576.8	59.0	12.0	1 051.0	576.2	
北非	22.0	1 203.0	36.0	18.5	10.0	0.0	34.0	17.4	10
西亚	58.0	2 376.0	180.0	92.3	48.0	0.0	137.0	70.2	
西非	75.0	156.0	140.0	71.9	26.0	0.0	148.0	76.0	49
东非	41.0	109.0	148.0	76.0	24.0	31.0	78.0	40.0	
南非	42.0	480.0	79.0	40.6	50.0	3 074.0	3 085.0	1 583.8	
欧洲的经合组织国家	90.0	6 416.0	3 408.0	1 896.7	18.0	210.0	737.0	410.2	38
东欧	48.0	1 834.0	757.0	413.4	177.0	760.0	2 389.0	1 304.5	56
南亚	206.0	12 941.0	3 816.0	1 920.9	10.0	0.0	425.0	213.9	
东亚	95.0	24 345.0	5 150.0	3 358.3	29.0	0.0	1 404.0	915.5	10
东南亚	87.0	4 216.0	941.0	512.0	15.0	0.0	477.0	259.5	
大洋洲	49.0	651.0	63.0	38.9	20.0	175.0	52.0	32.1	29
日本	4.0	436.0	361.0	223.0	0.0	27.0	59.0	36.4	
世界	1 436.0	73 467.0	20 664.0	11 734.7	625.0	4 331.0	12 384.0	6 816.6	30

注：数据为1995年当年。
来源：FAO/IFA（2001）。

粪便肥料不应被视为水污染的潜在威胁，反而应该是减少水污染的一种途径。如果使用得当，畜禽粪便的循环利用会减少无机肥的需求。在回收率和相应的粪便总施氮率低的国家，显然需要更好的粪便管理办法。

相较于营养素造成的水体污染，将粪便作为有机肥料有其他的优点。由于粪便中高浓度的氮处于有机形态，它只能逐渐被作物吸收。此外，包含在粪便中的有机物会改善土壤结构，并提高土壤湿度以及阳离子交换能力（de Wit等，1997）。尽管如此，有机氮还会不时矿化，只有少量氮能被作物吸收，与此同时，释放的氮极易被土壤析出。在欧洲，大部分硝酸盐造成的水污染发生在有机氮极易矿化的秋季或春季。

通常情况下，人们往往是基于农作物对氮素的吸收情况，而非对磷素的吸收情况，来判断所施用的肥料是否具有经济效益的。然而，作物摄入氮和磷的比例和畜禽粪便中的氮和磷比例不同，使得施过粪肥的土壤中磷的比重超标。当土壤无法承受过量的磷素时，磷素会不断从土壤中析出（Miller，2001）。此外，当粪便被作为土壤改良剂使用时，施用于农地的磷浓度往往超过了实际需求而在土壤中累积（Bellows，2001；Gerber和Menzi，2005）。

当施肥能够带来经济效益时，农民通常会不合时宜地频繁施用肥料，所提供的营养素往往超过作物的需求。过量施用会导致过高的运输及人力成本，并限制了邻近的工业化畜牧生产系统中对于有机粪肥的使用。粪便的过量使用会导致营养元素析出造成土壤沉积和水污染。

土壤中营养元素的积累在全球范围内屡见不鲜。例如，在美国和欧洲，肥料中的磷仅有30%被用于农业生产，据估计，其平均累积速度为22千克/（公顷·年）（Carpenter等，1998）。在插文4-2中，Gerber等（2005）分析了畜牧业集约化对于营养素平衡的影响。

插文4-2　在亚洲畜牧业集约化对养分平衡的影响

亚洲的牲畜分布有两种模式。在南亚和中国西部，以反刍动物养殖为主。在这些地区，畜禽生产系统可以划分为集约化+放牧相结合的畜禽生产系统、集约化畜禽生产系统和放牧系统，饲养密度由土地和气候决定。在印度，反刍动物释放了94%的P_2O_5。孟加拉国、不丹、柬埔寨、老挝、缅甸和尼泊尔等国反刍动物则释放了超过75%的P_2O_5。

而东亚和东南亚以猪和禽类养殖为主，单胃动物（猪和家禽）排放的磷占磷排泄（P_2O_5）的75%以上，这些地区包括中国大部分地区、印度尼西亚、马来西亚和越南。

对P_2O_5平衡的研究中发现其分布有很强的差异性，从负平衡（质量平衡低于10千克/公顷）到高盈余（质量平衡高于10千克/公顷）。在整个研究领域，39.1%的农用地处于平衡状态，P_2O_5质量平衡在-10～+10千克/公顷；23.6%农用地的P_2O_5处于超标状态，这些农用地主要集中在中国东部、恒河流域和诸如曼谷、胡志明市和马尼拉等多数城市中心和城市周边地区。

通常，畜禽粪便贡献了大约39.4%的农业P_2O_5。畜牧业是中国南部和东北部等城市中心或畜禽集中地区农业中P_2O_5的主要来源，同时矿物肥料在作物（水稻）密集的地区占主导地位。在中国东部（江苏、安徽和河南省）以水稻作为主要农作物的平原地区，矿物肥料供给了大多数P_2O_5。此外，在中国东北部、中国东南部、中国台湾省以及河内、胡志明市、曼谷和马尼拉等城市中心周边地，粪便贡献了超过一半的磷盈余。

这表明，可以更好地整合作物和畜牧生产活动。在超标地区，一部分矿物肥料可以被粪便取代，从而大大减少对土地和水环境的影响。但过度的替代将会产生一系列问题和限制因素（Gerber 等，2005）。

据估计，经由水流流失的磷占据了磷施用量的3%～20%（Carpenter 等，1998；Hooda 等，1998）。在化肥中，氮流失量通常在5%以下（表4-12），然而，由于并没有包括渗透量以及析出量，这个数据并不能反映真正的污染水平。事实上，在壤土和黏土中，从农业生态系统流失到水中的氮占所使用氮肥的比重在10%～40%，在沙壤土中为25%～80%（Carpenter 等，1998）。这个数据和Galloway 等（2004）所测算的25%的氮流失比例相似。

表4-12 从施过肥的农地中流失到淡水生态系统的氮和磷（千吨）

地区/国家	动物粪便中的氮		流失到淡水的氮	动物粪便中的磷		流失到淡水的磷
	作物	牧草		作物	牧草	
北美						
加拿大	207.0	207.0	104.0	115.3	20.0	16.2
美国	1 583.0	1 583.0	792.0	881.7	84.0	115.9
中美洲	351.0	351.0	176.0	192.4	22.0	25.7
南美洲	1 052.0	1 051.0	526.0	576.8	59.0	76.3
北非	36.0	34.0	18.0	18.5	10.0	3.4
西亚	180.0	137.0	79.0	92.3	48.0	16.8
西非	140.0	148.0	72.0	71.9	26.0	11.7
东非	148.0	78.0	57.0	76.0	24.0	12.0
南非	79.0	3 085.0	791.0	40.6	50.0	10.9
欧洲的经合组织国家	3 408.0	737.0	1 036.0	1 896.7	18.0	229.8
东欧	757.0	2 389.0	787.0	413.4	177.0	70.8
南亚	3 816.0	425.0	1 060.0	1 920.9	10.0	231.7
东亚	5 150.0	1 404.0	1 639.0	3 358.3	29.0	406.5
东南亚	941.0	477.0	355.0	512.0	15.0	63.2
大洋洲	63.0	52.0	29.0	38.9	20.0	7.1
日本	361.0	59.0	105.0	223.0	0.0	26.8
世界	**20 664.0**	**12 384.0**	**8 262.0**	**11 734.7**	**625.0**	**1 483.2**

来源：FAO 和 IFA（2001）；Carpenter 等（1998）；Hooda 等（1998）；Galloway 等（2004）。

施过肥的农地所流失的营养素对环境造成了巨大的影响。根据上述数据预测，每年有830万吨氮和150万吨磷从粪便中流失并污染了淡水资源。亚洲流失得最多，达到200万吨氮和70万吨磷，占世界施肥耕地流失量的24%和47%。

畜禽粪便还会导致农田中大量重金属的残留。根据Nicholson等（2003）的测算，在2000年，英格兰和威尔士有将近1 900吨锌和650吨铜被以粪肥形式用于农业用地，这相当于每年锌投入的38%（表4-13），其中，与其他粪便相比，牛粪排放的重金属量最大，这主要是由于牛的大量生产（Nicholson等，2003）。在瑞士，粪肥贡献了2/3的铜和锌、近20%的镉和铅（Menzi和Kessler，1998）。

表4-13　2000年英格兰和威尔士农业用地的重金属投入

来源		每年的投入量（吨）							
		锌	铜	镍	铅	镉	铬	砷	汞
大气沉稳物		2 457	631	178	604	21	863	35	11
畜禽粪便		1 858	643	53	48	4.2	36	16	0.3
污水污泥		385	271	28	106	1.6	78	2.9	1.1
工业废料		45	13	3	3	0.9	3.9	n.d.	0.1
无机肥料									
	氮肥	19	13	2	6	1.2	4	1.2	< 0.1
	磷肥	213	30	21	3	10	104	7.2	< 0.1
	钾肥	3	2	< 1	1	0.2	1	0.2	< 0.1
	石灰	32	7	15	6	0.9	17	n.d.	n.d.
	总计	266	53	37	16	12	126	85	0.1
农药		21	8	0	0	0	0	0	0
灌溉用水		5	2	< 1	< 1	< 0.1	< 1	0.1	n.d.
堆肥		< 1	< 1	< 1	< 1	< 0.1	< 1	n.d.	< 0.1
总计		5 038	1 621	299	778	40	327	62	13

注：n.d.表示无数据。
来源：Nicholson等（2003）。

人们越来越意识到，许多地方土壤中的重金属含量在增加，在不久的将来将达到临界值（Menzi和Kessler，1998；Miller，2001；Schultheiß等，2003）。

在牧场，畜禽排放的尿和粪便，成为土壤中磷和氮的来源之一。动物通常不均匀地分散在草地上。营养素的影响集中在动物聚集区，并受牧草、水源、畜禽活动和休息的习惯影响。如果不被植被吸收或挥发到大气中，这些营养素就会污染水源。由于高频率的施用，植物通常无法完全吸收这些营养素。

事实上，在改进的牧牛系统中，每头牛每天在0.4平方米的土地上排尿2升，即每公顷土地将增加400～1 200千克氮，这超过了在温和的环境下，草地每公顷转化400千克氮的能力。这种模式通常导致营养素在草场的重新分配，形成点源污染。此外，瞬时的高浓度营养素会烧坏植被（植物根部的高浓度毒性），并可长期损坏自然循环过程。

在全球范围内，放牧系统每年堆积3 040万吨氮和1 200万吨磷。在美国中部和南部，直接排放的粪便带来了十分严重的影响，其氮和磷的直接排放量占全球的33％。由于只考虑了放牧系统，这个数据被严重低估。混合系统同样会在牧场直接排放氮和磷，这增加了有机肥和无机肥在草地的施用并增加了水质隐患。

在牧场，放牧强度对地表水的影响是多种多样的。适度的放牧强度不会增加草场氮和磷的流失，因此不会显著影响水源（Mosley等，1997）。然而，高强度的放牧通常会增加草场磷和氮的流失，并增加渗入地下水源的氮量。

4.3.2 畜产品加工中的废弃物

屠宰场、肉类加工厂、乳品厂和制革厂极可能对当地产生污染。令人关注的两种污染机制为直接排放废水进入淡水水道和加工区旁的地表径流。废水通常包含高浓度的总有机碳量（TOC）并产生更多的生化需氧量（BOD），导致水里的氧气含量降低、抑制水生生物生长。污染化合物还有氮、磷、制革厂的化学品，包括铬等有毒化合物（de Haan，Steinfeld和Blackburn，1997）。

4.3.2.1 屠宰场

（1）当地的高潜在污染源

在发展中国家，由于缺乏制冷系统，屠宰场通常选在居民区，以方便提供鲜肉。整体而言，大规模工业加工为副产品（如血液）提供了更高的利用率，并促进废水处理系统的实施和环保法规的实施（Schiere和van der Hoek，2000；LEAD，1999）。然而，现实中大规模屠宰场常常引进发达国家的技术却没有配备相应的废物处理设施。在污水管理系统不适用的情况下，当地的屠宰场会对当地水质造成巨大威胁。

在发展中国家，经常有新闻报道称污水直接从屠宰场排出。屠宰场的水被有机化合物如血液、脂肪、瘤胃内含物以及肠子、毛发、角等固体垃圾污染（Schiere和van der Hoek，2000）。通常1吨产品产生100千克肠道粪便和6千克脂肪。初级污染物如血具有很高的生化需氧量（150 000～200 000毫克/升）。红肉和家禽类屠宰场宰杀单位活畜所带来的污染相似（de Haan，Steinfeld和Blackburn，1997）（表4-14）。

表4-14 动物加工业典型的废水特征（千克）

加工方式	BOD	悬浮物（SS）	NKj-N	P
红肉屠宰场（每吨活体宰杀）	5	5.6	0.68	0.05
红肉屠宰加工厂（每吨活体宰杀）	11	9.6	0.84	0.33
家禽屠宰厂（每吨活体宰杀）	6.8	3.5		
乳品厂（每吨牛奶）	4.2	0.5	＜0.1	0.02

注：NKj-N：凯氏氮是有机氮和氨氮的总和。
来源：de Haan，Steinfeld 和 Blackburn（1997）。

按照欧洲城市污水排放指标（每升水中含25毫克生化需氧量、1 015毫克氮和12毫克磷），即使屠宰场排放的废水减少，可依旧造成严重的水污染。事实上，按照欧盟标准计算，每生产1吨红肉会产生5千克生化需氧量，屠宰场的污水被直接排放入水道中需要稀释200 000升水（de Haan，Steinfeld 和 Blackburn，1997）。

4.3.2.2 制革厂

（1）各种有机化学污染物的来源

制革是高污染的潜在来源，因为制革工艺会产生包含有机化合物的废水。各个工艺环节所带来的污染量如表4-15所示。预鞣阶段（包括清洗和梳理兽皮）产生的废水最多。酸铵盐、酶素、杀菌剂和有机溶剂被广泛用于制备皮革的鞣制过程，水被污垢、粪便、废血、化学防腐剂和溶解毛发表皮的化学物质所污染。

世界上80%～90%的制革厂在鞣制过程中使用铬（三价铬）盐。在现代技术中，生产每吨生皮需要3～7千克铬、137～202千克氯离子、4～9千克硫离子、52～100千克硫酸根离子。如果废水处理不到位，当地水资源环境将面临威胁——这通常发生在发展中国家。事实上，在大多数发展中国家，制革厂的废水通过下水道排出，进入内陆地表水，甚至用于土地灌溉（德国技术合作公司信息服务部门，2002；de Haan，Steinfeld 和 Blackburn，1997）。

由于带有高浓度的铬和硫化氢，制革厂的废水极大地破坏了水质和生态系统，包括鱼类和其他水生生物。三价铬和四价铬盐是广为人知的致癌性化合物（后者毒性更强）。根据世界卫生组织规定，安全饮用水中镉浓度不得超过0.05毫克/升。在制革业发达的地区，淡水中的铬含量远远超过这个规定。当制革废水被用于农业用地后，土壤生产力会受到破坏，鞣制过程中使用的化学物质也会析出并污染地下水资源（德国技术合作公司信息服务部门，2002；de Haan，Steinfeld 和 Blackburn，1997；Schiere 和 van der Hoek，2000）。

表4-15　各制革工艺环节流入废水的污染量

污染量（千克/吨）

工艺流程	技术	悬浮物(SS)	化学需氧量(COD)	生化需氧量(BOD)	铬	硫离子	氨氮	全氮量(TKN)	氯离子	硫酸根离子
浸水	传统的	11~17	22~33	7~11	—	—	0.1~0.2	1~2	85~113	1~2
	先进的	11~17	20~25	7~9	—	—	0.1~0.2	0.1~0.2	5~10	1~25
浸灰	传统的	53~97	79~122	28~45	—	3.9~8.7	0.4~0.5	6~8	5~15	1~2
	先进的	14~26	46~65	16~24	—	0.4~0.7	0.1~0.2	3~4	1~2	1~2
脱灰、软化	传统的	8~12	13~20	5~9	—	0.1~0.3	2.6~3.9	3~5	2~4	10~26
	先进的	8~12	13~20	5~9	—	0~0.1	0.2~0.4	0.6~1.5	1~2	1~2
鞣制	传统的	5~10	7~11	2~4	2~5	—	0.6~0.9	0.6~0.9	40~60	30~55
	先进的	1~2	7~11	2~4	0.05~0.1	—	0.1~0.2	0.1~0.2	20~35	10~22
鞣制后处理	传统的	6~11	24~40	8~15	1~2	—	0.3~0.5	1~2	5~10	10~25
	先进的	1~2	10~12	3~5	0.1~0.4	—	0.1~0.2	0.2~0.5	3~6	4~9
结束	传统的	0~2	0~5	2	—	—	—	—	—	—
	先进的	0~2	0	0	—	—	—	—	—	—
总计	传统的	83~149	145~231	50~86	3~7	4~9	4~6	12~18	137~202	52~110
	先进的	35~61	96~133	33~51	0.15~0.5	0.4~0.8	0.6~0.12	5~8	30~55	17~37

来源：德国技术合作公司信息服务部门（2002）。

在整个制革过程中，传统的制革结构（其余10%～20%的制革厂）使用植鞣皮和螺母，即便植物鞣制可以生物降解，但如果大量使用，还是会对水质造成威胁。从处理过的皮和植鞣中废弃的有机物质如毛发、肉、血液残留物会导致水浑浊，对水质构成严重威胁。

先进技术的使用可以大大降低污染度，尤其是铬、硫和氨基氮（表4-15）。

4.3.3 饲料和草料生产中的污染

在过去的200年，不断增加的农业用地的压力以及相应的无效的土地管理措施，导致土壤被侵蚀速率加快、大部分地区的土壤肥力恶化。正如第二章所述，畜牧业加剧了这一发展趋势。

饲料生产占用了约33%的农作物用地。粮食和饲料产品需求不断增加和由于侵蚀导致的农地自然肥力的下降，导致化肥和有机投入品（包括化肥和农药）使用量的增加，以维持较高的农产品产量。这种增长，反过来又导致了淡水资源日益严重的污染。正如我们在本节将看到的，在大多数地区，畜牧业应被视为导致水质污染趋势加剧的主要原因。

4.3.3.1 营养素

在4.3.1节，我们已经分析了农作物（包括饲料作物）施加粪肥与水污染有关，在本节，我们将着重分析饲料作物施加的矿物肥料给环境带来的影响。虽然这两种做法是相辅相成的，但我们在这里依旧把它们分开，以进行更深刻的分析。它们的综合分析以及养分管理计划的概念，将在减排部分讨论。

自20世纪50年代起，饲料和粮食生产中大量使用矿物肥料。1961—1980年，氮肥消费量以几何倍数增长，欧盟15国增加了1.8倍（从每年350万吨增至990万吨），美国则增加了2.5倍（每年300万～1 080万吨）。同期，欧盟磷肥消费增加了0.5倍（从每年380万吨增至570万吨），美国则增加了0.9倍（从每年250万吨增至490万吨）。当前，人类释放到陆地生态系统的氮和磷是其他所有自然生物的总和。1980—2000年，全球氮消费量总计增加33%，磷增加38%。Tilman等（2001）预测，如果按照过去氮和磷的施肥灌溉速度以及人口和国内生产总值测算，2020年全球氮施肥量将比2000年增加1.6倍，2050年将比2000年增加2.7倍，而同期磷分别增加1.4倍和2.4倍。

各地区矿物肥料施用量的变化在过去20年呈现出相当大的差异（表4-16）。1980—2000年，矿物肥料施用量的增长在亚洲（氮增长117%，磷增长154%）、拉丁美洲（氮增长80%，磷增长334%）和大洋洲（氮增长337%，磷增长38%）极为明显，而在发达国家则较为缓慢（北美氮增长2%），甚至已经开始减少（欧洲氮施用量减少8%，磷减少46%，北美磷减少20%）。这些趋势可以通过一个事实来解释：耕地所生产的农产品市场价格的下跌给生产者带来经济压力，迫使生产者根据农作物的需求进行精确施肥。在一些地区（如欧洲），由于环境问题，当局出台了更多的标准和政策以控制无机肥的使用率、方法和时节。然而，由于大多数现代农作物品种需要的施肥率相对较高，化肥使用量仍然很高（Tilman等，2001；Stoate等，2001）。

表4-16　1980—2000年全球不同地区矿物肥料施用量

地区	氮肥消费量（吨）		1980—2000年百分比变化	氮肥消费量（吨）		1980—2000年百分比变化
	1980年	2000年		1980年	2000年	
亚洲	21 540 789	46 723 317	117	6 971 541	17 703 104	154
独联体		2 404 253			544 600	
撒哈拉以南非洲	528 785	629 588	19	260 942	389 966	49
欧盟15国	9 993 725	9 164 633	−8	5 679 528	3 042 459	-46
拉丁美洲和加勒比	2 864 376	5 166 758	80	2 777 048	3 701 328	33
中美洲	1 102 608	1 751 190	59	325 176	443 138	36
南美洲	11 754 950	12 028 513	2	5 565 165	4 432 567	−20
大洋洲	273 253	1 192 868	337	1 139 807	1 571 016	38
世界地区	**60 778 733**	**80 948 730**	**33**	**31 699 556**	**32 471 855**	**2**

来源：FAO（2006b）。

亚洲是矿物肥料的主要使用者，消费了全球57%的氮和54.5%的磷。相反，撒哈拉以南非洲化肥的使用率依旧很低，仅使用了全球0.8%的氮和1.2%的磷。

过去50年增长的化肥消费量使得农业成为不断加剧的水污染的罪魁祸首（Ongley，1996；Carpenter，1998）。

畜牧业是造成水污染加剧的主要原因。表4-17描述了12个国家畜牧业对农业氮和磷消费量的贡献，包括牲畜和饲料生产。在加拿大、法国、德国、英国和美国这5个国家，畜牧业直接或间接"贡献"了超过50%的农用地所施用的氮和磷量。英国最为极端，分别为70%和58%。在4个欧洲国家也发现牧草中较高的施肥量。例如在英国，牧场消耗了45.8%的氮和31.2%的磷。在这些国家中，我们可以合理推测，畜牧业是导致水被农业用地中的矿物肥料污染的罪魁祸首。在其他国家，畜牧业的作用同样重要。在巴西和西班牙，畜牧业对于农用氮和磷的贡献超过40%。相对来说，畜牧业的作用在亚洲较小，中国消耗了16%的氮，而印度消耗了3%的磷和氮。不过即便相对价值较低，按绝对值计算，亚洲的畜牧业氮和磷量的消费量仍占全球矿物肥中总的氮和磷消费量的60%。

表4-17   部分国家畜牧生产中以矿物肥料消耗的氮和磷

国家	氮（无机肥）消耗量（千吨）					磷（无机肥）消耗量（千吨）				
	农业总使用量	饲料生产用量	牧草和草料用量	总量	畜牧业占比（%）	农业总使用量	饲料生产用量	牧草和草料用量	总量	畜牧业占比（%）
阿根廷	436.1	126.5	可忽略	126.5	29	336.3	133.7	可忽略	133.7	40
巴西	1 689.2	678.1	可忽略	678.1	40	1 923.8	876.4	可忽略	876.4	46
中国	18 804.7	2 998.6	可忽略	2 998.6	16	8 146.6	1 033.8	可忽略	1 033.8	13
印度	10 901.9	286.0	可忽略	286.0	3	3 913.6	112.9	可忽略	112.9	3
墨西哥	1 341.0	261.1	1.6	262.7	20	418.9	73.8	0.6	74.4	18
土耳其	1 495.6	243.1	18.6	261.7	17	637.9	108.2	8.0	116.2	18
美国	9 231.3	4 696.9	可忽略	4 696.9	51	4 088.1	2 107.5	可忽略	2 107.5	52
加拿大	1 642.7	894.4	3.0	897.4	55	619.0	317.6	1.0	318.6	51
法国	2 544.0	923.2	393.9	1 317.1	52	963.0	354.5	145.4	499.9	52
德国	1 999.0	690.2	557.0	1 247.2	62	417.0	159.7	51.0	210.7	51
西班牙	1 161.0	463.3	28.0	491.3	42	611.0	255.0	30.0	285.0	47
英国	1 261.0	309.2	578.0	887.2	70	317.0	84.3	99.0	183.3	58

注：根据2001年的消耗数据。
来源：FAO（2006b）。

施用于农地后，氮和磷通过土壤淋洗、地表径流、潜流和土壤腐蚀进入水道（Stoate 等，2001）。氮和磷的流转取决于时节、施肥量、土地利用管理、位置特点（土壤质地和剖面、坡度、植被覆盖）和气候（降雨特征）。后者尤其影响了析出过程（尤其是氮）和地下水资源的污染（Singh 和 Sekhon，1979；Hooda 等，2000）。

在欧洲，22%可耕地的地下水的硝酸盐超过了国际标准（硝酸盐：45毫克/升；硝态氮：10毫克/升）（Jalali，2005；Laegreid 等，1999）。在美国，据估计450万人饮用水中的硝酸盐超标（Osterberg 和 Wallinga，2004；Bellows，2001；Hooda 等，2000）。在发展中国家，众多测验显示，高施肥率、灌溉率与硝酸盐造成的地下水污染息息相关（Costa 等，2002；Jalali，2005；Zhang 等，1996）。

Carpenter 等（1998）和 Galloway 等（2004）测算的氮和磷损失率（见4.3.1节）被用于测算饲料生产所使用的矿物肥料中氮和磷在淡水生态系统的损失（表4-18）。高损失量尤其发生在美国（117.4万吨氮和25.3万吨磷）、中国（75万吨氮和12.4万吨磷）和欧洲。

表4-18　饲料和草料生产使用的矿物肥料中氮和磷在淡水生态系统的损失（千吨）

国家	饲料和草料生产中无机氮肥消耗量	淡水生态系统的氮流失	饲料和草料生产中无机磷肥消耗量	淡水生态系统的磷流失
阿根廷	126.5	32	133.7	17
巴西	678.1	170	876.4	105
中国	2 998.6	750	1 033.8	124
印度	286	72	112.9	13
墨西哥	262.7	66	74.4	9
土耳其	261.7	65	116.2	14
美国	4 696.9	1 174	2 107.5	253
加拿大	897.4	224	318.6	38
法国	1 317.1	329	499.9	60
德国	1 247.2	312	210.7	25
西班牙	491.3	123	285	34
英国	887.2	222	183.3	22

注：根据2001年的消耗数据。
来源：FAO（2006b）；Carpenter等（1998）；Hooda等（1998）和Galloway等（2004）。

由于缺乏数据，精确地估计畜牧部门在全球范围内对氮磷造成水污染的程度是不可能的。然而，根据Carpenter等（1998）的研究成果，这种相对贡献量在美国被调查出来（表4-19）。包括用于饲料、牧场的农田中氮和磷的流失，畜牧部门排入地表水的氮和磷占美国排入地表水的氮和磷总量的1/3。

表4-19　美国由畜牧业造成的点源、面源污染致使氮磷排放进入地表水（千吨/年）

污染源	总计		畜牧业造成	
	氮	磷	氮流失	磷流失
耕地	3 204	615	1 634	320
草场	292	95	292	95
牧场	778	242	778	242
林区	1 035	495		
其他农村土地	659	170		
其他面源污染	695	68		
其他点源污染	1 495	330		
总计	158	2 015		
畜牧业造成			2 704	657
占总体比例			33.1	32.6

来源：Carpenter等（1998）。

我们可以确定，在美国，畜牧业是造成氮磷水污染的"元凶"。

这些影响表明社会成本巨大（取决于受影响资源的机会成本）。在一些国家，畜牧业是这些成本的首要贡献者。比如在英国，净化每千克饮用水中的硝酸盐需要花费 10 美元，那么每年要花费 2 980 万美元（Pretty 等，2000）。用于腐蚀和磷污染的成本更高，据估计为 9 680 万美元。这些数字很可能被低估，因为它们不包括对生态系统影响的相关费用。

4.3.3.2 饲料生产使用的农药

现代农业使用农药[①]来维持高产。尽管很多经合组织国家已经减少农药的使用，但大多数发展中国家还在增加农药的使用量（Stoate 等，2001；Margni 等，2002；Ongley 1996）。施加在农用地的农药会污染环境（土壤、水和空气），并影响非目标生物体和微生物，从而破坏生态系统的正常运转。残留在水和食物中的农药，也对人类健康构成危险（Margni 等，2002；Ongley，1996）。

全球有数百种农药被用于农业用途。最重要的两类是有机氯和有机磷化合物（Golfinopoulos 等，2003）。地表水资源的农药污染引起全球关注。虽然很难将农药与释放到环境中的工业化合物的影响分开，但有证据表明，农药对水质造成重大威胁（Ongley，1996）。美国国家环境保护局的全国农药调查发现，在美国，10.4% 的社区水井和 4.2% 的农村水井中可检测出一种或多种农药（Ongley，1996）。

在作物上喷洒农药——美国

农药从被施用农药的作物中流失的主要形式是挥发，但是也会通过径流、排水系统和浸析等形式给地表水和地下水带来间接污染。由于一部分农药会通过空气挥发到顺风区的非目标区域，施用农药的过程中会造成水资源的直接污染，影响动物、植物和人类（Siebers，Binner 和 Wittich，2003；Cerejeira 等，2003；Ongley，1996）。

杀虫剂在土壤中的持久性同样取决于径流、挥发和渗析过程、降解过程与化合物的化学稳定性（Dalla Villa 等，2006）。很多农药（尤其是有机磷农药）在土壤中发生矿化作用而迅速消散，但有些农药（如有机氯农药）则十分顽固并长期在生态系统中保持活性。由于它们抗生物降解，会通过食物链循环，

[①] 农药是一个通用术语，用于描述用来杀死、控制、抵制或减轻任何疾病或害虫的化学物质。它包括除草剂、杀虫剂、杀真菌剂、杀线虫剂和灭鼠剂（Margni 等，2002；Ongley，1996）。

并在食物链的顶层达到较高的浓度（Golfinopoulos等，2003；Ongley，1996；Dalla Villa等，2006）。

地表水的污染可能会具有生态毒性并影响水生动植物和人类健康。这些影响是两种不同机制的结果：生物富集和生物放大作用（Ongley，1996）。生物富集是指该农药集中在人体的脂肪组织中；生物放大作用是指由农药浓度通过食物链增加，从而在顶级捕食者和人类中达到高浓度。农药影响野生动物（包括鱼类、贝类、鸟类和哺乳动物）和植物的健康。它们会引起癌症、肿瘤和病变、破坏免疫和内分泌系统、改变生殖行为并引发先天缺陷（Ongley，1996；Cerejeira等，2003）。其结果是，整个食物链都会受其影响。

插文4-3呈现了美国畜牧业对农药的使用。2001年，用于美国玉米和大豆的除草剂达到74 600吨，占农业中除草剂使用总量的70%。由于技术进步，伴随着转基因作物的引入和农药毒性的提高，1991—2001年，玉米和大豆生产饲料中使用的农药占农业中农药使用总量的比重从26.3%下降到7.3%（Ackerman等，2003）。尽管美国饲料生产（以大豆和玉米的形式）中施用农药的相对比重在下降（从1991年的47%到2001年的37%），但畜牧生产系统仍然是使用农药的主要部门。

我们可推断，畜牧生产系统对农药使用的影响在阿根廷、巴西、中国、印度和巴拉圭等主要饲料生产国中也同样显著。

插文4-3 美国饲料生产中农药的使用

在美国，农业是农药的主要使用部门，占农药总使用量的70%～80%（美国地质调查局，2003）。除草剂是美国农业所使用的最为主要的农药，而杀虫剂通常使用频率较低，并且是有选择的使用。

大豆和玉米是两个最被广泛种植的作物，2005年种植总量达到6 200万公顷（FAO，2006）。玉米使用除草剂最多（USDA-ERA，2002）。2001年，在玉米种植的2 800万公顷中，98%的玉米使用了约70 000吨除草剂。然而，只有30%的玉米使用了杀虫剂，使用总量为4 000吨。美国的大豆生产也应用了大量的除草剂。据估测，在2001年，22 000吨除草剂被使用于2 100万公顷大豆中（USDA/NASS，2001）。

多年来，玉米和大豆生产中总体农药使用强度（指每公顷种植面积中化学物质的平均使用量）一直在下降，这可以归因于技术的进步、转基因作物的引进和农药毒性的增加（Ackerman等，2003）。然而，由于所使用化合物毒性的增加，农药使用所带来的生态影响可能并没有下降。

在2001年，美国的饲料生产包含玉米（43.6%）、大豆（33.8%）、小麦（8.6%）和高粱（5.5%）以及其余的油籽类和谷物类作物，其中，60%的玉米和40%的大豆被用作饲料（FAO，2006b）。用于玉米和大豆的杀虫剂总量、使用强度以及畜牧部门的用途如表4-20。1991—2001年，畜牧业中除草剂用量下降了20%。在2001年，农业中70%的除草剂使用量可归因于畜牧业生产所需的大豆和玉米的饲料生产。在同时期，杀虫剂在饲用玉米生产中的使用量下降尤其剧烈，从8 200吨（占农业用杀虫剂的26%）减少至3 400吨（7%）。尽管美国饲料（玉米和大豆）相关的农药使用量占比有所降低（从1991年的47%下降到2001年的37%），但畜牧生产系统依旧是主要的使用部门。虽然可能无法单独分析饲料生产中农药的使用对水资源的影响，或者由它们的规模、饲料谷物和油籽生产中农药的使用情况得出结论，但农药无疑对美国水质以及与水有关的生态系统产生了重大环境影响。

表4-20 美国饲料生产的农药使用情况

	1991	1996	2001
农业除草剂总量（吨）	139 939	130 847	106 765
农业杀虫剂总量（吨）	32 185	16 280	51 038
玉米生产施用的除草剂——覆盖100%的种植面积			
除草剂施用率（千克/公顷）	3.1	3	2.5
饲料生产中除草剂施用总量（吨）	70 431	71 299	55 699
饲料生产施用的除草剂在农业总体施用量占比（%）	50.36	54.5	52.2
玉米生产施用的杀虫剂——覆盖30%的种植面积			
杀虫剂施用率（千克/公顷）	1.2	0.8	0.5
饲料生产中杀虫剂施用总量（吨）	8 253	5 781	3 380
饲料生产施用的杀虫剂在农业总体施用量占比（%）	26	36	7
大豆生产施用的除草剂——覆盖100%的种植面积			
除草剂施用率（千克/公顷）	1.3	1.3	1.1
大豆生产中除草剂施用总量（吨）	18 591	19 496	18 882
大豆生产施用的除草剂在农业总体施用量占比（%）	13.3	14.9	17.7
大豆生产施用的杀虫剂——覆盖2%的种植面积			
杀虫剂施用率（千克/公顷）	0.4	0.3	0.3
饲料生产中杀虫剂施用总量（吨）	108	88	91
大豆生产施用的杀虫剂在农业总体施用量占比（%）	0.3	0.5	0.3
农药总体使用量（吨）	207 382	199 991	211 148
饲料生产（玉米和大豆）施用的杀虫剂在农业总体施用量占比（%）	47	48	37

来源：FAO（2006b）；USDA/NASS（2001）；USDA-ERA（2002）。

4.3.3.3　畜牧业引起的土壤侵蚀中沉积物和浑浊度的增加

土壤侵蚀是由生物因素（如畜禽或人类活动）以及非生物因素（如风和水）作用的结果（Jayasuriya，2003）。土壤侵蚀是一个自然过程，不是等于或超过土壤流失的土壤再生问题。然而，在世界的大部分地区不是这种情况。土壤侵蚀由于人类活动而加剧。世界大部分地区，包括欧洲、印度、中国东部和南部、东南亚、美国东部和非洲萨赫勒等地区面临着由人类活动引起的土壤流失风险。

除了土壤和土壤肥力流失，水土流失还导致水道沉积物的增加。沉积物被认为是农业生产的主要非点源水污染物（Jayasuriya，2003）。侵蚀过程导致每年有250亿吨沉积物通过河流流动。由于全球对于饲料和粮食需求的不断增加，土壤侵蚀所导致的环境和经济成本急剧增加。

在中国南宁，由于河岸土壤被水牛松动，导致沉淀和浑浊

正如第二章所述，畜牧业是导致土壤流失的主因。畜牧生产造成土壤流失，因此沉积物以两种方式污染水道：

（1）间接污染，在当前饲料生产水平下，不当的耕地管理或者土地用途转换；

（2）直接污染，畜禽蹄子和放牧对于牧草的影响。

耕地通常比其他土地用途更容易受到侵蚀，尤其是在集约化农业生产中。第二章已经分析了加剧农田侵蚀率的主要因素。据欧盟环境委员会估计，北欧平均每年流失土壤超过8吨/公顷，欧洲南部平均每年流失土壤达30～40吨/公顷（De la Rosa等，2000）。在美国，大约90%的耕地存在土壤侵蚀问题，超过可持续速率，而农业被看作是通过沉积物破坏水资源的主因（Uri和Lewis，1998）。亚洲、非洲和南美洲的土壤侵蚀速率估计为美国的两倍（美国国家公园管理局，2004）。并非所有被侵蚀的表层土壤都会污染水资源，大约60%或更多的被侵蚀土壤在进入水体前会在径流沉淀，并增加土壤肥力（Jayasuriya，2003）。

另一方面，牲畜蹄子集中作用于诸如河岸、山径、取水点、盐碱滩和觅食区，会导致潮湿土壤（无论有植被或裸露土壤）紧实，破坏了干燥而裸露的土壤。压实与不透水土壤的水渗透速率会降低，导致水流失量和速度的增加。在旱季，畜禽松动的土壤是下一个雨季最初来临时沉淀物的来源。在河岸，由畜禽活动导致的河床不稳定性会导致土壤的侵蚀。此外，牲畜过度放牧会破坏植被，破坏植被对土壤的稳固作用，加剧土壤侵蚀与环境污染（Mwendera和Saleem，1997；Sundquist，2003；Redmon，1999；Engels，2001；Folliott，2001；Bellows，2001；Mosley等，1997；克拉克自然保护区，2004；东湾市政事业部，2001）。

侵蚀过程降低了土壤自身的保水能力。水资源破坏所带来的影响包括：

（1）水库、河流和水渠中沉积物增加，造成水道阻塞、排水和灌溉系统堵塞。

（2）水生生态系统栖息地的破坏。河床和珊瑚礁被细颗粒泥沙覆盖，阻碍了食物来源和筑巢区，水浊度加重导致水中植物和藻类生长所需光线不足、表面温度升高、水生生物和暗礁群的呼吸和消化受到影响。

（3）河道的水力特征受破坏，引起旱季洪峰流量增高、基础设施和生命损失、水资源可利用性降低。

（4）农业营养盐和污染物尤其是磷、有机氯农药和大多数金属转移进入水库、河道，造成污染过程加速。沉积物的吸附受颗粒物体积以及与沉淀相关的颗粒有机碳数量的影响。

（5）对微生物的影响。沉积物促使微生物滋长并使它们免于在杀菌过程中受到伤害。

（6）富营养化。作为生态系统机能受损的最终结果，水中氧气浓度降低，厌氧微生物大量繁殖。

畜牧业生产系统在土壤侵蚀和浊度增加中的作用已经在美国的案例研究中阐述（见第2章插文2-4），而畜牧业生产系统是导致水污染和土壤侵蚀的主因——每年有55%的农地土壤受到侵蚀。从全球看来，在饲料生产大国或拥有大量牧场的国家中，畜牧生产系统是导致沉积物污染水源的主要部门。

日益严重的土壤侵蚀造成两方面经济损失。一是土地自身的损失，表层土壤流失，包括肥沃土壤、表层土、营养素和有机物质的损失，给农业生产带来不利影响，迫使农民不得不使用肥料维持生产力，推高了农业生产成本并进一步导致水资源的污染。而在发展中国家，由于大多数小规模农户买不起肥料等投入品，导致农产品产量的下降（Ongley，1996；Jayasuriya，2003；UNEP，2003）。二是带来用以清除悬浮物的污水处理设施成本。对于当地居民来说，清除河道中泥污的成本极高，1997年，美国花费了大约297亿美元解决土壤侵蚀问题，占美国国内生产总值的0.4%（Uri和Lewis，1998）。处理相应引发的洪水灾难的成本也相当巨大。

4.4 畜牧业土地利用对水循环的影响

畜牧业不仅影响淡水资源的利用和污染，而且还直接影响水的再生过程。畜牧业土地利用通过土壤水渗透和保水性来影响水循环。这种影响取决于土地类型。

4.4.1 放牧系统对水流的影响

全球旱地中69.5%的牧场（52亿公顷）已退化。其中，南欧和中欧、中亚、撒哈拉以南非洲、南美、美国和澳大利亚的牧场退化被广泛关注。据估计，中美洲900万公顷牧场的一半开始退化，而在大西洋北部的哥斯达黎加，70%以上的牧场处于土地退化的后期阶段。

牲畜造成的土地退化对水资源的补给产生影响。过度放牧和土壤践踏会通过影响水渗透和保水性，以及河貌来严重危害草原和河岸地区的水循环功能。

作为流向低地和河岸区水系的主要源头[①]，高地是各大流域最主要的组成部分，并对河水径流量和水资源的分配起着至关重要的作用。在一个正常运转的流域，大部分降水被高地土壤所吸收，并通过地下水运动和地表径流流向各个流域，任何影响高地水文系统的活动都会对低地和河岸区的水资源造成显著影响（Mwendera和Saleem，1997；加拿大不列颠哥伦比亚省林业部，1997；放牧与牧场技术项目，1997）。

河岸生态系统能够增加蓄水和地下水补给。河岸地区的土壤与高地地区有所不同。由于含有丰富的营养素和有机物质，河岸地区的土壤保持着大量的水分。植被的存在减缓了雨水对土壤的冲刷，并允许水渗入土壤中，有利于水资源的渗透、过滤和地下水补给。地表水向下流入底层土，并渗透到河道，帮助间歇中断的河流保持常年有水，在旱季增加水的供应量（Schultz，

[①] 河岸生态系统是相邻河流、湖泊的湿地，其中土壤和植被受地下水位升高的影响。在源头或季节性河流，河岸带常常是相邻土地的窄条。在大的河流旁，它们可以发展成冲积平原。河岸地区通常拥有较高的生物多样性，物种多且生产力旺盛（Carlyle和Hill，2001；Mosley等，1997；McKergow等，2003）。

Isenhart 和 Colletti，1994；Patten 等，1995；English，Wilson 和 Pinkerton，1999；Belsky，Matzke 和 Uselman，1999）。植被过滤掉沉淀物，建立并巩固了溪岸的稳定性，这也能帮助减少水道和水库的泥沙淤积，从而增加水的供应（McKergow 等，2003）。

渗透物将水资源分离成地表径流和地下补给两大类。渗透过程影响来源、时间、水量和径流峰值速率。当降水能够以适当的速率进入土壤表层，土壤不会被加速侵蚀并维持土壤肥力。无法完全渗透到土壤的水分，将以地表径流的形式流失。坡面流可向下流，并渗透进其他土壤，或者进入其他水道。任何影响高地渗透过程的机制，会造成当地难以承受的后果（Pidwirny M，1999；Diamond 和 Shanley，1998；Ward，2004；Tate，1995；Harris 等，2005）。

放牧系统对渗透过程的直接影响包括放牧强度、频率和时间。在草原生态系统中，渗透能力主要受土壤结构、植被密度和成分影响。植被覆盖度的下降，会导致土壤有机质含量和土壤稳定性的下降，降低了土壤的入渗能力。植被的根系提高了土壤的稳定性和孔隙度，从而减缓雨水对土壤的影响，进一步影响入渗过程。当土壤层被踩实，孔隙减少，渗透水平将会显著降低。因此，在不当的管理措施下，放牧活动会改变土壤和生态系统的物理特性和水力特性，从而加速土壤的流失、侵蚀、增加发生洪峰事件的概率、提高水流速度与频率，并导致下一季水量的减少和水位的降低（Belsky，Matzke 和 Uselman，1999；Mwendera 和 Saleem，1997）。

一般来说，放牧强度被公认为是最关键的因素。以不放牧情况下土地的渗透能力为参考，中度或轻度放牧将使得土地渗透能力降低约1/4，而重度放牧则将使渗透能力降低一半左右（Gifford 和 Hawkins，1978）。事实上，牲畜放牧影响着植被的组成和生产力。在重度放牧下，植物可能无法充分补给由放牧减少的植物量。随着土壤有机质、土壤肥力和土壤团聚体稳定性的减少，自然渗透水平受将到影响（Douglas 和 Crawford，1998；Engels，2001）。放牧还会导致从深层土壤汲取水分的无效植被（灌木、杂草）的增多。植被物种的改变使得草原无法有效获取雨水并延缓水分的流失（Trimble 和 Mendel，1995；Tadesse 和 Peden，2003；Redmon，1999；Harper，George 和 Tate，1996）。放牧的时间和地点也很重要——潮湿土壤更容易被踩实，溪岸的土壤则更易被破坏。

食草动物的蹄子作用于土地也是导致地貌改变的主要原因。以肉牛为例，单位土地面积所承受压力通常用牛的质量（约500千克）除以蹄受力面积（10平方厘米）来计算。然而，这种方法可能会导致单位土地面积所承受压力的低估，因为动物移动时会有一只或多只蹄子离地，其力道往往更集中。在某一点，牛、绵羊和山羊会轻易地犹如拖拉机般加重对土壤的压力（Trimble 和 Mendel，1995；Sharrow，2003）。

土壤中压实层的形成减少了入渗率和土壤饱和含水量（Engels，2001）。土壤紧实通常发生在动物聚集区，例如饮水点、出口和小路上，这些区域会变成地表径流的管道并产生新的瞬时流（克拉克自然保护区，2004；Belsky，Matzke 和 Uselman，1999）。高地增加的径流导致洪水发生概率的增加和水流速度的加快，由此产生的变本加厉的土壤侵蚀提高了水中悬浮物的浓度，并导致河床的降低。由于河床降低，水从冲击平原流失进入水道，使当地地下水位降低。此外，过快的水流速度会严重影响到沉积物、营养物和生物污染物的生物地球化学循环的正常运转和自然生态系统的功能（Rutherford 和 Nguyen，2004；Wilcock 等，2004；Harvey，Conklin 和 Koelsch，2003；Belsky，Matzke 和 Uselman，1999；Nagle 和 Clifton，2003）。

在脆弱的生态系统例如河岸区域，这些影响备受关注。牲畜不喜欢炎热干燥的环境，更偏爱有充足水源、树荫以及多种青翠茂盛植被的河岸区域。美国的一项研究表明，河岸区域只占放牧区的 1.9%，却提供了超过 21% 的植被并为牛群提供了超过 81% 的牧草（Mosley 等，1997；Patten 等，1995；Belsky 等，1999；Nagle 和 Clifton，2003）。因此牛群都在河岸区过度放牧，并造成当地溪岸的不稳定性、水源的减少。

由此，我们可以描绘出河岸环境变化的整体链条（图4-2）：河岸水文的变化，如地下水位降低、水流频率降

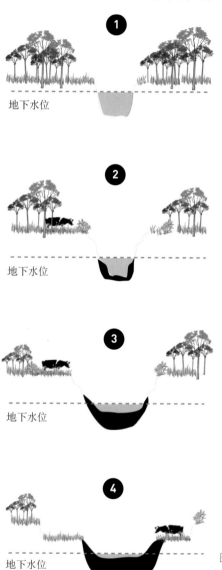

地下水位

图4-2　由放牧导致的河道退化过程
来源：Wilson 和 Pinkerton（1999）。

低、河岸区干涸，通常伴随着植被和微生物活动的变化（Micheli和Kirchner，2002）。较低的水位导致较高的河岸，沿岸植物的根暴露在干燥的土壤中，植被逐渐变为河岸和河流水质保护能力较弱的旱生物种（Florinsky等，2004）。由于重力使河岸崩塌，河道开始聚集沉积物，新产生的水流速度较低的河道开始在海拔较低的区域形成高地，原有的平原变为旱作梯田，从而降低了整个地区的可用水量（图4-2）。

考虑到放牧系统对水循环的潜在危害，欧洲南部和中部、中亚、撒哈拉以南非洲地区、南美洲、美国和澳大利亚等已经建立了大量的畜牧生产系统的地区和国家应该尤其当心这一点。

4.4.2　土地利用转换

正如第2章所述，畜牧业在土地用途转换中起到重要作用。大面积的草原被转化为饲料作物的生产用地。20世纪发生了大量类似的森林转化为农田的情况，而这一现象仍快速地在南美和中非继续发生。

土地利用的变化往往导致该流域水平衡的变化①，并给河川径流、频率和洪峰流量以及地下水补给的水平带来影响。在决定土地用途与植被变化后发生的水文变化中发挥关键作用的因素包括气候（主要是降水量）、植被管理、地表入渗率、新生植被的蒸发率以及流域特性。

森林在自然水循环管理中起着重要的作用，其林冠减缓了雨滴的下降速度，落叶层改善了土壤渗透能力并加强了地下水补给。此外，森林，尤其是雨林，对河水径流产生需求并缓和了每年的洪水与洪峰（Ward和Robinson，2000）。因此，一旦森林植被减少，河道径流量通常会增加。

只要地表扰动有限，每年增长的大部分仍然是基流。然而在通常情况下，尤其是在草原或森林被转换成农田后，雨水渗透率将降低，并导致暴雨洪峰流量强度的加强和洪水发生频率的增加，地下水储备也无法在雨季得到充分补充，而旱季径流则会相应减少（Bruijnzeel，2004）。流域径流的大量变化被广泛报道，例如森林转变为牧场或草地转变为林地（Siriwardena等，2006；Brown等，2005）。

植被构成的变化对季节性流域产水量的影响，在很大程度上取决于当地的气候条件。Brown等（2005）总结称，预期的季节性流域产水量取决于气候类型（表4-21）。在热带流域有两种类型：全年统一按比例变化，或旱季的季节变化明显。在冬季降雨多的地区，相比冬季，夏季的流域产水量显著下降。这主要是由于，降水和蒸散量不同步：植物在夏季对水的需求相对较高，而夏

---

① 河川径流是由暴雨径流（主要是地表径流）和基流（地下水外泄进入水系）所构成。

季水的供应不足（Brown 等，2005）。

表4-21　不同气候类型下植被组成不同产生的出水量季节性变化

气候类型	绝对变化	相对变化
热带/夏季降雨多	夏季当降水量多于月平均量时，变化大	两种模式： (1) 每月类似的变化 (2) 冬季当降水量少于月平均值时，变化大
降雪影响的流域	融雪时变化最大	夏季生长时节变化更大
冬季降雨多	冬季当降水量多于月平均量时，变化最大	夏季当降水量少于月平均值时，变化大
雨量均匀	全年变化均衡	春季落叶植被产生的变化大；常绿植被在全年变化均衡

注：绝对变化为全年总量的变化；相对变化为季节性变化。
来源：Brown 等（2005）。

密西西比河流域的例子完美地阐述了畜牧业生产相关的土地利用转化是如何在流域层面影响季节性水供应的。在密西西比河流域，喜凉植物在春天土壤解冻后复苏，在炎热的夏季休眠并在收割前的秋季恢复活力。相反，喜温的农作物例如玉米和大豆（主要用做饲料）主要在一年的中间时节生长。后者在盛夏时节对于水的需求达到顶峰。而密西西比河流域植被的变化导致用水高峰变为春季和初夏，这与一年生作物在盛夏的水需求产生冲突。这种人为导致的水资源供应和需求间的季节性不平衡，已极大地影响了这一地区全年的基流情况（Zhang 和 Schilling，2005）。

4.5　畜牧业对水资源的影响总结

总体而言，畜牧业生产链的各个环节都对水的利用、水质、水文和水栖生态系统产生了巨大影响。

畜牧部门的用水量超过全世界人类用水总量的8%，其中最主要的是饲料生产中的用水，占全球用水总量的7%。尽管对当地来说可能是重要的，例如在博茨瓦纳或印度，但用于畜禽产品的加工、饮用水和服务业的水只是很少一部分（占全球用水量的比重不足0.1%，占畜牧业用水总量的比重不足12.5%，表4-22）。

表4-22 畜牧业在水利用和水消耗各环节的占比

水利用		
饮用水和工业用水	全球	水利用的0.6%
	美国	水利用的1%
	博茨瓦纳	水利用的23%
肉和奶制品加工、制革	全球	水利用的0.1%
饲料作物生产灌溉（不包括草料）	全球	水利用的7%
水消耗		
饲料作物的水蒸腾（不包括牧草和草料）	全球	15%的农业水蒸腾
营养素污染	泰国（猪粪污）	14%的氮施用量
	越南（猪粪污）	38%的氮施用量
氮	中国广东（猪粪污）	72%的氮施用量
	美国	33%的氮施用量
	泰国（猪粪污）	61%的磷施用量
磷	越南（猪粪污）	92%的磷施用量
	中国广东（猪粪污）	94%的磷施用量
	美国	32%的磷施用量
生物污染	不适用	
抗生素污染	美国	50%的抗生素施用量
农药（用于饲料的玉米和大豆）污染	美国	37%的农药施用量
农地的侵蚀	美国	55%的侵蚀
重金属污染	锌 英格兰和威尔士	37%的锌施用量
	铜 英格兰和威尔士	40%的铜施用量

评估畜牧部门在水资源消耗问题中的作用，是一个更为复杂的过程。能够评估出的一组数据是，饲料生产中饲料作物蒸发掉的水量占水消耗总量的比重为15%。

污染造成的水损耗量无法计量，但是在国家层面的分析已经清晰阐述了畜牧业在水污染中所扮演的重要角色。在美国，沉淀物和营养盐被认为是主要的水污染因子。畜牧部门造成了55%的土壤侵蚀以及32%的氮、33%的磷流入淡水资源。畜牧生产中使用的农药（美国37%的农药用于畜牧业生产）、抗生素（美国50%的抗生素用于畜牧业）和重金属（英格兰和威尔士37%的锌用于农用地）也对水资源造成严重的污染。

畜牧业土地利用和管理似乎是造成水源枯竭的主要原因。饲料和饲草生产、农作物施用的有机肥、大规模生产占用的土地是导致营养盐、农药、沉积物进入全球水资源循环系统的主要原因。污染通常是逐渐扩散，对生态系统造成的影响往往并不明显，直到产生严重后果才被发现。而且，由于扩散缓慢，污染过程通常难以控制，尤其是当它发生在普遍贫困的地区时。

由集约化畜牧生产系统所造成的污染（通常为高营养盐含量、增长的生化需氧量和生物污染）比其他畜牧生产系统更严重、更值得注意，尤其当它发生在城市周边。由于它直接影响人类福祉并易于控制，如何减轻集约化畜牧业生产所带来的影响，通常更受政策制定者的关注。

虚拟水资源和环境成本的国内和国际转移

畜牧业生产给水利用和水消耗带来了复杂的地域影响，这些影响可以通过"虚拟水资源"的概念来解释，即在生产产品和服务中所需要的水资源数量（Allan，2001）。例如，生产1升牛奶通常需要消耗990升水（Chapagain和Hoekstra，2004）。"虚拟水资源"并不是实际包含在商品中的水：只有一小部分虚拟水资源存在于产品中（例如990升耗水中只有1升转化为牛奶）。生产链各环节的虚拟水资源来源于不同地区，用于生产集约化畜牧生产系统所需的饲料的水资源，可能用于不同的地区或国家，而不是直接用于动物生产。

畜牧业生产中不同环节应用的虚拟水资源同实际水资源可利用量有关。这一定程度解释了畜牧业的发展趋势（Naylor等，2005；Costales，Gerber和Steinfeld，2006），在不同规模的畜产品生产链中，分段加工越来越明显，尤其是动物生产和饲料生产的分离。畜禽生产和饲料生产在全球和国家范围内分离，同时，畜禽最终产品的国际贸易明显加强。这两种变化导致畜禽产品运输需求的增加，极大地改善了全球不同国家间的联系。

这种变化可以被看做是全球水资源分布不均匀所导致的结果。在发展中地区，最干旱地区全年降水只有180毫米（西亚与北非地区），东亚全年降水达1 250毫米，可再生水资源仅占最干旱地区降水和流入水源的18%，而东亚则可以达到50%。在拉丁美洲，再生水资源最充足。整个国家水资源的测算掩盖了国内不同地区的巨大差别，实际上环境对国内不同地区水资源具有影响。例如，中国北方面临严重的水资源短缺，而南方仍有充足的水资源。即使是水资源充足的国家巴西，其某些区域也同样面临短缺问题。

地区专业化和全球贸易的增长对某些地区的水资源获取有利，但对另一些地区则不利。

从理论上讲，商品的空间转移（代替水源）通过在商品"进口"地区释放了水资源，为水资源的短缺提供了一定的解决方案。这种流动的重要性首先是在中东（全世界最缺水地区）发现的，该地区几乎没有淡水资源和土壤水（Allen，2003），是全球水资源挑战最高的地区。虚拟水资源含量高的畜产品进口量的不断增加，明显减缓了水短缺（Chapagain和Hoekstra，2004；

Molden 和 de Fraiture，2004）。另一种保护当地水源的战略是利用其他地区的虚拟水资源，即进口饲料用于当地畜牧生产，印度就不断提高饲料玉米的进口量（Wichelns，2003）。未来，随着畜产品需求的大幅增加，由于单胃动物的集约化生产需要更多耗水的饲料，这种虚拟流动会大幅提高畜牧业对水资源的影响。

然而，全球的虚拟水资源流动也存在下降趋势。如果生产者不考虑环境的外部性，这也会导致环境继续恶化：在缺水地区如中东，从其他地区获取虚拟水资源的做法，将导致通过改革来提高节水效率的内生机制遥遥无期。

对于大多数原本应该对此负责的利益相关者，环境影响将会越来越被忽视。与此同时，越来越难辨别利益相关者，而原本单一的环境问题解决起来将更为复杂。例如，Galloway 等（2006）论证，其他国家生产的饲料补充了90%以上的日本畜产品生产中所消耗的水资源（3.6立方千米总量中的3.3立方千米）。回溯这个流动，发现这些水资源主要来源于水资源并不十分充分的地区或国家，如澳大利亚、中国、墨西哥和美国。用同样方式分析氮则表明，日本肉类消费者同样需要为遥远国家的水污染负责。

4.6 缓和措施

存在于畜牧业的多种有效措施会帮助改变现在的水枯竭趋势，并摆脱 Rosegrant、Cai 和 Cline（2002）描述的"一切照旧"的情形：用水量不断增加，用水紧张和稀缺性问题日渐严峻。

缓和措施通常依赖于三个基本原理：减少用水、减少消耗过程和改进水资源的补给。在本章我们将通过各种技术选择来印证这三个原理。如何制定有效的政策来支持这些措施的执行将在第六章展开论述。

4.6.1 提高水资源利用率

如前所述，通过饲料作物的生产，水资源更多地用于集约化畜牧业生产系统，以粗粮和富含蛋白质的油料作物为主。下列措施同专注于水和农业研究的文献相似，不过，全球水消耗中占比高、机会成本高且不断增长的饲料作物生产，理应获得更多关注。

两个主要的具有提升空间的领域是：灌溉效率[①]和水生产力。

4.6.1.1 提高灌溉效率

根据对93个发展中国家的分析，FAO（2003a）预测，在1997—1999年，

---

① 灌溉效率是指灌溉水预估消耗量和实际灌溉用水量的比例（FAO，2003a）。

平均灌溉效率大约是38%，水资源充裕的地区（如拉丁美洲）是25%，西亚、北非为40%，而水资源匮乏、需要更高效率的南亚是44%。

在很多盆地，以为被浪费的水大多数其实是补给地下水或者流入了河流系统，所以它们可以流入水井被人类和下游的生态系统运用。然而，即使这些情况属实，提高灌溉效率也会产生其他的环境效益。在一些情况下，提高灌溉效率将会节约水资源，例如，如果灌溉排水流入无法再利用的盐碱含水层，它可阻止农药污染河流和地下水，同时可以减少积水和降低盐碱化。许多提高灌溉效率的措施都还有其他优点，例如：①渠道衬砌为灌溉管理者提供了更多的水源掌控力；②为水价形成机制提供了成本回收和问责制；③精准灌溉可以提高生产力并改善水分生产率（Molden 和 de Fraiture，2004）。

在很多盆地，尤其是已经开始受到用水压力的地区，水循环和再利用很广泛，几乎没有灌溉水可以被浪费。埃及的尼罗河（Molden 等，1998；Keller 等，1996）、土耳其的盖迪兹河国际水资源管理研究所农村服务总局（GDRS，2000）、泰国的湄南河（Molle，2003）、印度的巴克拉河（Molden 等，2001）和加利福尼亚的因皮里尔河谷（Keller 和 Keller，1995）都是这方面的案例（Molden 和 de Fraiture，2004）。

4.6.1.2 提高水分生产率

提高水分生产率对于降低自然环境和其他使用者的水资源压力具有重要意义。广义地说，提高水分生产率意味着从每滴水中获取更多价值，无论是被用于农业、工业还是环境。提高灌溉和雨养农业的水分生产率通常指的是提高每单位用水的作物产量或者经济价值，这一概念可延伸至不以作物为生的渔业或者畜牧业。在作物和畜牧的混合系统中，良好的种养结合有助于提高水分生产率，尤其是通过给牲畜喂食作物秸秆，会获得有机肥料作为回报。Jagtap 和 Amissah-Arthur（1999）在西非证实了这一潜力。这一原理同样可用于工业化生产系统。生产玉米通常运往远方的单胃动物生产场所，这些大规模的以玉米生产为主的饲料产区可以为当地的反刍动物提供大量的玉米秸秆。

尽管农田为集约化畜牧生产系统提供饲料时通常已经达到较高的水分生产率水平，但仍旧有提高的空间，例如，选取合适的作物品种、更好的栽植方法（如高位栽培床）、免耕法、在作物最关键的生长阶段实施的合理灌溉、营养盐管理、滴管以及根据地下水位排水。在旱区，在关键时刻使用有限的水资源，可以提高稀缺灌溉水资源的生产率10%～20%（Oweis 和 Hachum，2003）。

4.6.2 改善废弃物管理

集约化畜牧生产系统必须面对的问题是废弃物管理和处置，这是与水资源有关的主要问题之一。很多有效的技术主要应用于发达国家，需要在发展中国家更广泛地进行有效的推广和应用。

废弃物管理可以分成五个阶段：生产、收集、储存、加工和再利用。每个阶段都应该有适当的技术方案，以减少畜牧业对水资源的影响。

4.6.2.1 生产阶段：更好的均衡饲料

生产阶段是指农场产生的粪便和尿液的数量和特点。这些特征受畜禽饲料成分、饲养管理技术、种群特征和动物生长阶段的影响。

近几十年饲养管理技术不断改善，推动了生产力的提高。对于生产者和营养学家来说，面临的挑战是饲料不同成分的配制比例，在持续提高生产力的同时，尽量减少排泄物对环境的破坏。通过优化养分的利用，根据动物的需求更好地调整和协调营养元素和矿物质投入，能够实现这一目标（如均衡饲料和阶段性喂食），减少每单位饲料和每单位产品所产生的粪便量。通过动物遗传改良也可以提高饲料转化率 [Sutton 等，2001；FAO，1999c；国家环境政策行动工程与规划公司（LPES），2005]。

提高饲料效率的四个主要饲喂原则：①达到而非超过营养需求；②选择营养易吸收的饲料；③在饲料中补充添加剂、酶、维生素，以提高磷的有效性，并保证在降低粗蛋白水平时保持最佳的氨基酸供给；④减压（LPES，2005）。

基于有效需求调整饲料配方有助于调整粪便中各类物质的排放，对大型畜牧养殖系统尤为重要。例如，在集约化生产系统中，牛饲料中磷的含量通常超出需求的25%～40%，因此在多数情况下，在饲料中再补充磷的做法是不必要的。要改善饲料中的磷满足需求最简单的办法是降低牛生产中磷排放量，已经证明可以将牛生产中的磷排放减少40%～50%。然而，在实际生产中，生产者普遍用低成本、磷含量高的农副产品来饲养牛。在美国，即便家禽饲料中磷的含量从每只鸡每天450毫克降至250毫克（美国国家科学研究委员会建议），也不会给家禽的生产带来不利影响，同时还能节省饲料（LPES，2005；Sutton 等，2001）。

此外，如果饲料合理，粪便中的重金属含量也会减少。已有的案例证实了这种方式的有效性。1990—1995年，瑞士猪粪便中铜和锌的平均含量大幅降低（铜减少28%，锌减少17%），这证明将动物饲料中的重金属含量降至需求水平是有效的（Menzi 和 Kessler，1998）。

调整饲料成分的均衡性和营养来源将给营养素的排泄量带来深刻影响。对于牛，适当均衡饲料中的可降解和不可降解蛋白质，不仅促进了营养的吸收，还减少了15%～30%的氮排泄，同时也没有给生产水平带来显著影响。然而，这通常意味着饲料中浓缩料比重的增加，对放牧系统则意味着减少自家的粗饲料使用量，导致饲料成本的增加和营养平衡的盈余。同样地，在饲料中添加足够需求的碳水化合物、寡糖和其他非淀粉多糖（NSP）可以影响氮排泄的形式。使用多糖通常有助于细菌蛋白的产生，从而减少对环境的危害，更有利于资源的循环再利用。对于猪来说，在猪饲料中减少粗蛋白、添加合成氨基酸将会减少高达30%的氮排泄。相似地，在猪生产系统，饲料的质量发挥着关键作用。去除纤维和胚芽的玉米可以减少56%的干物质排泄、尿液和粪便中39%的氮含量。生猪饲料中添加有机铜、铁、锰和锌化合物，可以减少饲料中的重金属含量，在显著降低重金属排泄量的同时，而不会影响生猪生长率和饲料转化率（LPES，2005；Sutton等，2001）。

为了提高饲料转化率，相关机构通过传统的育种手段和转基因方式，研制出了一种新型、易于消化的饲料。两个主要的案例是可降低磷排放的低植酸作物和低糖大豆。猪和家禽的消化系统中缺乏可降解植酸分子的植酸酶，而玉米和大豆中的磷通常以植酸分子形式存在（玉米中90%的磷以植酸盐形式存在，大豆则为75%），因此，传统饲料（玉米和大豆）中的磷含量无法达到猪和家禽的需求。使用低植酸磷基因型作物将会降低饲料中的磷含量和25%～35%的磷排放（FAO，1999c；LPES，2005；Sutton等，2001）。

可以在饲料中添加植酸酶、木聚糖酶和β-葡聚糖酶，有利于谷物中非淀粉多糖的降解。这些非淀粉多糖通常和蛋白质、矿物质有关。这些酶的缺乏导致饲料转化率较低，提高了矿物质的排泄。已经证实在猪饲料中使用植酸酶可以提高磷消化率30%～50%。Boling等（2000）通过提供含植酸酶的低磷饲料，在保持最佳产蛋率的同时，可以减少50%的蛋鸡粪便中的磷。同样，肉鸡的饲料中添加1,25-二羟维生素D_3可降低35%的植酸盐排泄量（LPES，2005；Sutton等，2001）。

其他技术改进包括减小颗粒、制粒和膨化。700微米的颗粒更利于消化，而颗粒化提高了8.5%的饲料转化率。

最后，改进动物基因并减小动物压力（改善育雏、通风和动物卫生措施），可增加体重并提高饲料转化率（FAO，1999c；LPES，2005）。

4.6.2.2 改进积肥流程

收集阶段是指粪便排泄点收集粪便（图4-3）。收集方法和加水量影响所用肥料的种类及其特性。

畜禽圈舍的设计要满足减少粪便损失和养分流失的要求。动物生长所直接接触的地板的类型是影响收集过程的关键要素之一。漏缝地板可以极大地方便及时收集粪便，但它意味着以液体形式收集所有的排泄物。

应该将生产区已经污染的排泄物排入粪便处理的储存设施。畜禽圈舍清

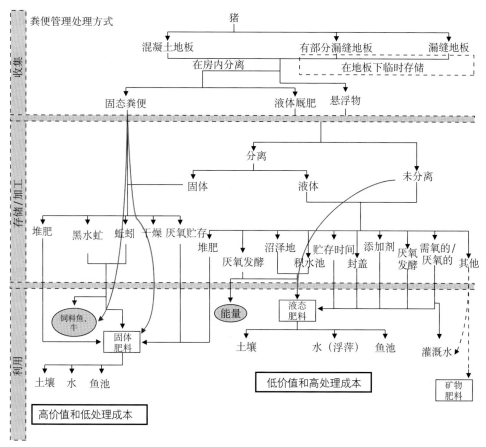

图 4-3　粪便管理的技术选择
来源：FAO（2003b）。

理和降雨所形成的水（特别是在温暖和潮湿的地区）应尽量避免与粪便接触、稀释粪便，以减小废弃物的体积（LPES，2005）。

4.6.2.3　改进粪污存储

存储阶段是指粪便的临时储藏。粪便管理系统的存储设备为经营者提供了按流程定时控制的功能。例如，它允许根据作物的营养需求及时应用于田野。

改进粪便储存旨在减少并最终防止粪便中营养物质和矿物质从畜禽圈舍和储存池渗入地下水和地表水（FAO，1999c）。适当的储存能力对防止粪便溢出至关重要，特别是在热带气候的雨季期间。

4.6.2.4　改善粪便处理

粪便处理可以减少潜在的污染、减少粪便盈余、将多余的粪肥转换为更高价值的产品以及更易运输的产品（包括沼气、肥料和牛、鱼的饲料）。大多

181

数粪便处理技术旨在从分离的固体、生物质或污泥中提取出营养素（LPES，2005；FAO，1999c）。

粪便处理包括不同的、可组合的技术，这些技术包括物理技术、生物技术和化学处理技术（图4-3）。

由于重量、成本和不稳定性，将未处理的垃圾、粪便远距离运输是不切合实际的。粪便处理的第一步通常是固液分离。粪池可用于粪便沉淀处理以实现固液分离。在粪池中，由于水流速度的大幅降低，较小的固体会进入水槽。但由于成本太高，沉降池通常不用于处理牲畜粪便。其他去除固体的技术包括倾斜的纱网、自清洁纱网、冲床、离心式装备和快速砂滤器。这些处理方式可以大大减少固液分离后液体中碳、氮、磷的含量（LPES，2005）。

初始步骤的选择是最重要的，因为它大大地影响了产品的价值。固体废弃物的管理成本低，对环境的潜在影响小，同时由于营养成分集中而具有较高的市场价值。相反，液体肥料市场价值低，因为他们的管理和储存成本高、营养价值低（LPES，2005）。此外，如果存储结构渗水或没有足够的贮存能力，液体肥料对环境的潜在破坏力也较大。

图4-3呈现的这些分离阶段包含各种不同的可选流程，会影响产成品的性质。

经典的、广泛应用的技术方案包括：

通风增氧：该处理除去了有机材料，并降低了生物和化学需氧量。50%的碳转化为污泥或沉降聚集的生物质。通过生物吸收也一定程度上减少了磷。可以使用的不同好氧处理技术如活性污泥法[①]（生物质再回流到池中）或滴滤池（其生物质可在碎石铺成的滤床上生长）。根据泻湖的深度，通风增氧可应用于整个泻湖系统或其某一部分，并从需氧和厌氧消化过程中同时受益（LPES，2005）。

厌氧消化：厌氧消化过程的主要好处是减少化学需氧量（COD）、生化需氧量（BOD）和固体、沼气的产生，但是它无法降低氮、磷含量（LPES，2005）。

生物固体沉淀：水的流速足够慢可以允许一定的大小或重量以上的固体沉积，所产生的生物质在沉淀池或澄清池进行生物处理（LPES，2005）。

絮凝：加入化学品可以促使清除固体和溶解元素。最常见的化学品包括石灰、明矾和聚合物。使用石灰产生的污泥具有更强的农业价值（LPES，2005）。

堆肥：堆肥是一种自然需氧过程，该过程允许营养物返回到土壤中以备将来使用。堆肥通常需要在动物排泄物中添加富含纤维和碳的基质。某些堆肥

---

① 活性污泥法是在有氧环境下，用废水中的有机质产生微生物的混合种群。

过程添加菌和酶有利于堆肥过程。将粪便转化为价值增加的市场化产品的工程技术越来越受欢迎。堆肥的好处很多：稳定了有机物质的有效性，将气味降至土地利用可接受的水平，体积减少25%～50%，需氧形成阶段所产生的热量（约60℃）杀死细菌和有害种子。如果初始的碳氮比超过30，在此过程中能够保留大多数氮（LPES，2005）。

固体粪肥的干燥：它是减少被输送粪便体积并增加养分浓度的方式。在炎热的气候条件下，以自然干燥的方式处理粪尿的成本最低，而雨季期间则相反。

不同的过程可以被整合成为一个统一的系统。在氧化池中高度稀释粪便，有利于自然生物活性，因此降低了污染。废水可以通过灌溉作物转移并回收过剩的营养素。在温暖的气候条件下厌氧氧化池运转更好，其细菌活性在全年都维持得很好。尽管需要较高的投资资本和管理能力，厌氧分解池可以控制温度，能够产生沼气和减少病原体。然而，大多数的氧化池对于磷和氮的回收效果并不是很好。进入该系统的氮，80%以上无法回收，但大多数释放到大气中的氮是以无害的氮气形式。大多数磷只能在10～20年之后在污泥被移除的时候被回收，因此氮和磷的回收不是同步的。氧化池的流出物应该主要用作氮肥。尽管流出物是一种低质量的肥料，但其管理却需要昂贵的灌溉设备。氧化池的大小应该和农田规模成正比，限制了该技术的大面积采用，因为该技术依赖于大面积的土地（Hamilton等，2001；Lorimor等，2001）。

需要进一步的研究和开发替代技术以提高其效率和效力，包括化学改良剂、湿地处理技术或蠕虫消化技术（Lorimor等，2001）。湿地系统是以湿地生态系统或河岸地区的自然养分再循环能力为基础的，具有去除高氮的潜力。蚯蚓堆肥是利用蚯蚓和微生物将粪便转变成富含营养的腐殖质（称为蚯蚓粪）而营养稳定的过程。

为了在经济上和技术上可行，大多数处理过程需要大量的粪便，并且在技术上通常并不适用于大多数农场。大型和中等规模的粪便处理的可行性取决于当地的条件（地方立法、化肥价格）和加工成本。在被业界接收之前，一些最终产品需要大量生产且质量非常稳定（FAO，1999c）。

4.6.2.5　提高粪便利用率

粪便的利用指的是可再使用的废弃产品的回收，或不可重复使用的废弃产品再被引入到环境中。

最常见的粪便使用形式是被当做肥料用于农业土地。其他用途包括饲料生产（用于水产养殖）、能源（沼气）或藻类生长的肥料。最终丢失的营养物质可以回收并作为饲料添加剂使用。例如，已经有实验证明堆积粪肥的泻湖土层加工后可以作为钙和磷的来源，并且可再喂食给母鸡或家禽，而不会影响生产水平（LPES，2005）。

从环保的角度出发，粪肥施用到农田或牧场可减少化肥的需求。粪肥增加了土壤有机质含量，改善了土壤结构、肥力和稳定性，降低了土壤脆弱性，提高其抗侵蚀能力、渗透率和土壤持水能力（LPES，2005；FAO，1999c）。

尽管如此，需要特别注意，有机肥的施用，尤其是粪污排放量，可能会污染淡水资源，或在土壤中形成营养盐过度堆积。此外，有机氮也会被矿化，导致作物氮摄入量较少并易于被析出。正确的施肥方法、适当的施用量、正确的施用时间、适当的频率和对空间特性的考虑，都将大大降低有机肥使用给环境带来的风险。

减少土壤侵蚀、流失或析出和土壤营养素含量的做法包括：

（1）施用作物需求的化肥和粪肥剂量。

（2）避免土壤板结和其他可能通过土壤耕作影响土壤吸水能力的损害。

（3）植物修复：选择的植物吸收土壤中积累的营养物质和重金属。当作物的根茎很深并获得地下硝酸盐时，生物蓄积性将得到提高。能够大量吸收土壤营养物质和重金属的植物可以减少土壤中营养素的含量。营养物质和重金属的生物富集能力取决于植物物种和品种。

（4）化学类土壤改良剂或地方副产品可以固定磷和重金属。已经证明土壤改良剂是非常有效的，可以减少70%的通过径流流失的磷。土壤改良剂和聚合絮凝剂沉淀物（如聚丙烯酰胺聚合物）是一项十分有前景的、能够减少沉淀物和颗粒营养物质转移的技术。

（5）深耕以稀释近表层的营养浓度。

（6）开发带状种植、梯田、有植被生长的水路、窄草树篱和植被缓冲带，限制流失并提高营养素、沉积物和重金属的过滤水平（Risse等，2001；Zhang等，2001）。

尽管有机肥料具有优势（如土壤有机质的保持），农民往往更喜欢矿物肥料，有利于保证养分有效性，更易处理。有机肥料的养分由于气候、耕作方法、动物饲料和废物管理技术不同而变化。此外，由于畜牧业生产在地理上的集中，通常没有足量的大片土地消耗产生的有机肥。与粪肥储存、运输、处理和加工有关的费用限制了将肥料从盈余区运输到需求区、进一步利用这种再循环过程的经济可行性。在大规模生产条件下，粪便的处理和运输从经济视角来看是可行的。应当改良与回收过程有关的、可以降低成本的分离、筛选、脱水和冷凝（主要是储存和运输）等环节的技术，并采取措施激励这种技术的采用（Risse等，2001）。

4.6.3 土地管理

放牧活动的管理方式显著影响放牧生产系统对流域的影响。农民的决策在很多方面对植被变化产生影响，如放牧强度（放养率和密度）和放牧系统（它影响动物的分布）。放牧季节、强度、频率和分布的适当控制可以提高植被覆盖率、减少侵蚀，从而够维持或提高水的质量和可获得性（FAO，1999c；Harper等，1996；Mosley等，1997）。

4.6.3.1　合适的放牧系统、草场改良和临界放牧期的识别

轮牧制度可以通过减少牛占据牧场的时间长度以减轻河岸区域受到的影响（Mosley等，1997）。关于轮牧对河岸条件影响的研究结果存在争议。然而，当轮牧制度取代繁重的、长期的放牧后，河岸稳定性确实得到改善（Mosley等，1997；Myers和Swanson，1995）。

受放牧影响后不同生态系统的恢复能力不同，取决于土壤水分、植物品种构成和动物的行为模式。关键时期的识别对于设计合适的放牧计划是至关重要的（Mosley等，1997）。例如，在雨季河岸更容易被破坏，潮湿的条件下土壤更容易因受到践踏而塌陷，此外过度放牧也会破坏植被。通常认为牛群的自然觅食行为可以减少这些影响，牛群不喜欢过冷或潮湿的场所而可能更喜欢山地的牧草，因为它比河岸地区的牧草更可口（Mosley等，1997）。

建造小路是为了轻松进入农场、牧场和田地。牧场的小道也改善了牲畜的分布（Harper，George和Tate，1996）。完善的小道减缓了土壤的践踏和加速侵蚀的沟渠的形成。随着驯化，设计良好的坚硬的交叉口经常变成牲畜首选的入口处。这可以减少河堤的坍塌和泥沙流入等河流冲刷所带来的影响。分阶段稳定的做法可以稳固土壤、控制侵蚀过程，并限制人工渠道和沟壑的形成。位置合理的盆地可以从下游经过的水中收集和储存碎屑和沉积物（Harper，George和Tate，1996）。

4.6.3.2　改善畜禽分布：驱逐或其他办法

驱逐畜禽是恢复和保护生态系统的主要手段。动物在地表水周边聚集会加剧水源枯竭，这主要是通过在水中直接排放废弃物和沉淀物造成的，但也会间接减少渗透并加剧土壤侵蚀。任何减少牛群在溪流中或在其他水源地区的活动时间、从而减少践踏和粪便排放量的做法，都会降低由放牧所导致的水体污染的可能性（Larsen，1996）。这种策略可以与家畜寄生虫病防治计划相联系，以减少生物污染的可能性。

设计出一些管理技术以控制或影响畜禽的分布，防止畜禽在地表水周边聚集。这些方法包括建造围栏、在地表水建设缓冲栅栏，以及其他一些能够影

响牛的分布的间接方法，例如：①河道外浇水方式；②分散补充饲料和矿物质的来源点；③肥料和重新播种；④控制食肉动物和寄生虫以减少部分农田的使用；⑤有计划地烧除；⑥建造小路。

然而，这些方法几乎都没有在田间得到广泛试验（Mosley 等，1997）。

牲畜在水中或在水旁逗留的时间对微生物、营养素和沉积物的沉积和再悬浮产生直接影响，进而导致对下游水源环境的污染。在水资源周围地区隔离牲畜，其直接排入水中的废弃物也会受到限制 [加州鳟鱼杂志（California trout），2004；Tripp 等，2001]。

围栏是让畜禽远离敏感地区最简单的方法。通过建造围栏，农民可以分配不同牧场，以控制草场的恢复，或者限制放牧。有时需要延长休息期或者推迟放牧以有利于遭受严重破坏的退化草场恢复（California trout，2004；Mosley 等，1997）。围栏可以用来防止粪便直接沉积到水中。围栏尺寸和材料应当合适，以免妨碍野生动物活动。例如，因为河岸地区为周围高地的大型猎物提供栖息地和水源，河岸牧场和河岸围墙的面网不应该带刺（Salmon Nation，2004；Chamberlain 和 Doverspike，2001；Harper，George 和 Tate，1996）。

近期改善河岸地区环境的努力都侧重于建立保护缓冲区，让畜禽远离地表水资源周边的地区（Chapman 和 Ribic，2002）。保护缓冲区是让土地永久性地与淡水河道分离，让植被相对不受干扰。这一政策的目的是减缓径流、去除污染物（沉积物、营养素、生物污染物和农药），以提高渗透率并稳定河岸地区 [Barrios，2002；国家保护缓冲队（National Conservation Buffer Team），2003；Tripp 等，2001；Mosley 等，1997]。

缓冲区合理地分布在农业园区（其中可能包括一些集水区），可以在污染物到达溪流和湖泊或者析出进入深层地下水资源之前通过过滤清除。这主要是增加摩擦并降低地表径流水流速的结果。缓冲区增强了渗透、悬浮物沉积、植物和土壤表面的吸附、植物可溶性物质的吸收以及微生物的活动，稳定河床和土壤表面，降低风速和水的流速，减少水土流失，减轻下游洪水并增加植被覆盖。这为鱼类和无脊椎动物改善了溪流栖息地（Barrios，2002；National Conservation Buffer Team，2003；Tripp 等，2001；Mosley 等，1997；Vought 等，1995）。

相较于需要大量工程的做法，安装保护缓冲带的做法较为经济（National Conservation Buffer Team，2003）。尽管如此，由于限制了人们进入繁茂地区的机会，农民认为这对畜牧业生产和畜禽健康至关重要，特别是在旱地地区。所以，农民们往往认为这一措施不切实际（Chapman 和 Ribic，2002）。

当地区河流面积远大于土地时，用围栏围住畜禽来防止粪便被排入溪流中的成本会变得非常高。用替代的饮用水源便可减少畜禽在河流中花费的时间，以减少排放进河流中的粪便。这项有成本效益的技术也可以改善牛群的分布并减少对河岸地区的压力。现已证明，远离溪流的水源减少了90%以上干草喂养的牲畜在溪流中耗费的时间（Miner 等，1996）。此外，即使饲料源放置在水槽和河流中间等距的位置，水槽依旧有效地减少了牛群在河流中消耗的时间（Tripp 等，2001；Godwin 和 Miner，1996；Larsen，1996；Miner 等，1996）。

应仔细规划水坝、钻孔和灌溉点的发展，以限制当地动物密度的影响。为避免动物造成的环境退化，蓄水的保护措施是很有用的。可以用防渗透材料减少渗透造成的水流失。应当采用其他措施（如抗蒸发覆盖：塑料薄膜、中性油）以减少蒸发造成的水流失，尤其是在热带国家造成的水资源损失。然而，可以用来降低蒸发的技术措施通常价格昂贵，难以持续使用（FAO，1999c）。

施肥可以用作控制放牧分布的方法。在美国加利福尼亚州中部山麓牧场，硫肥的使用使湿洼地区旱季放牛时间大量减少（Green 等，1958）。

提供补充饲料也会吸引牲畜远离地表水源。Ares（1953）发现，在新墨西哥州中南部的沙化草原，棉籽粕加盐可以成功吸引牛群远离水源。不过似乎一般盐无法成功代替河岸带的水、树荫和可口的牧草的吸引力（Vallentine，1990）。Bryant（1982）和 Gillen 等（1984）报道，只使用盐无法减少牛群在河岸带的活动（Mosley 等，1997）。

在干燥炎热的季节，牲畜喜欢在河岸地带待更长的时间。一个技术措施是在远离脆弱地带和淡水资源的地区提供其他可庇荫的环境（Salmon Nation，2004）。

正如在本章所示，大量的技术可供选择，以减少畜牧业对水资源的影响、减缓水源枯竭的趋势并提高水资源的利用效率。然而，这些技术还没有被广泛应用，因为：①在短期内，现有的对水资源造成影响的做法通常比较"划算"；②明显缺乏技术知识和信息的传播；③缺少环境标准和政策，并且政策的实施还存在不足。在大多数情况下，仅通过设计实现了采用合适的技术减少水资源消耗的趋势。在第六章将阐述合理的政策框架。

5 畜牧业对生物多样性的影响

5.1 问题与趋势

前所未有的危机

生物多样性是指可以在环境中发现的各种基因、物种和生态系统。Biodiversity 是 biological diversity（生物多样性）的简称，这个术语是对生活在地球上的生命的整体描述，通常分为三个维度。

①遗传多样性或包含在每种植物、动物和微生物基因中的总遗传信息；

②物种多样性或地球上的各种生物；

③生态系统多样性或生物圈中的各种栖息地和生态过程。

生物多样性能够在多个方面造福人类，这其中包括安全美好生活的基本物质需求、健康良好的社会关系以及自由选择与行动［千年生态系统评估（MEA），2005b］。生态系统的贡献包括直接贡献（通过供给服务、调节服务和文化服务）和间接贡献（通过支持服务），是影响着人类福祉的组成要素。生物多样性生态系统往往更具有弹性，因此可以更好地应对日益变化莫测的世界［生物多样性公约（CBD），2006］。几个世纪以来，人类一直受益于对生物多样性的开发利用。他们常常通过自然生态系统转换供人类使用，从而降低生物多样性。虽然农业、畜牧业、渔业和林业为社会发展和经济增长提供了基本构建要素，但也给生物多样性带来巨大压力。

全球生物多样性正面临自最后一个冰河时代结束以来的前所未有的危机，影响其三个维度。野生种群数量以及基因库大幅缩小，遗传多样性受到了威胁。物种多样性所面临的灭绝率，远远超过典型化石记录中发现的"本底率"。整个生态系统多样性正遭受着因人类活动转变而产生的威胁。

千年生态系统评估（MEA）审查了24个对人类福祉做出直接贡献的生态系统服务状况。结论是15个生态系统服务处于衰退状态。正如生物多样性公约全球生物多样性展望所指出的，除了大自然对人类有直接作用，还有其他一些重要理由去关注生物多样性的丧失。人类后代有权利继承一个生机勃勃的地球，其可继续提供大自然所带来的经济、文化和精神收益（CBD，2006）。许多人会认为，每一种生命形式都有一个内在的生存权。存活到现在的物种具有数百万年的年龄，每个物种经历了独特的从未重复过的进化路径，从而达到目前的形式。

对生物多样性丧失的关注，以及认识到生物多样性对维持人类生活的重要作用，促使1992年生物多样性公约（CBD）的产生。CBD是一项具有法律约束力的国际公约，其目标是保护生物多样性及其组成部分的可持续利用。作为重要工具，生物多样性公约包括制定国家生物多样性战略与行动计划。虽然几乎每个国家都制定了策略，但对于实现基本目标，例如提高国家层面规划的执行能力和实际执行能力，其进展仍非常缓慢（CBD，2006）。围绕濒危物种及其栖息地开展了大量的保护工作，而对生态系统服务关注较少。

根据千年生态系统评估（MEA）报告（2005b），生物多样性丧失和生态系统服务变化的最重要直接驱动因素如下：栖息地的改变（如土地利用变化、河流或者河水的物理性质改变、珊瑚礁丧失以及由拖网捕鱼所造成的海床毁坏）；气候变化；外来入侵物种；过度开发；污染。

畜牧业在当前生物多样性危机中扮演着重要角色，因为在地方和全球层面，畜牧业对生物多样性丧失的这些驱动因素都有直接或间接影响。一般来说，生物多样性的丧失是由于各种环境退化过程综合在一起所导致的。这使得很难指出畜牧业的影响，同时受环境影响的动物食品链中的许多环节也使其进一步复杂化。

畜牧业相关的土地利用和土地利用变化更改或破坏了作为某些物种栖息地的生态系统（见第2章）。畜牧业对气候变化产生影响，进而对生态系统和物种造成改变（见第3章）。陆地生态系统和水生生态系统受排放到环境中的排放物所影响（排放到海洋生态系统和淡水生态系统中的养分和病原体、氨排放、酸雨）。外来入侵物种（牲畜本身以及他们作为载体所携带的疾病）和过度开采（例如牧场植物的过度放牧）直接影响生物多样性。这种复杂景象因为以下这个事实而变得更加复杂化，即几千年前当开始进行牲畜饲养时，畜牧业就开始影响生物多样性了，并为人类提供了一种从前所未有的开发新资源和新领域的方法。这些历史性变化继续影响生物多样性，而对当前退化过程（其中许多在前面章节已描述）的影响具有叠加效应。

本章首先概述了全球生物多样性现状。沿着畜产品食物链各环节，评估了畜牧业对生物多样性丧失的影响。由于上述的复杂性，评估有时是碎片化和轶闻式的。评估不仅表明了畜牧业影响的重要性，而且表明了放缓、阻止或逆转生物多样性退化过程所面临的挑战和机遇。有一批技术方案，可以降低当前多种实践和变化过程的负面影响。最后一节给出了这样一些方案。

5.2 生物多样性的维度

生物多样性的特点是具有多个维度。在生物体水平上，物种内部以及物种间多样性通常是指遗传和表型方面的生物多样性。在更大的尺度上，来自生态系统丰度的生物多样性是指在广泛的群落生境里，物种如何构成不同的生物群落[①]。

（1）种间生物多样性

种间生物多样性是指在地球上物种（动物、植物和微生物）的总数。物种的总数仍然是未知的。迄今为止，大约180万个物种被描述，但认为可能存在更多的物种，估计范围从500万到近1亿个。合理预测为1 400万个物种（表5-1）。基于后面的图表，到目前为止，估计只有预测物种总数的12%已分类。

表5-1　可描述物种预测数量和全球可能物种预测总数

生物界	可描述物种预测数量	全球可能物种预测总数
细菌	4 000	1 000 000
原生生物（藻类、原生动物等）	80 000	600 000
动物	1 320 000	10 600 000
真菌	70 000	1 500 000
植物	270 000	300 000
总计	1 744 000	14 000 000

来源：联合国环境规划署－世界保护监测中心（UNEP-WCMC，2000）。

现存物种在全球分布不均。一些地区比其他地区拥有更丰富的物种，并且许多物种是某个特定地区的地方物种。一般来说，多样性从赤道向两极逐渐下降。潮湿的热带地区物种特别丰富，并含有大量的特有物种。生物多样性最丰富的环境是潮湿的热带雨林，覆盖世界陆地面积的8%，拥有超过全球50%的物种。热带地区拥有预测植物物种（25万）的2/3和30%的鸟类。同样，内陆水域代表了地球总水域正在逐渐消失的那一小部分，但它们却含有40%的水生生物，其通常是地方物种（Harvey，2001）。

（2）种内生物多样性

种内生物多样性指的是一个给定物种的基因丰度。它包含了同一种群内

---

① 群落生境是动植物共同生活的环境条件和分布区域。

个体间的遗传变异以及和不同种群间的遗传变异。遗传多样性代表种群和物种适应变化环境的一种机制。对于种群和生态系统对不可预知事件和随机事件的恢复力而言，种内多样性是至关重要的。变异越大，一个物种的某些个体携带适应新环境基因的可能性就越高，这些基因可以传递给下一代。种内多样性降低，不仅降低了物种的恢复力，而且增加了近亲繁殖的概率，经常导致遗传疾病增加，最终将会给物种本身带来威胁。

种内生物多样性最著名的实例就是农业生物多样性。农业生物多样性是一种人类创造，包括驯化的植物和动物，以及在农业生态系统中支持粮食供应非收成类物种。就家畜来说，最初自然选择产生了原始祖先，接着是人类几千年的驯化和选择性繁育。农民和育种者筛选了各种特性的动物和生产环境，培育出7 600多种牲畜品种（FAO，2006c）。在14种最重要的牲畜中，其中9种牲畜（牛、马、驴、猪、羊、水牛、山羊、鸡、鸭）在全球培育和利用的品种数量多达4 000个。

在自然环境下，种内遗传多样性正成为野生动物管理和保护所关注的重点。当种群过于隔离，而且种群数量又不够多，那么很可能会导致近亲繁殖现象。因此，让隔离的野生动物种群进行异种交配，将有助于基因交换和改善野生动物种群的基因库。

（3）生态系统多样性

生态系统是指在群落生境中现存物种的一种组合，该组合作为一个单元，通过与其自然环境的互作而发挥作用。大多数生态系统的分类系统都利用了生物、地质和气候等特征，包括地形、植被覆盖或植被结构，甚至文化或人为因素。生态系统的规模可大可小，从小池塘到大到整个生物圈，而且它们之间还存在互作效应。

人们已试图描述生态系统及其在更广泛范围内的多样性。世界自然基金会（WWF，2005）把生态区域定义为一块大面积土地或水域，包含一个具有明显地理特征的自然群落的集合，该生态区域：①共同拥有大部分物种和生态动力学；②共享拥有相似的环境条件；③生态学上相互作用方式是它们长期具有可持续性的关键。利用这种方法，世界自然基金会在全球已经确定825个陆地生态区（约500个淡水生态区正在开发），并评估了每一个生态区的生态系统多样性状况。在更大的尺度上，世界资源研究所（2000）对5个主要和关键的生物群落（农业生态系统、沿海和海洋生态系统、森林生态系统、淡水系统和草原生态系统）进行了区分，而这5个生物群落又是通过自然环境、生物条件和人工干预之间的相互作用而形成的。森林拥有约2/3的已知陆地物种，拥有最高的物种多样性，以及任一生物群落的地方特有分布。

生态系统对地球功能的发挥极其重要，因为它提供了调节主要自然循环的服务（水、碳、氮等）。这些服务包括：维持流域功能（渗透、水流和风暴控制、土壤保护），空气和水污染净化（包括碳、营养物质和化学污染物的回收和封存），并为野生生物提供栖息地。对于人类而言，生态系统不仅提供广泛的产品和服务，包括食物、能源、材料和水，而且还具有审美、文化和娱乐价值。在不同的生态系统间，所提供的产品和服务水平差别很大。

（4）威胁下的生物多样性①

生物多样性的三个维度（基因、物种和生态系统）都是相互关联的，在全球范围内他们正在被快速侵蚀。任何影响一个维度的因素将不可避免地影响其他维度：遗传多样性降低，在极端情况下，将会导致某一物种局部或全部灭绝。一个物种的消失可以打破不同野生生物种群的物种平衡，这可能反过来影响生态系统功能：食肉动物已被证明对多样性和稳定性至关重要。例如，猎杀食肉动物常常导致草食动物数量增加，从而导致影响许多物种的植被发生变化。同样，栖息地的破坏、改变和碎片化威胁种内和种间物种的遗传多样性。首先，野生动物栖息地的总面积和承载能力由于变化而减少；其次，因为支离破碎的栖息地隔离了种群，缩小每个种群的基因库，使他们更易消失。

生态系统面临的主要威胁如表5-2所示。森林生态系统，特别是原始森林生态系统，在全球范围内受到巨大威胁。自农业社会之前，全球森林覆盖率已经减少了20%~50%（Matthews等，2000）。多达30%的温带、亚热带和热带森林潜在分布区转型为农业用地。自1980年以来，工业国家的森林面积有所增加，但发展中国家已经下降了近10%[世界资源研究所（WRI），2000]。据报道，除了加拿大和俄罗斯，工业国家的大多数森林是再生林（伐后再生至少一次）或转化为人工林。对比最初的原始森林，这些地区生物多样性匮乏，并且土地利用转型期间许多物种的丧失通常是不可逆转的。每年影响原始森林的热带森林采伐面积可能超过了13万平方公里（WRI，2000）。

世界淡水系统退化，以至危及到它们维持人类和动植物生活的能力。据估计，在20世纪全球已经失去一半的湿地，他们转化为农业和城市区，或被填埋和耗尽以应对疟疾等疾病。因此，许多淡水物种正面临种群快速减少或灭绝，人类所能使用的淡水资源越来越匮乏。

伴随着其他压力的出现，如侵蚀和污染，将沿海生态系统转变成农业和水产养殖业，使得红树林、沿海湿地、海草和珊瑚礁面积正以惊人的速度减少。由于过度捕捞鱼类、破坏性捕鱼技术和生长栖息地的破坏，沿海生态系统

① 来自联合国开发署（UNDP）、联合国环境规划署（UNEP）、世界银行（WB）与世界资源研究所（WRI，2000）；以及Baillie、Hilton-Taylor和Stuart，2004。

已经丧失了大部分产鱼能力。

与其他草地类型（包括热带和亚热带草原、稀树草原和森林）相比，温带草原、稀树草原和灌木林在很大程度上已经都转变成了农业用地。在许多地方，引进非本土物种对草地生态系统会产生负面影响，导致生物多样性下降。

农业生态系统也受到巨大威胁。在过去的50年里，约85%的全球农业用地在一定程度上受到退化过程影响，包括土壤侵蚀、盐碱化、压实、营养枯竭、生物退化和污染。大约34%的农业用地轻度退化，43%的农业用地中度退化，9%的农业用地严重或极度退化（WRI，2000）。农业集约化通常会降低农区的生物多样性，例如过度施用化肥和农药，降低灌木篱墙、小灌木丛或野生动物走廊的空间，或者利用现代统一的高产作物品种取代传统品种。

表5-2　主要的生态系统和威胁

类别	主要生态系统	主要风险
海洋与沿海	红树林、珊瑚礁、海草、藻类、浮游群落、深海群落	化学污染和富营养化、过度捕捞、全球气候变化、外来物种栖息地入侵导致的变化
内陆水域	河流、湖泊、湿地（泥沼、低平沼泽地、草本沼泽、沼泽地）	取水所造成的栖息地的物理改变和破坏、排水系统、运河防洪系统、大坝和水库沉积、引入物种、富营养化污染、酸沉降、盐渍化、重金属
森林	寒温带针叶林、温带阔叶林和混交林、热带湿润雨林、热带旱生林、疏林和稀树草原	栖息地的物理改变和破坏、林火动态变化、外来物种入侵、非可持续性伐木、经济林产品获取、薪材获取、狩猎、非可持续性的迁移农业、气候变化、包括酸雨等的污染物
旱地	地中海、草地、稀树草原	栖息地的物理改变和破坏、林火动态变化、食草动物的引进（尤其是畜牧业）、非本地植物、水资源枯竭、薪材收获、过度采集野生物种、化学污染、气候变化
农业	耕地（一年生作物）、永久性作物、永久性牧场	土壤退化、过度施用化肥、营养成分流失、遗传多样性丧失、天然传粉者丧失

来源：联合国开发计划署（UNDP）、联合国环境规划署（UNEP）、世界银行（WB）与世界资源研究所（WRI，2000）。

生态系统变化和破坏可以降低种内和种间物种的多样性。此外，过度捕获和狩猎（野味或休闲捕猎者）对物种造成的压力不断增加以及污染过程所带来的副作用进一步削弱了种内和种间物种的生物多样性。

2006年发表的世界自然保护联盟（IUCN）红色名录指出，超过1.6万个物种濒临灭绝，其中1 528个物种处于极度濒危。某些生物群体比其他生物更易于遭受威胁：受威胁比例较高的物种是两栖动物和裸子植物（31%）、哺乳动物（20%）和鸟类（12%），而鱼类和爬行动物的受威胁比例为4%（IUCN，2006）。

撒哈拉以南非洲、南亚和东南亚热带地区以及拉丁美洲，是世界上大多数物种的所在地，拥有较多的濒危物种。虽然令人担忧，但濒危物种红色名录数据并不代表真正的问题，因为它仅评估所有已描述物种的2.5%（这只占物种总数的小部分）。量化物种多样性十分困难，从而使得更难以评估人类活动的影响。

物种灭绝是一种自然过程，通过化石记录可知，除了大灭绝时期，存在着自然背景灭绝率。最近的物种灭绝速率远远超过化石记录中发现的"自然背景灭绝率"。在过去的100年里，已知的鸟类、哺乳动物和两栖动物灭绝速率表明，当前灭绝率是在化石记录中发现的背景灭绝率的50 ~ 500倍。如果包括"可能灭绝"的物种，灭绝速率提高到自然灭绝速率的100 ~ 1 000倍（Baillie，Hilton-Taylor和Stuart，2004）。这可能是一个保守估计，因为它没有涉及那些未记录的灭绝。尽管估计结果极大不同，但现在的灭绝速率表明，地球也许正处于一个由人类活动产生的新的大规模灭绝事件的阈值上。

同样，随着动植物育种专业化和全球化发展的协同效应，全球农业遗传多样性下降。虽然5 000种不同的植物已经被人类用作食物，但现在世界上大部分人口所食用的主要植物物种不到20种（FAO，2004c）。14种家养哺乳动物和禽类提供了人类90%的动物源食物（Hoffmann和Scherf，2006）。

目前森林拥有濒危物种数量最多。许多生活在森林的大型哺乳动物、半数的灵长类动物和接近所有已知树种的9%正面临灭绝的风险（WRI，2000）。淡水生态系统的生物多样性比陆地生态系统受到的威胁更大。在最近几十年，世界上20%的淡水物种处于灭绝、威胁或濒危状态。在美国，其淡水物种最全面的数据表明，37%的淡水鱼类、67%的贻贝、51%的小龙虾和40%的两栖动物受到威胁或濒临灭绝（WRI，2000）。海洋生物多样性也受到巨大威胁。全球范围内，商业物种如大西洋鳕鱼、5种金枪鱼和黑线鳕以及几种鲸鱼、海豹和海龟也同样受到威胁，而此时的入侵物种则被报道经常出现在封闭海域中（WRI，2000）。

5.3 畜牧业对生物多样性丧失的影响

已证实，生物多样性丧失和生态系统服务变化的最重要的驱动因素是栖息地变化、气候变化、外来物种入侵、过度开采和污染。这些驱动因素并不是独立存在的。例如，通过栖息地的改变，气候变化对生物多样性的影响以及污染对生物多样性的许多影响都是间接的，而后者往往与入侵物种的引入密切相关。

5.3.1 栖息地变化

栖息地的破坏、碎片化和退化被认为是威胁全球生物多样性的主要因素，是鸟类、两栖动物和哺乳动物所面临的主要威胁，影响了这三类超过85%的濒危物种（Baillie，Hilton-Taylor 和 Stuart，2004）。运用鸟类数据有可能检验栖息地破坏的一些关键驱动因素。据报道，由于破坏栖息地，大型农业活动（包括种植业、畜牧业和多年生作物如咖啡和油棕）影响近一半的全球濒危鸟类。类似的比例会受到小农或自给农业的影响。择伐或砍伐树木和一般性的森林砍伐影响大约30%的濒危鸟类，采集木薪和收割非木质植被影响了15%的濒危鸟类，转型为造林区影响约10%的濒危鸟类。总的来说，超过70%的全球濒危鸟类受农业活动影响，60%受林业活动影响（Baillie，Hilton-Taylor 和 Stuart，2004）。

畜牧业是栖息地变化的主要驱动因素之一（河岸的森林砍伐、破坏森林、湿地排水），这种栖息地变化可能是由畜牧业生产本身或饲料生产造成的。由于过度放牧和饲养过量加快荒漠化，畜牧业也直接导致了栖息地变化。

5.3.1.1 森林砍伐和森林碎片化

在公元前10000年—前8000年，畜牧业所导致的栖息地变化都始于动物驯养。在地中海盆地周围，焚烧清理、田园主义和原始农业是主要影响因素（Pons等，1989）。流域中的大多数自然植被已经被人类活动所改变。在北部温带地区，如欧洲，原生植被也基本被森林砍伐、农业和放牧所摧毁或改变（Heywood，1989）。近来，澳大利亚许多温带森林已转化为草地（Mack，1989）。

畜牧业生产在栖息地破坏中扮演着一个重要的角色。目前，森林砍伐和畜牧业生产之间的关联在拉丁美洲表现得非常显著，牛群粗放型放牧面积扩大，大部分是以森林植被为代价。预计到2010年，在约2 400万公顷新热带区的土地上放牧牛群，而这片土地在2000年曾经是森林（Wassenaar等，2006；参见第二章）。这意味着有2/3被砍伐土地将被转换成牧场，这将给生物多样性带来很大的负面影响。

濒于灭绝的秘鲁割草鸟是秘鲁北部干燥森林中所特有的。森林转变为耕地和柴火威胁了该物种最后的根据地——2006年

© Jeremy Flanagan

除了草地外，这个区域农田所占面积较大，且日趋增长，尤其是农田扩张至森林，用于大规模集约型大豆和其他饲料作物生产，而终极目标依然是为了发展畜牧业。1994—2004年，拉丁美洲用来种植大豆的土地面积增加了1倍多，达到3 900万公顷，为单一作物种植面积最大，远高于种植面积排名第二的玉米，其为2 800万公顷。对饲料的需求以及其他因素引发了土地相对充足国家饲料生产和出口的增加，例如巴西。Wassenaar等（2006）预计了巴西亚马孙河流域森林与农田扩张相关的森林砍伐的大热点区域，主要为大豆田（见插文5-1）。据报道，类似过程也发生在新热带区南部，特别是在阿根廷（Viollat，Le Monde Diplomatique，2006）。

插文5-1　保护区案例

全球栖息地的改变和破坏继续稳定增长。据FAO数据显示，森林大约覆盖了世界陆地总面积的29.6%，然而每年森林砍伐率为0.2%。

在全球和国家层面上，工作重点是对保护区进行关键栖息地和物种的保护。在2005年，6.1%的世界土地总面积受到保护（WRI，2005）。这包括严格自然保护区、荒野保护区、国家公园、国家保护区、栖息地（物种）管理区和景观保护区。

尽管努力增加全球保护区的数量，但物种灭绝和栖息地丧失仍然继续。许多保护区面临重大威胁，包括偷猎、入侵和碎片化、伐木、农业和放牧、外来物种入侵和采矿业。公园管理者已经确认牲畜对保护区的威胁。

• 游牧种群的入侵及其与野生动物种群的冲突；
• 扩张到保护区的牧场的建立；
• 农业污染，通过富营养化和农药与重金属污染影响保护区。
畜牧业对保护区构成了一种特殊威胁。

这份报告分析比较全球与IUCN[①]前三大类保护区的牛群密度，结果表明在这三大类中，全球60%的保护区在20千米半径内拥有牲畜（黄牛和水牛）。牛群密度在保护区普遍较低，约4%的保护区平均密度为每平方千米4头或4头以上，其面临重大威胁。

2010年新热带区土地利用变化表明保护区正处于与畜牧业相关的森林砍伐的进一步威胁中。在中美洲，例如牧场大规模扩张预计延伸到了危地马拉贝登省北部玛雅生物圈保护区内的森林，主要在蒂格雷湖国家公园内。在南美，一些公园似乎处于严重威胁中，包括委内瑞拉亚马孙东部自然遗址（Formaciones de Tepuyes）、哥伦比亚马卡雷纳国家公园以及厄瓜多尔库亚贝诺保护区。

虽然保护区内的森林砍伐仅代表了所有森林砍伐有限的部分，但它具有相当大的生态意义。例如Macarena国家公园是安第斯山脉和亚马孙低地之间的唯一重要走廊。小面积的砍伐森林，可能是仅仅开始，出现在了卡拉斯科伊奇洛国家公园高处，而此公园则位于玻利维亚高地和圣克鲁斯低地之间的安第斯山脉的斜坡上。在所有情况下，大部分被砍伐区域都将被牧场所占用。

① Ia类或严格自然保护区：受管理的保护区主要用于科学；Ib类或荒野区：受管理的保护区主要为保护荒野；II类或国家公园：受管理的保护区主要用于生态系统保护和休闲娱乐。

来源：Wassenaar等（2006）。

除了森林，畜牧业相关土地利用的扩张也使其他有价值的景观碎片化。在巴西生态极敏感的热带稀树草原地区，塞拉多草原（近来被描述为"被遗忘"的生态系统，Marris，2005）快速沉降以及随之而来的污染和侵蚀严重地影响了生物多样性（见插文5-2）。

插文5-2 巴西塞拉多热带草原的变化

塞拉多森林-热带草原占巴西面积的21%。大型哺乳动物如大食蚁兽、巨型犰狳、美洲豹和鬃狼都生活在这里。在这脆弱而珍贵的生态系统里，生物多样性濒临碎片化、集约化、入侵和污染的共同威胁。

塞拉多草原是亚马孙流域生物多样性的重要来源。它拥有一系列独特的适应干旱且易燃的植物物种，同时也拥有数量惊人的特种鸟类。在137种濒危物种中，物种鬃狼（*Chrysocyon brachyurus*）是一种特别引人注目的长腿动物，其像一只踩着高跷的狐狸。在塞拉多稀疏、杂草丛生植被上，有4 000多个物种在此生长。

然而，在过去35年里，超过半数的塞拉多原始区域（200万平方千米）已经被用于农业。其现在是世界上最大的牛肉和大豆生产区之一。据国际保护组织估计，以目前的丧失速度，生态系统可能在2030年丧失。

在塞拉多农业始于20世纪30年代，当时进行了粗放型养牛，这严重影响了生态系统的功能和生物多样性。除了因践踏和放牧改变了当地的植被外，大部分影响是由牧场火灾引发邻近脆弱自然生态系统毁坏所造成的。林火动态的改变被证明是灾难性的：广泛种植于牧场上的油性糖蜜草（*Melinis minutiflora*），已经侵占了野生稀树草原的边缘，导致大火肆虐，甚至烧毁了易燃的天然木本植物的坚硬树皮。

然而，塞拉多位置偏远和大面积贫瘠的土壤从而避免了被大规模开发。在20世纪70年代，巴西支持绿色革命，新大豆品种和肥料使用使该地区拥有了充满生机的农业前景。自从塞拉多进行大豆种植，巴西国内大豆产量在1993—2002年提高了85%。塞拉多大豆生产的特点是土地管理强度高，被称为"保护神"模式，其基于先进的技术、全部机械化和农药的广泛使用。产区大豆超过1 000公顷。这种集约化系统提高了生产力：大豆一年两季，有时也会间歇式种植一季玉米作物。

集约化的单作景观取代物种丰富的栖息地，强烈地影响了生物多样性。栖息地已经大规模丧失，同时由于大量喷洒农药和施用化肥用以控制害虫病和保持肥力，从而使水和土壤受到污染。虽然用在杂草上的除草剂正日渐增加，但前期用机械处理杂草的方式却促进了水土流失。世界自然基金会（2003）估计，在塞拉多的大豆田每公顷每年流失约8吨土壤。

越来越多的环保主义者们逐渐意识到他们的策略必须适应经济发展（Odling-Smee，2005）。为此，塞拉多的生态学家强调塞拉多所提供的生态系统服务，其中有诸多生态系统服务都有有形的经济价值。一些生态学家正在调查原生景观在作为碳汇、木薯作物遗传多样性中心或者作为巴西水土保护者等所起的作用。

来源：Marris（2005）。

不仅仅是涉及纯粹的土地转型地区，由于热带生物多样性丧失，牧场扩张模式也对栖息地退化构成威胁。在已经支离破碎的森林景观中，预计约60%的牧场会以扩张的方式延伸至森林（Wassenaar等，2006）。牧场扩张至森林的集中"热点"主要集中在湿地生态系统。热带安第斯山区是Myers等鉴定出的生物多样性最热点地区（2000），拥有全球6%的植物和脊椎动物。据报道，在安第斯西北部雨林地区和马格达莱纳河谷干旱山地森林生态区的生物多样性，遭受严重的压力 [联合国环境规划署－世界保护监测中心（UNEP-WCMC），2002]。预计这些地区都将受到主要由牧场和农田所导致的森林砍伐面积扩大的影响。

栖息地退化威胁其他生态区。预计大部分是受到森林砍伐面积扩大的影响：典型例子如农田扩张到中美洲的松橡林，牧场扩张到巴西塞拉多或巴西东部的大西洋沿岸森林，其均处于世界最濒危的栖息地中（Myers 等，2000；UNEP，2002）。事实上，几乎所有的森林砍伐面积扩大区都位于世界自然基金会的"全球200个重点生态区"（Olson 和 Dinerstein，1998）。此外，在安第斯山脉北部和中部及巴西东部沿海区，有较高密度的重要鸟区（国际鸟类联盟，2004）。

在一个日益由人类活动所主导的景观里，一片片的原生栖息地被隔离，从而导致了栖息地碎片化。

在物种−区域关系下，对于某一给定种群而言，人们公认大岛屿比小岛屿拥有更多的物种。例如，Darlington评估在西印度群岛面积降低了10%，步行虫科（甲虫）物种数仅为原来的1/2（Darlington，1943）。如今，研究人员越来越多地把这种关系应用到破碎化栖息地上，尤其用在热带雨林破碎化上，说明森林斑块的生物多样性比连片森林低。在森林碎片化背景下，生物多样性降低来自以下原因：在碎片区各种栖息地的减少；外来物种入侵的可能性及与本地物种的竞争；野生种群数量降低，更易于近亲繁殖和破坏种内生物多样性；物种间自然平衡破坏，特别是猎物和捕食者之间的平衡。

其直接后果是，当栖息地破碎化时，栖息地变化对生物多样性的影响比较大，原因在于碎片化栖息地的实际生物多样性的承载力远低于区域所丧失的总承载力。

在以牧场为主的景观中，林火动态的变化往往会加剧碎片化对生物多样性的影响。如第3章所述（插文3-3），焚烧是一种建立和管理牧场的通用做法。非洲、澳大利亚、巴西和美国的许多草原地区都采取了这种做法。

在拥有碎片化自然栖息地的大型农业区，焚烧通常会带来负面影响。原因之一是，这些地区现存的碎片化森林非常易燃，因为它们比较干燥，且与经常焚烧的牧场相邻。消防水平普遍偏低，经常导致火势蔓延到森林内部。另一个原因是，由于大火促进了外来物种的入侵，进而对生物多样性产生间接影响。在综述中，d'Antonio（2000）认为虽然焚烧在过去是用来控制外来物种入侵，但通常却增加了外来物种入侵。除此之外，一些入侵物种也可以直接改变林火动态。它们增加了易燃区的火灾强度或把火蔓延到以前很少发生火灾的区域。

5.3.1.2 农业土地集约利用

从生物入侵的历史角度分析，Di Castri（1989）将"旧大陆"描述为使用铁锹尤其是犁作为耕作器具的区域。深层土壤耕作对土壤的生物过程具有深远的影响，包括发芽在内。这种做法及其后在其他地区的传播代表了导致栖息地改变的早期集约化形式。然而，这种做法对生物多样性丧失的影响肯定远低于农业对农业机械化和农业化学品的集中使用所产生的影响，其次是工业革命所产生的影响。

在今天的欧洲，通过构建和维护草皮结构非均质性，传统放牧被视为正在积极影响着牧场的生物多样性，特别是由于饮食选择（Rook等，2004）。人们正在摸索其他重要的非均质性形成机制，开创断层群落物种的再生生态位（尽管其中一些可能是入侵性物种）和有些部分的养分循

勒卜海尔湖对该地区的微环境至关重要，除了为沿岸提供牧草外，它也是12月份和1月份迁移鸟类捕鱼和经过的地点。这张图显示了环境恶化和干旱所呈现的引人注目的场景。

环——浓缩营养从而改变物种间的竞争优势。草食动物在繁殖[①]传播中也起着一定的作用。

然而，当已建立的传统牧场变为集约化管理时，也就丧失了大部分的多样性。今天的人工草场几乎已经失去了所有的草地冠层结构，通过改变食用植物的丰富度和改变繁殖地点，这种对植物群落的影响将会引起对无脊椎动物多样性的副效应（Rook等，2004）。然后无脊椎动物多样性的直接影响将传输给脊椎动物的多样性（Vickery等，2001）。

类似效应可能发生在其他比较集约的系统中，如"挖运"系统，尽管有相当大的环境优势和产能优势，但却影响发展中地区人口稠密地区的草地。对于更为集约化管理的牧场，生产能力难以维持：产品和土壤退化所带走的养分会导致土壤肥力下降。这往往会加剧杂草和不良草种之间的竞争。随后为了控制杂草，会增加除草剂的使用量，进而对生物多样性可能构成另一种威胁。

尽管所关注地区的范围小于集约化牧场，但是很显然，当前饲料作物集约化生产的这种趋势，与种植农业全面集约化趋势相一致，将会导致微观生境和宏观生境发生重大变化。当前先进技术提高了土地利用强度，使农业扩张到了以前未利用土地，而且通常是在拥有生物学价值的地区（见插文5-2）。事实上，在这种土地利用情况下，所有地上生境和地下生境都会受到影响：即使在

---

① 对于可以利用播种繁殖的植物，可利用其任何一个部分，通常是营养部分（例如芽或其他分枝）进行植物的繁殖，从这一部分生长出一个新的植株。

一个通常非常多样化的土壤微生物种群里，也很少有物种能够适应这种变化的环境。

5.3.1.3 荒漠化与木本植物入侵

牧场内畜牧业加速栖息地退化的其他区域。草地退化起因于牲畜密度与牧场承受能力之间不匹配（包括所承受的放牧能力和践踏能力）。在弹性较小的干旱和半干旱地区，此类管理不善的情况会频繁发生，并且以生物产量不稳定为主要特征。第2.5.2部分较为详细地描述了这个过程。旱地生态系统压力过大导致了草本植被碎片化和裸地（即荒漠化土地）增加。在半干旱亚热带牧场，木本植物覆盖并不总是增加（Asner等，2004）。当在草本植被上过度放牧时，木本植物入侵的结果将会降低火灾发生频率，这得益于大气中二氧化碳和氮的富集，并打破了利于木本物种的这种平衡。

尽管对退化程度的量化是一项复杂工作，但是在干旱和半干旱的气候条件下，牧场退化的蔓延则是关注生物多样性的一个重要来源。只用土地质量指标来评估这些情况是不够的。在生态系统变化中，也有长期的自然波动，这很难从人为变化中区分开。然而，许多放牧系统正在发生沙漠化。非洲、澳大利亚和美国西南部植物数量严重减少，同时相应的生物多样性也正丧失。他们通常主要由一个或几个木本物种以及剩余的极少的草本冠层组成（Asner等，2004）。生物多样性侵蚀产生了负反馈：它降低了生态系统的弹性，从而间接强化了沙漠化。这种已被认可的互连促使了在《联合国防治荒漠化公约》（UNCCD）和《生物多样性公约》（CBD）之间制订联合工作计划。

与木本植物入侵相关的植被-放牧的相互作用强烈依赖于放牧强度。通过减少木本幼苗火灾风险，放牧可能促进灌木入侵以及系统结构。放牧也促进了对一些景观的侵蚀，这对草本植被覆盖的影响远大于对深根植被的影响。通过放牧减少草本植被覆盖，也有利于木本植被竞争有限的资源（例如水资源）。在长期过度放牧的情况下，变化更加明显（见插文5-3得克萨斯州的示例）。由于牧民和他们的畜群流动性下降，引起放牧压力集中，从而导致木本入侵。在过度放牧情况下，草本植物经常被木本植物取而代之，而多年生牧草则取代了一年生牧草。

木本物种对草本群落的影响因不同类型的木本物种和地点而变化。影响可以是正面、中性或负面的。通过木本物种入侵过程，从草原到林地的转变影响了生态系统几个关键功能，包括分解和养分循环、生物质生产和水土保持。降水拦截、地面水流和水渗透进入过度放牧区土壤的动力学通常是，来自降雨的水迅速流失到排水系统，随之而来的是水土流失的增加。原始草原可能拦截水更有效，因此防止了形成整个生态农业生产系统基础的土壤资源的流失。在干旱的环境中，对动物生产和生物多样性的影响最终大多数是负面的。栖息地的多样性也可能受到影响。由于木本物种入侵，林地景观里的类似萨凡纳空地可能逐渐消失。

插文5-3　木本植物入侵得克萨斯州南部

在木本植物入侵地区，木本植物是放牧景观里的典型物种。例如，在得克萨斯州南部牧场，其拥有多种多样的树木、灌木和小灌木，过度放牧提高了固氮树种腺牧豆树品种（*Prosopis glandulosa* var. *glandulosa*，豆科灌木）的覆盖程度。长期记录和航拍照片表明，豆科灌木入侵促进其他木本植物在其林下叶层的建立，而后与豆科灌木竞争光和其他资源。通常在长势良好的一片木本植物里，可以发现残余的豆科灌木，这些木本植物在一个世纪以前并未存在。

来源：摘录自Asner等（2004）。

5.3.1.4　森林转型和田园景观的保护

在2.1.2章节中已提到森林转型，即以前的农业用地转变成林地。这种日益广泛的土地利用变化过程具有鲜明的特征，即偏远地区土壤贫瘠的农业用地被弃，这种被废弃的农地主要是牧场，当被废弃时，森林可以得以重新恢复。

一些废弃牧场变成了生物多样性差的休耕地（灌木地）。在温带地区如欧洲，自然和半自然草地已经成为一种重要的生物多样性和景观资源，其本身具有保护价值。这些植物群落和它们所形成的部分景观，以及大量的农业－环境和自然保护计划现已被高度重视。这些栖息地面临两种截然不同的威胁：一方面，土地利用不断集约化；另一方面，由于不断变化的经济条件和"预留"补贴，越来越多的先前草地和牧场在休耕。

早在1992年，欧洲理事会的栖息地法令附件1（EU，1992；Rook等，2004）列出被认为是欧洲重要的具有生物多样性价值的栖息地。据估计，这个清单包括处于过度放牧威胁的65个牧场栖息地和26个废弃的牧场栖息地（Ostermann，1998）。在一些情况下，不仅存在着生物多样性丧失的问题，而且引起了其他环境问题。例如，在地中海国家丘陵和山脉上，现有大面积先前的放牧区被生物多样性很差的灌木植被覆盖。这种木质生物质的积累可能会增加火灾和侵蚀风险，导致大量的环境和经济损失（Osoro等，1999）。

因此，欧洲自然保护的主要目标之一是保护半开放的景观。在多个国家已经建立了更大的"牧场景观"，开放型草地与灌木的这种组合，被公认为是一个较好的解决方案。

在草地群落里，空间异质性是保持生物多样性的关键。在农业用地集约化使用下，放牧动物的作用在前面已经简要提到过。林地牧场（Pott，1998；Vera，2000）拥有丰富的生物多样性，因为他们同时包含草原和森林的物种。为了管理这类景观，可能需要各种类型的草食动物和食嫩叶动物（Rook等，2004）。在前现代时期，森林牧场被用于公共放牧；如今面临的挑战是开发类似的放牧系统，以实现同样的生物多样性，但也应具有社会－经济可行性。Vera（2000）认为，长期保护生物多样性除了现有的半自然景观外，还应开发拥有野生食草动物的荒野地区。

畜牧业导致栖息地改变，至少在一定程度上造成物种灭绝的示例

已经提到畜牧业对栖息地改变的一些积极作用，涉及它在栖息地再生或维持相对缓慢或低水平变化的作用（见5.3.4和5.5章节）。

虽然并不是所有的间接效应都已被分析，但很明显的是，畜牧生产的其他方面在很大尺度上严重影响了许多栖息地。通过栖息地的丧失或栖息地退化，畜牧对物种灭绝的贡献（附录1表16）列表给出了具体例证，说明了这些机制是如何导致特定物种灭绝的。它清楚地表明，畜牧业导致的生态环境退化促成许多植物和动物的灭绝。然而，在没有畜牧业存在时，受影响的栖息地的情况仍然是未知的。

5.3.2 气候变化

气候变化对生物多样性的影响是最近且现在才开始被人们所认识、实地观察和理解。气候变化主要从三个方面对生物多样性产生影响：平均气候的变化、极端气候事件发生和严重程度的变化以及气候多样性的变化。

根据Thomas等（2004）研究，气候变化导致15%～37%的物种可能面临灭绝。气候变化对生物多样性的预计影响包括以下方面（生物多样性公约秘书处，第10号技术报告，2003）：

（1）由于全球变暖，许多物种的气候范围将从当前位置向地球两极移动或高海拔移动。物种受到气候变化的影响不同，有些物种会穿越碎片化的景观迁移，其他有些物种因流动性低，因而未能迁移。

（2）许多已经脆弱的物种可能灭绝，尤其是物种处于有限气候范围和有限地理条件（如山顶上的物种、岛屿和半岛上的物种）。栖息地要求受限、分布范围广、低繁殖率或小种群的物种通常是最脆弱的。

（3）气候变化的频率、强度、范围和气候（和非气候）引起的扰动将影响现有生态系统如何被新的植物和动物组合所取代。物种不可能以同一速度迁

移；寿命较长的物种将在他们的原始栖息地持续更长时间，进而产生新的植物和动物组合。许多随机性杂草类物种，非常适合传播和快速生长，成为生态系统的主体，特别是在高扰动频率和强度的情况下。

（4）有些生态系统特别容易受到气候变化的影响，如珊瑚礁、红树林、高山生态系统、残余原生草地和上覆永久冻土的生态系统。一些生态系统可能缓慢发生变化，而其他如珊瑚礁，已经做出快速反应。大气二氧化碳浓度上升引起的"肥料效应"，提高了许多植物物种（包括一些但不是全部作物）的净初级生产力（NPP）。然而，当考虑到温度、养分限制和降水量变化时，一些地区的净生态系统和生物群落生产力也被损害。NPP差异变化将导致生态系统组成和功能的变化。净生态系统和生物群落生产力的损失可能发生，例如在某些森林中，至少当发生严重的生态系统破坏（例如由于野火，病虫害和疾病暴发等干扰发生率的变化）时，一种优势种或一高比例物种就消失了。

许多研究表明，气候变化（包括其对栖息地的影响）作为生物多样性丧失的主要威胁，将超过人类所引发栖息地变化的其他更直接的方式。无论如何，栖息地的持续丧失和气候变化的共同影响将给未来生物多样性带来重要和潜在灾难性威胁。气候变化所引起的当前原始区域的变化，将迫使物种移至和穿过已经退化和破碎的栖息地，并使其传播和生存机遇日趋严峻。

联合国政府间气候变化专门委员会（IPCC，2002）评估了生物多样性已经开始受到气候变化的影响程度。较高的区域温度影响了动物和植物的繁殖时间和动物迁移、生长季节长短、物种分布和人口规模以及病虫害暴发的频率。

IPCC模拟四个不同的气候变化对生物多样性影响的场景，生成了世界不同地区的影响场景。通过高温、干旱的直接影响以及例如野火等因干扰强度和频率变化带来的间接影响，气候变化将影响生物个体、种群、物种分布和生态系统的功能和组成。IPCC观察到，对未来的地球生态系统的现实预测需要考虑人类对土地和水的利用模式，这将极大地影响生物应对气候变化的能力。许多其他信息需求和评估差距仍然存在，部分原因是这个问题的极具复杂性。

畜牧业对气候变化引起的生物多样性丧失的贡献是什么？由于气候变化是一个全球性的进程，畜牧业对生物多样性侵蚀的贡献符合它对气候变化的贡献（见第3章的详细评估）。作为景观和栖息地改变背后的一个主要驱动力，畜牧业也可能加剧气候变化对生物多样性的影响，对于受到气候挑战的生物而言，很难跨越破碎化栖息地以及人类的农业和城市环境进行迁移。然而，通过降低畜牧业生产面积，向管理良好的工业集约化畜牧业生产系统的转化，可以减轻这种影响。

5.3.3　外来入侵物种

近代以前，由于受到诸如海洋等生物地理屏障的限制，自然生态系统进化只是孤立地在各个大洲和大岛屿上进行。如今，几乎所有生态系统在功能上都可以连接起来了，原因在于人类具有了短时间长途运输生物材料的能力。数千年来，人类把动物和植物从地球的一端运输到另一端，有时是特意的（例如水手把牲畜运到岛上作为食物的来源），有时是无意的（例如老鼠从船只上逃离）。世界上许多主要农作物是特意从一个大洲移植到另一个大洲，例如玉米、马铃薯、番茄、可可和橡胶从美洲运到世界其他地方。许多外来物种随着人类的引入成为入侵物种，即其建植和繁殖导致生态和经济损害。

入侵物种可以通过猎食与他们竞争的本地物种、引入病原体和寄生虫使其患病或致死直接影响本地物种，或者间接地通过栖息地破坏或退化影响本地物种。入侵外来物种改变了进化轨迹，破坏许多群落和生态系统过程。此外，他们可能会导致重大经济损失，威胁人类的健康和福祉。如今，所提供的有效数据显示，入侵物种对30%的全球濒危鸟类，11%的濒危两栖动物和8%的760种濒危哺乳动物构成主要威胁（Baillie，Hilton-Taylor和Stuart，2004）。

在生态系统中，畜牧业对生态系统有害入侵的贡献远远超出了逃逸野生动物的贡献。因为有多种形式的影响，这类威胁的总体影响有可能太复杂，难以准确评估。另一维度是牲畜作为栖息地变化导致入侵的一个重要驱动因子所起的作用。动物生产有时也促进刻意的植物入侵（例如牧场改良）。在不同规模的放牧下，动物本身直接导致了促进入侵的栖息地变化。动物以及动物产品的移动也让它们成为入侵物种的重要载体。在退化的草场，牲畜也是外来植物物种入侵的受害者，这可能反过来推动牧场扩张到新的区域。在本章节剩余部分将对这些不同维度进行研究。

5.3.3.1　作为入侵物种的牲畜

根据世界自然保护联盟（IUCN，2000），外来入侵物种是指在自然或半自然生态系统或栖息地里开始构建物种，对本地生物多样性造成威胁。根据这一定义，牲畜可以视为外来入侵物种，特别是当极少做任何努力使其对新环境的影响降到最低时，从而导致与野生动物竞争水和牧草，动物疾病引入和饲喂当地幼小植被（野生动物是岛屿上生物多样性面临的主要威胁之一）。世界自然保护联盟/物种存续委员会（IUCN/SSC）入侵物种专家组（ISSG）把野牛、山羊、绵羊、猪、兔子和驴划分为外来入侵物种（总共22种哺乳类入侵物种）[1]。事实上，野猪、山羊和兔子被划分在世界100种最严重外来入侵物种之中。

---

① http://issg.appfa.auckland.ac.nz/database/welcome/。

入侵物种最典型影响之一是食草型哺乳动物对小岛植被的巨大影响，尤其是野山羊和野猪，导致本地物种的灭绝以及优势物种和地貌发生显著变化，直接影响到许多其他生物（Brown，1989）。作为外来入侵物种，野生动物也在大陆层面导致生物多样性的丧失。几乎所有具有经济重要性的牲畜种类并不是原产于美洲，而是在16世纪通过欧洲殖民者引入美洲。许多有害种群是由物种引进和极其粗放型管理模式造成的。

尽管一些引入物种带来负面影响，但人们仍继续引进外来脊椎动物。在物种引入方面，政府机构正逐渐变得更加谨慎，但他们继续特意引入用于渔业、狩猎和生物控制的物种。宠物贸易可能是当前物种引进的最大单一来源（Brown，1989）。畜牧部门对目前脊椎动物引进贡献最小。

畜牧业对物种入侵的直接贡献仍然很重要。由脊椎动物传播种子导致许多入侵物种成功进入受干扰或未受干扰栖息地。在澳大利亚，脊椎动物传播了超过50%的植物物种（Rejmanek等，2005）。放牧牲畜确实对种子的传播做出了显著贡献，并且持续地传播下去。然而，由脊椎动物传播种子是一个复杂的过程，脊椎动物在何时何地促进了植物入侵需要进一步的研究。

通过动物产品贸易进行传播的记录并不充分。一个有趣的例外是，20世纪早期羊毛需求增加的影响因素的详细分析。在Thellung专著（1912）中，在蒙彼利埃尤维纳利斯（Juvénal）港口，蒙彼利埃的外来植物群在很大程度上是因羊毛进口、悬挂和晾干所导致的外来物种传播而产生的。当今更严格的卫生法规是否阻碍了有相似影响的动物产品的全球贸易大幅增加，目前尚未清楚。

从历史上看，牲畜在将致病微生物传播到无免疫力种群中发挥了重要作用。19世纪末，牛瘟传到非洲不仅危害牛，而且还危害了本地有蹄类动物。这种疾病传播仍是当今世界所面临的一个问题。来自亚洲的禽痘和疟疾传到夏威夷，已经导致当地的低地鸟类物种的灭亡（Simberloff，1996）。

即使没有可靠证据表明野生和驯养禽类种群之间可能存在交叉污染，但是这种机制可能在如今的高致病性禽流感的传播中发挥作用（参见插文5.4）。

插文5-4 野生鸟类和高致病性禽流感

在最近影响全球家禽业以及引起人类关注健康的高致病性禽流感（HPAI）的传播中，野生鸟类和家禽之间有一种似乎合理的可能关联。自2003年以来，这种新疾病已经接二连三地暴发。到2006年7月，该疾病已经影响了55个国家和地区的家禽业，2.09亿只家禽因此病被捕杀或屠宰。高致病性禽流感是一种人畜共患病，对人类有可能致命。2006年7月，该疾病已经导致231人发病，死亡133人。这种疾病现在亚洲和非洲一些国家已发展成一种流行性疾病。

大范围同时发生的疾病会对全球家禽业造成巨大的潜在破坏性风险（McLeod 等，2005）。在最近暴发的高致病性禽流感中，出现了被称为H5N1的特异菌株，就野生鸟类作为一种可能传播机制，引发了一些关注（Hagemeijer 和 Mundkur，2006）。

在2003年亚洲出现H5N1之前，高致病性禽流感被认为是一种家禽疾病。世界野生水生鸟类只被称为低致病性流感的天然储存宿主。就高致病性禽流感病毒传播而言，其最初的一系列暴发，尤其是在亚洲，人们认为在家禽和野生鸟类种群之间可能存在一些相互作用（Cattoli 和 Capua，2006；Webster 等，2006）。

每年在连接南北半球的大块陆地（包括非洲－欧亚、中亚、东亚－澳大利亚和美国的迁徙路径）上的鸟类迁徙模式可能导致把疾病引入和感染传播到无禽流感的地区。最近在非洲、中亚、欧洲和俄罗斯暴发的禽流感表明，A/H5N1菌株可能是通过野生鸟类在秋季和春季迁徙期间被携带到这些地区（Cattoli 和 Capua，2006；Hagemeijer 和 Mundkur，2006）。特别是在许多欧洲国家，发现迁徙的野生鸟类呈阳性，但这些地区并没有家禽疾病暴发（Brown 等，2006）。

另一方面，患病家禽可能感染和影响野生鸟类种群。根据Brown 等（2006）研究，在东欧，野生鸟类很可能通过接触患病家养家禽而进一步感染。

5.3.3.2　畜牧业相关的植物入侵

澳大利亚、南美和北美西部的自然温带草原提供了一些最极端的例子，被称为地球生物区的"伟大的历史动荡"——通过外来生物越洋运输及其随后入侵到新区域，使得曾经的大型群落的物种组成发生了巨大变化（Mack，1989）。在不到300年的时间里（大多仅约百年），由于人类居住以及随之而来的外来植物引进，欧亚大陆以外地区的温带草原已发生了不可逆转的改变。

显然，畜牧生产在很大程度上仅是推动外来物种非刻意的跨大西洋活动的因素之一。然而，大型反刍动物被认为在很大程度上增强了这些物种的入侵潜力。根据Mack所述（1989），使得温带草原在新世界易受植物入侵的两个典型特征是：缺乏大型有蹄群聚哺乳动物[1]；簇生草为优势种（生长在草丛里）。这

---

① 唯一的例外是生长在北美大平原上数量巨大的野牛群，然而这些大型聚集型动物只在西部山区的小面积孤立区域。丛生草本植物的物候学可以解释北美野牛的这种缺乏（Mack, 1989）。在北美西部两个脆弱的草地，当哺乳期野牛需要大量绿色饲料时，而在地带性土壤上的本地草则处于初夏休眠。

些草类的形态学和物候学特征使他们容易受到牲畜食用植物的入侵：当生长恢复时，顶端分生组织伸长，使其在整个生长季节处于被食草动物食用的危险之中，而这些草只能通过有性生殖继续在原位生长。在丛生的草原上，通过破坏草丛间的小型植物基质，踩踏可改变植物群落组成。

一旦欧洲移民抵达，外来植物开始拓殖这些新的和可再生的失调场所。无论是通过放牧或践踏，或者两者兼有，在澳大利亚、南美洲和北美洲西部脆弱的草原上引进牲畜的常见后果是破坏本地丛生草种，通过毛皮或粪便传播外来植物，以及不断为外来植物准备种床。即使在今天，新大陆温带草原可能并未处于稳定状态，但必定受到现有植物和新植物入侵的进一步影响。

除了天然草原，世界上受到管理的牧场应将其起源和历史归于人类活动。与畜牧业相关的土地利用的变化将继续下去，正如他们通过栖息地的破坏和碎片化对生物多样性产生影响一样。这些地区通常拥有较多的外来入侵植物，其中一些是人为引入。有计划性的入侵发生在热带大草原的广大地区，经常是由火灾导致的。正如Mott（1986）的综述中所介绍，这种入侵在澳大利亚有很长的历史。除了一些起源于土壤层的热带草原，非洲的草原生态系统通常由森林或林地的破坏而形成。他们通常通过林火动态进行维护，经常被外来物种入侵。同样，在南美的热带草原地区包括塞拉多和巴西的坎波斯，以及哥伦比亚和巴西的大草原被日益开发，导致杂草和先锋物种的入侵。在欧洲人主导的殖民统治之后，南美洲的许多牧场都建立在先前的林地上。同样，自从古印度尼西亚人入侵，拥有自然植被的马达加斯加广大地区被烧毁，为瘤牛提供牧场，现在每年仍烧毁自然植被。这些牧场现在很大程度上缺乏乔木和灌木，生物多样性低，其特征为杂草丛生（Heywood，1989）。

5.3.3.3 入侵物种威胁牧场

一些侵入性外来物种以一种破坏性方式改变着牧场。其中包括在大多数大洲均可发现的多种蓟属植物，见插文5.5的阿根廷实例。在加利福尼亚州，矢车菊作为紫花苜蓿的污染物在淘金热时期被引入。到1960年，它已蔓延至50万公顷，1985年达300万公顷，1999年接近600万公顷。特别是它通过消耗水分而改变了生态平衡，并且降低了牧场价值。根据Gerlach（2004）所述，它导致土壤水分损失，相当于平均降水量的15%～25%，相当于每年在萨克拉曼多河流域16万～7 500万美元的水分损失值。连同其他入侵杂草如黑芥，每年造成超过20亿美元的损失。地毯草是一种在热带地区广泛分布且用于永久牧场的草（*Axonopus affinis*）。它入侵生长着雀稗（*Paspalum dilatatum*）、三叶草（*Trifolium repens*）和狼尾草（*Pennisetum clandestinum*）的退化草场，导致动物生产下降 [全球入侵种资料库（GISD），1979]。主要问题是由引入如马缨丹（*Lantana camara*）等杂草引起一些主要问题，其中马缨丹是世界十大恶性杂草之一（GISD，2006），已入侵古热带的许多自然和农业生态系统。在肯尼亚，马缨丹代替本地牧草，对貂羚栖息地造成威胁，马缨丹极大地改变自然系统的林火动态。它对牲畜是有毒的，因此在一些国家作为篱笆种植圈养牲畜或阻挡牲畜。同时它受益于引入的脊椎动物（如猪、牛、山羊、马和绵羊）的破坏性觅食活动，因为这些动物为其发芽创造了微生环境。它已经成为生物防治工作的一个世纪焦点，但在许多地区仍然存在重大问题。

插文5-5 从草原到刺棘蓟地、紫花苜蓿地、大豆地的转换

阿根廷北部潘帕斯草原，是主要由簇生物种组成的潮湿草地，是记录最早的由外来植物引起巨大转变的景观。达尔文在《物种起源》（1872）里提到，欧洲刺棘蓟和一种高大的水飞蓟"是如今整个拉普拉塔平原最常见的（植物），覆盖数平方英里的土地，几乎排除所有其他植物"。即使在乌拉圭南部，他发现"在大量土地上覆盖着这些多刺植物，人或野兽不能通过这些地方。在这些巨大的植物层生长的起伏平原上，没有其他的物种可以生存"。这些场景有可能是在不到75年时间里出现的。

Von Tschudi（1868）假定刺棘蓟是通过驴皮抵达阿根廷的。可能许多植物早期迁移都是由牲畜带到这里的，250年来这些平原用于放牧，而没有进行粗放耕作（Mack，1989）。19世纪末，潘帕斯草原由于进行了粗放耕作，刺棘蓟和蓟最终才得以控制。

然而，这远非是与牲畜相关植物入侵的结果。潘帕斯草原从牧场到农田的转换是由移入农民造成，他们被鼓励种植苜蓿以饲喂更多的牲畜。这种转变在很大程度上扩大了外来植物进入和建植的机会。19世纪末期，在巴塔哥尼亚的布宜诺斯艾利

加利福尼亚州山景城海岸公园里的刺苞菜蓟（*Cynara cardunculus*）——美国，2003年

斯（Buenos Aires）附近，超过100种维管植物被列为外来植物，其中许多是种子批的常见污染物。近来更多的"迁入"物种构成潘帕斯草原和巴塔哥尼亚进一步的威胁。Marzocca（1984）列出了阿根廷官方视为"农业瘟疫"的几十个外来物种。

虽然阿根廷植被持续发生着巨大变化，但全球化的畜牧业最近开启潘帕斯草原的另一变革。在短短几年中，大豆已成为阿根廷的主要作物。1996年，携带抗除草剂基因的转基因大豆品种进入阿根廷市场。其他重要的因素也有助于现被称为"绿色黄金"的成功。自从欧洲疯牛病危机以来阿根廷比索贬值，大豆需求急剧增加，南美大草原土壤被大量侵蚀（转基因大豆未采用降低侵蚀的耕作种植）。在1996年转基因品种进入阿根廷时，大豆占地600万公顷，而如今占地1 520万公顷，即阿根廷耕地面积的一半以上。现在的森林砍伐率超过了前面几波的农业开发的影响（所谓"狂热"种植棉花和甘蔗）（Viollat，2006）。同时集约大豆种植导致土壤肥力的严重开采。Altieri和Pengue（2006）估计，在2003年大豆种植消耗100万吨氮和大约22.7万吨磷，如果转化为无机肥料，这些损失耗资约9.1亿美元。

来源：Mack（1989）和Viollat（2006）。

5.3.3.4　相关的饲料作物对生物多样性的威胁

由于全球许多作物的遗传基础缩减致其处于风险中，全球栽培作物的生物多样性也正面临威胁。对此问题的关注也体现在《粮食和农业植物遗传资源国际条约》中，该条约于2001年由FAO成员一致通过。重要的饲料作物如高粱和玉米是优先考虑的作物。大宗农作物遗传侵蚀的发生是"绿色革命"的结果，关于现代基因工程的影响目前尚有大量争议。关于转基因品种可能污染传统品种，被认为是一种"入侵"机制，虽然目前证据不足，但被社会强烈关注。被大量引用的案例是世界玉米多样性的起源中心墨西哥案例，尽管当地玉米品种已经面临挑战（Marris，2005），但仍然受到来自美国饲料用的商业化转基因品种（Quist和Chapela，2001）所污染。主要作为饲料种植的大豆也存在着类似的问题，在美国和阿根廷等国家，转基因大豆品种在很大程度上取代了传统大豆品种。

5.3.4　过度开发和竞争

过度开发是指不可持续利用作为食物、医药、燃料、材料（特别是木材）以及文化、科学和休闲活动使用的物种。过度开发被确定为主要威胁，影响了30%的全球濒危鸟类，6%的两栖动物和33%的评估哺乳动物。有人认为当哺乳动物的威胁被完全评估时，过度开发将会影响更高比例的物种（Baillie，Hilton-Taylor 和 Stuart，2004）。在受到过度开发威胁的哺乳动物中，较大哺乳动物特别是有蹄类动物和食肉动物，尤其面临风险。哺乳动物被广泛用于野生动物肉类贸易，尤其是在热带非洲和东南亚。一些哺乳动物也被捕获用于医药，特别是在亚洲东部。过度开发也被视为世界海洋渔业的主要威胁。

畜牧业主要通过三个不同过程影响生物多样性的过度开发。自古以来与野生动物竞争是最著名的问题，常常会导致野生动物种群的减少。进而更多进程包括用于动物饲料的生物资源（主要是鱼类）的过度开发；通过集约化和关注少数更赚钱的品种导致的家畜多样性本身的侵蚀。

5.3.4.1　与野生动物的竞争

（1）牧民和野生动物之间的冲突

自牲畜驯化开始以来，牧民和野生动物之间的冲突就已经存在。竞争来自两个方面：野生动物种群和驯养家畜种群之间的直接作用以及在饲料和水资源方面的竞争。

在驯化过程中，牧民所感到的主要威胁是牲畜被大型食肉动物捕食。这导致了世界上一些地区的大型食肉动物灭绝运动。在欧洲，造成了几个物种（包括狼和熊）在当地灭绝。在非洲，紧张局面对狮子、猎豹、美洲豹和非洲野狗群体造成了持续压力。

© FAO/17043/G. Bizzarri

野生大象和牛争夺自然资源——斯里兰卡，1994年

在粗放型生产系统处于主导地位的地区，以及食肉动物群体仍然存在或又被重新引入的地区，牧民和食肉动物之间的冲突依然存在。即使在发达国家情况也如此，尽管捕食压力低，但牧民因其损失通常可以获得一些补偿。例如在法国，在阿尔卑斯山脉和比利牛斯山重新引入狼和熊，导致牧民社区、环境游说团体与政府之间发生了激烈冲突。

在发展中国家这种冲突尤为严峻。在撒哈拉以南非洲，特别是在非洲东部和南部，捕食所造成的生产损失已成为当地社区的经济负担。在肯尼亚，这种损失达畜牧年度产值的3%；据估计，一只狮子每年造成牧民社区290～360美元的生产损失。非洲野狗、美洲豹、猎豹和土狼每年每只造成的损失分别达15美元、211美元、110美元和35美元（Patterson等，2004；Woodroffe等，2005）。这些损失相当于肯尼亚每年320美元的人均国内生产总值。即使对国民经济的影响微不足道，但是对当地和个人的影响是巨大的，尤其是对贫困人口。

在发展中国家，尤其是在非洲东部，捕食压力以及当地居民对食肉动物的消极态度使国家公园周围环境恶化。一方面，许多保护区太小，不能养活大型食肉动物群体，因为这些群体通常需要巨大的捕猎区，因此被迫移到公园外区域。例如在非洲，非洲野狗捕猎区延伸至超过500平方公里的区域（Woodroffe等，2005）。另一方面，由于土地压力和传统的牧场被作物种植逐步侵占，牧民们常常被迫在国家公园附近放牧牲畜。在干旱期，具有充足水分和适口饲料的国家公园环境，对于牧民往往非常有吸引力。因此，食肉动物与牲畜之间就有了近距离的接触。

冲突加剧的另一个原因是，随着野生有蹄类动物群体的萎缩，野生食肉动物被迫寻找其他的猎物。牲畜不是大型食肉动物的食物偏好，但它们很容易被捕获，并且大型食肉动物很快就能习惯食用它们。因此野生食肉动物和牲畜之间的冲突变得越来越频繁和严重（Frank，Woodroffe和Ogada，2006；Patterson等，2004；Binot，Castel和Caron，2006）。

在20世纪，已经逐步形成了关于野生动物对牲畜威胁的看法。人们更好地了解到传染病动态，食草动物、杂食动物和鸟类种群被视为疾病的贮存宿主，如水牛是牛病的贮存宿主，野猪是猪病的贮存宿主；疾病载体或作为中间宿主，节肢动物载体如采采蝇是锥虫病的中间宿主，软体动物载体例如椎实螺属是肝吸虫（*Fasciola hepatica*）的中间宿主。限制病原体和寄生虫传播所采取的措施包括大规模根除载体，以及限制野生和驯养动物种群之间的接触。在某些情况下，野生哺乳动物物种是疾病贮存宿主，认为应被根除，例如獾在英国被认为是牛结核病的一种潜在贮存宿主（Black，2006）。这种威胁因以下事实而加剧，即该类威胁存在于粗放型和集约型生产系统中，并且新病原体的引入对其产生了显著影响（如疑似禽流感）。

野生动物与牲畜的生活区

© FAO/18850/I. Balderi

牛群进入了能够保障动物饲料的保护区——毛里塔尼亚，1996年

域交会处对畜牧业非常重要。它过去曾经是地方性或区域性的维度问题（在非洲的牛瘟）。目前的禽流感大流行证明了其现在已经成为全球威胁，野生鸟类种群在疾病传播中可能起着一定作用。

（2）面临入侵风险的保护区

除了由捕食和疾病传播导致的野生动物与牲畜之间的直接相互作用外，在非洲牧场，粗放畜牧业系统正日益与野生动物争夺土地和自然资源。千年来在非洲旱地，粗放生产系统和野生动物交融在一起，同时利用共同资源。就土地管理和转型来说，行动者的两种土地利用形式，与对自然资源影响最低的田园主义土地利用形式之间，是相互兼容的。此外，在非洲由于粗放生产系统的高流动性，它们对资源的影响可以忽略不计，对公共资源利用的竞争性很低（Bourgeot 和 Guillaume，1986；Binot，Castel 和 Canon，2006）。

牲畜和野生动物之间争夺土地的另一种形式就是保护区的扩大。在20世纪大多数保护区创建时，土地充沛并且当地社区的机会成本很低。然而，国家公园的扩大和种植业的发展，逐步剥夺了粗放生产系统的一部分重要的潜在资源，增加了潜在冲突风险。如今，保护区和狩猎区占据撒哈拉以南非洲近13%的土地。在目前人口和土地利用趋势下，与保护区相关的机会成本在增加，尤其在干旱或冲突时期机会成本会更高。这些地区的环境承载着巨大压力，因为相比其他可用土地退化区，其水资源和饲料资源通常比较丰富。野生动物和牲畜生产系统之间的相互作用往往发生在这些保护区周围。

流动牧民们通常很难理解环保主义者活动背后的想法，特别是当他们的牲畜受到缺水和饥荒的威胁，却将丰富的资源留给野生动物的时候。为挽救他们的畜群，或减少与种植者发生冲突，牧民们常常试图在国家公园里放牧牲畜。在过去，这些行为通常导致激烈的镇压，保护区内放牧的畜群有时会被屠宰。公园周围强烈镇压进一步加剧了保护目标与当地社区之间的冲突。

忽视旱地（局部降雨变换与变化明显）粗放型生产系统中流动重要性的政策，使这种情况进一步恶化，就流动性来说，保护区保护与牧民之间的潜在互补性也是需要的。在非洲，政策鼓励牧区牧民移居或定居，通常包括筑造栅栏划分新牧场的界线。然而，正如人们在内罗毕国家公园周围观察到的，由于首次干旱使牧场资源枯竭，牧民们决定离开牧场寻找水源和绿色牧场。通常将土地卖给进行种植活动的新移民，土地被分割成小块。随着越来越多的土地被圈占，野生动物和游牧民的迁徙线路受阻，二者受到影响，从而使冲突风险进一步提高。

可以减少牧场里野生动物和牲畜之间冲突的一种解决方法，是利用二者之间的土地利用互补性。然而，这种方法经常与保护区保护和畜牧业发展计划相反，因为它可能有助于传播疾病，以及如果监管机制失败可能会增加非法狩猎的压力。

5.3.4.2 过度捕捞

（1）鱼粉作为牲畜饲料的作用

畜牧业对鱼类过度开发的一个重要贡献在于生产用于牲畜饲料的鱼粉。

世界海洋鱼类的生物多样性面临严重威胁。压力主要来源于渔业的过度开发，影响了鱼类种群大小和生存率、目标物种遗传学以及它们所处的食物链和生态系统。FAO（2005b）估计，世界上52%鱼类种群被充分开发，因此捕捞量已经达到或接近最大持续产量限度，没有进一步扩大的余地，甚至如果管理不善，存在产量下降的风险。大约有17%的鱼类种群被过度开发，7%的种群已枯竭。

在海洋鱼类的十大物种中，有7个种群占世界海洋捕捞渔业总产量的30%，它们被充分开发或过度开发，所以预计这些物种的捕获量不会可持续提高。这包括在东南太平洋被过度开发的秘鲁鳀（一种工业上的"饲料等级"的鱼，根据国际鱼粉和鱼油组织来划分的）的两个种群，其近期下降后又有所恢复；在北太平洋完全开发的阿拉斯加鳕鱼；在西北太平洋完全开发的日本鳀；在东北大西洋过度开发的蓝鳕鱼；在北大西洋完全开发的毛鳞鱼；以及大部分被完全开发的北大西洋鲱鱼的几个种群。后三者主要用于生产鱼粉（Shepherd等，2005）。智利竹荚鱼是鱼粉来源的另一个重要鱼种，由于充分评估或过度开发，1994年产量达500万吨峰值后，开始持续下降，2002年产量仅为170万吨。

Christensen等（2003）研究结果表明，在近50年来，顶级食肉鱼类的生物量在北大西洋下降了2/3。其他重要的物种也发现了类似的下降，例如由于1900—1999年过度捕捞鲈鱼、凤尾鱼和比目鱼，造成了其生物量下降。然而，过度捕捞的影响超出了对目标物种种群的影响。过度捕捞的一个影响是捕获物营养水平递减。食物链顶端的过度开发，导致食物链下端物种丰富度增加，被称为"沿食物链捕捞"。过度捕捞已经缩短了食物链，有时会去除一个或多个链条。这增加了食物链系统应对自然和人为压力的脆弱性，以及减少了人类食用鱼的供应量。在许多情况下，限制捕获每个物种的小尺寸鱼导致快速进化，以至于鱼在较小的尺寸就能够成熟和繁殖。

畜牧业在对鱼类需求的整体压力中扮演着重要角色。据估计，2004年24.2%的世界渔业产品被用于饲料用鱼粉和鱼油（Vannuccini，2004）。世界上生产的鱼粉大约17%是来自食物鱼加工的杂碎，因此很少单独对鱼类种群产生影响。然而，剩下的83%来自直接海洋捕捞渔业（鱼粉信息网，2004）。鱼粉作为饲料组成部分的重要性始于20世纪50年代的美国产业化家禽养殖。鱼粉如今作为现代家禽和生猪生产的饲料原料，在发达国家和发展中国家都是如此。

直到在20世纪80年代中期，鱼粉产量才有所提高，此后一直相对稳定在6 700万吨。45千克鲜鱼可生产1千克鱼油和干鱼粉，饲料级鱼的年海洋捕捞量为2 000万～2 500万吨，另外再加上400万吨来自食用鱼的杂碎（国际鱼粉鱼油协会，2006）。到目前为止，世界80%以上的鱼粉生产来自10个国家，其中最大两个生产国是秘鲁（占总额的31%）和智利（15%）。中国、泰国和美国分别排名第三、第四和第五。与此同时，3个北欧国家（丹麦、冰岛和挪威）、日本和西班牙分别排名第六至第十位。中国是世界上最大的鱼粉进口国，每年进口超过100万吨，其次是德国、日本和中国台湾省。

目前，畜牧业使用了全球约53%的鱼粉（鱼粉信息网，2004），29%用于生猪生产和24%用于家禽生产。水产养殖也是鱼粉的一个大量使用者，并已迅速扩大。水产养殖现在是世界上增长最快的食品生产行业。如今市场对供应有限的鱼粉进行了重新分配使用。1988—2000年，水产养殖部门的鱼粉消费份额（从10%到35%）增加了3倍多，但在家禽业的份额减半（从60%到24%）（Tveteras，2004）。家禽业对鱼粉的依赖度降低，这主要是营养研究的结果。

与陆地牲畜相比，鱼是一类更高效的饲料转化者，因此面向水产养殖业的转换，鱼粉行业将以"环境友好型"呈现出来（Shepherd等，2005；Tidwell和Allan，2001）。虽然对水产养殖行业的需求肯定会继续上升（尽管研究重点放在降低鱼饲料中蛋白质来源份额），而家禽业需求进一步降低几乎不可能。产业化较强部门仍然是发展最快的畜牧生产部门，并且已经使用最新的营养知识。同时，养猪业对鱼粉的需求继续增加，从1988年占全球鱼粉供应量的20%提高到2000年的29%（Tveteras，2004）。鱼粉仅占单胃动物浓缩饲料的几个百分点，也不太可能进一步降低，因为它在这些动物饲料里是作为高价蛋白质而掺入的，特别是在早期阶段（如早期断奶仔猪）。

鱼粉行业声称，官方鱼粉生产数据近来稳定，是渔业管理生产控制的结果，尤其是配额，因此在未来不会提高（Shepherd等，2005）。鉴于预期的需求上升，强制执行这类规则的需求很强烈。这可能不是一个巧合，非法的、不受监管的和未报告的捕捞活动在许多地区都在增加（联合国环境规划署，2003）。捕鱼船队冒险远离本国港口，从大陆架进入深层水域，以满足全球对鱼类的需求（Pauly和Watson，2003）。

1990—1997年，鱼类消费量增长了31%，而来自海洋捕捞渔业的供应量只增长了9%（FAO，1999）。一些人认为，这会给渔民施加更大压力，进而将其转化为对商业化渔业的更大压力和商业化渔业过度捕捞的更大压力。其他人认为，由于长期压力过高，尽管商业捕捞作业范围和强度增加，然而自20世纪80年代末，总渔获量［与联合国环境规划署公布的全球环境展望（GEO）中的一些官方数据相反（UNEP，2003），详见全球环境展望中的指标部分］，预计每年减少约70万吨（Watson 和 Pauly，2001）。特定渔业的捕获量管理方案并不能阻止这种下降趋势。Alder和Lugten（2002）研究结果表明，尽管存在关注种群管理的大量协定，但在北大西洋的鱼类上岸量下降。

全球捕捞量和全球畜牧业鱼粉消费量增加或减少，全球畜牧业鱼粉消费量显然代表了全球捕捞量的相当大一部分，因此畜牧部门对于海洋资源的过度开发和对海洋生物多样性的影响应负相当大的责任。

被一艘智利围网渔船捕获的智利竹荚鱼，大约400吨——秘鲁，1997年

5.3.4.3 牲畜遗传多样性的流失

在过去的几千年，从冰冻苔原到炎热的半荒漠地区，农民的培育和选择增强了包括家畜在内的的遗传资源。自从第一个牲畜被驯化以来的约12 000年里，已经选育出了几千个家畜繁殖①品种，每个品种都适应其特定的环境和农业条件，并代表独特的基因组合（Hoffmann 和 Scherf，2006）。目前，已经确定了6 300多种家畜。

---

① 品种通常被认为是一种培育术语，而不是一个生物或技术术语。在分子水平上，遗传多样性并不总是对应于表型品种多样性，因为长期的基因交换，级近杂交和杂交育种有时会产生具有不同表型的相似基因型，或具有相似表型的不同基因型。品种间存在约一半的遗传变异，但是在物种间和性状间，品种内和品种间多样性所占份额是不同的。

　　家畜遗传多样性正面临威胁。在2000年，超过1 300个品种被认为已经绝种或濒临灭绝。其他许多品种还没有被正式确定，或在对其进行描述前可能就已消失。欧洲记录了那些已经绝种或濒临灭绝品种的最高百分比（55%的哺乳动物和69%的家禽品种）。亚洲和非洲各自比例均为14%，不过在家养动物多样性世界监测名录上，发展中国家的数据（Scherf，2000）没有发达国家那样完整。在全球家畜遗传资源数据库里所登记的7 616个品种中，20%的品种处于风险之中（FAO，2006b）。如果把那些没有被登记的品种也涵盖在内，处于风险的数量可能高达2 255个。自1993年以来，数量提高了13%（FAO，2000）。

　　由于大量适应特定环境和培育的特有品种被数量大大减少的现代商业化品种所取代，所以这种生物多样性流失可以被视为品种之间竞争的结果。在20世纪期间，商业化畜牧业的研究和开发都集中在少数外来品种上，进而肉、奶或蛋产量迅速提高。这已经成为可能，因为这些品种所成长的环境已经发生了极大改变，出现了全球范围内的均质性，消除或控制气候、营养和疾病的不利影响，而这些不利影响在不同区域之间差异也非常大。在大约30种驯养哺乳动物和鸟类中，现只有14种可以提供人类90%的动物食品供给。

　　减少主导品种已经开始了漫长的旅程。专业化种群例子包括具有产蛋优势的莱航鸡以及在奶牛品种中占主导地位、产奶量高的黑白花奶牛（国家研究委员会，1993）。美国超过90%的牛奶来自黑白花奶牛，90%的鸡蛋来自白莱航鸡。这种现象取决于规模经济，主要是考虑到了通过大规模生产来提高生产和产品的同质性，进而提高生产率。

　　同时，随着越来越多的生产者转而使用商业品种以及经营规模扩大，有效种群规模减小，从而导致专业化的传统品种和地区品种的遗传基础缩减。

　　有利于家畜遗传资源管理与保护的论据与其他类型的生物多样性是一样的：为人类保持使用和非使用价值①，保护文化遗产或典型景观的重要组成成分，或保留在未来可能有价值的性状。从生产的角度来看，基因库是抗病性、生产能力或消费者所追捧的其他性状的材料来源（例如羊毛的长度和质量）。基因库也是集约化生产的基础；利用传统的育种技术而不是基因改造，通过导入品种以外的基因而不是在品种内选育，应该是更快、更经济的家畜选育方法。所以品种多样性使得遗传进展加快。鉴于未来可能会出现不可预测的挑战，从气候变化到新型疾病，多样化的基因库对适应任何可能发生的变化是至关重要的。

---

　　① 使用价值表示来源于食物和纤维或其他产品或服务的直接价值，以及对景观或生态系统贡献的间接价值。另一个使用价值是选择价值，灵活地应对未来意外事件（如气候或生态系统变化）或需求（如抗病或产品质量）。非使用价值（存在价值）是个人或社会对多样性存在的满意度。

然而，从环境的角度来看，多样性的进一步开发和保护不可能总是有益的。遗传资源库可能会让牲畜适应更苛刻的生产环境，使它们能够适应多种多样的栖息地和增加其对环境的损害。总而言之，家畜遗传是否有助于环境恢复或退化，还需拭目以待，这在很大程度上取决于对遗传资源的管理。

5.3.5 污染

在过去40年里，污染已经成为陆地、淡水和沿海生态系统变化的一个最重要的驱动因子。如气候变化，其影响迅速增加，导致生物群落中生物多样性下降（MEA，2005b）。总体而言，根据所获数据，污染影响全球12%的濒危鸟类（187种），29%的濒危两栖动物物种（529种），同时还影响760种濒危哺乳动物中的4%（28种）。两栖动物受到污染威胁的影响比例比鸟类或哺乳动物更高，反映了可能更多数量的物种依赖于污染极其普遍的水生生态系统。污染通过导致死亡和亚致死效应（如生育力下降）直接影响物种。污染也可以通过栖息地退化或减少动物的食物供应对物种间接造成显著影响。

从陆地活动到水路再到海洋的营养流动（特别是氮和磷）正在全球性地增长。营养的主要人为来源是农业和工业活动，如化肥残留、畜牧业废弃物、污水、工业废水和大气排放。

多余营养负荷导致湖泊、河流和沿海水域出现富营养化。富营养化涉及浮游植物生长加速，促进有毒或其他有害物种的生长。过多浮游生物的生物体发生腐烂，增加了溶氧的消耗量，偶尔会出现周期性或永久性的氧耗竭，导致鱼类和其他生物的大规模死亡。

就规模和影响结果来说，污染可能是人类对海洋所有影响中最具有破坏性的。过多养分输入可以把海洋区域变成"死亡区"，几乎没有高等动物生命。营养物质大量排放到沿海水域，促进浮游藻类和底栖藻类繁殖。浮游植物繁殖导致水浊度增加，透光度下降，并且影响浮游生物和底栖生物群落（海洋污染科学研究专家组，2001）。产毒物种形成的藻花会导致藻毒素在贝类动物中积累，并达到对其他海洋物种和人类造成致命的水平。受到藻毒素影响的生物包括贝类和长须鲸，以及其他野生动物，如海鸟、海獭、海龟、海狮、海牛、海豚和鲸鱼（Anderson等，1993）。对生态系统功能的其他不良影响参见第4.3.1节。

珊瑚礁和海草床特别容易受到富营养化和营养负荷的侵害。富营养化也可以改变这些海洋生态系统的动态，并且造成生物多样性的丧失，包括浮游生物和底栖生物群落生态结构的改变，其中一些改变可能会对渔业造成伤害。

酸雨已经被证明可以降低湖泊和溪流的物种多样性。但尚未证明酸雨在热带淡水流域是一个重大问题，而在热带淡水流域，却发现了全球大多数淡水多样性（世界保护监测中心，1998），也许是因为目前热带地区工业欠发达。然而，取决于降水发生区域，淡水酸化会在物种和亚种水平影响生物多样性。对淡水动物区系的影响可能是灾难性的。在瑞典，为保护鱼类种群，使用石灰处理了 6 000 多个湖泊。

随着气候变化的影响，估计畜牧业对污染所造成的全球生物多样性损失的贡献与第 4 章所提到的对水污染的贡献成正比，这表明畜牧业通过水土流失及农药、抗生素、重金属和生物污染物的负载，在污染过程中起着重要作用。由于对土壤污染程度、土壤生物多样性和土壤生物多样性丧失没有足够了解，所以在以下探讨中不包括土壤污染对土壤生物多样性的影响。然而可认为在很多地方，畜牧业造成了大量的土壤污染，而土壤是地球上最多样化的栖息地之一，它包含生物体一些多样化组合。土壤群落中物种如此密集，在自然中无处不在：1 克土壤中可能包含数百万个细菌和数千个细菌物种[1]。

5.3.5.1　畜牧业相关的药物残留与废弃物的直接毒性

污染会直接作用在生物体上，主要是使它们中毒，或通过破坏它们的栖息地对它们产生间接伤害。畜牧业相关活动所造成的污染也不例外。

根据世界自然保护联盟（IUCN），最近非常引人关注的的案例是畜牧业相关污染对野生物种秃鹫所产生的直接毒性的潜在毁灭性影响。在南亚，秃鹫（兀鹫属）近年来已经减少了 95% 以上，其原因是秃鹫食用了用双氯芬酸兽药处理过的牲畜尸体，而双氯芬酸又具有一定毒性效应。双氯芬酸在全球范围内被广泛用于人类医学，但在 20 世纪 90 年代早期被引入印度次大陆的兽药市场（Baillie，Hilton-Taylor 和 Stuart，2004）。

在各种水生环境中也发现了畜牧业生产中的药物残留，包括抗生素和激素（第 4.3.1 节）。低浓度的抗生素对淡水造成选择压力，使细菌对抗生素产生抗药性，从而带来进化优势，使相关基因很容易在细菌生态系统中扩散。

就激素而言，激素所造成的环境问题涉及其对作物的潜在影响与人类和野生动物可能的内分泌紊乱（Miller，2002）。激素使用的例子如类固醇醋酸去甲雄三烯醇酮可以在粪堆残留超过 270 多天，这表明激素活性剂可通过径流对水造成污染。激素在畜牧业中的使用以及与他们关联的环境影响之间的联系并不容易阐明。不过，它可以解释野生动物的发育、神经系统和内分泌发生了改变，即使在禁止使用已知雌激素类杀虫剂后。这个假设被越来越多报告的病例支持，即鱼类性别发生变化，哺乳动物乳腺和睾丸癌发病率增加及雄性生殖道发生改变（Soto 等，2004）。

第 4.3 节中提到同样直接影响生物多样性的其他畜牧业相关污染物。影响

---

① 参见 FAO 土壤生物多样性门户网站：http://www.fao.org/ag/AGL/agll/soilbiod/fao.stm。

野生动物物种的水传细菌和病毒病原体，甚至家畜寄生虫病，通过水将其传播给野生动物物种。来自制革厂的化学品如铬和硫化物影响了本地水生生物，而杀虫剂对水生动植物和动物区系的生态毒理学影响范围更广。尽管许多杀虫剂通过矿化迅速消散，然而一些农药非常稳定，不易矿化，影响野生动植物的健康，引发癌症、肿瘤和病变，扰乱免疫系统和内分泌系统，改变生殖行为和产生致畸效应（即导致畸形胚胎或胎儿）[①]。关于农药使用，Relyea（2004）检测了4种全球常用农药对水生群落生物多样性的影响：多种物种被淘汰和生态平衡也遭到严重破坏。

5.3.5.2 畜牧业相关活动导致的栖息地污染

用于饲料生产的有机肥和无机肥导致土壤营养过剩，以及淡水的点源和面源污染。挥发性氨所引起的间接富营养化也很重要。除影响当地淡水和土壤栖息地之外，甚至还会影响到珊瑚礁。产业化畜牧业经营所排放的硫和氮氧化物（SO_2，NO_x）也可能导致酸雨发生。

很难评估这些形式的污染对生物多样性的影响。首先，点源污染受到产业化畜牧业经营地点的影响。大多数产业化畜牧业养殖场（如猪、家禽）都位于城市周边地区或饲料充足的地方，其生物多样性一般低于野生地区。其次，至于非点源污染，进入主干流的来自牧场和家畜生产单位的排放和径流与其他非点源污染混合在一起。因此，它们对生物多样性的影响往往不能从其他形式的污染和沉积物中分离出来。

地表水的富营养化，会对湿地和脆弱的沿海生态系统造成损害。能源藻类"藻华"耗尽水中的氧气，使鱼类和其他水生生物死亡（参见第4.3.1节的其他负面影响）。从畜牧业所引起的富营养化对生物多样性影响的贡献而言（MEA，2005b），世界各地千差万别。饲料生产过程中施肥的重要性（第3.2.1节）以及工业化畜牧生产单位对于局部地方的重要性（第2.4节），就部门贡献的区域重要性来说，很可能也算是比较好的指标。基于4.3.3节中所分析的美国案例，很好地例证了作为饲料生产驱动因素的畜牧业对北墨西哥湾日趋严峻的缺氧现象负主要责任（见插文5-6）。

插文5-6　缺氧的墨西哥湾[①]

全球河源营养呈现一种逐渐增加的趋势，并由此引发了沿海水域水质下降，而密西西比河和北墨西哥湾水系就是一个很好的案例。

---

① 参见第4章。

密西西比河水系的41%流经美国本土进入到墨西哥湾。它是流程最长、淡水流量最大和泥沙输移最多的世界十大河流之一。

墨西哥湾的夏季底层水缺氧区已逐渐发展到目前的规模，面积仅次于波罗的海盆地的缺氧区（约7万平方千米）。2001年仲夏，墨西哥湾底层水域的缺氧面积达到2.07万平方千米（Rabalais，Turner和Scavia，2002）。在这个区域，氧气水平下降到低于2毫克/升，在这个水平下，虾和底栖鱼是不能存活的。缺氧通常只发生在沉积物底部附近，但也可出现在水层中。根据水的深度和密度跃层的位置（垂直密度快速变化的区域），缺氧通常会影响20%~50%的水层。

根据Rabalais等的研究（2002），在1940—1950年，可能存在某种程度的缺氧；但显然从那时起，缺氧开始加剧。例如，五块虫（一种不耐低氧的有孔虫）是1700—1900年动物区系的一个引人注目的成员，这表明氧气胁迫在那时并不是问题。沉积中心分析也表明自20世纪50年代，底层水域的富营养化和有机质沉积增加。

当受污染的水体进入海洋，这时大部分氮将通过多级联用脱氮。然而，Rabalais和他的同事们提出令人信服的证据，表明河源营养（氮）水平与海洋初级生产力、净生产力、垂直碳通量以及缺氧水平紧密耦合。

第4.3.3节中的分析指出，在美国，畜牧业是导致水源遭受氮污染的主要因素。此外，密西西比河流域几乎包含了美国所有的饲料生产和畜牧产业化生产。

鉴于这些事实，畜牧业很可能要对北墨西哥湾的缺氧恶化负主要责任。这被Donner（2006）所证实，美国从食用谷饲牛肉到素食主义的膳食改变可以使密西西比河流域农作物对土地和化肥的总需求量降低50%以上，但人类食用蛋白质总量并未因此而发生变化。膳食结构的这种改变将使密西西比河输送到墨西哥湾的硝态氮水平降低，进而使墨西哥湾的"鱼类死亡区"面积减少，甚至消失。

注：①缺氧：水体中溶解氧的浓度降低，对水生生物造成胁迫和死亡

来源：Rabalais等（2002）。

5.3.5.3 面临威胁的东亚和东南亚沿海栖息地

在东亚和东南亚畜牧业生产能够得到快速增长，没有其他地区可与之相比，畜牧业对环境的影响更加突出。在20世纪90年代的10年里，中国、泰国和越南生猪和家禽生产几乎翻了一番。截至2001年，这3个国家生猪数量占到全世界的一半以上，鸡的数量占全世界的1/3以上。不足为奇的是，这些国家

也经历了与集约化畜牧生产密集度相关的污染的快速增加。生猪和家禽生产主要集中在中国、越南和泰国沿海地区（FAO，2004e）。在大部分人口稠密的沿海地区，生猪密度超过了100只/平方千米，农业土地因营养大大过剩而超量负载。

在地球上生物多样性最丰富的浅水海洋区域之一，即东亚海域，其沿海海水和沉积物质量下降所带来的影响，远远超出赤潮对食物链的相关影响。脆弱的沿海海洋栖息地受到威胁，包括珊瑚礁和海草，它们是不可替代的生物多样性库，也是许多濒危物种的最后庇护处。中国南海受到威胁的沿海地区，例如世界51种红树林中的45种，为几乎所有已知的珊瑚种类和50种已知海草中的20种提供了栖息地。此外，该地区是世界造礁珊瑚多样性中心，已登记的造礁珊瑚有80多个属，其中4个几乎是该地区所特有的；所登记的软体动物和虾的物种数量也非常高。它还拥有多样性丰富的龙虾，为第二大地方特有物种（世界保护监测中心，1998）。东南亚拥有全世界已勘测到的珊瑚礁的1/4，其中超过80%处于风险中，超过一半（56%）处于高风险中。最严重的威胁是过度捕捞、破坏性捕捞作业、沉降以及与沿海开发相关的污染（Bryant等，1998）。陆源污染（工业化、城市化、污水和农业）对珊瑚礁生态系统压力日益增加。

污染也推动了淡水系统的栖息地变化。虽然富营养化会对当地产生巨大影响，但是水土流失冲刷下来的沉积物，是一种由畜牧业和整个农业所造成的非点源污染物，被认为是一种更大的威胁。第4.3.3节讨论了水土流失通过多种方式对异地栖息地产生影响。已经观测到进入河口和海岸栖息地的沉积物比率有了很大提高（东湾市政公用事业区，2001）。实地研究发现了陆相沉积物沉积、水生沉积物和栖息地长期变化所产生的影响。分析结果表明沉积物负荷率不断增加（类似于对淡水生态系统的影响），对河口和沿海生态系统的生物多样性和生态价值造成负面影响。

5.4　总结畜牧业对生物多样性的影响

我们试图呈现出畜牧业对生物多样性更为重要和更广泛的全部影响。显然畜牧业的阴影很长：它不仅通过各种不同的过程侵蚀生物多样性，而且对这些过程的贡献也具有多种形式（例如5.3.3节）。如果认为重要生态系统的损失可以追溯到几个世纪前，那么阴影可能会更大，对多样性的影响今天仍在继续发生着。

目前很难精确量化由畜牧业所造成的生物多样性丧失。生物多样性丧失是一种复杂的发生在不同层次的变化网，每一种变化都是受多个作用因素影响。这种复杂性因将时间维度考虑在内，所以更加复杂化。在欧洲，例如粗放型放牧等实践，造成了欧洲大陆大部分栖息地碎片化，但是却被视为能够保护更有价值景观（草地）异质性的一种方法。同样在非洲，尽管牧民因残害食肉动物对过去野生动物丧失负有一定责任，但田园主义往往被视为一种手段，用来保护其他野生动物所急需的流动性。

然而，我们在本章试图提出一种责任分担的思路，而畜牧业可能背负着各种类型的损失和威胁。通常这基于在前面章节的推算，例如基于温室气体排放份额、土壤侵蚀或水污染负荷等。

这个过程也可以根据它们的相对范围和严重程度，以更加定性的方式进行排名。表5-3基于畜牧业、环境与发展倡议（LEAD）专家知识和本报告所提供的研究成果综述，给出了排名，同时也反映出与粗放型畜牧业和集约型畜牧业相关损失之间的影响存在巨大差异。到目前为止，粗放型系统所造成的损失总量远高于集约型系统。这种遗留问题的部分原因是粗放型系统具有极高的土地需求量，而集约型系统仅出现在几十年前。未来趋势之间的差异表明，对于许多进程而言，集约型系统所引起的损失正在迅速增加，可能会超过那些更加粗放的系统。一些进程仅与粗放型系统（如沙漠化）有关，而其他进程与集约型系统（如过度捕捞）有关。在过去，最引人注意的损失是由粗放式放牧和集约式共同引起的，粗放式放牧所引起的损失以森林碎片化或森林砍伐的形式呈现，而集约式放牧所引起的损失则以栖息地污染的形式呈现。

森林转型为牧场一直是拉丁美洲生物多样性丧失的一个重要过程，但这种情况并不典型。在全球层面，正如第2.1.3节所述，畜牧业的土地需求量可能很快达到最大值，然后下降。更多的边际土地将恢复为（半）自然栖息地，在某些情况下，可能会导致生物多样性的恢复。

动物生产及其分布的全球影响迹象

在过去几十年，国际保护组织收集了生物多样性全球状况的大量数据。数据来自诸如世界自然基金会等组织，世界自然保护联盟涉及了对生物多样性的当前威胁性信息（Baillie，Hilton-Taylor 和 Stuart，2004）。所收集的这些数据，尽管不能覆盖畜牧业的所有相关过程，但却提供了明确证据，表明畜牧业在生物多样性丧失中的作用巨大。

对由世界自然基金会所确定的825个陆地生态区进行了分析，分析报告表明：尽管不考虑畜牧业污染，同时忽略动物产品食物链的重要部分，但是306个生态区仍然把畜牧业视为当前威胁之一。有证据表明，受畜牧业威胁的生态区跨越所有生物群区和所有8个生物地理学区域。

畜牧业对生物多样性热点地区的影响表明，畜牧生产正对生物多样性产生最大影响。国际保育基金已经确定了35个全球热点地区，其特点为既具有植物特有现象的异常水平，又具有栖息地丧失的严重级别[①]。据报道，35个生物多样性热点地区中的23个受到了畜牧业生产的影响。已报道的原因是与栖息地变化、气候变化的机制、过度开发和外来物种入侵有关。已报道的主要威胁包括：自然土地转型为牧场（包括森林砍伐），种植用于动物饲料的大豆，外来饲料植物引进，以及牧场管理中使用焚烧、过度放牧、迫害性牲畜捕食者和野生牲畜。文中并没有指出畜牧业对水生生态系统的影响（如污染和过度捕捞）。

作为世界最权威的灭绝风险信息来源，世界自然保护联盟濒危物种红色名录分析报告表明，世界上10%的物种都面临着某种程度的威胁，他们正遭受着由畜牧业生产所导致的栖息地丧失。由于栖息地的丧失和退化对陆地影响最大，所以畜牧业生产对陆地物种的影响显然比淡水和海洋物种更大。

5.5 保护生物多样性的方案

经典的保护方法始终是必要的，例如试图保留国家公园和其他保护区内的原始栖息地和开发它们之间的廊道，这将有助于减轻对生物多样性的压力。但鉴于当前生物多样性受威胁的严重程度和种类，也需要努力减少对野生动物的许多其他压力。畜牧业是这些压力的一个非常重要来源，具有各种各样的影响，而且许多压力已发生在受干扰环境中。

前面章节已经描述了针对影响生物多样性的一些特定威胁的技术方案。对于野生动物而言，应把重点放在减少目前影响最大或者预计在未来变得更加重要的这些威胁上。表5-3提供了可能需要给予更多关注的进程和生产系统，一些突出的重要案例是土地利用集约化的影响，以及集约型生产环境引发的栖息地污染；粗放型放牧地区的沙漠化；与粗放型及集约型生产相关的森林碎片化。

---

① 热点方法旨在鉴别生物多样性威胁最严重、最迫切需要获得行动的地方。一个作为热点的区域必须满足两个严格的标准：它必须包含至少1 500种维管植物（超过世界总计的0.5%）作为本地物种，以及必须已经失去了至少70%的原始栖息地。

表5-3 专家就生产系统的不同机制和类型对生物多样性所造成的与牲畜相关威胁进行排名

畜牧业导致生物多样性丧失的机制	畜牧生产系统类型		生物多样性的受影响程度		
	粗放生产	集约生产	种内	种间	生态系统
森林碎片化	↗	↑		•	•
土地利用集约化	↗	↑		•	
荒漠化	→			•	
森林转型（恢复先前牧场）	↗			•	
气候变化	↗	↑	•	•	•
入侵的牲畜	↗			•	
植物入侵	↗	→	•	•	
与野生动物的竞争	↗	↑		•	
过度捕捞		↗	•		
家畜多样性流失		↑	•		
毒性		↑	•		
栖息地污染	→	↑		•	

图例：不同机制对生物多样性所造成威胁的相对水平和类型。"粗放型"和"集约型"是依据两种类型对畜牧生产系统所贡献的程度而区分的。红色阴影表示过去影响水平。

■ 非常强烈；■ 强烈；■ 中等；▨ 弱。

白色：没有影响；箭头表示目前趋势方向。

↘ 降低；→ 稳定；↗ 提高；↑ 迅速提高。

从本质上讲，缓解影响将包括减轻一部分压力，在一定程度上更好地管理与自然资源（无论是渔业、野生动物、植被、土地或水）的互作。改进管理不仅仅是一种技术能力建设与研究问题，更重要的是一种政策与监管问题。整合受保护地区网络是一个明显的开始。生物多样性保护的政策组成部分将在第6章论述。对于若干威胁，仍有技术方法可供选择，在这里并未讨论其被成功采纳所需的政策环境。

在很大程度上，生物多样性的丧失是由于前面章节所分析的环境退化过程造成的。在较前的章节里强调的众多缓解方法，在这里也同样适用，例如森林砍伐（也是一个减少二氧化碳排放的问题，见3.5.1节）、气候变化（3.5节）、沙漠化（见3.5.1节，耕地土壤和牧场的恢复；4.6节，水、畜群和放牧系统管理）、污染（废物管理和空气污染，见3.5.3节、3.5.4节和4.6.2节）。

一些技术方案会减轻集约化畜牧业生产的影响。对饲料作物种植和集约化牧场管理而言，一体化农业①提供了通过减少农药和化肥损失的一种技

———————
① 一体化农业是于1993年法国理性农业协会（FARRE）开发的一个农业技术系统。它尝试用可持续发展的原则协调农业措施，引用FARRE的话即"食物生产、盈利、安全、动物福利、社会责任和环境保护"。

术响应。保护性农业（见第3.5.1节）可以恢复重要的栖息地土壤和减少退化。将当地这些改进措施与景观水平上的生态基础设施恢复或保护结合起来（Sanderson等，2003；Tabarelli和Gascon，2005），同时采用良好农业规范（卫生措施，为防污染等妥善处理不同批次种子），那么就可以提供一种很好的方式来协调生态系统功能的保护和农业生产的扩张。

粗放型畜牧生产系统的改善可以有助于保护生物多样性。已有成功试验过的方法（见3.5.1和4.6.3节）用以恢复一些由于扩张管理不善的牧场所丧失的栖息地。在某些背景下（例如欧洲），粗放式放牧可以提供这样一种方案，即能够将景观异质性维持在一种受威胁但却具有生态价值的水平。这些方案通常都划分在名为"林牧系统"（包括牧场管理）下。Mosquera-Losada等（2004）提供各种各样的方案，并评估了其对生物多样性的影响。

这些方案都非常重要，因为它们适用于多种威胁。另外还有很多种其他方案，往往用来应对更具区域性的威胁。插文5-7列举了一个野味物种的集约化开发可能导致保护其余野生动物的例子。

同样重要的是要考虑更为普遍的原则。在这一节中目前提出了土地利用集约化作为生物多样性的威胁，因为它往往是一个外部效应考虑不足、不受控制的利益驱动过程的代名词，导致农业生态系统多样性的损失。然而，鉴于全球畜牧业的发展，集约化也是一个重要技术途径，因为它可以降低天然土地和栖息地的压力，降低植物入侵的风险。

插文5-7　保护野生动植物的畜牧生产

在非洲，无论过去还是现在，野味一直都是一种重要的廉价蛋白质来源。近几十年来，野生动物狩猎压力已经大大增加，原因在于：

- 森林和国家公园周围的人口增长增加了当地对廉价肉和现成肉的需求。
- 发展木材产业使得许多林区得以开发，对于定居在这些地区的定居者来说，很难获取其他来源的食物供给。定居者和木材产业工人可能在当地对野生动物种群造成巨大的狩猎压力。
- 在20世纪，随着枪支和毒药的广泛使用，狩猎技术在此期间得到极大提高。
- 随着生活水平的提高，城市中心的发展造成了对肉类供应需求的不断增长。

在野生动物狩猎和偷猎背后，后者极大地改变了驱动力。城市需求迅速发展，开始需要廉价蛋白质来维持粮食安全，另外，富裕阶层追求珍稀肉类，并为之支付高价。尽管最初由当地人的生存需要所驱动（Fargeot，2004；Castel，2004；Binot，Castel 和 Canon，2006），但是野味产业越来越受到这种经济基本原理的驱动。

由于最近的人畜共患病危机（埃博拉病毒，SARS），当地的消费者已经改变了他们对野味的看法。最近的研究表明，野味不再是几个当地社区和森林边缘临时社区所偏好的食物（伐木公司雇佣的劳动力）。然而，在热带非洲，由于没有发展总体的畜牧业运输和营销，传统肉类可获得性往往过低，特别是野生动物处于风险中的地区。

成年大蔗鼠——加蓬，2003年

© S. Pesseat

在这种背景下，畜牧业有助于减轻野生动物狩猎压力，通过提高充足肉类生产和营销能力，以保证那些野味消费威胁到野生动物地区的食物安全。促进畜牧业产业化，可以提供给人们更廉价的肉类，但这受到基础设施缺乏的限制。为了将产品运送给消费者或运送畜牧生产单位所需的生产投入品（疫苗），那么精心策划基础设施的发展（交通网络、冷链等）将可以让畜牧业为野生动物保护做出贡献。

所选野生动物物种的非传统畜牧生产体系，可以为降低野生动物狩猎压力提供备选方案。可以在农场对蔗鼠进行集约化生产，从而为城市中心提供野味。在农村地区，"狩猎动物"可以定期为社区提供野味，同时调控野味市场价格，进而实际上降低对野生动物的偷猎压力。

来源：Houben，Edderai 和 Nzego（2004）；Le Bel等（2004）。

6 政策挑战与选择

本章探讨畜牧业发展变化对环境的影响，以及面临的政策挑战。首先，讨论畜牧业－环境问题的特点及其政策环境，明确政策制定将面临的种种挑战。畜牧业总体政策制定需要考量以下环境方面，即土地退化、气候变化、水以及生物多样性。最后，通过第2章识别出的畜牧业－环境热点问题，提出具体政策选项及实际应用方案，以减轻畜牧业生产带来的环境负担。

本文前述章节已经列举了畜牧业生产毁坏环境的实例。显然，对于大部分问题而言，能够显著减轻环境破坏程度的技术解决措施早已存在，为什么迟迟未能大范围推广使用呢？

制定有效的环境政策以应对畜牧业所面临的障碍

有两点要素有所缺失。首先，牲畜养殖者、肉类消费者以及政策制定者都未能认识到畜牧业造成的环境问题的本质和程度。想要弄清楚畜牧业生产和生态环境之间的交互作用并非易事，它们广泛而复杂，并且很多作用是间接产生的，影响也不明显。因此人们很容易低估畜牧业生产对土地以及土地利用、气候变化、水资源和生物多样性的影响。其次，引导良好环境措施的政策框架在很多情形下并不存在，或顶多是个初步框架。现有的政策框架通常是多个目标且缺乏一致性。更有甚者，现有政策经常加剧畜牧业对环境的影响。

某些情况下政策制定忽视环境后果是一种有意识的、蓄意的行为。在许多中低收入国家，相较于环境问题，他们更关心其狭义的粮食供给和粮食安全。有确凿证据表明，环保态度和环保行动的意愿与国民收入水平息息相关。收入水平和环境退化之间呈倒U形关系，即收入增加，环境退化趋势上升，达到一定临界值后，随着收入的进一步增加，环境退化趋势开始下降，也即著名的环境库兹涅茨曲线（Dinda，2005；Andreoni 和 Chapman，2001）。

忽视环境影响有时是因为政策制定者相信存在补救措施，即便这些措施成功的概率很低。最惊人的例子便是许多人认为，由于缺乏可替代生计，世界上数以亿计以牲畜养殖为生的贫民不可能改变他们的经营方式。牲畜养殖往往处于世界上偏远的区域，在物质上和制度上都难以到达，法制和监管的建立存在实际问题。最明显的例子就是亚马孙河盆地的擅自占有者，以及巴基斯坦部落地区的牧民。

忽视环境影响也有可能源于国内牲畜养殖者强有力的游说，这种情况在发达国家中比较常见（Leonard，2006）。欧盟、美国、阿根廷以及其他地区的畜牧业说客集团能够从政治、经济两方面影响本国畜牧业公共政策的制定。已经可以证明，过去畜牧业游说团体对公共政策制定施加了大量的影响以保护自己的利益。游说力量存在的表现之一是农业补贴的长期存在，经济合作与发展组织国家中的农业补贴高达农业总收入的32%，其中畜牧业产品（尤其是牛奶和牛肉）是获得补贴最高的农产品。

不管是出于何种动机，绝大多数情况下，即便存在着缓解环境破坏的技术措施，也没有得到合适的政策响应。在集约化生产的前端，不管是干旱区还是其他偏远地区的放牧区，不管是发展中国家还是发达国家，政策制定者们都认为牧民与农民无法支付或无法保持对环境有好处的投资活动。在集约化生产的后端，紧密联系的大规模商业化生产商们往往能够规避环保规定。

这种忽视与牲畜生产对环境的影响程度形成鲜明对比，突显了制定合理机构和政策框架的重要性与紧迫性。这些政策框架应当包括整体经济政策、农业政策、畜牧业政策以及环保政策。

6.1 制定有益的政策体系

6.1.1 总体原则

制定和执行政策体系以缓解畜牧业生产对环境的破坏，应遵循的指导性原则有：首先，我们需要了解错误的或被误导的政策行为的来源或根源，包括市场失灵、信息不灵以及政治影响力不同引起的失灵。

6.1.1.1 政府干预的合理性

公共政策需要保障和强化包括环境在内的公共产品，公共政策干预的合理性是基于市场失灵理论。由于本地生态系统和全球生态系统很多都是公共物品，或共同拥有品，畜牧业对环境的负面影响属于外部效应，个人的经济决策通常只考虑个人成本和个人收益。当然也存在"消费外部性假说"，该假说认为过度消费某些畜产品，尤其是动物性脂肪和红肉会损害身体健康，然而，这超出了本课题的研究范围。信息不灵是指对生物多样性、气候变化等高度复杂的现象缺乏充分了解。由于存在外部性和信息失灵，市场无法提供社会理想水平的环境影响。不仅有信息失灵和市场失灵，还存在政策失灵，比如政府补贴造成了反向刺激，加剧了资源低效利用和环境破坏行为的发生。

6.1.1.2　市场失灵

在畜牧业和环境问题上，市场失灵多数以外部性的形式表现。在社会经济活动中，由第三方（个人或组织）的决策行为而导致畜牧业对环境的影响，对此却没有给予相应赔偿或得到相应补偿。外部性可能是正面的，也可能是负面的。含有硝酸盐的农用水污染饮用水造成的损失或者净化饮用水耗费的成本由自来水公司承担，这是负的外部性。优化的放牧管理可以改良牧地，能够吸引林草复合系统中的野生鸟类栖息，降低碳含量，减少河流下游泥沙淤积，带来的好处多由社会大众享受却不用给予相应补偿，这是正的外部性。

外部性引起经济低效益，是由于决策和行为的后果由社会承担，而不是个人或企业，行为主体无意最小化负的外部性或最大化正的外部性。因此，有必要将外部成本或收益内部化，即创造一个反馈机制，使行为主体承担外部影响。这种纠正外部性的努力被称为"污染者付费、保护者获利"的原则。

应用这一原则的难处在于：多数环境物品和服务是不可交易的，既使其价值对于社会而言是显而易见的，它们并没有市场价格。在市场不存在的情况下，如何衡量环境的价值是一个望而生畏的挑战（Hanley 等，2001；Tietenberg，2003）；已有一系列的研究方法，一般可以分为成本定价法和需求定价法两类。成本法主要是通过评估造成的损失大小、减排成本或环境物品和服务的替代品成本；需求法则通过衡量消费者对环境物品和服务的支付愿意，或偏好程度。定价也是政策制定和政策执行中的难题。

6.1.1.3　政策失灵

除了市场失灵之外，引起政府干预政策失败的，就是政策失灵。与市场失灵相反，政策失灵表现为政府积极干预导致的扭曲效应。政府对市场进行干预通常是为了实现特定的目标。政策失灵会有反效果，可能是直接破坏环境，也有可能是扭曲了价格信号引起资源的配置不当（FAO, 1999）。政府干预不能够纠正市场失灵，反而恶化现有的扭曲，有时甚至创造新的扭曲。行业补贴、定价错误、税收政策、价格管制、法规和其他政策手段都会引起政策失灵。接下来探讨一些积极的原则。

（1）预防原则

在决策过程中考虑环境问题就是预防原则，它要求即使没有确凿证据表明环境将遭到破坏，即使破坏的性质和程度尚不清楚时，就应采取行动降低对环境的不利影响。预防原则强调：如果某种行动会造成不可逆破坏的严重风险，即便缺乏相关科学根据，也应当马上执行纠正措施。然而，决策层内对于该原则的有效性争议很大，尚未达成一致意见（Immordino, 2003）。

国际决策——FAO, 意大利

（2）政策层面：辅助性原则

环境政策有地方、国家和全球三个层面。诸如气候变化、生物多样性丧失的全球环境议题具有国际覆盖面，是政府间协议的主题。畜牧业生产带来的多数环境问题具有地方属性，有关于环境政策的文献往往更重视辅助性原则，即决策的制定应该基于最低的组织层面，且决策权尽可能地分散。

更广泛的政策框架通常建立在国家层面。即便是国际关税协定和全球碳排放协约在生效之前，通常需先通过国内批准程序。大气污染物排放控制、税收、农业补贴和环境补贴等法规都是国家政策的组成部分。本地资源使用的管理、分区和执行一般由地方政府机构负责。

（3）政策制定过程：包容和参与

政策若想实现预期目标，要具有包容性，需涵盖地方层面和国家层面，最好是由所有的利益相关者参与制定。利益相关者的参与能极大地提高政策的有效性。地方层面的环境政策和环境工程，譬如流域保护、为农民团体提供技术协助的组织等，需要社区与公民的积极参与。然而实践活动中，参与方法往往局限于本地的活动。各方积极参与并没有深入整体部门的一揽子政策和发展战略的设计中（Norton，2003）。

（4）政策目标与权衡：评估成本与收益

畜牧业政策需要处理一系列经济、社会、环境和健康目标。多数情况下，通过政策以合理的成本同时实现上述目标是不可能的。需要权衡利弊做出妥协。例如，对公地的使用和放牧进行限制，短期内会引起牧民收入的减少。类似的，提高污染物排放标准会使集约型生产企业的成本攀升，相较于没有排污标准或标准较低国家而言，会削弱一国的竞争力。

因此，审慎评估畜牧业干预政策带来的成本和收益、进行目标排序是非常必要的，而这又与收入和经济发展水平、畜牧业小农参与率、牲畜出口前景、牲畜养殖引起的环境退化程度、市场的发育水平等要素息息相关。

（5）政策重点研究的四个阶段

基于国家经济发展水平的差异，可以划分四个不同的阶段。

收入和经济发展水平低，且畜牧业小农参与率大的国家，出于对大量农村贫困人口的关怀，倾向于制定有利于畜牧业发展的社会政策，其他目标退而居其次。撒哈拉以南的大部分非洲国家和南亚国家属于此类别。这阶段比较典型的政策特点是：在牲畜生产和健康领域推动技术开发和推广，并对市场发展进行干预。首要目标是在其他行业尚不能为农村人口提供足够的经济机会时，保持或进一步发展畜牧业，作为其收入和就业的来源。该策略通常并不能解决牧场的退化和过度使用问题，或过度放牧的其他公共资源和不可持续的土地利用方式。政府和农民都缺乏资金和能力来处理大面积的土地退化。监管架构往往成为一纸空文，并未施行。与畜牧业有关的重大公众和动物健康问题也没有得到切实解决。

随着经济的发展和收入的提高，一国进入工业化的初期阶段后，政策的制定开始更多地考虑环境保护和公众健康，但社会发展仍是政策的首要目标。决策者们也认识到为日益壮大的城市增加食物供给的必要性，允许城郊地区为城市提供商品肉奶蛋产品是一个相对快速的解决方法，小农畜牧业仍有压倒一切的重要性。尽管畜牧业开始工业化进程，小农畜牧业的相对重要性开始减弱。第一次试图实现畜牧业的环保目标，比如建立保护区，成立专门机构处理公共资源恶化问题等。同样，食品安全法律框架开始搭建并开始执行，决策者们开始考虑成熟市场中城镇消费者的诉求。现阶段的越南和某些比较富裕的非洲国家属于此类别。

当发展中国家工业化完成后，图6-1变化非常迅速。政府不再追求畜牧业部门的社会目标，因为第二、第三产业丰富

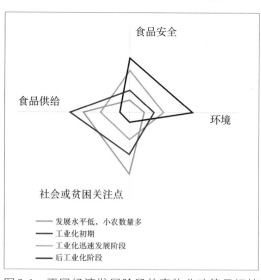

图6-1 不同经济发展阶段的畜牧业政策目标转移示意

来源：作者。

的就业机会降低了畜牧业作为社会"蓄水池"或"发展等候室"的重要程度。相反，许多国家，例如马来西亚积极鼓励小农停止务农，动员农业富余劳动力支持工业化建设，理顺农业－食品产业。为满足城市迅速发展对肉蛋奶食品的大量需求，制定了食品标准；接踵而至的食品行业合并减少了生产商和市场代理商的数量。

本阶段的畜牧业生产成为一个赢利颇丰的行业，不断整合。公众开始意识到快速工业化所带来的不断升高的环境成本，希望畜牧业生产应满足基本的环境标准要求。然而，由于畜牧业生产过往的重要性，或是由于想要达成食品自给自足的目标，又或是牲畜生产自身的文化价值，农业和畜牧业游说团体有时候能够保持他们的影响力并对本行业进行保护。以中国和泰国为代表的许多东亚国家、以巴西和墨西哥为代表的拉美国家均处于此阶段，即使这些国家有着高度的多元性和差异性。

工业化完成之后，环境和公共健康目标占据了主导地位，畜牧业部门的社会与经济重要性大幅降低。但是在经济合作与发展组织的大部分国家里，更看重的是农业和畜牧业提供的就业机会，而不是它们对于GDP的贡献。对于服务业来说，农业部门的重要性，不仅仅只是提供食物和其他初级产品。大多数发达国家中，对畜牧业产品的保护程度表明了农业和畜牧业游说集团对国家政策制定的影响力。

基于所观察到的事实，并不难设想要做的下一步，且正在成形。即便存在增加食品供给的压力，成熟的高端消费者开始有了环保需求。消费者们期待公共政策制定的唯一动机是环境和食品安全的需要。保护将会减弱，隐形权力逐渐消失。

图6-1展示了四阶段模式以及每阶段不同的首要目标。本文没有为上述观察提供统计数据证据。在多准则决策支持工具中上述考虑到的要素都是明确的，如Gerber等（2005）。隐性权衡表明，以均衡的形式同时实现畜牧业的经济、社会、健康和环保四项目标是不现实的，许多畜牧业研究和发展团体也有共识。多准则决策支持工具有助于解决权衡的问题，但是畜牧部门矛盾和扭曲的政策框架不易解决。

多数发达国家对畜牧业提供重要补贴的政策强调一个事实：畜牧业存在的重要性远远不止其对于经济的贡献。也就是说，畜牧业由于其社会、经济和食品安全意义受到政策制定者的持续关注，并且这三者与环境目标之间存在的权衡往往取决于环境目标。这种变化的原因是由于发展阶段的不同，但总体趋势大体是很普遍的。

政府补贴与自然资源的退化可能存在因果关系。第3～5章描述了畜牧业部门的"自然补贴"，即提供自然资源、废物排放和未恢复或修复的资源退化或枯竭。削减大量的畜牧业补贴则需要更好的资源利用方式，限制畜牧业对环境的不利影响。

然而需要付出以下代价：

由于纠正了畜牧业投入要素水和土地的价格，将导致畜牧业产品消费价格的攀升，尤其是牛肉价格和其他红肉价格（除了经济合作与发展组织成员国的高政府补贴以外），大自然对反刍动物产品的补贴也是非常高的。

如果纠正现行价格扭曲，考虑外部性，不论是公共财产还是私人财产，那么偏远区域的畜牧业生产将会无利可图。生产者需另谋生计。如果这是可预期接受的长期结果，那么政策现在就需要改变方向了。

高效率能够节省资源使用，减少排放，使畜牧业生产成为知识密集型和资本密集型的产业。相应的，以家庭为单位的小农养殖者越来越难以在市场上生存，除非通过有效的组织安排。比如订单农业或农民专业合作社（Delgado 和 Narrod，2002）。同样，小农竞争力的丧失需要政府干预。政府干预没必要维持小农生产者在农业内继续生存，而是帮助小农生产者在农业之外的部门就业，从而保证有序的转变。

（6）宽泛政策方法：法律手段和经济手段

通常，政策是一系列措施而非单一措施。政策制定和实施成功的关键在于对不同的政策措施进行正确组合及排序。

大体上，促进环境保护的两种广泛方法之间的显著区别在于法律手段和经济手段。选择何种手段并不仅仅是意识形态上的差异决定的，同时也取决于一国政府执行法律法规的能力及国家之间存在的显著差异。

法律手段常表现为命令和管制，多应用于点源污染领域，譬如空气、水和土壤的排放，一般指资源的取得和利用。该方法依赖于有法律责任的监督和强制执行，以及组织制度能力。而组织制度能力往往限制了法律手段在发展中国家的应用。翻开环境政策的历史，可以发现大多数国家的环境政策一开始都是使用命令与管制的法律手段。

经济手段通过提供货币激励来改变个人或公司的行为。经济手段可以提供正激励（补贴或出售环境服务带来的收益），也可以提供负激励（征税）。许多经济手段以经济效率作为基本目标。由于财务激励能够带来自我约束，所以经济手段的监管成本比较低。

实践中一般将法律手段和经济手段结合使用。其他的政策工具还包括技术支持和能力建设、组织制度发展以及完善基础设施。

（7）政策带来技术变革和管理变革

政策界定权利和义务。政策还有决定生产要素价格和产出品价格的潜力，从而促使公共物品的投放量接近于市场所认为的最优量。Hayami 和 Ruttan 倡导的"诱发性创新"在牲畜－环境的相互作用领域中被证明是有用的（de Haan, Steinfeld 和 Blackburn, 1997）。Ruttan（2001）还将诱发性创新与 Hicks（1932）的一项早期发现联系起来："生产要素的相对价格变化本身就是创新的动力，尤其是因某要素变得相对昂贵而想节省该要素的创新。"

诱发性创新进一步发展，并引入了制度变革。如 Coase 和 Williamson（McCann, 2004）认为经济组织的形式（例如垂直整合）是交易成本最小化的结果。本文暂不深入研究这些概念下经济模型的细节。引起资源价格变化的技术和资源取得方式的法规都是强有力的政策驱动因素。如限制进入天然草场，土地和饲料资源开始变得相对稀缺，技术就会向如何高效节约地使用这些资源转变。同样，合理的定价方式将有利于节约用水，促进水资源在不同使用者之间（牲畜、粮食等）进行最优配置。同样的原理也适用于牲畜生产过程中其他自然资源，如水和营养素。畜牧业生产的外部性内部化带来的新成本，比如处理氨或其他废弃物排放的成本，将使生产者努力减少此类废弃物。这些影响都可能是当前实际成本价格和"最优"环境保护水平下的成本价格之间巨大差异存在的重要原因。

目前"牲畜－环境－人"关系网的决策特点是：畜牧业生产过程中需要的所有自然资源价格都很低；畜牧业对下游造成的外部性（环境造成巨大破坏）却几乎被忽视，不用承担责任；存在一系列扭曲行为，大体来说是发达国家对畜牧业进行政府补贴，而发展中国家则对畜牧业征税；通过发展畜牧业实现社会目标这种不切实际的期望进一步复杂了决策过程。

总而言之，制定在纸面上的新政策并不是徒劳的，过往的种种无知、忽视、猜测及误解已经有了深刻的印记。但是我们不应该绝望，相反，应当燃起希望，一个部门微小的变化经常被看作对环境不重要，但有可能会有重大影响。

6.1.2 特殊政策工具

6.1.2.1 限制畜牧业的土地需求

限制畜牧业对环境的不良影响的一个重要手段是：在畜牧业正在进行地理变迁的大背景下，通过倾斜政策限制畜牧业的土地需求。正如第 2 章提到的，本次地理变迁有两个方面。

首先，畜牧业生产所占用的面积不断扩大。20 世纪中期以前，畜牧业的主要形式是牧场。撒哈拉以南非洲地区以及拉美国家仍采用此种形式，草地是森林滥伐的主要侵占目标。但是，世界的大部分地区，畜牧业生产用地要么不再扩大（亚洲、东南亚），要么在进行退牧还林（工业化完成的国家）。

与此同时，过去50年里浓缩饲料的大量使用极大地提高了畜牧业对耕地的需求。截至2001年，估计有33%的耕地用于生产饲料，既可作初级产品（如粮食、油料作物和薯类作物），也可作副产品（糠麸和饼粕）。虽然多数发展中国家仍存在区域扩张方式，但是终将停止增加，并最终减少。这种现象已经出现在工业化国家。发达国家对畜牧业产品的需求处于停滞或微增长状态，同时随着畜牧业生产率和粮食生产率的提高，畜牧业生产的总土地需求开始减少。

如果用地需求能够进一步减少（这是可行的），释放出来的耕地将用于环境目的，从而有利于保护环境。要达成这一目标，需要提高现存的草地和耕地集约化程度，增加现有土地的产出。

城市畜牧业的一个例子，在安曼中心的城堡上放牧山羊——约旦，1999年

其次，牲畜养殖活动越来越多地集聚于一些特定区域。这种情况多见于畜牧业生产已经工业化的地区，尤其是集约禽类和生猪养殖，以及一定程度上的奶制品和牛肉生产。正如我们已经看到的，某些区域的特定自然禀赋使得畜牧业能够工业化，从而挣脱自然资源的桎梏，导致集聚的发生。自然资源历来决定了牲畜在何处养殖，目前大多数的农作物耕种国家仍处于靠天吃饭的阶段。

"地理集聚"或"牲畜城市化"在许多方面都是人口快速城镇化的应对之策。城市边缘地区的畜牧业为一国解决经济快速发展过程中人口急剧集中带来的问题提供了一个快速解决方案。而该集聚又是禽畜废弃物处置引起周边土地循环问题的元凶。

然而，发达国家已经把畜牧业调离城市周边，并配套了基础设施和法律规章来完成这一行动。新兴经济体也正在行动，首先是处理畜牧业产生的臭味和苍蝇等有害因素，然后处理排水营养负荷和公共卫生问题。新兴经济体的政策制定需要便利郊区畜牧业养殖，以免出现类似发达国家出现过的"畜牧业城市化"问题。

在接下来的章节中，将讨论应对目前畜牧业引起的环境恶化的基本政策工具，及其应用的必要条件和潜在影响。选择何种基本政策工具需要考虑其效率，应选择社会福利和社会成本相差最大时的自然资源污染控制程度（Hahn，

Olmstead 和 Stavins，2003）。如今正逐渐引入有效性标准以补充效率标准，即首先确定预达成的环境目标，例如控制饮用水中的硝酸盐含量，然后尝试用最小的总成本实现目标。其方法通常包括市场手段以促进减少污染所耗费的成本；基本政策工具还要考虑是否公平，因为污染控制成本和环保收益的分配通常是不均匀的（Hahn，Olmstead 和 Stavins，2003）。

6.1.2.2　纠正价格扭曲

扭曲的价格信号会抑制资源的有效利用，带来资源配置不当和自然资源退化，从而使畜牧业出现一系列问题，如低效、浪费或其他形式的环境危害。价格扭曲现象以自然资源和低洼地的定价过低尤为明显，究其原因不外乎是公开补贴（以水资源为例）或漠视外部性的存在。

在很大程度上，市场失灵和政策扭曲意味着畜牧业生产中现行投入要素和产出品的价格并未真实地反映资源的稀缺程度。正如在第3章中所见，畜牧业高度依赖土地、水、能源和营养素等自然资源，而由于政策扭曲或对外部性的忽视，这些自然资源的定价普遍过低。

农业和畜牧业生产中，土地是最重要的要素。土地税可以提高土地的使用效率，促进土地集中利用。土地的私人拥有者不把土地用于生产，而是当作抵抗通货膨胀的资产进行投机买卖，这是拉美国家（巴西、哥斯达黎加）很常见的现象，而土地税有助于遏制这种事情的发生（Margulis，2004）。由于土地税使小块农田拥有者对土地非常敏感，力图在有限的土地上获得最大收益，从而诱发出土地的高效利用（Rao，1989）。

6.1.2.3　加强土地产权登记

土地的产权不明晰，畜牧业和粮食生产维持土地长期生产能力的意愿会不足。虽然环境的重要性有所上升，但土地和土地产权政策通常更多地考虑经济效率目标、公平和扶贫目标。基于世界上大部分地区的宜耕土地越来越匮乏，同时公众对滥伐森林和土地退化的关注日益上升，提升现有土地的生产能力将成为增加食品供给的主要来源。

虽然大部分的饲料种植区域是私人拥有，大部分的反刍动物生产仍依赖于公共土地（例如大部分撒哈拉沙漠以南的国家）或国有土地（印度、澳大利亚西部、美国西部）。似乎存在一个普遍的共识，即土地产权登记和获得土地使用权是农业集约化的先决条件之一，人口压力使全面土地确权正在逐步进行。Norton（2003）指出，世界上那些习俗性权力被削弱或废止的地区，以及国家不是农业土地唯一所有者的地区，加速实施产权登记系统大有裨益。土地产权登记被视为是私人投资土地的先决条件，能够保障和提升土地的长期生产率，对更广阔的自然环境有利。

6.1.2.4 水资源定价从实际出发

Pearce（2002）评估发现，发展中国家1994—1998年对水资源的补贴额达到了450亿美元/年。农业用水的定价过于低廉。水资源是畜牧生产的主要资源。"蓝水"即用于灌溉牧草或饲料作物、饮用、废物管理和产品加工，或"绿水"，即天然降水滋养草地为牧场提供植物生长。由于许多天然牧场仍依靠收集雨水维持自身的重要功能，且雨水决定了草场的季节规律，绿水更具重要性。两种水资源都能提供可靠的淡水供给以满足城市发展、工业和农业用水的需要，这一点非常关键。

政府要从更广阔的视角出发，把高效、公平和可持续目标作为农业用水管理矢志不移的追求。正如Norton（2003）所指出的，广义上的高效利用灌溉用水意味着其他行业水资源的使用价值更高，农业将让予一部分水资源满足其他行业的需求，即使这会降低农业产出。在某些经济合作与发展组织成员国中，饲料作物灌溉水除外，畜牧业淡水使用并未达到农业用水的单位产出水平，尤其当水资源仅用于维持牲畜生存而不是作为畜牧生产的投入要素时。

与其他价格相比，水资源如此普遍、严重被低估的价格导致了农业对水资源的低效使用。如果价格能够提高一些，水资源在农业用途和其他用途中的分配将大相径庭。与现行实践形成鲜明对比的是，Bromley（2000）倡导将水资源的定价机制作为制度的组成部分，以引导农民为以下公益事业的目标做贡献：①鼓励节约用水；②投向使用价值最高的用途，包括非农用途；③将低效灌溉对环境的伤害减到最小；④创造足够的收益以支付运营和维护成本；⑤收回原始投资。

水资源的定价方法很多（Tsur和Dinar，1997），包括容量分析法、产出法、投入法和地域分析法（见6.1.4节）。用水权的正规市场目前只存在于少数几个国家（如澳大利亚、巴西、墨西哥和美国西部）。最近几年里，资源变得日益稀缺使人们对如何有效利用资源产生了广泛的兴趣（Norton，2003）。建立水资源市场需要有法律认可，且已登记的用水权。用水权不同于土地确权，个人和团体可以在用水总量范围内交易用水权。虽然存在一系列的概念问题和具体区域实践困难，水资源市场对促进节约用水，引导水资源向高价值用途配置方面大有潜力。通过水资源定价，政府能够监测用水行为，更易于实施管制，防止滥用垄断权力（Thobani，1996）。

出于非生产目的，畜牧业也存在类似的价格扭曲现象。如第2章所述，畜牧业可以用来获得土地产权，导致森林退化。同样，在实行财产公有体制下，牧区往往把牲畜作为资产或者财富的贮藏手段，导致或加剧了过度放牧。上述两个例子中都把牲畜主要用于非生产用途，随之而来的资源退化则是市场失灵和制度失灵的结果。剔除价格扭曲，依据自然资源的实际成本对资源定价通常会引起畜牧业生产成本的上升，进而有可能减少动物产品和畜牧业相关服务的消费水平。

6.1.2.5 取消补贴能够减少对环境的危害

大部分发达国家和某些发展中国家对畜牧业提供的补贴严重扭曲了生产过程中投入要素的价格和产出品的价格。经济合作与发展组织成员国2004年一年对农业生产者的补贴高达2 250亿美元，相当于全部农业收入的31%。越来越多的证据表明，巨额补贴对环境的影响并非中性，某些形式的补贴的确能够对环境造成负面效果（Mayrand等，2003）。

有些国家（如新西兰）取消补贴可以修复畜牧业生产带来的环境破坏（见插文6-1）。新西兰在20世纪80年代进行了改革，全面取消了对农业的补贴。如今不仅农业生产对环境的总体破坏程度显著减少，而且森林面积得以扩大，土壤侵蚀现象减少，土壤的营养成分流失也变少了，尤其是北方岛屿的山地上畜牧业放牧强度得以减轻（新西兰农林部，2005）。

Mayrand等（2003）和联合国环境规划署（2001）曾经运用经济合作与发展组织政策评价方法评估了农业补贴的环境影响。经济合作与发展组织政策评价方法于2001年由经济合作与发展组织研究提出，主要用于衡量贸易自由化的环境影响。研究者发现，政府补贴通过改变农业生产规模、农业生产结构、投入产出组合、生产技术和监管框架对环境造成影响。

具体影响包括：

（1）对市场价格进行补贴会改变农业的生产规模。农业生产向高水平和高密度生产转化，通过增加生产要素投入（用水量和化肥使用量等）、扩大作物种植面积或者牲畜养殖数量来影响自然环境。经济合作与发展组织（2004）发现，总体说来，政策措施对某种特定农产品提高产量的刺激越强，农民进行单一栽培、集约化生产、对环境变化特别敏感的边际土地投入生产的动力就越大，自然环境所遭受的破坏就更大。

（2）政府补贴农产品会扭曲资源的配置，因为对各种农产品的补贴是有差别的。如畜牧业中奶制品得到巨额补贴，而禽类得到的补贴就很少。因此，农民会选择生产补贴最高的农产品，导致种植灵活性下降，专业化程度上升，进而减少农业多样化和环境多样性，使农业生态系统更加脆弱。例如许多经济合作与发展组织成员国出于稳定物价的目的，对牛奶实行配额生产，导致牛奶生产的地理集聚现象（经济合作与发展组织，2004）。除了奶制品价格高企之外，养殖户试图通过压缩生产成本、减少乳牛数量、增加乳牛的产出来维持利润水平，以及对投入要素进行高效利用和减少过度放牧，因而增加了牛奶生产的密度，加剧了某些特定区域的环境压力。

（3）对某种特定的生产要素或生产技术进行补贴会阻碍技术变革的发生，出现技术"闭锁效应"（Pieters, 2002）。例如，由于20世纪80年代和90年代欧盟对谷物的巨额补贴，导致畜牧业大量使用较为便宜的木薯喂食牲畜，阻碍了先进的谷物喂养的出现（de Haan, Steinfeld 和 Blackburn, 1997），引起了营养物质的大规模转移。另一方面，取消此类补贴后，技术变革可以带来环境友好型的产出。此外，政府把对生产的补贴转变为购买农民提供的环保产品，也可以加强对环境的保护。

（4）公众普遍认为农业补贴影响农业生产结构、生产单位的规模与数量及价值链的组织形式（如纵向合并）。然而，政府补贴和贸易自由化只对规模巨大的工业化农业生产起作用。

（5）政府补贴的分配效应。经济合作与发展组织（2006）最近的一项研究指出，农业补贴的很大份额最终是补贴了土地所有者和其他生产要素的提供者。当政府基于产量发放补贴时，大农场更易于获得好处，而小农生产者更加贫困以至于无法在市场中继续生存。

（6）贸易改革或许有调控效果，即贸易改革可能影响环境保护的法律法规和标准。贸易改革具有两面性：其积极的一面在于，贸易自由协定包括一系列措施以提高环境标准；其消极的一面在于，贸易改革中的特殊条例会使一国遵守环保标准的能力受限（联合国环境规划署，2001）。

插文6-1　新西兰——主要农业政策改革带来的环境影响

1984年，新西兰的农业政策上演了"一夜变脸"。政府原来对农业进行大量保护和补贴（1984年政府支付给农场主的养羊补助高达绵羊出场价的67%），在这之后，新西兰成为世界上最开放最具市场导向的农业国。取消出口补贴，进口关税也退出了历史舞台。随后，农产品价格补贴、化肥和其他投入要素价格补贴也被废止。此外，农场主也不再享受税收减免。政府不再为农民提供免费服务。

虽然改革第一年对于农村地区而言压力巨大，改革甚至迫使少数农民离开赖以生存的土地，但是少数人所预言的"农村崩溃"始终未发生。尽管没有了政府补贴，1981年和1991年两次人口普查之间，新西兰的农业人口稍有上升。自20世纪80年代中期取消农业补贴以来，农业用地开始逐渐并稳步地转为森林用地。各种形式的放牧用地总数由1983年的1 410万公顷下降到1995年的1 350万公顷，并在2004年进一步降为1 230万公顷。同时森林面积由100万公顷增加到150多万公顷，增加了50%，进而在2004年达到210万公顷。改革后的第一个10年，化肥使用量有所减少；在主要使用磷酸盐补充营养物质的山区草地和流域，也有证据表明磷酸盐浸出量下降；土壤侵蚀现象减轻；水质改善。然而，在向牛奶生产转移的过程中，氮肥使用增加，这又带来了另一个更头疼的环保问题。

来源：新西兰农林部网站；Harris 和 Rae（2006）。

Mayrand 等（2003）发现市场价格支持（市场价格支持占经济合作与发展组织成员国补贴总额的2/3）是最容易对环境造成危害的补贴形式之一，多哈回合贸易谈判将其认定为"黄箱"类农业补贴政策（对生产和贸易产生扭曲的所有国内措施称为"黄箱"，应进行削减）。越来越多的证据表明，黄箱类农业补贴政策的减少能促进贸易自由，并改善自然环境。而其他类农业补贴政策（如基于投入品的补贴）对环境的影响会比较中性，有时甚至会带来自然环境的改善。经济合作与发展组织（2004）的回顾报告中也得出了同样的结论。尽管有所改变，但针对产量的农业补贴政策依旧是经济合作与发展组织成员国的主流补贴方法。经济合作与发展组织的研究工作发现，针对产量的农业补贴政策会诱导生产者的危害环境行为，在环境敏感区域的土地上扩大生产。经济合作与发展组织进一步发现，农业－环境措施和商品生产支持策略如果不具备政策一致性，它们的实施反而会危害环境。

6.1.2.6 贸易自由化及其环境影响

Rae 和 Strutt（2003）在评估经济合作与发展组织成员国贸易自由化进程中牲畜业的环境污染情况时得出了类似结论。他们使用经济合作与发展组织氮素平衡数据库和全球可计算一般均衡模型，模拟了三种贸易自由情景，指出随着贸易的不断自由化，计算结果表明污染大气、土壤和水资源的氮排放减少，对环境有改善作用。Rae 和 Strutt 指出"改革的模型越大胆，经合组织的氮平衡总量就有望进一步减少"（Rae 和 Strutt, 2003）。相反，Porter（2003）争论指出，在玉米/牛肉行业（此类行业的产出水平仅响应正向价格信号）中贸易自由化的产出效果相当有限，他发现产量增加的环境影响会被技术进步所调整甚至抵消。此外，漫长的牛只存栏周期（牛只存栏周期指决定出栏至能在市场上出售牛肉的这段时间）严重制约了该行业对价格信号的反应能力。仅在牛肉行业中观察到此现象。

虽然贸易自由化能为牲畜养殖行业减少环境影响提供机会，但仍然存在不同的权衡，因此需要有配套措施。首先，贸易自由会增加交易活动和商品流通，而交易和流通本身就存在环境成本，有时候会抵消生产过程优化资源利用带来的好处；其次，贸易自由可能会促使牲畜生产向人口低密集区域转移，因此需要制定转移区域的环境政策。Saunders 等（2004）曾经使用经合组织成员国多种商品局部均衡模型调查奶制品行业贸易自由化对环境的影响，其研究结果支持下述论断：贸易伙伴之间的生产与环境异质性会改变资源使用状况与环境影响的空间差异变化（Saunders，Cagatay 和 Moxey，2004）。

更普遍的情况是，贸易政策和其他宏观经济政策（如货币贬值、稳定物价、特惠贸易协定）对环境产生显著影响（联合国环境规划署，2001）。环境政策属于第二级政策，往往在宏观经济总量和贸易政策产生的扭曲纠正之后才引入实施。

支持商品生产的备选方案有哪些呢？大部分经济合作与发展组织成员国进行了许多尝试和研究：

（1）一些国家使用土地储备方案刺激农民闲置最贫瘠的、经济效益低下的土地。该措施的环境效果严重依赖闲置土地的自然资源禀赋。土地的环境价值越高且生产价值越低，土地储备方案则越成功。

（2）商品生产支持政策越来越需要达成某些环保目标，也就是"交叉合规"。经济合作与发展组织（2004）指出交叉合规能够更好地协调农业政策和环境政策，它还能提升公众对农业支持政策的接受程度。然而，支持力度的任何变化都能影响交叉合规的效果，减少对生产的相关支持可能会承担丧失环境杠杆作用的风险。另外交叉合规的要求也难以衡量。

（3）部分定价权要求就牲畜养殖者提供的环境产品进行补偿。最常见的例子就是在集水区域对放牧程度进行管理，以改善水分渗入和减少水道泥沙淤积。LEAD在中美洲国家发起了一个项目，对改善牧场和林－草系统，尤其是有利于生物多样性和固碳，提供了环境服务收费。

（4）在使用杀虫剂、水质、氨和温室气体排放等问题上，农业－环境一揽子计划继续专注于标准和目标的制定。

（5）粪便储存与使用的污染问题应遵守相关实际操作的规定和管理（如应用模式和时间），且未能遵守时应受到罚款和处罚。

与其他部门相比，农业部门的显著特点是环境税费相对缺失，以奖励为主要刺激手段。这表明农民拥有强大的政治影响力，他们对自然资源的影响或"推定"权限成功地获得了政治认同。因此，将成本内部化以减少环境破坏、鼓励污染治理的操作空间还很大。

6.1.2.7 规章制度

规章往往指定技术手段，统一排放限值。规章制度是处理环境问题的早期政策手段之一。但是，规章制度的推行需要政府机构的监管和执行，这在贫困偏远地区难以实现，也不适合用于处理非点源污染。相比之下，污染范围非常有限和牲畜养殖商业化的区域执行相关规章制度的前景要乐观一些。

在粗放经营的牲畜生产中，规章制度通常用来限制放牧强度，保护环境敏感地区。限制放牧的政策在许多发达国家取得了成效，但在发展中国家收效甚微，除非发展中国家拥有很强的地方组织。

水资源保护的政策通常是为控制牲畜活动过程中污染物排放制定标准。这部分内容已在6.1.3节中详细探讨过。环保规定影响畜牧业的空间分布。Isik（2004）指出，与美国国内环保规定比较宽松的区域相比，美国严格执行环保规章的州牲畜养殖数量持续下降。

许多国家已通过制定环保法律法规，着手治理一氧化二氮排放和氨挥发造成的空气污染问题。

从全球范围来看，基于1979年《日内瓦公约》中关于长程越界空气污染的规定，1999年在瑞典哥德堡联合国欧洲经济委员会签署了缓解酸化、富营养化和地面臭氧的《哥德堡议定书》（the Gothenburg Protocol），2005年5月生效。主要签署国有欧盟、个别欧洲国家、美国以及尚未批准的俄罗斯。对 SO_2、NO_X、NH_3 和挥发性有机化合物4种主要污染物制定了2010年国家排放限值。协议还为签署各国控制农业部门的氨排放量提供了几种不同的实用措施（国家自身还需要具备相关技术和经济可行性资质）：良好农业规范建议守则；固态粪便24小时；泥浆低排放应用技术；大型养猪场和家禽农场[①]的畜舍和泥浆储存低排放系统；禁用碳酸铵肥料；限制尿素的氨气排放量。

欧盟进而将上述规定应用于大气污染物治理：于2001年颁布国家排放上限（NEC）指令（即欧洲议会和理事会2001/81/EC号指令）。NEC指令与《哥德堡议定书》一样，对不同国家的同种气体排放设置了相同上限（葡萄牙除外）。NEC指令正处于实施当中。成员国需在2002年10月之前针对气体排放逐年减排建立国家规划，如果有必要还需在2006年对规划进行升级和修改。

6.1.2.8 支持集约化生产、加强科研与推广前沿技术

若想满足对牲畜产品的未来需求，畜牧业生产似乎只有选择集约化生产，此外无路可走。的确，在避免增加额外土地、水资源和其他自然资源要素投入的前提下，更需要加快集约化生产的进程。

限制畜牧业对自然环境不利影响的原则方法是必须减少畜牧业生产的土地占用规模，包括以土地形式表现的水资源、营养物质及其他自然资源。该原则涉及以下几个方面：在产量最好的耕地上密集种植饲料作物，在最茂盛的草

---

① 超过2 000头肥育猪或750头母猪或40 000只家禽。

地上密集养殖；边际产量不高的土地休耕，将该类土地转用于环境用途。某一地区土地的边际产量越低且土地的环境价值越高，本原则的目标就愈发重要。

总体上，集约化生产会逐渐全面减少资源占用和污染物排放。例如，精量饲喂和基因改进能够极大减少单位产出气体（如二氧化碳和甲烷等）和营养物质的排放。集约化是一种相对集中的扩大生产体系，尤其是以养鸡业为代表的家禽养殖业、以反刍动物生产为代价情况下，在特定饲养场能够从总体上减少养殖部门对气候变化的不利影响。

饲料生产也需要集约化，以限制畜牧业生产用地，不论是直接放牧的草场，还是间接饲料用地。这将能缓解栖息地的压力，促进生物多样性。虽然传统集约化生产会增加生产所在地的环境负担，但采用保护性农业等土地利用方法，如少耕制，水资源、肥料和杀虫剂的精确使用等，有可能减轻这种风险。草场集约化生产和饲料种植方法改良都能够固碳，或者至少能减少温室气体的排放。

需要引入价格信号，以纠正集约化生产存在失真和对外部性的忽视，会更好地利用畜牧业生产过程中投入的自然资源要素，尤其是水资源。

公共政策除了纠正投入要素和产出品价格之外，还可以刺激技术研究和开发在集约化生产过程中发挥重要作用。然而，公共技术的研究和开发，在过去的10年已经明显下降（Byerlee等，2003）。同时用于商业、产业化家畜及相关饲料生产和使用的持续研究提高了生产力，并且这些研究能够在很大程度上留给私营部门。公共研究需要在自然资源管理以及减少贫困等技术方面发挥更大作用，实用的技术更有潜力。

Purcell 和 Anderson（1997）分析技术研究和推广与公共政策能发挥促进作用，强调要有一个有利的环境，包括宏观经济和部门政策，有利的市场机会，以及获取资源、投入品和信贷的重要性。通常人们会认为私人研究的数量总是低于社会最优，且公共激励的研究必定会填补这一空白，这尤其可能适用于畜牧业、环境问题等。公共研究与开发预测到未来的稀缺性，但是，如果总体价格扭曲得不到纠正，技术开发中支持公共部门参与就会难以奏效。

6.1.2.9 体制发展

机构已经对畜牧部门发生快速转变带来的环境挑战表现得滞后，原因在第4章开始就已经讨论过了。许多涉及畜牧的资源退化问题以政策和制度缺失为特征。

这就要求各机构必须监控经济活动对环境的积极和消极影响，确保说明问题，且能反馈于私人决策。同样，还要求各机构进行沟通协商、执行这些决策，制定标准和法规并强制执行。

制度变迁需要对造成当前不当激励、鼓励低效的资源利用和资源配置不当的扭曲政策加以纠正。很多时候，不适当的价格信号出于制度的缺乏，如各机构在传统政府部门已失去了其对公共财产资源的控制。环境的管理工作需要建立在一个适度的水平上：环境政策及其执行，在公共领域，如公共财产放牧资源和雨水收集的计划；在国家层面保护自然区；在国际层面保护大气以及全球生物多样性。

6.1.2.10 意识建设、教育及信息

当前迫切需要得到有关环境问题的信息，尤其要明确畜牧业在自然环境退化中的角色，要关注公众、消费者、各阶段学生、技术人员和推广工作者、私人和公共部门的政策制定者和决策者。在所有利益相关者之间的沟通很重要，因为涉及畜牧业的大多数环境问题只能以一致行动和协商方式解决。

6.1.3 有关气候变化的政策问题

讨论了一般性的政策框架和方法后，我们来看看它们在气候开始变化时在特定行业里的应用。

农业（包括畜牧生产）是很多发展中国家温室气体排放的重要组成部分。

© FAO/10366/F. Botts

项目经理与北方游牧牧民的对话。——阿富汗，1969年

但是，从提交的《联合国气候变化框架公约》（国家报告，UNFCCC）中明显可以看出，温室气体减排仍集中于其他部门。这可能是因为涉及对农业和土地利用、土地利用变化及林业（LULUCF）的评估和认证的技术难题。不管怎样也正在取得进展，其潜在的贡献是巨大的。

（1）使用清洁发展机制

当前，《京都议定书》主要是创建"持证减排"（CER）机制，这也是随后碳交易市场中的清洁发展机制（CDM）。清洁发展机制是一个由发达国家在发展中国家推广可再生能源、能源效率和固碳项目的简易方法，以获得持证减排作为回报。清洁发展机制的目的在于帮助发达国家达到《京都议定书》规定的义务，同时促进发展中国家可持续发展。

清洁发展机制成功的关键因素是持证减排的购买者（最终来自发达国家）和卖家（发展中国家）广泛又多样地参与。参加清洁发展机制的项目需具备三大类资格：①可再生能源项目，这将是替代化石燃料的项目；②封存项目，抵消温室气体排放量（主要在土地利用的变化面积）；③节能项目，这些项目将减少温室气体的排放。

对于土地利用变化项目，在《京都议定书》的第一承诺期（2008—2012年）只确认了造林和再造林活动。

清洁发展机制的关键因素是一个积极的持证减排国际市场。这需要多方参与，即开发商、投资者、独立审计师、东道国官方和受援国，以及负责执行《京都议定书》的国际机构（Mendis 和 Openshaw,2004）。

由于该协议的批准是在2005年2月，有相当多的项目已经注册[1]。这些项目大多是基于预先确定的方法。畜牧部门只关注从工业生产部门排放的既定方法：甲烷回收（作为可再生能源来源）；按照有限的动物饲养运作，使用改进的动物废物管理系统减轻温室气体排放[2]。通过生产的集约化减少牲畜排放的其他类型项目。例如，通过使用更好的优质饲料提高瘤胃发酵效率，进而可以大大减少印度庞大的乳品业的排放量（Sirohi 和 Michaelowa, 2004）。对于这一点，信贷（例如通过小额信贷机构）、有效的营销、激励和促销活动都需要通过广泛使用相关的技术（Sirohi 和 Michaelowa, 2004）。

更进一步的问题涉及目前的清洁发展机制项目不能用来有效地改变一个国家的排放这一事实（Salter, 2004）。许多可再生能源项目仍有重大缺陷，特别是从失败的角度来证明其"额外性"（"额外性"是指一个项目减排量高于此项目不执行时的减排量），并进一步提供额外的环境效益和社会效益。构成基线的界定（现有或预计的温室气体排放的项目缺乏）也存在问题。

造林或再造林（A/R）计划是目前唯一符合条件的改变土地利用的项目。

---

[1] 项目注册的清单可见网址 http://cdm. unfccc.int/Projects/registered.html。

[2] 甲烷回收率：http://cdm.unfccc.int/methodologies/DB/O3E6PSPYME3LMKPM6QS6611K7OA08F/view.html。

废弃物管理：http://cdm.unfccc.int/methodologies/DB/3CQ19TPGO0FCG2XTO8CP18P446L8SB/view.html。

© FAO/22114/J. Koelen

为了固定沙丘，在一块干旱地种植实生苗。这些活动属于
抗击干旱的乡村绿化项目的组成部分。——塞内加尔，1999年

然而，造林和再造林通过边际报酬或退化草场、恢复森林、减轻畜牧业对气候
变化发挥巨大的潜力。其他可能显著减少排放、但尚未符合条件的方法，包括
草场改良形式，如林－草用地、减少放牧草场和技术改进。

（2）促进土壤固碳

"渗漏"作用可能大幅提高固碳的费用（Richards,2004）。当一个规划或项
目的效益导致的对抗性反应超出其范围时，这种"渗漏"就会发生。导致这种
问题的根本原因有两个：首先，在农林业用途方面，土地可以反复地转换；其
次，土地活动的综合平衡取决于农林部门的相对价格，这是因为单个的项目或
规划对价格或因而产生的土地需求的改变并不大。如某个地方林地被保护起
来，人们对耕地和林业产品的不变的需求，则会导致在另一个区域森林砍伐
的增加。因此，由于这种"渗漏"，所谓的保护效益可能局部或整体的被破坏。
同样地，若耕地被转换成了林业用地，人们对耕地的潜在需求则可能会导致其
他已是森林覆盖的土地被转换回了耕地。

固碳项目不同于碳排放控制项目，需要不同的政策手段（Richards, 2004）。
若固碳受到政府补贴或者可用于抵消碳税或可交易性补贴，那么其在公共财政
系统里的作用与排放控制机制会完全不同。通常，需要财政支持的工具，如一
些补贴和合同，其社会成本远比一些能增加税收的手段要大，例如可交易性的
补贴或排放税。

固碳活动需要对政府所扮演的角色作仔细评估，目的是评价纯粹的市场
方式是否比政府主导方式的项目更好。一个问题是项目结果的可测量性和不
确定性；另一个关键点是，政府承诺长期保持激励的能力。而且，一个固碳

项目很可能追求多个目标，包括侵蚀控制、住处提供、木材供给和娱乐的改善。因此，一个固碳项目的目标既难以衡量又会随着时间而改变。同样地，正如 Teixeira 等（2006）所建议的，巴西造林和再造林（A/R）项目的成功发展，不仅需要国家的政策和管制行为，还需要一系列纯粹市场工具。

土壤中有机碳积累量增加的潜力是巨大的，而调整粗放式畜牧系统是打开这一潜力的钥匙。恢复退化草地和固碳，尤其是在现有的地表增加土壤有机物等技术选项，目前的牧场很可能是最大的潜在的可获碳汇（参见第3章）。

然而，以上所描述的活动的共同问题是应用（问题），例如"泄漏"，多目标的追求，政府持续的承诺等。几十年里这种效益得到积累，在许多情况下，碳摄入量的峰值仅在20～40年后出现。进行投资的土地拥有者无疑想知道，当他们的活动富有成果时，政府在未来是否会继续奖励固碳。政府需要承诺提供长期稳定的激励。

虽然目前还不符合清洁发展机制，但需要更加努力，以符合清洁发展机制或其他框架下，退化土地恢复和现有林地可持续管理的持证减排要求。

改良的土壤碳管理潜在好处是相当大的，并且还在大范围增加，包括：①在全球层面，气候变化减缓和生物多样性的增加；②在国家层面，旅游业可能性的增加和农业的可持续性及食物供给的强化；③在地方层面，为后代增加了资源基础以及农作物、木材和牲畜产量（FAO, 2004b）。

在比较贫穷的发展中国家，小农是关键群体，既要达到必要的规模，又要实现发展和环境目标。在没有政策干预和外部资金援助下，小农首先使用个体最优改良的管理手法，而社会目标为次优。在案例研究的基础上，FAO（2004b）认为，若要实现干旱地区小规模耕作制度的土壤固碳项目，则需要来自发展组织或碳投资者们的大量资金支持。如果没有外来资金补偿农民在地方层面发生的费用，期望效益可能并不充分。

除了这些单纯的经济计算外，还有一个伦理问题。期待当地小农采用社会和全球最优管理方法，意味着他们在补贴自己的国家或国际社会。如果长期大范围把可持续农业、环境恢复和扶贫工作同时作为目标，则需要一个更加灵活、适用的管理和政策方针。在提供必要的激励措施的同时，也要强化农民自己应对不确定性的策略。

应该使用参与式方法。如果采用一个干涉主义的、自上而下的决策机制，那么涉及几千个体小农的长期大范围固碳项目不可能成功。这很可能使农民不再抱有幻想，并增加了他们决定退出协议的风险。制度整合的第一个重要步骤就是确定已存在的本地和区域的机构是否适合预期的固碳项目。该机构不仅要取信于大多数的小农，还应有能力并愿意参与当地或区域项目的设计；确保大多数小农参与；保证合理分摊费用；以公平、合适的方式协调监控、核实和使用最终的收益（Tschakert 和 Tappan，2004）。

由于土壤固碳活动的复杂性，在初期清洁发展机制不包含这些。然而，他们有很大潜力，是所有主要环境条约《气候变化框架公约》《防治荒漠化公约》和《生物多样性公约》的目标。有许多重要的可供选择的基金来源有助于执行固碳项目，如生物碳基金，全球环境设施，调适基金和标准碳基金（FAO，2004b）。

土壤固碳活动需要大量的资金，而蓬勃的碳或持证减排（CER）市场可能是个潜在的资源。CER 是世界上发展最快的市场之一，一些分析家预测到这个10年结束，它的年价值将达到400亿美元。在2004年，全球二氧化碳的总贸易量仅为9 400万吨。而在2005年，上升到8亿吨。仅在2006年1月，仅欧洲现货交易的数字就达到了2.62亿吨。在《京都议定书》生效后，在现货交易市场上1吨的二氧化碳售价达到8 ～ 9美元。一年后，转手的1吨二氧化碳的价格超过了31美元。

6.1.4　有关水资源的政策问题

因水资源变得更加稀缺，提高水资源的效率是一个主要的目标。从技术角度来说，提高水资源的使用效率指的是减少水资源浪费。而从经济角度来说，考虑到外部性，经济效益意味着提高水资源的使用效率，给使用者带来更多的纯收益。提高水资源效率，有的时候意味着某些领域将向具有更高使用价值的领域让渡水资源。在某些区域，这将促使某些农业活动的优先发展（Norton，2003），同时也可能减少畜牧业产出。

致力于提高水资源使用效率的政策应该专注于合适的节水技术的应用和水资源需求量的管理，以便于大部分水资源生产活动中水资源的使用。这种分配效率可以通过适当的机构管理水资源分配、水权和水质而实现（Rosegrant，Cai 和 Cline，2002）。公平目标在这些政策中不可或缺，只有在不同的群体里公平地分配水资源，才能保证没有人被剥夺用水权。尽管在大部分政策框架里通常都明确提到这样的目标，但现实中这样的目标还是经常被忽视（Norton，2003）。

水资源保护政策需要囊括多种政策手段。水资源政策手段、水资源管理改革和机构设置的组合运用才能适应国家或当地现实状况。这些政策手段的使用有赖于当地发展水平、农业气候条件、水资源匮乏程度、农业集约化和水资源使用权利的竞争状况等因素。

志愿参与政策应优先使用，强制政策也应作为一个选项（Napier，2000）。适宜的政策和技术选项的贯彻需要时间，需要政治决心和资金（Rosegrant，Cai 和 Cline，2002; Kallis 和 Butler，2001）。

（1）获得水资源定价权

价格的根本作用在于有助于在竞争者、使用者和时间周期间分配资源（Ward 和 Michelsen，2002），以及鼓励使用者有效利用资源。

在实践中，很多情况下农业用水是免费提供的，甚至在有些制定价格系统的国家，水的价格依然很低（Norton，2003）。在很多情况下，水资源定价机制的引入或有关水价格的改革，都源于经济危机、政府财政压力和成本回收率低、基础设施恶化和水资源需求量增加（Bosworth 等，2002）。

国际水事伙伴关系组织制定了水资源定价的总体原则（Rogers，Bhatia 和 Huber，1998）。在设定水的价格、排污费和污染控制的激励措施中，重要的是评估某特定部门用水的总体成本。该评估涉及以下方面（图6-2）：①总体供给成本（运营、维护及资本投入）；②总体经济成本（总体供应成本+机会成本+外部经济效应）；③总成本（总经济成本+外部环境效应）。

价格应能向水资源的使用者显示真实的稀缺性和提供服务的成本，能为更高效水资源利用提供激励，为服务供应商和投资者的真实需求提供水资源

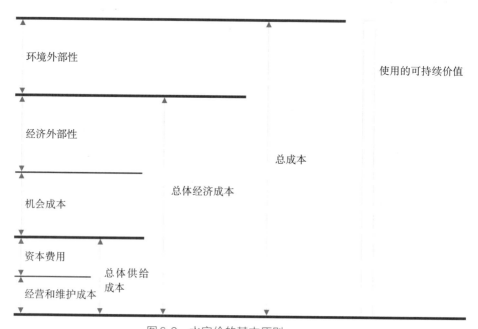

图6-2　水定价的基本原则
来源：Rogers, Bhatia 和 Huber (1998)。

服务广泛有用的信息（Johansson，2000；Bosworth 等，2002；Small 和 Carruthers，1991）。

通过诸如污染费和水资源定价措施鼓励保护和提高水资源利用效益。定价机制能扮演农业活动中环境外部性内部化的角色（Johansson，2000；Bosworth 等，2002；Small 和 Carruthers，1991）。适当的价格机制能明显减少农业、工业和家庭的取水和用水量。许多国家不太盛行的提高水价的措施能产生大量节约灌溉用水的效果（Rosegrant，Cai 和 Cline，2002）。

（2）水定价方法

水定价方法包括容积法、非容积法和市场主导法（Bosworth 等，2002；Johansson，2000，Perry 等，1997；Small 和 Carruthers，1991）。

容积水价法，按照每单位所消耗的水量来收费。容积水价法适用于减少农业用水的需求量和其他部门用水的再分配。容积水价法需要对抽水量进行真实测量，因而在现实中难以实施。根据送水时间、取水证和分层容积法，已经开发出了诸如代理法、准容积水价系统。

农业中非容积法建立在农业产出或灌溉面积的基础上（Bosworth 等，2002；Johansson，2000）。该方法通常用于成本补偿的目的。面积定价法是灌溉水价中最常用的方法，即农民按照灌溉单位面积支付固定的价格（Boswort 等，2002）。

在发展中国家，水价的目的主要是回收成本，尤其是经营和维护成本。例如，在中国只征收个体的抽水灌溉费用。然而，结果却是只能收回28％的成本，很难激励农民采用节水技术（Jin 和 Young，2003）。相比之下，发达国家的水价则多样，以综合需求管理和环境外部性的内部化为目标。

水价包含两个组成部分：固定费用和可变费用。固定费用旨在给予服务商一定的可靠收入，而可变费用旨在激励使用者有效用水。固定费用以农作物、单位面积、运送期限、灌溉方法和水流速度等多种要素为基础计算，而可变费用则以实际的耗水量为基础计算（世界银行，1997）。

并不令人感到惊讶的是，在水资源缺乏地区水价有上涨的趋势（Bosworth 等，2002）。在阿根廷、孟加拉国、印度、意大利、日本、墨西哥、巴基斯坦、西班牙、阿拉伯叙利亚共和国、苏丹、土耳其、新西兰等国家，其农业按照上面提到的要素收取统一费用；而在澳大利亚、法国、突尼斯、英国、美国和也门，农民则要根据农业用水量支付不同的税费。以色列的做法是，依据分配使用的百分比，农民的水量按照分段逐级征税。第一级用水量在50％的分配比例中，每立方米征税0.18美元，在此以上的30％，每立方米征税0.22美元，对最后20％的分配比例则每立方米征税0.29美元（Boswort 等，2002）。

以灌溉面积或农作物类型为基础的每公顷统一收费，而不考虑用水量，不可能建立激励机制来改变现状。中国东北主要灌溉区的水价政策（根据陆地面积按照统一费用收取水费）的实效性研究表明（Yan等，2003），不管水费如何增长，农民的用水依然没有改变。同样，印度、巴基斯坦和许多其他国家的农民根据面积支付水费，发现他们取得额外水的边际成本为零，因此他们也没有动力去节约用水（Ahmed，2000）。甚至在一些使用累进分段收费法的地区，如约旦，累进的价格和级数通常太低不会带来任何改变（ChohinKoper, Rieu和Montginoul，2003）。

（3）解决水定价的困难

虽然容积水价法代表着一种理想的方法，但在实践中这种方法难以执行，尤其在一些发展中国家中小而分散的农场（Rosegrant, Cai和Cline，2002）。困难主要包括耗水量和相关监测、执行的交易成本的客观测量。因此，使用各种水量替代法，例如运送长度、灌溉次数和农民授权的可变供水量的份额等。

水泵灌溉——印度，1997年

© FAO/19518/G. Bizzarri

就个体使用者来说，容积水价法的困难有时可以通过批发的方法克服。批量向有组织的农民出售运送水，其用水量的测量是可行的。用水者协会，既包括亚洲常见的小规模农民组织，也有如在墨西哥和美国等国专业化正规的灌溉组织（Hearne, 1999）。容积分配在澳大利亚、巴西、法国、马达加斯加和西班牙也很常见（Bosworth等，2002; 世界银行，1999; Ahmed，2000; Asad等，1999）。

无法或者无法全部回收运营和维护成本的事实，意味着要向农作物和畜牧业补贴。各国在回收成本方面的经验喜忧参半。在22个国家的对比研究中（世界银行，1997），发展中国家的灌溉运营和维护成本回收的变化从低至20%～30%的印度、巴基斯坦（大量参与灌溉系统的国家），到高达75%的马达加斯加（政府角色削弱，用水者协会负责管理灌溉系统）。在经济合作与发展组织的国家里，大部分国家获得运营和维护的全部成本回收，因而成本回收非常高。像澳大利亚、法国、日本、西班牙和荷兰等国家也能从使用者收回全部供应成本（经济合作与发展组织，1999）。在美国，国家法律限定征收农民的灌溉收费不得超过其成本。因此，水价被设定为仅仅回收输送和维护成本（Wahl, 1997）。

普遍的水资源抑价是补贴的一种形式，这种补贴有多种形式，包括政府免费或低价为农业供水，灌溉设备补贴，抽取地下水的电力补贴。取消这些补贴对鼓励节约用水至关重要。

与工业和家庭用水相比，农业通常享受水价补贴和低价政策。中国为了实现粮食作物自给自足的目标，通过相对于其他粮食作物的低价用水政策来刺激粮食作物的生产（Von Dörte Ehrensperger，2004）。在美国，农民用水每立方米只需要付 1～5 美分，而家庭则需要支付 30～80 美分（Pimentel 等，2004）。在印度的古吉拉特，抽取地下水的电费由政府补贴——农民根据用水量而不是用电量来支付费用（Kumar 和 Singh，2001），这种用水补贴意味着水资源的消耗和地下水位的下降。同样，法国灌溉农业正在增加，部分归因于为投资新灌溉设备的农民提供补贴（OECD，1999）。

撒哈拉以南非洲地区对地下凿井的补贴（主要是开发项目），导致了许多地方的地下水资源的枯竭。如纳米比亚，对畜牧业免费提供水导致了水资源的枯竭、土地沙漠化和土地退化（Byers，1997）。开凿地下井、运河和管道带来的广泛使用地下水是主要因素。

在许多国家，尤其是经济依赖灌溉业的国家，如中国、埃及或者苏丹，水价是一个政治上敏感的话题（Ahmed，2000；Yang 等，2003；Von Dörte Ehrensperger，2004）。而且，水价提高到某种程度可能会产生与其他政策目标相冲突的行为，如小农竞争力、脱贫或者粮食自给。更有甚者，水权持有人可能会认为水价的提高或征税是对水权的一种剥夺，因此降低了他们土地的价值（Rosegrant 和 Binswanger，1994）。

（4）建立水资源管理的法律框架

规章制度通常是用来控制由畜牧活动导致的污染或地下水枯竭。

随着水资源的污染，水质标准和控制措施的建立就显得格外重要。虽然统一标准的使用可以简化执行程序，但小农场或企业可能负担不起满足规章要求的费用、垃圾处理的费用和厂址搬迁的费用（FAO，1999c）。因此，这些标准应该因地制宜，考虑到环境和经济因素，技术调整可能会引起边际成本的变化。

控制污染的监管机制有许多形式：①规定可接受水平的减排最低标准。②为达到最低标准，明确所使用的设备（污水处理）。③发放污染物排放许可证，也可交易。交易性许可依赖于污染单位支付费用或降低污染的信贷的使用。如果已经建立可接受的总体污染水平，在这种情况下，可以用市场机制来分配污染权。④规范最大限度的工业行为。例如，限制畜牧生产系统每公顷的牲畜数量等（FAO，1999c）。

这些措施可以形成规范，授权用水的权利和规范水权市场（Norton, 2003）。建立惩罚制度，阻止政治法令的任意废止。这些惩罚制度能对潜在的违反者足够有效（Napier, 2000）。

一系列标准可以用来监测畜牧生产系统对水质的影响和设定特定水体的水质标准。为评估畜牧生产系统的影响，监测的参数包括：沉积物水平、存在的营养素（氮、磷和有机碳）、水温、溶解氧水平、pH、农药水平、重金属和药物残留以及生物污染水平。对这些参数的密切监测是评估生产系统符合所设定标准与否的关键要素。欧盟委员会针对排放物和测量方法提出了欧盟范围内排放控制和环境质量标准，其目标是20年内最终停止指定有毒物质的排放（Kallis和Butler, 2001）。监测的代价昂贵，也可能是一种财政负担，尤其是对监测能力有限的国家。1993年欧盟水框架指令的相关监测费用达到3.5亿欧元（Kallis和Butler, 2001）。

有些地区对污染水资源的行为将加以征税。例如，比利时的畜牧生产废水要么与家庭废水一起加以征税，要么排放到农田征收特殊的工业税（1999）。目前欧盟水政策框架水的原则是"不可直接排放"到地下水（Kallis和Butler, 2001）。

规范非点源污染并不十分容易。环境行为准则和其执行力是关键因素，确保导致非点源污染的农业行为，需要在绑定的规定基础上事先核准或者注册（Kallis和Butler, 2001）。尤其是在发达国家，地下水的抽取水平经常受到管制。尤其是在经济合作与发展组织国家里，抽取费的征收旨在控制对地下水资源的过度开采，如比利时、保加利亚、匈牙利、荷兰（Roth, 2001）和约旦（Chohin-Koper等, 2003）。

地下水保护政策的有效程度是不确定的，政策失败的例子不胜枚举，使用者经常有机会避开环保法律法规。例如在荷兰，尽管农民抽取地下水用于畜牧生产需要缴税，但他们能自己抽取地下水而避开缴税。在比利时，虽然大部分牲畜养殖者缴纳废水税，但他们所使用的一半的水都可以豁免（经济合作与发展组织,1999）。

（5）发展水资源产权和市场

水资源产权的模糊经常导致其使用的不可持续性和低效率。有些国家没有明确的水权归属，通常地下水就属于拥有那片土地的人所有。因此，对于个体土地拥有者来说，抽取地下水没有任何限制。而在其他国家，如中国的水权归属于国家，也限制了私人保护或高效使用水资源的积极性。

水资源市场的功能发挥需要对水权进行正式、法律的界定。在一些发展中国家，如埃及、巴基斯坦和苏丹，水权无保障，且执行乏力，通常表现在低收入群体水资源短缺而富裕的人水资源富足。在印度、墨西哥和巴基斯坦，会有以传统权利为基础的非正式水资源市场。在这些市场里，农民通常会向附近的农场或城镇出售过剩的水（Johansson，2000）。例如在印度的古吉拉特，富裕的地主投资柴油泵和输配水管网，向没有此种设备的农民出售水资源（Kumar 和 Singh，2001）。冲突的解决机制、垄断势力的预防和法规的执行都需要发展一个能够管理水权分配的特别机构（Norton，2003；Tsur 和 Dinar，2002）。

正式水资源市场是一个相对新鲜的事物（Norton，2003）。水资源市场的发展允许让农民自己决定，是继续耕作还是出售他们的水权给最高竞价的购买人，来提高水资源的使用效率。澳大利亚、智利和美国西部都是以正式水资源市场和水权交易管理水资源配置的典型国家。而尼泊尔实行的则为可交易水权的公共灌溉系统（Small 和 Carruthers，1991）。

与其他市场相比，水资源市场有其独特性，通常是在相同的流域，甚至是相同的灌溉系统内进行交易。因此，买卖双方在数量上不仅有所限制，而且无法形成一个健康市场的最初环境。在印度古吉拉特北部，虽然需求量不足，但非正式的地下水市场发展迅速。农民能够将过剩的水资源出售给其近邻。然而，由于卖者众、买者寡，以及缺乏将水资源输送到其他地块的机会，这种非正式市场并没有达到水资源有效配置的目的。

应该建立适合市场发展的多种水权形式。水权应该包括以下特征：所赋予的权利类型（完全改道权、消耗使用权或者非消耗使用权）、持续时间、用户共享系统（用户优先等级 - 拨款系统 - 用户权重）和用户类型（赋予个人、私人企业或社区的权利）（Norton，2003）。

由于储蓄水的高昂代价和供应的不可预料性，很难建立系统所要求的初始水权（Ward 和 Michelsen，2002）。建立在现存使用和获得水权基础上的自由初始水权的分配，不仅可以预防提高水价与设定非统一收费之间的冲突，而且赋予贫穷家庭一个宝贵的资产（Thobani，1997；Rosegrant 等，2002）。Rosegrant 等人认为，预防水价、水权政策冲突的方法就是在初始水权基线上应用一个固定基线费用。若需求高于基线，将收取和水价相等的有效价格；另一方面，若耗用量低于基线，机构或协会将返还用户一定的金额（Rosegrant，Cai 和 Cline，2002）。

（6）为环境服务买单

通过给予供应商一定的报酬以鼓励环境服务行为，例如提高水量和水质。环境服务费（PES）计划依赖于环境服务市场的发展，因为初期的环境服务是没有标价的。

在一个流域范围里，改善水量和水质的上游行动者可以被视为是服务的供应商，可以通过下游使用者获得补偿。环境服务费计划要求，服务的受益者（下游水资源使用者）向上游供应者买单。显而易见，这需要建立上游土地使用者和下游水资源环境之间的因果关系（FAO, 2004d）。

与水资源服务相关的环境服务费计划通常在同一流域是比较重要的，因为用户和供应者彼此在地理位置上十分接近。这有利于环境服务费计划的执行，因为和其他偏远或抽象的如固碳、多样性保护等环境服务类型相比，同一流域的经济体得益于低交易成本和便捷的信息流（FAO, 2004d）。

环境服务费计划对改善水域的水文环境大有作为。它们可以使当地人意识到自然资源的重要性，提高使用效率和改善资源的配置。环境服务费计划还可以用于解决争端，从经济上奖励提供环境服务的脆弱的行业（FAO, 2004d）。

不过，环境服务费计划发展还处于初始阶段，其执行也面临着巨大的困难。首先，由于供应者和使用者身份的不明确性，很难建立土地使用和水服务之间的关系。环境服务费计划通常依赖于外部财政资源，然而，该机制长期的可持续性经常具有不确定性。此外，支付水平经常是政府强加的，与服务的有效需求并不相适应（FAO, 2004d）。

对于环境服务费，许多国家都有国家或地方性的特定法律框架。然而，现行的大部分环境服务费计划都在特定法律框架之外操作。一些服务供应商利用法律的空白建立起土地和自然资源的财产权（FAO, 2004d）。

许多大坝的建设通常伴随着集水地区的减少或禁牧，由于这些地区易于侵蚀和沉积。例如中国的西部大开发战略，试图降低土壤和水侵蚀以及减少进入黄河、长江的沉积，因而限制或阻止了集水区的放牧。这些情况大部分都需要提供补偿（Filson, 2001）。

(7) 协调的制度框架和参与式管理

好政策的贯彻需要一个能胜任的制度框架。典型的，由几个政府部委和部门（农业、能源、环境）管理水资源，势必会导致各自为政的决策程序，缺乏不同机构间的协调（Norton, 2003）。水虽是一种普通的资源，但其使用却异常复杂：一个水循环内由不同机构控制的不同用户及不同水资源用途，可能影响另一个水循环内不同用户的不同水资源用途。所有机构间的强大协调能力和综合方法显得十分必要。各政府部门的通力合作是战略计划和水政策执行的先决条件。

实现水议程目标的关键因素是专门机构的发展（Napier, 2000）。显然，建立灵活高效机构实现用水利益的最大化是干旱地区经济发展的迫切问题

（Ward 和 Michelsen，2002）。与水政策相关的三大体制方法是：行政划拨、公共管理、基于使用者分配系统和水资源市场。

现存体制框架改革的另一主要方面就是水资源管理权利的下放和使用者协会的参与。欧盟水框架指令就是采用这种方法。执行不同政策措施以适应"流域地区"。欧盟成员国在其领土内指定流域当局，来协调国际水域其他成员国家（Kallis 和 Butler，2001）。

水使用者协会的制度依赖性是有效的。它提高了当地政府的责任性，为冲突的解决提供了制度保障，促进了水分配的灵活性。而且，明显降低了改善水资源配置的信息成本（Rosegrant, Cai 和 Cline，2002）。除此之外，运营维护的成本回收得以提高。例如在墨西哥，成本回收提高了30%～80%。在马达加斯加（水使用者协会管理灌溉系统），由于管理灌溉系统的责任转移到了水使用者协会，成本回收率高达75%（世界银行,1997）。与此相反，在一些政府继续对灌溉系统施加控制的国家，如中国、印度和巴基斯坦，其成本回收通常非常低。

然而，灌溉系统责任向使用者的转移，并不能必然确保成本的全部回收。尽管成本回收确实提高了，由于水收费通常定得很低，其收入经常不足以支付全部的供应成本。灌溉管理系统成功过渡到水使用者协会也依赖于现有的法律和制度框架，例如水权的建立。

参与水域管理是提高水资源效率的一个关键要素。很多流域开发项目失败或者表现不佳，是因为没有充分地整合和理解当地的约束因素和当地人们的需求（Johnson 等，2002）。建议的技术选择从生态和经济上都与当地的农耕系统格格不入。更有甚者，由于新结构的管理不力，强加的新技术正在加重侵蚀。参与水域管理计划有助于当地人们明确问题、确立重点、选择适合本地条件的技术和政策，同时有助于对监测与评价要求更敏感（Johnson 等，2002）。

6.1.5 有关生物多样性的政策问题

虽然生物多样性丧失正在不断加剧，但针对该问题的社会反应却显得滞后和不充分。主要原因在于对生物多样性作用的认识普遍缺乏、市场未能反映公共产品的价值和特性（Loreau 和 Oteng-Yeboah，2006）。由于《生物多样性公约》没能发挥应有的作用，动员专家影响政府部门，建议建立类似于政府间气候变化委员会的政府间机构（Loreau 和 Oteng-Yeboah，2006）。

生物多样性区域范围从本质上说，比其他的环境问题更为复杂，可能也是科学和政策脱节最大的地方。然而，近些年来对生物多样性和其功能的正确理解获得了极大的提高，体现在决策者注意力的转变。生物多样性保护的范围获得了拓展，既包括对保护区域的保护，又包括不断增加的设定区域之外的保护，因为事实上，整个生态系统和其服务保护，不可能仅仅关注本区域的保护。人们正在探索生物多样性保护的融资新措施，寻找更多的资金来源。这些来源包括私企的补贴或付款、保护信托基金、资源开采费、用户使用费以及政府层面的债务自然转换。

生物多样性保护的一个独特机制就是在6.1.4节介绍的环境服务费机制，该机制所依据的原则就是，生物多样性提供了许多既经济又重要的服务。为保证该服务的持续供给而去保护生物多样性的人们应该得到补偿。受到高度关注的环境服务包括水域保护和固碳，生物多样性和风景优美的维护等也越来越受到关注（Le Quesne 和 McNally，2004）。保护区域的接入使用费、进场费也是环境服务费的一种补偿形式。这些政策虽不新颖，但通过这些方案，收入用于保护区范围以外，也能返还给本地社区，从而促进生物多样保护的积极性（Le Quesne 和 McNally，2004）。

（1）让拥有者成为生物多样性的守卫者

新保护措施的主要挑战在于，在大部分国家认为濒危物种是一种公共物品，但它们的栖息地却通常是在私人土地上。土地作为一种私人物品，是可以进行转让和交易的。生物多样性保护能否在私人土地上实现，取决于拥有者的意愿和土地的机会成本。由于生物多样性的价值依赖于生物资源和生态服务系统，所以其机会成本难以评估。

生物资源没有完全确定（地球上的总物种数仍然是个未知数），有关种群数量和其危险状态的信息仍然缺乏。然而，生态系统服务的评估已经取得了一些进展。根据Boyd等（1999）的研究，评估保护动物栖息地的成本，应该按照其土地最高价、最佳私人使用价值与用于保护相适应的价值两者之间的差进行评估。

已经尝试一些新举措来解决所有权的问题，并且取得了一定的成功（Boyd，Caballero 和 Simpson，1999）。这些创新举措大部分已经在林业和社区得以试验，当然也可以应用到畜牧生产领域。

完整财产利益的购买涉及土地所有者的土地转让，将原有的土地转让给环境保护者。为了购置这样的财产，保护者至少要能够支付财产所有者土地私有权的价值。不管未来土地如何利用，这种价值应该是土地的净现值，是其机会成本。完整财产利益获得的一个显著特征就是保护者应该补偿当前土地的财务损失和其永久失去追求更大利益的机会的损失。

保护地役权是土地所有者和保护者间的契约协议。土地所有者同意以未来土地开发权来换取相应的报酬（或者作为捐赠可以减免税）。这种协议由保护者监督和实施，可以是私人保护组织或政府实体。地役权指土地的"部分权益"，财产本身并不转移给保护者，转移的仅仅是禁止未来开发的权利。

另一种避免土地开发的方法就是政府给予免税额或等价于开发前后价格差的补贴。例如，如果开发用地比低密度的农耕地每英亩[①]多挣100美元，那么应该给予这些财产所有者每英亩100美元的税款扣除，作为其不开发土地的补偿。这种补偿由纳税人承担。

交易开发权暗示了一定区域土地开发量的限制。例如，假设政府计划限给定区域50%的发展，那么就可以通过赋予土地所有者只开发50%面积的权利，这些开发权可以进行交易。交易开发权就是向开发权利受限的土地所有者征收费用。为了达到保护的目标，总机会成本总是与预测的开发价值相等。尽管权利可以交易，但开发机会的初始限制给土地所有者强加了成本。可交易的权利体系具有一个典型的优势。因为实际上财产所有者可以选择那些最终会加以限制的开发，这样就会带来最小成本开发限制。换句话说，期望开发价值最小的财产，其开发限制最严厉。

（2）管理畜牧业和景观以保护生物多样性

城市化的发展给生态系统带来了重大损失、压力和干扰。McDonnel等（1997）沿着城市到乡村梯度进行生态系统过程的研究，发现沿着梯度的物理化学环境与森林群落结构和生态系统进程变化之间的因果关系。

畜牧业生产经常是沿着从城市到乡村的梯度构建，城镇边缘区的工业生产系统，乡村地区的饲料作物和混合养殖，以及与野外栖息地相连接的广泛系统。这种在许多国家常见的分布方式，经常把反刍动物生产与野生动物和栖息地放到了相互冲突的境地。

在发达国家，这种相互影响通过富裕的或资源丰富的农民来体现，他们的生产行为依据环境保护法律法规，这些法律法规大部分都是强制实施的。而在发展中国家，这种相互影响比较广泛，从资源丰富的农民到维持生计的牲畜所有者和放牧人。即使存在环保立法，也通常执行不彻底，甚至从不执行。畜牧业生产改变栖息地就不足为奇了。土地使用的转变极大地改变了栖息地，是生物多样性丧失的一个重要原因。

生态系统管理的主要目标就是预防这些扰动。然而，扰动又是生态系统的一个自然组成部分，促进了生物多样性的发展和更新（Sheffer等，2001）。生态系统易受渐变的和不可预料的自然事件的影响，并且以早期的稳定状态或转变为不稳定状态来加以回应。有关生态系统转变的研究表明，有关生态系统

---

① 注：1英亩＝0.4公顷。

转变的研究（Sheffer 等，2001），建议可持续的生态系统管理的战略应该注重于如何保持系统的可恢复力，使其能够吸收大自然的干扰，同时又不引起结构或功能的改变。

与遗址保护相比，当前人们更加倾向于关注景观保护，尤其是保护人类主宰景观的生物多样性（Tabarelli 和 Gascon，2005）。在廊道的生物多样性保护基础上，景观保护的基本性质是兼顾保护需求和经济发展，不必在保护区的缓冲带寻找互利的干预措施，包括保护流域的新保护区，旅游业景观管理附加值，地役权和交易发展权的使用，促进与保护区间物种活动相适应的发展模式（Sanderson 等，2003）。

景观保护不应仅仅局限于保护区和缓冲地带，在自然景观方面，土地使用应结合生产目标和社会经济状况。

畜牧业生产和景观管理的整合为所有政策和决策者提出了许多挑战，需要切实的整体解决方案。从保护角度来说，面临的主要挑战是：

①通过预测、监督、管理影响恢复力的变量来维持生态系统弹性，例如土地使用，营养存量，土壤性质和长期持久物种的生物量（包括牲畜），而不仅仅是控制其波动（Sheffer 等，2001）。

②维持生态系统的功能，需要自身维护、发展，对不断发生的环境变化做出动态回应（Ibisch, Jennings 和 Kreft，2005）。这包括生态系统提供环境服务的能力。

③加强保护区以外的类群或物种的保护力度，包括与此类群或物种相适应的畜牧业发展形式（土地使用和管理实践）。

只有认识到畜牧业在自然景观方面的多功能性，才能充分整合畜牧业和景观管理。为了达到可持续生产，除了产量目标外，畜牧业生产还应该考虑到其环境目标（固碳、水域保护）及社会文化目标（娱乐、美学、自然遗产）。畜牧业生产可以作为天然草地的景观管理工具（Bernués 等，2005; Gibon，2005; Hadjigeorgiou 等，2005），以及成本效益的工具，来调节植被动态以维护保护区的自然景观，预防森林火灾（Bernués 等，2005）。

为了畜牧业生产与自然景观管理的有效融合，农场的管理实践和土地使用发生了巨大变化。最近的研究主要集中于管理草地，解决草地生产和非生产的功能关系。研究主题包括：

①管理如何影响草地物种短期和长期的变化，旨在发现减少肥料使用对动物营养氮平衡，以及维护物种丰富植被可能性的影响；

②草原植被的作用，管理实践，自然植被和动物多样性放牧行为，边缘畜牧生产和集中畜牧生产地区生物多样性保护；

③不同规模植物、动物放牧相互作用的空间组织与动态分析，提供最优化放牧景观的管理，以平衡物种多样性、差异性和农业效益；

④物种富饶的草地生产和饲养价值，使其与畜牧生产相融合（Gibon，2005）。

然而，生物多样性保护的最重要议题则是集约化问题，因为它影响着栖息地的变化。

农业集约化和土地的废弃对生物多样性有很大的影响。在欧盟，超过200多种濒危植物的减少都归因于土地废弃。欧洲保护的195种飞禽中，40种飞禽受到农业集约化的威胁，80多种飞禽受到农业土地废弃的威胁（Hadjigeorgiou等，2005）。有文件记录证明，集约化畜牧生产中有机和无机肥料使用的增加，以及不使用肥的密集放牧，都会带来植被模式，结构的变化，进而导致草原生物多样性的损失。相比之下，农业用地废弃和有限的放牧，导致灌木植被的入侵，造成生物多样性的损失和火灾风险的不断增加。

需要根据社会经济和环境条件在景观层面管理集约和粗放生产的问题。最优法可能就是在一定的区域把集约化土地、粗放放牧和预留用于梯度保护的土地有机组合：农场－公共区域－缓冲区－保护区。

景观管理应解决的重要问题是土地退化、公共用地的萎缩、高密度畜牧养殖、公共财产管理缺失和水域利益分配不公平。在水域方面，畜牧生产的集约化有助于生物多样性的保护，包括草场开发、用于饲料的多用途树种、燃料、木材和当地基因品种的改善，还要辅之以对环境服务（生物多样性保护，固碳和水质）收费，以及公共财产资源的定量配给系统（例如放牧费）。

从生物多样性保护来看，把畜牧业纳入景观管理主要挑战也许就是在景观方面将畜牧生产者纳入到保护工作中去。从土地使用者来看，生物多样性保护只具有外部性，比如水质和水供应量的改善和固碳带来的益处等。因此，土地使用者在做土地用途决策时并不考虑保护问题，因而降低了其采纳有益措施的可能性。

生物多样性保护也意味着对阻碍畜牧生产的物种的保护。例如在拉丁美洲，毒蛇和吸血蝙蝠被视为农业的害虫，而对于养牛业，他们被视为生物多样性。在景观管理下，农民应该将保护目标纳入到畜牧生产中。这将需要：生产多元化；采纳减少火灾、杀虫剂和矿物肥料等良好管理规范；通过农场和景观不同的土地用途，维护畜牧和野生动植物间的功能连接。农场的功能连接有许多技术，包括居住护栏、生物走廊、预留保护用地、农场内的保护区域及河边森林护栏。景观功能连接可以通过野生动物走廊，连接保护区和森林隔离区。

需要政策来指导畜牧业发展在景观层面的机会性发展过程，以保护生物多样性。政策制定主要问题之一就是在景观方面，财产边界与生态边界不一致。土地所有者数量和所有权类型组合（公有或私有），确保土地所有者个体决策对周边土地所有者产生影响（Perrings 和 Touza-Montero, 2004）。政策框架中应该含有执行机制、审计机制、监测机制和决策支持工具。

(3) 管理畜牧业、生物多样性相互作用的地区政策趋势和选择

在欧盟，草原目前趋势是更加粗放地使用牧场，尤其是在珍贵的生态系统里。除此之外，受减少农业剩余、对动物福利保护社会压力、消费者对有机农业的偏爱等因素的影响，欧盟自1992年实施《农业环境法》，限制草地农药的使用，鼓励粗放使用敏感区域和维护生物多样性与景观（Gibon, 2005）。

在拉丁美洲，粗放的畜牧生产导致森林被砍伐，破坏了生物多样性。因此，应该优先考虑土地的集约化使用，比如鼓励牧场－豆类结合或森林田园系统的使用，同时提供对留用地保护、敏感区界定、环境服务（如固碳）和生物多样性保护的补偿。

非洲是一个发展较好的将景观和相对没有改变的栖息地相结合的地带，土地使用的多样性与生物多样性相互作用。影响景观变化的主要因素是不断增加的人口，许多人相当贫穷。对有限资源的不断竞争的结果是，在非洲某些地区野生动物与畜牧业的相互作用已经演变成越来越严重的冲突，尽管在其他地方这已经不是问题（Kock, 2005）。在干旱、半干旱地区，野生动物、畜牧业和人的相互作用变得紧张，耕种农业已经扩张到了边缘土地和公共的放牧地（Mizutani 等, 2005）。

越来越多的证据显示，养牛场和畜牧业对生物多样性都有积极的影响。养牛场可以通过集约化、减小畜群规模，从而实现野生资源的可持续利用；畜牧业可以通过调整放牧模式，为保护区以外的野生动植物提供分散区域（Kock, 2005）。在景观方面，面临的挑战就是建立与生态进程相适应的土地使用体系，以利用关键资源的时空变化，使得野生动物和畜牧生产能够共存（Cumming, 2005）。非洲草原的潮湿区和半潮湿区，高额经济利益拉动了集约型养殖和农业的发展，牺牲了野生动植物。原因就是传统畜牧业管理和充分利用土地发挥全部农业潜力之间的利润和收入存在巨大差异。从生物多样性角度来看，粗放型养殖为保护生态多样性带来绝佳的机会。然而，这需要法律规范和激励措施的相互结合，使其可接受。也许还需要可交易发展权和保护地役权计划，对不开发土地的土地所有者加以补偿（Norton-Griffiths, 1995）。

在独立国家联合体的草原，出现了靠近村庄的牧区集约化和偏远牧区的土地废弃问题。这些关联的问题，根源在于其普遍的贫穷和畜牧业的几个趋

势：①城市周边地带动物的集中化；②正式定居政策和其他因素导致的对放牧的干扰；③偏远牧场缺乏基础设施建设和进入市场的渠道；④缺乏牧场的管理技术；⑤畜牧股份构成的分散和变化。

因为目前的土地租赁太便宜，无法鼓励牧民爱惜土地或搬到更远的牧区。另一方面，偏远牧区的牲畜饲养者不能获得有关服务，提供环境服务也得不到补偿。

鼓励牧民远离村庄，搬回偏远的牧区的关键策略也许就是建立以土地租赁收入为基础的放牧基金，加上对环境服务的额外补偿，尤其是固碳。放牧基金可以有不同的租赁价格——靠近村庄的比较高，偏远牧区的比较低。对那些可持续地使用土地，引进良好操作规范的牧民，也可以通过降低租赁价格加以奖励。而对背道而驰的牧民，则通过提高租赁价格加以惩罚。放牧基金也可以通过在迁徙途中提供畜牧服务支持放牧。假设牧民帮助维持水资源服务，特别是在多山地区（Rosales 和 Livinets，2005），少量增加水资源的税额能带来额外的收入，以便支持放牧基金。

在半干旱和干旱地区的印度，畜牧业生产在脆弱的生态系统的管理与利用中发挥着重要作用。在这种情况下，畜牧业是维持生计的传统和主要来源，而耕种农业更多扮演的是互补角色。然而，随着人口和牲畜数量的增长，不可持续的经营方式的采用，导致自然资源急剧减少尤其是公共财产，这也影响了整个水域生态系统的功能。自然资源的减少严重影响了贫穷、边缘化的和无土地的人群，尤其是依靠这些资源来维护牲畜和生计的妇女。

（4）保护区和畜牧业管理的融合

自从1950年开始，由法律规定的保护区域在全世界以飞快的速度增长（见第5章），除此之外，濒危物种和栖息地毁坏的数量也在增长，同时，随着人口的增加，牲畜数量也在稳步增长。因而改变畜牧业生产和保护方法，减少其对生物多样性的影响，已经刻不容缓。

当前的保护工作因仅关注单一物种而不是生态系统的功能而饱受诟病（Ibisch，Jennings 和 Kreft，2005）。保护区域就单纯的保护目的来说是有效的，可是它们在提供和维护整个生态系统服务方面的效果是极其有限的，因为许多保护区既小又在空间上相互分离（Pagiola, von Ritter 和 Bishop，2004）。保护区也面临着立法和管理不当，资源缺乏和利益相关者参与不充足等问题（MEA，2005b）。

保护区的主要目标是保护的最大化，而畜牧业生产的主要目标是产量和收益的最大化。经验表明这两个目标经常是相互排斥的。如果畜牧业生产的目标拓展到生态系统的保护、服务和管理，而不仅仅是生产食物，那么这样的冲突就有可能减轻。如果生物多样性保护目标拓展到保护区以外，景观与食物生产有机结合的同时，维护自然生态系统的功能，也会减少冲突的发生。

（5）面向放牧的服务

畜牧业生产是外汇的主要来源，超过了全世界农业产量的一半，占发展中国家的1/3。也是脱贫的一个关键要素，全球大约1/4的贫困人口（2.8亿人日均生活低于2美元）是畜牧饲养者。

环境服务费在攻坚贫穷的同时，也强调许多其他重要的社会经济和环境目标：①整合畜牧业生产，尤其是反刍动物和保护目标；②把畜牧作为自然景观管理的一个工具；③意识到生物多样性保护和固碳的益处。

环境服务费在之前的部分已经讨论过。对于生物多样性来说，实现这样的计划比较困难，因为很难测量和评估生物多样性。然而，MEA（2005）认为，当地人意识到了生物多样性保护的好处，保护区的功能才能发挥得最好。

6.2 应对环境压力的政策选择

6.2.1 控制自然生态系统的扩张

除了拉丁美洲（特别是南美中部）和中部非洲地区以外，全世界大部分地区已经基本结束了放牧区向自然生态系统的扩张。在拉丁美洲，目前许多森林区域都是畜牧场的向往之地。事实上，在亚马孙河流域，70%的森林区域被畜牧业所占据，这对湿润的热带生态系统产生了严重的后果。相比之下，在非洲的湿润和半湿润地区，锥虫病持续限制类似的扩张。在这里，随着森林砍伐，耕地（轮作和休耕）是主要的土地使用方式。随着人口的增加和作物种植的扩张，只有当栖息地变得不适合锥虫病和采采蝇时，草原动物才能迁入这些地方。

关于草场扩张和与之相关的森林砍伐的主要政策问题在于土地所有权和土地市场，以及像亚马孙河这样偏远地区建立和执行法律规范的薄弱。在这里，为了投机目的，畜牧业经常作为占据土地的一个工具。起初，投机森林砍伐，树木被砍或被烧，再用牛羊占据，认为在占据用地的基础上就可以获得相应的土地所有权。在这种情况下，由于缺乏高效使用土地的激励，土地管理较弱，由畜牧导致的土地退化极有可能发生。土地所有权和与之有关的制度，需要迅速拓展和升级，以阻止宝贵资源的损失。

然而，从宏观经济角度来看，在土地所有权根深蒂固的地区，为畜牧饲养而砍伐森林本身已被证实是有利可图的（Margulis，2004）。在很大程度上，这与过去几年饲养放牧技术的提高有关，见表6-1。

表6-1 巴西亚马孙河流域牛肉工业主要技术参数对比

	1985年	2003年
承载能力（AU/公顷）	0.2～1	0.91
生育率（%）	50～60	88
牛犊死亡率（%）	15～20	3
日均增重（千克）	0.30	0.45

注：AU是合计牲畜不同种类的标准。成年公牛1AU，母牛0.7AU，一岁左右牛0.5AU，小牛犊0.2AU。

来源：整个巴西西北部的数据来自世界银行1991年农业运营部8570号报告《巴西：畜牧业部门的关键政策问题——迈向有效和可持续增长的政策框架》。

　　土地投机也不容忽视。事实上，世界上有些地区，尤其是拉丁美洲的湿润热带地区，土地依然十分便宜，导致了土地的横向扩张和粗放使用。通过加大非法占用土地的难度和向土地所有者征税（与免税最小额度一起）等措施，迫使持有土地成本上升，提高占用土地的成本，鼓励生产率的提高和加强环境的可持续发展。土地税对提高土地使用生产率具有很大的潜力，也因而限制了以投机为目的的土地使用。开征森林砍伐税也是一个适合的工具（Margulis，2004）。

　　若能通过有效的制度框架来分配和监督土地使用，分区也是一个有效的措施。由于宝贵的自然资源与土地密不可分，所以建立保护区经常是首选的策略。根据土地的脆弱性、土壤退化和侵蚀程度，分区应包括对牲畜的数量和规模的限制（FAO，2006）。然而，由于大部分地区的机构不健全，通常在发展中国家的偏远地区，仍然有分区执行问题和对保护区的侵占问题。为了提高制度的遵守情况，需要根据牧民和基地牲畜所有者的利益和需求来制定土地政策和规则。然而，正如Margulis（2004）所指出的，从不断增强的商业吸引力来看，完全停止畜牧扩张是困难的，但是可以把生产向较低生态价值的地方引导，从而保护最高价值的生态系统。

　　基础设施政策也有一定作用。因为当前的基础设施和对未来基础设施发展的预期，已被视为土地使用（包括森林转化成畜牧区）的强有力的决定性因素，基础设施发展计划需要考虑到这个因素。只有当运营机构能够控制使用权、土地租赁、区域保护和法律执行力的情况下，谨慎运用基础设施政策，才能开放该区域。

　　通过开发旨在集约化的一揽子技术，包括草场改善，集约化生产乳制品和牛肉，以及森林和林草地综合利用，公共研究与推广有助于土地使用的高效和可持续发展。研究表明（Murgueitio，2004; Olea, Lopez-Bellido 和 Poblaciones,

2004），尤其对于有相对较多劳动力的小农场来说，这些土地使用形式是有利可图的，并且能带来显著的环境回报。

另一相关问题则是以前林区草地的退化。由于不合适的土壤地形（斜坡）和强降水量，大部分热带草地（估计高达50%）严重退化。森林砍伐和自发建立的草场，在没有保护措施或改进的情况下，土壤裸露并受到侵蚀。模拟原始植被的林牧结合形式能够在一定程度上缓解草地退化（见插文6-2）。

环境服务费计划有助于激励土地使用的改变。问题在于如何使这样的计划可持续，继而带来永久的变化。最直接的选择就是收取水资源服务费。因为水流水质的提高会使下游地区的社区直接受益。林－草系统和其他水资源保护措施一起，可以明显降低水土流失和水库淤积。收取固碳费是另一个选择，这取决于有效碳市场的发展（见6.1.3节）。在某些情况下，会出现收费计划的新机会，例如在哥斯达黎加，燃油税的一部分用于这些目的。目前，支付生物多样性保护费主要还是旅游业收入。

插文6-2　中美洲的环境服务费

全球环境基金和世界银行扶持中美洲的一个地区项目，利用环境服务费这一工具，促进已退化的草原向复合型植被的转变，增加固碳和强化生物多样性。采用该方法的目的是减少交易成本[①]。

* 专家组根据固碳和生物多样性的作用，对不同的植被单位进行排列。
* 利用卫星技术，确定每个农场主要植被单位的库存。在库存的基础上建立基线。
* 每年测量不同植被类型的变化，作为收费模型。收费标准以每吨碳5美元为基础。在生物多样性运营市场缺失的情况下，在这方面设定的水平应统一，不能随意。
* 项目设计特点比较简易：根据业绩（过去的）收取费用，农民必须获得自己的资金来源，因而可以避免复杂的农村信贷计划，所有的资金渠道都来源于非政府组织。

3个国家（哥伦比亚、哥斯达黎加、尼加拉瓜）6个流域的大约200户农民参与了此项计划。运营3年后的结果是可喜的。

* 植被类型、固碳和生物多样性之间的关系密切，表明植被类型可以用于环境服务测量模型。
* 牧民对所提供的激励措施反应积极。总计大约建立了2 000公顷的优良、根深蒂固的草地和树木，建立了超过850千米的防护带，显著

提高了不同栖息地的连通性，大约100公顷的斜坡地被保留，以便再植次生林。次年每个农场付款约每公顷38美元，平均监测成本约为每公顷4美元。

- 更贫穷的牧民找到了所需投资的资源。调查显示，和大牧场相比，更穷的牧民每公顷支付更高的费用。
- 公共机构的建立十分顺利。在哥斯达黎加，政府决定在森林环境服务费计划里包括农林业项目，由燃油费和水费提供资金支持。在哥伦比亚，国家畜牧业联合会正在协商国际和国家资金来源，来提升其前期计划实施的能力。

最大的挑战莫过于进一步简化方法和寻找国际资金来源以支持碳贸易，使这样的付款计划能在亚马孙河地区得以应用，以保持从持续扩张到集约化生产之间的平衡。

① 见FAO（2006），见 www.fao.org/AG/AGAINFO/ resources/documents/pol-briefs/03/EN/AGA04_EN_05.pdf。

来源：Pagiola, von Ritter 和 Bishop（2004）。

6.2.2　限制牧场退化

两个世纪以来，伴随着不断增长的人口，人们对食物和其他资源的探索追求加速了牧场向自然栖息地的扩张。正如第2章里所描述的，当引进牲口交易观念时，世界大部分地区的牧场扩张达到了其顶峰。在许多方面，所占据的土地充其量是低生产率，不适合于可持续生产。环境服务需求的增长开始与传统的低产量的畜牧生产形式竞争，导致边缘牧场的连续放弃。

在许多国家，包括发达国家，公共和私人牧场的退化是一个迫在眉睫的问题。牧场退化对水资源和生物多样性有着重要的负面影响，也是温室气体的重要来源。这些问题在以畜牧、公共草地为生计的贫穷人群地区尤其显著，在那里别无其他生计选择（如城市就业）可言。这种情况在撒哈拉以南非洲的干旱和半干旱区域、近东、南亚和中亚区域十分普遍。

在公共财产制度下，公共财产资源的过度放牧经常源于流动的限制。这源于雨养农业在主要旱季牧场区的扩张，土地私有化，护栏和灌溉设施的建立。牧民需要改进牧草资源的使用管理，包括控制放牧和载畜量的法律规范。干旱地区的典型特征就是不断变化的降水量和其生产的生物量。在不断变化的情况下，固定的牲畜数量往往事与愿违。真正需要的是强大的机构和基础设施，尤其是牲畜市场，能调整牲口数量以应对气候环境和现存生物量。因此，

禁止放牧和砍伐树木4年后山地植被的自发再生——1996年

放牧管理变成了风险管理。

　　然而，为了应对公共财产资源的退化，尤其是牧场，放牧强度需要总体降低。可是，在缺失当地的、传统或现代、权威的公共财产制度下，这很难执行。在发展中国家，由于传统机构的脆弱性，经常需要传统和现代机构的结合，共同行动。

　　在许多情况下，需要补偿计划或服务收费计划，牧民收到付款用以改善水管理，这有利于水供应和减少大坝淤积。此类收费计划包括利益共享，以促进撒哈拉以南非洲的野生动植物和牲畜的和谐共存。许多由畜牧业、环境与发展倡议倡导（见插文6-3）。

插文6-3　坦桑尼亚联合共和国的野生动植物管理区和土地使用规划

　　坦桑尼亚是世界上仅存的最大的野生动物避难所，其北部主要土地使用和谋生策略是畜牧业。如果管理得当，田园畜牧业生产是该生态系统中最与环境相适应的农业活动。

　　为了优化在时间和空间上不断变化的自然资源的利用，牧区社区开发了传统适应性和灵活管理战略。这种战略的失效是牧区生态系统生物多样性面临的主要威胁之一。

　　如果来自于野生动植物的收益能够与牧民家庭分享，就可以抑制农作物耕作的扩张。当前，牧民承担了野生动植物在掠夺及竞争放牧和水方面的大部分费用，但却得不到潜在的实质利益。真正需要的是健全的野生动植物管理与牧民使用野生动植物资源地的有机统一。

坦桑尼亚联合共和国政府制定了一系列政策，改善受影响社区间的利益分配，仔细谋划公共资源的使用，来保护3个主要利益相关者的利益：野生动植物、种植者和放牧人。为此，坦桑尼亚于1998年制定了野生动植物政策，呼吁建立野生动植物管理区（WMAs）。野生动植物管理区赋予当地社区管理野生动植物资源的权利，并直接从这些资源中受益。建立了野生动植物管理区，当地社区可以向旅游经营者出租狩猎纪念品或观看游戏的特许权，或者直接参与狩猎。同时，野生动植物管理区政策、国家土地政策、土地法案（1999）和村庄土地法案（1999）促进了村庄土地使用的发展，确保了公共土地的有效管理。

名为"邻近洲保护区的新型畜牧业和野生动物整合形式"的LEAD-全球环境基金（GEF）项目正在支持坦桑尼亚社区自然资源管理的发展。该项目在6个村庄实施，项目内容包括：参与式土地使用规划；野生动植物管理区的开发和实施；设计和实施利益分享机制，以提高综合野生动物和畜牧生产系统的回报；促进企业与私人合作伙伴的发展；以及决策支持工具的开发，以便加强可持续的资源获取与管理。

来源：FAO（2003c）。

即使收入很低，但只要成本最小，在公共土地上维持动物生存在经济上仍具有吸引力，在过度放牧里体现了这一结果。如果价格合理，放牧费与放牧在公共草地上动物的数量或单位成本，将鼓励牧民通过淘汰低生产率的动物、减少存货措施来限制其放牧压力。例如在摩洛哥，就有这样的放牧费的习惯做法。这种放牧费还可以是累进的，向较大的畜群收取更高的费用。同样，可交易的放牧权能为资源使用建立市场机制，当牧场处于短暂压力（干旱）或长久压力时，这一措施显得格外重要。虽然这些是潜在的可行方案，但其控制和执行是个共同问题。

在许多降水量变化大的干旱地区，流动性是一个重要的管理需求。由于某些过载区域集中放牧的压力，流动性的限制被认为是资源退化的一个决定性因素（Behnke，1997）。只要这些限制存在，体制安排必须通过协议，允许牧民来平衡牧场资源。随着降雨和灌溉农业向牧区的蚕食，控制资源退化变得更加困难。公共机构可以帮助牧民在干旱时提前减少放养量，必要的情况下也可以市场干预。提前减少放养量有益于减少环境危害，当干旱过去也有益于植被的迅速恢复。在一些区域，如摩洛哥使用补贴的形式帮助人们提前减少放养量。

在高收入国家，出租给私人牧民的国家土地大规模退化。如在澳大利亚西部和美国西部，将这些边缘土地转变成其原始状态压力很大。鉴于这些地区对整体畜牧供给的贡献较小，以及这些地区对娱乐和环境服务等其他需求的增加，长期来看这转变还是有可能的。

广阔的放牧区域，虽然对成千上万的牧民和农场主的生计重要，但它占据着广大的土地，有时带来破坏性的环境结果，对食物总体供给的贡献也很少。随着不断增加的资源压力和对环境服务的需求，使这些区域退出生产的压力也越来越大。公共政策要行动起来为相关人群提供一条发展出路，在广大畜牧部门外寻找其他收入来源和就业机会。对于那些继续从事畜牧的，需要根据对低价值土地资源的不断增长和差异化需求而改变经营方法。如果市场运作有效，干旱土地提供环境服务的潜力，例如水资源保护、生物多样性保护和固碳等，会轻松地补偿目前畜牧生产的价值。

水资源对粗放的畜牧生产来说是很重要的资源，社会因素驱动下的政策，经常使政府免费提供公共设施。然而这些设施并不能得到维护。水资源成本回收和多种水价的形式，可以保障这些设施的维护和改进，促进水资源的有效利用，农业和非农业用水更好分配。在公共财产体制下和私人所有下的畜牧业，都应该采用全部成本回收的措施。

畜牧业产品的资源成本，价格扭曲和外部效益都是变化的。牛肉被认为是土地和水成本最高的产品，对气候变化的"贡献"也最大。因此，相对于其他形式的动物蛋白，有争议认为牛肉是最具有外部效应，利益来源于价格的扭曲最大的产品。因为很难立刻改变牛肉生产的地价和水价，政府可能考虑对牛肉征税。这样，和其他肉类相比，牛肉需求量可能会下降，从而减轻了牧场资源和饲料谷物地区的压力。

6.2.3 在畜牧业集中区减轻营养负荷

畜牧业转变的另一方面，就是畜牧业正在向特定优势地区集中，比如那些可以轻松提供进入城市市场的区域，或者靠近饲料供应商的区域。畜牧业生产与饲料作物的种植相分离，是畜牧业生产工业化的一个明显特征（Naylor等，2005）。

营养负荷主要是因为在一些城市，尤其是在一些城市的边缘地区高密度的动物，对动物粪便处理不充分造成的。在一些发达国家面临着营养负荷问题，但在一些畜牧业快速工业化的新兴经济体国家，如巴西、中国、墨西哥、菲律宾和泰国，这些问题更为突出。其他受影响的地区主要是沿海区域，如欧洲、拉丁美洲和北美地区。有些内陆地区，如巴西和美国中西部地区也有类似的问题。

畜牧业集约化生产主要的污染都与粪便管理有关，在第4章已经讨论过。它们包括（FAO, 2005e）：①地表水的富营养化，威胁鱼和其他水生生物；②硝酸盐和病原体侵入地下水，威胁饮用水的供给；③土壤中形成过剩的营养和重金属，威胁土壤肥力；④病原体污染土壤和水资源；⑤释放氨、甲烷和其他气体。

解决营养负荷的措施包括采取影响畜牧业的空间分布，避免过度集中，通过提高生产效率和粪便管理立法，减少单位产量造成的垃圾（FAO, 2005e）。

畜牧业、环境与发展计划（LEAD）对更好的地理分布进行了一系列的研究和规划（Tran Thi Dan, 2003），这被称为专业化作物和牲畜的区域整合。这些努力的目的是在同一流域范围内，重新连接农作物和牲畜活动的营养流，如在农田里循环利用粪便，因为随着专业化和经济规模的增长，这些活动变得越来越分散。考虑到经济压力使得以家庭为基础的混合耕作无法持续，应该试图将专业的畜牧业放在乡村农作物种植地区，避免营养负荷（畜牧生产区），或出现相反的情况，即养分枯竭（农作物生产区）。通过一系列政策工具的综合使用，可以实现畜牧业更好的地理分布。在发展中国家，有必要投资乡村基础设施建设（道路、电力、屠宰场），吸引大规模的畜牧生产商。

例如，可以使用分区规划和税收政策阻止畜牧集约化生产靠近城市或远离营养物循环使用的农田。在泰国，曼谷100千米以内的家禽和猪生产征收高额税，而离曼谷更远的地方可享受免税政策。引导许多新的生产单位选择远离消费中心的地区建场。改善牲畜的空间分布有益于土地粪便的回收利用，同时也能增加农场利润和减少污染（Gerber 和 Steinfeld, 2006）。在荷兰，直到最近才实施可交易粪便配额，从整体上保持牲畜密度的上限，同时提供一个鼓励效率的市场机制。

决策支持工具有助于决策者制定分区规划政策，考虑到环境目标和社会与动物健康问题，同时也牢记生产商追求利润的需求（Gerber 等, 2006）。这有助于集约化生产远离保护区、人类居住区和地表水，将其分布在需求营养的耕地上，或者分布在粪便管理对环境压力较小的地区。同样，考虑到工业化的畜牧业是个动态产业，工业化的过程中有其自身的自由性（Naylor 等, 2005），可以搬迁到利润收益更大的地方。因此，选定"优先区域"可以为某个地区提供经济刺激。分区规划是建立新企业的一个极为合适的方法。例如，在畜牧业生产的区域，对已建立的农场的重新安置就显得十分困难。有必要将分区规划政策和发放营业执照或认证结合起来，迫使经营者在开始生产前就要遵守环境和其他的法律法规。环境营业执照的发放依赖于营养物管理规划，营养物管理规划是一个必要的组成部分，能够通过合适的模型建立（LEAD, 2002）。

分区非常需要机构来执行。通常需要结合一些法律法规，包括营养物排放标准、生物需氧量、病原体；粪便使用法律法规（时间、方法和数量）；饲养法律法规（抗生素的使用，重金属等）。法律法规因地区而异，对于环境问题不是十分突出的地区可以较宽松。同时，也可通过培训和推广方案，让牧民获得所需要的知识和技术。

解决不同阶段污染问题的一系列管理选择，公共政策需要鼓励使用被证明可以减少营养负荷和环境影响的措施。在第4章对这些技术选择进行了检验，包括：①粪便分散与储存；②污水池衬砌；③提供额外的容量，防止溢出；④优化施肥用地；⑤营养流的密切监测；⑥清洁和冷却水的最小化；⑦减少饲料中金属、抗生素和激素的添加；⑧营养物质的优化平衡和改善酶、合成氨基酸对饲料的转换；⑨沼气发电（也能减少温室气体排放）。

这些实践可以汇编为行为准则，作为自愿选择方案、认证方案或者规章制度（见插文6-4）。也可以通过补贴方案以方便上述方案的应用，尤其是对于初期的应用者，或科技应用需要投资的项目，在许多国家沼气池就是个典型的例子。为了获得粪便管理的规模经济效益，当地政府可以鼓励生产商组成粪便管理小组，并提供培训和宣传。养分流的密切观测对于营养物管理和规章制度的执行至关重要。

贯彻鼓励采用先进粪便管理技术的环境规章制度，在不同程度上将影响生产成本和农场竞争力。Gerber（2006）在泰国模拟密集型畜牧业生产的环境规章制度的遵守情况，对于拥有粪便使用和先进肥料管理技术的牧场，其利润降低是有限的（最高5%）；而对于未使用上述技术的牧场来说，其利润降低更多，高达15%。这意味着，守法成本的差异，很可能对农场的位置有影响，因此，对畜牧业的地理分布有影响。

插文6-4　集约型农业生产中的牲畜废弃物成功管理案例

比利时：畜牧业废物管理始于畜禽前而不能滞后

比利时的佛兰德政府，引进"三轨"政策来减少超过3 600万千克的磷酸盐和6 600万千克氮向土壤和水的排放。包括：①提供低蛋白和磷酸盐饲料，减少牲畜数量和减少营养的摄入量。后者采用政府和饲料加工者协会之间的自愿协议。②有机肥加工和出口。③改善有机肥的管理。预计前两年每年减少磷酸盐盈余25%，即改善有机肥管理的一半。到2003年，P_2O_5盈余减少到600万千克。措施①贡献了2 100万千克（其中1 300万千克来自于饲料技术的改善），而措施②和③一起仅贡献了750万千克。总共减少了4 100万千克的氮，其中1 100万千克是采用低蛋白饲养的结果，表明降低营养负荷在实现氮、磷最佳比例的潜力。

来源：Mestbank（2004）。

荷兰：连接环境与商业——引进一个有机肥配额系统

荷兰在1986年建立了一个有机肥生产配额系统。该配额是以每头牲畜粪便生产量的历史标准为基础。有机肥料的生产配额分配给农民，以P_2O_5（千克）表示。在1994年有机肥生产权可以进行交易，由矿物质会计系统支持，并严格规定了应用技术。尽管在当时，其有明显的行政负担和集约化畜牧农场的高成本，但结果却令人印象深刻，因为在此期间，土壤的氮和磷的负荷显著下降。减少矿物肥料的应用也有助于氮和磷的下降。在1998年和2002年，土壤氮和磷的净负荷每年分别下降约1.6亿千克和1 800万千克。每欧元可以降低土壤氮和磷净负荷分别为0.8千克和0.2千克（荷兰国家公共健康与环境研究所，2004）。而去除地表水的氮、磷的成本要更高。

来源：世界银行（2005）。

6.2.4 减轻集约化饲料作物生产对环境的影响

全球33%的耕地用于饲料作物的生产，畜牧业对环境有着重要的影响，主要与密集型农业及耕地对其他土地，尤其是森林的侵占有关。饲料作物的大规模生产目前主要集中在欧洲、北美洲、拉丁美洲的部分地区和大洋洲。为生产饲料的农田扩张在巴西表现得最为强烈，尤其是为了种植大豆，但这种情况在一些发展中国家也正在发生，主要是在亚洲和拉丁美洲。全球大部分饲料作物采用商业和机械化生产，小农在谷物和饲料作物的供给中的作用很小。

减少集约化农业饲料生产的污染和其他环境影响的关键在于提高效率，也就是说，在增加产量的同时，减少对环境有负面影响的投入，包括肥料、杀虫剂以及化石燃料。先进的科技在某些地区已经表现出卓越的成就。例如，发达国家已经大幅降低了肥料和杀虫剂的使用，与此同时，还保持产量的持续增长。

在发展中国家，研究和规章制度在减低肥料的应用率和限制肥料污染中起重要作用。通过开发和宣传缓释剂以及其他低污染配方，对化肥厂收紧排放及排放标准，提高罚款力度，对使用粪便和无机肥料实行物理限制；以及通过营养素控制方法的应用（FAO，2003）。自20世纪90年代初，发达国家已经开始出台有关矿物肥料污染税的经济措施。许多发展中国家仍然在直接或间接的补贴矿物肥料的生产或销售，如对氮肥生产商的能源补贴。不鼓励使用低效率肥料，如碳酸氨。

在一些新兴经济体中，农药的使用正在迅速增加，而大多数发达国家，

273

农药的使用正在呈下降趋势。解决过度使用农药的政策，包括在进入市场前对农药进行检测和批准程序（FAO, 2003）。需要监测土壤和水所积累的农药残余所引起的环境问题，这最好由独立的机构来完成。对农药污染税的征收，创造经济动机，以减少农药的使用。

对于那些正在经历为饲料生产侵占耕地的地区，有必要促进土地使用的转型。最适合生产的区域需要强化，而边缘地区应退耕为稳定的草原或森林区。土地所有权和分区政策、研究与推广、基础设施建设等措施可以促进这一转型过程。

有针对性的研究和推广，也有助于促进更环保的良性种植方法，包括农业保护、免耕系统和有机农业。精细农业，用先进的信息和卫星技术调整特定小区域的投入品的数量和时间，已被证明在限制和优化投入使用的同时，对生产力进一步提高具有巨大的潜力。

因为大部分饲料生产区都是灌溉区域，特别是对于需要新鲜饲料的奶牛生产来说，水是一种重要的投入，深受牲畜饲料需求量的影响。正如之前所讨论的，水定价，建立水资源市场和合适的体制框架，是实现高效利用水资源和解决水源枯竭等问题不可或缺的政策工具。

解决由饲料作物生产导致的环境问题的另一出路就是降低需求量。正如前面章节所讨论的，这可以通过创造政策氛围，鼓励使用先进技术，提高饲料效率，如分阶段饲养，植酸酶、磷酸酶等酶的使用，合成氨基酸的使用和其他饲料成分等。这些投入有时会承担关税。减少、消除贸易壁垒可能会有助于相关技术的吸收和利用。

7 总结与结论

正如我们所见，畜牧业是影响生态系统的重要因素，也影响了整个地球。从全球角度来说，畜牧业是温室气体的最大来源之一，也是导致生物多样性丧失的主要诱因。在发达国家和发展中国家，畜牧业还是水污染的主要来源。

畜牧业对农业经济也至关重要，它是穷人的一种谋生方式，对人类的饮食和健康起着重要作用。因此，认识畜牧业在不同自然和经济环境中不同功能的同时，我们也要看到它在不同政治目标下对环境的影响。

前面的章节中我们已经从地方、区域和全球的角度讨论了畜牧业与环境之间的关系。本章将提出该领域未来可能出现的情况。社会对于畜牧业有怎样的期待？国家与国家之间有怎样的不同？以及随着时间的推移，这些期待会发生怎样的变化？

本章列出了减少畜牧业对环境的影响应该采取的措施。显然，想要掌握实施这些措施的政治意愿必须要了解一个问题：除了提供生计或动物制品的平价供货之外，我们应当赋予环境怎样的相对价值？此外，如果我们真的想要重视环境问题，那么该如何将公众的注意力从无关痛痒的"恼人的"苍蝇和气味的问题上转移到有关土地退化、水污染、生物多样性流失和全球气候变化这样严肃而关键的问题上来？

7.1 畜牧业与环境的联系

第6章中，我们向大家展示了相互矛盾的政策目标。政策决定很大程度上取决于以下几个方面：经济、社会、健康和食物安全。

7.1.1 经济意义

向过半的农业GDP迈进

作为一种经济活动，畜牧业贡献了世界GDP的1.4%（2005）。在过去的10年（1995—2005年），畜牧业增长率为2.2%，与整体经济增长基本持平（FAO, 2006b），但高于农业GDP的增长。与整体GDP相比，农业GDP在下降。目前，畜牧业GDP占农业GDP的40%，这一比例在大多数工业国家增加至50%～60%。畜牧业为农业和食品行业提供了原材料（生牛奶、活畜等），之后的增值活动使这些原材料的价值成倍增加。

7.1.2　社会意义

10亿贫困人口的生计

畜牧业对于生计支持、收入和就业方面的贡献远胜于它对整体经济的作用。目前全球贫困人口（指每日花费低于2美元的人群）的总数约为27.35亿（世界银行，2006），其中，约有36%，也就是9.87亿名贫困人口的生计来源是畜牧业生产（发展中的畜牧业，1999）。由于不需要正规教育和大量资金投入，在很多情况下也不需要土地所有权，畜牧养殖往往成为了发展中国家贫困人口唯一能够从事的经济活动。在很多发展中国家的边缘地区，从事畜牧生产是贫困人口在没有其他选择下的无奈之举，他们也不知道该如何应对环境退化。在亚洲和非洲，很多人因为没有其他选择而从事了畜牧业，因此，政策制定者在针对畜牧业所导致的环境恶化问题而采取措施时都应当考虑到贫困人口的生计问题。相比之下，在发达国家，数十年来持续进行的经济结构转换使得从事畜牧业的人数减少，这与畜牧业对经济的微弱影响是一致的。

畜牧业的决策之复杂往往还因为畜牧业在许多社会中具有重要的社会－文化作用。畜牧业的社会－文化作用表现形式多样：人们将牲畜看作财富和名望的象征（彩礼和争端解决）；种养兼业型农民把养殖牲畜当作分散风险的方式；人们会对某些动物来源的食物产生偏好或禁忌，等等。

牛奶能为大量的印度人口提供丰富的蛋白质，但他们许多人是素食主义者。——印度，1977年

© FAO/9428/J. Van Acker

一位酋长察看他的牛群——斯威士兰，1971年

7.1.3 营养与健康

主要决定因素

关于营养，根据2003年的统计，全球饮食中平均17%的能量和33%的蛋白质来源于畜牧食品（FAO，2006b）。然而，各国之间畜产品的消费差异巨大：2003年，印度的肉类消费平均每年每人5千克，而美国则高达123千克（FAO，2006b）。由于发展中国家动物性食品的消费仍处在低位，"全球平均饮食"中畜牧产品所占比例有望继续升高，达到在经济合作与发展组织国家（OECD）的平均水平，即占能量来源的30%，蛋白质来源的50%。所以，畜牧产品对于很多贫困、营养不足及营养不良、缺乏蛋白质、维生素或矿物质的人群来说是理想的饮食补充品。肯尼亚的一项长期研究显示，饮食中适量增加牛奶、肉类或鸡蛋对于儿童的身心健康十分有益（Neumann，2003）。然而，世界上相对富裕的人群所患有的很多非传染性疾病，如心血管疾病、糖尿病和某些癌症等，与动物性食物，尤其是动物脂肪和红肉的大量摄入有关。尽管该评估中未提及，我们仍认为减少富裕人群对于畜牧产品的过度消费能够显著减少畜牧业带来的环境破坏。国际和国家公共机构（世界卫生组织和塔夫斯大学，1998）一直以来都建议大多数发达国家应当减少动物脂肪及红肉的摄入。

说到健康和食品安全，与其他食品相比，畜牧产品对病原体更加敏感。病原体可以将疾病从动物传播给人类（人畜共患病）。据世界动物卫生组织估计，不低于60%的人类病原体与不低于70%的新型疾病是动物传染的。一系列人类疾病的传染源来自动物（比如普通流行性感冒、天花）。肺结核、布鲁氏菌病以及多种体内寄生虫疾病，比如绦虫、蛲虫等，都是通过消费动物性食物传播的。新型疾病，比如禽流感、尼帕病毒或变异性克雅二氏病的出现证明了人类与牲畜之间的接触会滋长新型疾病的发展和传播。因此，畜牧业的卫生

277

尤为重要，尤其在经济与合作发展组织（OECD）国家以及发展中国家，零售行业是由长长的、复杂的食物价值链所支撑的。保证人类与动物的健康是畜牧业进行结构性改革的主要驱动力。为了保证动物健康，控制主要疾病传播，很多时候我们必须要采取措施限制动物活动范围。

7.1.4　食物安全

牲畜需要消耗农作物，但是也为粮食短缺提供了缓冲。简单从数字角度看，畜牧业实际上消耗的食物供应总量比其提供的要多。畜牧业消耗的人类可食用蛋白质比其生产的要多。实际上，畜牧业消耗的饲料中含有7 700万吨蛋白质，这些蛋白质本可以供人类食用，而最终畜产品中的蛋白质含量只有5 800万吨。膳食能量方面的损失就更高了。这是因为近年来越来越多地使用精饲喂养方法养殖生猪和禽类。与反刍类动物相比，生猪和禽类所需的营养物质与人类所需的更为相似。

这一简单的比较忽略了一个事实，那就是：动物性食物中所含蛋白质的营养价值要比动物饲料中的高。此外，畜牧产品以及动物饲养还对食物安全做出了贡献，它们可以为国内外可能出现的食品短缺提供缓冲。然而，由于畜牧业逐渐放弃采用替代价值为零或很小的饲料及其他资源，而使用农作物及其他高价值投入品，使得畜牧业卷入了食品行业以及商品与土地使用的竞争中。虽然畜牧业并没有直接剥夺饥饿人群的食物，但是它拉高了农作物以及农业投入品的整体需求和价格。

国家进行决策时必须考虑畜牧业在诸多方面体现出来的重要性。想要实现食物供应、脱贫、食品安全和环境可持续发展的政策目标，就必须要考虑国家所处的发展阶段、国民平均收入和整体政策导向等因素。在最不发达国家，小农数量很多，那么就必须考虑小规模生产者的利益，还要考虑那些为城市消费者提供便宜货源的群体。在较高收入国家，尽管政府出于各种原因持续支持并保护国内生产（见第6章），消费者对于食品和环境安全的关心往往还是盖过了生产者的利益。

畜牧业对经济的贡献微不足道，然而，它对于社会、环境和健康却举足轻重。在这样的背景下，我们必须得看到畜牧业与环境之间的相互作用。以下是我们需要面对的现实。

7.1.5　土地及土地利用的改变

人类最大的土地利用

畜牧业的土地利用包括牧地和生产饲料的农田。实际上，畜牧业中的土地利用是人为利用的土地中面积最大的。它涉及的范围极广，占所有农业用地的70%以及地球上30%的非冰路面。

表7-1 全球畜牧业现状

维度	参数	数值	备注
经济意义[a]	占GDP比重（2005）	1.4%	
	占农业GDP比重（2005）	40%	
	增长率（1995—2005）	每年2.2%	
	农业出口创收占比（2004）	17%	
社会意义[b]	参与畜牧业活动的贫困人口数	9.87亿	全职或部分参与
	参与畜牧业生产的总人数	13亿或全世界65亿人口的20%	全职或部分参与
食物安全[c]	为畜牧业供应的人类可食用蛋白质[①]	7 700万吨	
	畜产品供应给人类的可食用蛋白质[①]	5 800万吨	
健康[c]	畜产品提供的膳食能量[d]	477千卡[*]/（人·天）或日均摄入的17%	
	畜产品提供的膳食蛋白质[d]	25克/（人·天）或日均摄入的33%	
	营养不足或营养不良人口[②]	8.64亿	畜产品可缓解
	超重人数[③]	10亿	畜产品的过量食用是主要原因之一
	肥胖人数[③]	3亿	畜产品的过量食用是主要原因之一
环境：土地[e]	放牧用地面积	34.33亿公顷或陆面面积的26%	
	退化牧地面积	20%到70%	
	饲料种植用地面积[④]	4.71亿公顷或可耕地面积的33%	
环境：空气和气候[⑤]	畜牧业对气候变化的影响（CO_2当量）	18%	包括：草原退化以及土地使用改变
	畜牧业一氧化碳排放比例	9%	不考虑呼吸作用
	畜牧业甲烷排放比例	37%	
	畜牧业一氧化氮排放比例	65%	包括饲料作物
水[⑥]	畜牧业使用淡水总量占比	8%	饮用水、服务、加工以及饲料作物的灌溉
	畜牧业使用农业用水蒸发量占比	15%	仅包括饲料作物生产时的蒸发量；其他因素也很重要但不可测量

注：①分别根据摄入和输出商品的适量蛋白质营养因子计算出的蛋白质含量。②2002—2004年3年的平均数。③数据为成年人口数据。④参照第2章和附录2.1。⑤参照第3章。⑥参照第4章。

来源：a.世界银行（2006），FAO（2006b）；b.发展中的畜牧业（1999）；c.FAO（2006b）；d.畜牧业对热量摄入蛋白质及能量占比的数据：FAO（2006b）；营养不良数据：食物安全，FAO（2006b）；肥胖与超重数据：世界卫生组织，2006；e.FAO（2006b）。

畜牧业牧场总面积达34.33亿公顷，相当于地球无冰表面的26%。其中的大部分区域对于农作物来说要么太干旱，要么过于寒冷，且人迹罕至。虽然畜牧总面积没有增加，但在热带拉丁美洲，畜牧业却在一些极其脆弱但珍贵的生态系统中快速扩张，导致每年流失0.3%～0.4%的森林面积。在亚马孙河流域，牧场是导致砍伐森林的主要原因。相较而言，发达国家的森林面积在逐年增长，因为其边缘化的牧场正在转变成森林，但是这些森林在生物多样性和气候变化价值上要远差于那些已退化的热带区域。

世界上20%的草地和牧场存在某种程度上的退化，而在干旱区域牧场退化达到73%（联合国环境规划署，2004b）。千年生态系统评估机构估计世界牧场的10%～20%已经退化。而一些干旱区域牧场生态系统表现得具有恢复力，局部的退化情况正在好转。

生产饲料作物的总面积达到4.71亿公顷，相当于总耕种面积的33%。其中大部分是经济合作与发展组织国家，但一些发展中国家也在迅速扩大饲料作物生产，特别是南美洲的玉米和大豆，巴西尤为典型。以热带森林为代价的这种大规模扩张正在发生。预期未来畜牧业产值的增长率将基于饲料集约使用的增长率（FAO，2006a）。集约的饲料生产伴随的是各种形式的土壤退化，包括土壤侵蚀和水污染。

7.1.6　气体排放和气候变化

比交通运输影响更大

畜牧业对气候变化的影响巨大，全球变暖效应的18%来自于畜牧业，比交通运输领域的"贡献"更大。全球9%二氧化碳、37%甲烷和65%一氧化二氮由畜禽排放。

瘤胃发酵和牲口粪便释放出温室气体。把以前的森林转化为牧地或种饲料的耕地导致了二氧化碳的增加。因此，以森林为代价的畜牧业和农田的扩张导致了大气层二氧化碳的显著增加。牧场和耕地的退化导致了有机物质的净损耗。生产饲料谷物（拖拉机、肥料生产、干燥、研磨和运输）和饲料用油料作物所消耗的燃料产生的二氧化碳也归咎于畜牧业。动物产品的加工和运输也同样消耗燃料、排放二氧化碳。然而，由豆科饲料作物和其他饲料作物所使用的化学肥料所释放的一氧化二氮也是导致温室效应的原因之一。

污染气体排放与气候变化并无关联，但牲口粪便释放出高达3 000万吨的氨。在动物密集区域，氨是导致酸雨的原因之一，影响生物多样性。畜牧业导致了68%的氨排放。

7.1.7 水

畜牧业是水的使用和污染的主要来源

畜牧业是水消耗增加的重要来源。畜牧业用水是全球人类用水的8%之多。事实上这些水主要被用于饲料作物的灌溉，占全球用水量的7%。产品加工、饮用和服务用水在全球范围内虽占比很小（不到全球水的1%），但对于干旱区域就显得十分重要（牲畜饮水需求是整个博兹瓦纳用水量的23%）。

除了牲畜饮用水，灌溉饲料作物和牧草也同样需要水。肉类与牛奶生产过程中的用水量尤其大。通过放牧和践踏土壤的挤压效应，畜牧对水渗透、水流速度等有着决定性的、且通常是负面的影响。牲畜还通过排放营养物、病菌和其他物质到水道而影响水的质量，这在集约养殖区域尤为明显。

就我们目前的知识，无法计算出畜牧业在水消耗上的确切比重，但种种证据显示它是一个主要的消耗来源。在每年的水消耗中，饲料作物的水蒸发量占据了显著份额（15%）。

世界最大经济体和第四大耕地面积的美国，其水污染数字可能足以说明畜牧业的重要性。在美国，大概55%的侵蚀、37%的杀虫剂使用、50%抗生素的消耗、32%的氮污染负荷和33%的磷污染负荷都与畜牧业息息相关。虽然流入淡水资源的有效负荷不仅限于沉淀物、杀虫剂、抗生素、重金属或者生物污染，但畜牧业在这些污染过程中扮演着重要角色。

畜牧土地使用和管理（尤其是动物粪便）是影响畜牧业水消耗的主要机制。

7.1.8 生物多样性

畜牧业是物种消失的关键因素

畜牧业直接或间接影响着生物多样性，但大部分影响途径的程度难以定量。在牧区，饲养的牲畜和野生动物相互影响，这些影响有时候是正面的，但多数情况下是负面的。饲养的牲畜以传统状态来维持草地生态系统，但是健康的担忧对野生动物构成了新的威胁。

以森林为代价的畜牧业扩张，给拉丁美洲一些珍贵的生态系统带来了巨大的消极影响。在各大洲，牧场的退化都影响着生物多样性。农作物面积的扩张和集约种植饲料作物无疑给生物多样性带来了消极影响，甚至是严重后果（在热带森林扩张大豆的种植）。由产业化畜牧生产而导致的水污染和氨的排放，对生物多样性，尤其是对水生生物构成巨大威胁。畜牧业对气候变化的重要影响也将影响着生物多样性，然而由外来物种促进的这种畜牧业的历史角色还在继续。

畜牧业目前占据着陆地动物生物量的20％，它们占据了曾经属于野生动物栖息的地方。在很大程度上，畜牧业决定了氮和磷的排放。在许多集约养殖区，畜牧业的产业化使得其区域与土地分离，影响了土地和牲畜间的营养流动，造成了资源（土地植被和土壤）的退化和水域的污染（动物粪便更多地分解到水道而不是土地上）。污染和过度捕鱼（用作牲畜饲料），对海洋生态系统的生物多样性的影响也越来越大。

7.1.9　物种、产品和生产系统的差异

不同的畜牧业产品，甚至是物种对环境的影响有着巨大的差异。

牛能提供牛肉、牛奶和牵引动力等多样的产品和服务。在种养兼业系统中，牛通常被纳入到营养流里并能发挥积极的环境效益。在发展中国家，牛和水牛仍然为农田耕作提供动力，在许多区域动物牵引力的增加（部分撒哈拉以南非洲）代替了潜在的矿物燃料的使用。在这种系统下，牲畜能利用剩余的作物，而不是焚烧它们，这对环境起到了积极的作用。然而，发展中国家的粗放型养殖的牛通常仅是边际生产力。结果，动物的喂养使用了大部分的饲料，导致了单位产出的资源低效和高环境威胁。

相对于其他形式的以市场为主导的产品，乳业是与土地联系更为紧密的产业。因对纤维饲料的日常需求，很多的牛奶加工都倾向于接近饲料供应地，所以他们能很好地结合营养流，尽管在牧场过度使用氮肥是导致经济合作与发展组织国家地表水氮超标的主要原因。大规模的乳品生产对土壤和水污染构成威胁，如南非的乳制品巨头、北美洲和在中国不断增长的产业化乳业企业。乳业是个劳动密集型产业，不易受经济规模的影响。因此，以小规模或家庭为基础的乳品生产要比家禽和猪肉生产更能抵御市场压力。

牛肉生产的集约化程度和规模差异大。集约化程度极大或极小，对环境的伤害都很大。牛的粗放式养殖，会导致草场退化，也会助长滥砍滥伐（草地转换），因此会导致碳排放、生物多样性缺失以及对水流及其质量的不良影响。而集约化养殖，饲养场在吸收营养方面肯定比附近别的土地要好太多。在饲养场阶段，浓缩饲料向牛肉的转换相较于浓缩饲料向鸡肉或者猪肉的转换，效率要低很多。所以，生产单位牛肉所需的资源显著高于鸡肉或猪肉。但是，考虑包括放牧阶段在内的整个生命周期，每千克浓缩饲料对牛肉增长的贡献度不如非反刍类牲畜（农业科学技术理事会，1999）。

羊的养殖一般来说都是粗放的。除了一些在近东和北美洲的小饲养场，基于浓缩饲料的集约化生产几乎不存在。小型反刍动物，尤其是山羊，能够在对于其他农业生产来说都不合适的环境中生长和繁殖，因此山羊的用处很大，

尤其是对那些没有其他方法支持生计的贫穷农民来说。因为他们进行适应性放牧，羊群的范围不断扩大到贫瘠的、陡峭边缘地带，这与养牛的情况不同。羊吃草影响土地的植被覆盖以及森林的再生能力。如果饲养过量，它们会导致植被和土壤的退化，从而破坏环境。但是，由于养羊的经济价值低，一般并不会导致像巴西养牛牧场那样的大范围滥砍滥伐。

基于利用家庭垃圾以及农工业副产品的粗放式养猪，能够将没有商业价值的单位面积或体积的生物量转化成高价值的动物蛋白质，对环境起到了积极作用。然而，这样的粗放式养殖并不能满足很多发展中国家不断增长的城市需求，这种需求不仅仅是指需求量，还指在卫生和质量标准方面的要求。随之而来的向大范围以谷物为饲料的产业化系统的转变导致养猪的地理集中。在这个过程中，土地与畜牧业之间的平衡十分不尽如人意，导致土地营养过剩以及水污染。此外，在热带与亚热带国家的大多数产业化养猪场使用的冲水系统用水量非常大，造成了污染，导致环境恶化。

家禽的养殖是最受制于结构变化的。在经济合作与发展组织国家，家禽养殖几乎完全是产业化的，而在发展中国家，也基本是产业化的。尽管产业化养殖家禽完全基于谷物以及其他高价值饲料，它依然是最高效的动物源食品的生产形式（一些水产养殖除外），同时，单位产出所需要占用的土地也是最少的。家禽粪便含有高营养成分，并且相对来说易于管理，所以被广泛用作肥料，有时还被用作饲料。因此家禽养殖带来的环境的损害比养殖其他物种要低得多（尽管可能对当地影响很大）。

总而言之，畜牧业与环境之间的关系广泛且复杂，集约化养殖和粗放式养殖都会对环境带来损害。养牛所带来的环境损害是最大的，而饲养家禽则是最小的。

7.2　我们需要做什么

未来畜牧业与环境的交互关系将取决于如何寻求两种需求之间的平衡点：一方面是人类对动物产品的需求，另一方面是环境保护的需求。其实这两种需求的动因相同，即人口增长、收入增加以及城镇化进程的加快。但自然资源的承载能力是有限的。因此，发展畜牧业不仅要满足人类对动物产品的需求，而且还要减少对环境的破坏。本章节，我们将对照"一切照旧"的畜牧业发展模式，就如何平衡这两种需求提出一些看法。

未来几十年，人类对动物产品的需求会大幅增长。尽管与最近几十年相比，这一需求会放缓，但绝对增量仍十分巨大。预计到2050年，全球肉类产量将从1999/2001年的2.29亿吨提高至4.65亿吨，实现翻番；牛奶产量将从5.8亿吨提高至10.43亿吨（FAO，2006a）。发展中国家将是新增产量的主要贡献者（FAO，2006a）。未来，禽肉将是人们的首选，因为不同文化背景人群均能接受，而且浓缩饲料的技术效率较高。

"一切照旧"的畜牧业发展模式导致诸多问题

如果没有补救措施，畜牧生产对环境的破坏力就会越来越大。简单来说，如果畜牧产量翻番，而单位产量的环保措施保持不变，那么环境所遭受的破坏也将加倍。

尽管目前还没有量化畜牧业对环境的破坏作用，但结合畜牧业未来可能出现的产业结构变化，如果畜牧业继续按照"一切照旧"的模式发展下去，将出现下列情况：

（1）集约化、产业化畜牧生产将加剧畜牧地区的氮、磷污染，导致有毒物质集中排放，污染土地、地表水和地下水，破坏水和陆地的生物多样性。规模化养殖与农户小规模散养并存，将进一步加大传统动物传染病暴发的风险。

（2）对饲料作物的不断需求将导致某些地区，尤其是拉丁美洲，大量自然栖息地被饲料作物侵占。1985—2005年，欧洲进行了农业政策改革，东盟及独联体一些国家对产业结构进行了大幅调整，全球因饲料作物转化效率高转而饲养家禽，这些措施和变化曾对减少饲料粮使用起到了积极作用，而如今这一作用可能会减弱（FAO，2006a）。因此，畜牧产量不断增加，饲料粮的使用量也将随之增加。农作物生产规模化、集约化面临较大压力，导致水资源缺乏、气候变暖及生物多样性丧失等环境问题也随之加剧。

（3）畜牧业已经是全球气候变暖的主因之一，继续按这一模式发展将加剧人为温室气体排放，尤其一氧化二氮的排放。这种气体破坏性更大。

（4）畜牧业发展将加剧干旱半干旱地区的土地退化，尤其是非洲、南亚及中亚地区，进而导致气候变暖、水资源缺乏、生物多样性丧失，甚至会对生产力造成不可逆转的损失。靠畜牧为生的穷人逐渐被边缘化，只能从日渐减少的公共资源中获得极少的回报。

消费者也许能推动畜牧业朝可持续发展方向发展

"一切照旧"式的畜禽养殖模式危害颇多，亟需改变。经济在发展，人口在增加，环境资源却日益减少，环境问题日趋严重，环境保护的呼声越来越强烈。人们的环保需求也有一个变化过程，刚开始只要求减少苍蝇，消除难闻的气味，进而会渴望清洁的空气和水源，最后就是更长远的需求，比如良好气候和生物多样性等。从国家层面上来说，环境保护措施定将不断出台。以清洁水源为例，很多国家都做了诸多努力。从全球层面来说，已经出现诸如"碳排放交易机制"和"自然保护抵偿外债交易协定"等环保模式，虽然效果尚不明确，但很有前景。

人类对动物产品日益增长的需求与保护环境之间的矛盾是可以调和的。这两种需求都来自于同一群体，即相对富裕的中高收入阶层。现在，这一阶层不仅存在于工业化国家，还广泛存在于诸多发展中国家。未来几十年，这一阶层还将在绝大多数发展中国家大量涌现。这一消费群要求保护环境，也愿意承受不可避免的物价上涨。有机产品及其他贴有环保标签的产品热销，从中就能看出这一点。发达国家素食主义风行，人们青睐更健康的饮食，也同样印证了这一点。

7.2.1 合理定价以提高资源利用效率

减少畜牧业对环境的破坏，关键在于提高资源利用效率。我们有很多已证明有效的技术，可以将这些技术用于资源管理、农作物种植、畜牧生产以及减少收获后损失等方面，以减轻畜牧业对环境的危害。本书不同章节对这些内容已作总结。但是，这些技术的广泛普及还有赖于合理的定价，认真反思各种生产要素真实的短缺性，改变目前一些不利于资源高效利用的做法。

畜牧生产所需的土地、水和饲料的现行价格没有反映其真实的短缺性，导致畜牧生产过程中，资源使用过量，生产效率不高。因此，为保护环境，未来的政策必须对畜牧业主要的生产资料进行合理定价。

生产资料价格偏低，水价尤其如此。为改变很多国家水价过低的情况，可以对水资源进行市场化，采取多种成本补偿措施。为保证土地价格，可以征收放牧费，调整牧场租用费，从制度方面改善对牧场管控，保证牧场使用的公平性。取消畜牧产品补贴（绝大多数工业化国家对畜牧产品给予补贴），也有利于进一步提高资源利用效率。以新西兰为例，20世纪80年代初，该国大力削减农业补贴，现如今，该国反刍畜禽产业生产效率最高，对环境的破坏最小。

7.2.2 校正环境的外部性

畜牧业生产资料和产品合理定价虽能大大提高畜禽生产过程中自然资源的使用效率，但这还不够。要以"提供者得益、污染者付费"为原则，将环境正负外部性都明确纳入政策框架。

校正环境正负外部性有利于畜牧养殖户在养殖过程中减少对环境的危害。保护环境的养殖户应从直接受益者（比如，保证河流下游养殖户的水源供应和水质）或广大公众那里得到补偿。可获补偿的环保做法包括：良好的土地管理，利用植被保护或恢复生态多样性，提高草地土壤有机质，增强土壤固碳能力。加强草场管理，能减少地表径流，提高土壤渗透能力，从而大大减少水源沉积现象。水电供应者和放牧者应合作达成补偿方案。

同理，排氮或将废物排入河道的养殖户应承担责任，并赔偿对环境造成的损害。如此一来，他们才会选择更环保的养殖行为。由于畜禽产品需求旺盛，能带来较多利润，牛奶和肉类的需求也不断增长，所以对污染环境的养殖户的惩罚也要适可而止。对于一个面积0.5公顷的印度混合养殖场，如果有几头奶牛排放甲烷，想对其进行惩罚是比较困难的。但是，规模化养殖的废物排放较为集中，惩罚与监管并举似乎是最合适的方法。

希望各国通过执行国际条约、利用监管框架和市场机制，加大环境污染税征收和生态补偿力度，先处理本国的外部性问题，再应付国际外部性问题。各国政府应加强这方面的制度创新。

7.2.3 加快技术革新

养殖体系中既有规模化养殖，又有其他养殖方式。目前畜禽生产水平与技术可及水平之间还存在差距，这表明，我们可以通过加大技术投入缩小这一差距。在粗放型放牧模式下，运用技术来提高畜禽产量并非易事，甚至根本不可行，尤其是在资源极其贫乏的地区（比如不毛之地萨赫勒地带），那里的畜禽产量之低可以说是达到了极限（Breman 和 de Wit, 1983）。集约化养殖并不适宜所有放牧地，适宜地区约占草场总面积的10%（Pretty 等，2000）。

改变生产低效的养殖方法，校正环境外部性问题，有利于推动生产资料和畜禽产品的合理定价，真实反映生产要素和自然资源的短缺性。合理市价进而又推动技术革新，提高资源利用效率，减少污染物和废弃物的排放。如果持续释放这种价格信号，养殖户定会纷纷快速、果断地做出反映。

目前来看，我们并不缺少能提高生产效率的技术。畜禽产品市场仍然十分广阔，相关政策又并没有取得预期效果，鉴于此，我们可以广泛使用现已成熟的技术，大幅提高畜禽生产力。但是，我们要继续研发新技术，让新技术与利好政策相得益彰。

技术革新的目的是为了高效利用土地、水以及饲料等资源。其中，土地和水是畜牧业最重要的生产资料。要加强饲料作物生产的研发，提高饲料作物的产量和利用效率。但这超出了本书的研究范围。

禽畜生产过程中，动物饲养、繁育和动物健康三方面更强调高效。对于技术还不够先进的产业化畜禽养殖，运用现代饲养技术可以大幅减少饲料粮的使用量，也许能减少1.2亿吨，相当于饲料粮总量的20%（假设饲料用量最大的牧场和世界饲料平均使用量之间的差距能够缩小一半）。现代饲养技术包括优化饲料粮使用量，使用饲料酶和人工氨基酸以及改良畜禽遗传基因。一直以来，主要是私营企业在从事产业化、商业化畜禽生产的技术研发，政府也应该积极发挥作用，加大自然资源管理方面的技术研发投入，减少小型养殖户市场进入壁垒。

7.2.4　减少集约化养殖对环境和社会的负面影响

如第1章所述，畜牧业增长的80%得益于产业化养殖。产业化养殖之所以会破坏环境是因为地理上过于集中，而不是因为养殖规模大或是生产强度高。当然，在极端情况下养殖规模也会带来问题：有些养殖场规模太大（比如饲养几十万头猪），不管把这个养殖场放在哪里，废弃物的处理都会是难题。

规模养殖场的地理位置会影响废弃物的处理。养殖业和种植业越来越趋于分离，养殖场周边没有足够的土地来处理废弃物。到目前为止，畜禽养殖选择地点时，通常不会考虑环境问题。靠近生产资料和产品市场，土地价格以及劳动力成本才是影响地点选择的决定性因素。对于发展中国家，由于基础设施的限制，规模养殖场通常位于城市周边地区。对于发达国家，尽管养殖场有向农村转移的趋势，但背后的动机似乎更多地是为了让养殖场远离公众视线，而不是为了环保。但是，要实现畜牧业和生态系统平衡发展，必须限制畜禽养殖密度（如欧盟所说明的那样）。

限制畜禽养殖密度，是为了将废弃物的量控制在土地可消纳的范围内。规模养殖不要集中于靠近市场或饲料的地区，而应向耕种地靠拢，利用耕种地来消纳废弃物，但要注意土壤的污染负荷问题。可以采取的政策包括划定养殖区域，颁发养殖许可证，颁布强制性土壤养分管理规定，并为养殖户和种植户合作提供便利。

养殖业只有分散经营，才能为废弃物循环利用提供充足条件和动力。畜牧业和种植业重新整合发展将成为趋势。政策制定要激励与监管并举，推动产业化、集约化养殖向分散养殖转变，鼓励养殖业远离高消费地区，迁移至养分匮乏的农村地区。还要制定法规，规范饲料和废弃物重金属和药物残留的处理，应对食源性病原菌等公共卫生问题。

养殖业分散经营能造福农村，尤其是就业渠道少、发展机遇少的地区。制定法规的同时也要出台激励措施，比如说，在养分匮乏地区建设养殖场可以享受减税优惠，大型养殖企业迁移至农村地区可享受经济补贴。

无法实现分散经营的规模养殖场应具备粪污零排放系统，比如说，有些养殖工业园区就具备全面处理废弃物的能力，例如粪污消化制沼，将动物粪便加工成有机化肥。鉴于当前的技术水平，粪污处理能耗大、成本高。生物制沼技术迅速发展，兴许是不错的选择。

同时，还要应对谷物、油料以及蛋白饲料对环境的影响。饲料通常也是集约化农业的产物。因此，在饲料生产中，也要广泛运用害虫综合治理、土壤治理以及计划施肥等环保措施。为减小海洋捕捞业的压力，养殖业要研发新的饲料，不再将鱼粉作为饲料，比如应用合成氨基酸研发新饲料。

在规模经济的驱动下，畜禽养殖向集约化方向发展，养殖规模越来越大。尽管整体来看，养殖业在发展，但代价是很多中小养殖户及其他参与者被排挤出养殖市场。所有走集约化养殖路线的国家都是如此：早在20世纪60年代初，欧盟和北美洲都发生了这种情况，20世纪80～90年代，发展中国家也遭遇这一情况。这导致农村劳动力转移、财富过于集中等社会问题。对于这一问题，农业内外部多元化发展、加强社会保障体系建设才是解决之道。

7.2.5 重新调整粗放型放牧注重环境保护

在生态允许的地方要提倡集约化放牧，尤其是进行乳畜养殖的地方，以及负营养地区。

对很多经济合作与发展组织国家而言，乳畜业面临的一大问题是草场污染超负荷。有些国家通过减少乳畜数量来缓解草场压力，有时效果不错。

但是，粗放型放牧模式下，放牧地的生产力很低，放牧面积占陆地面积的26%，但产量却不足肉类总产量的9%。在一些无法进行集约化养殖的地区，粗放型放牧产量低，对环境破坏大，造成地表径流严重、土壤流失、土壤固碳能力差、生物多样性丧失。

到2050年，全球人口将超过90亿，大部分人将更富裕，环保需求不断增加。粗放式放牧要将环保作为重要、甚至首要的目标，否则很难继续生存。粗放型放牧不应仅仅提供产品，还要转向提供环保服务。为加快转型，可以采取生态补偿机制及其他激励措施。

边缘土地价值在快速变化。过去，畜牧业之所以占据大量土地是因为这些土地没有其他用途，也就是说土地没有机会成本。这种情形下，粗放型放牧可以产生效益。

在所有环境服务中，水环境保护将首先得到重视，水环境保护措施在各地将得到广泛应用。在政策的激励下，放牧者会加强牧地管理，减少放牧对环境的破坏作用，在一些生态脆弱地区不从事任何放牧活动。

由于生态多样性的评估方法还存在争议，生物多样性保护（比如，保护物种和景观）更为复杂，但是，如果发展旅游业，生物多样性保护就能一定程度上得到补偿。这一做法不局限于发达国家。例如，非洲及一些其他地区将野生动物作为旅游资源，放牧者也可以从旅游收入中分一杯羹，这表明旅游收入有助于实现放牧者与野生动物和谐共存。需要注意的是，这种生物多样性补偿绝不仅仅针对游客喜爱的物种，应该是广义概念。

通过改善牧场管理或放弃草场来提高土壤的固碳能力并非易事。但考虑到牧地有助于提高土壤固碳能力，减少污染排放的作用，且成本相对较低，我们要采取措施，利用牧地来缓解气候变暖。国际条约要进行调整，调整后的国际条约应涉及土地利用、土地利用变化及林业（LULUCF）提高土壤固碳能力，以及还在试验阶段的市场机制。

随着环境资源短缺加剧，其价值会越来越高。如果市场机制发挥作用，在很多地方，尤其是畜禽数量只占世界平均水平1/3（因此产出也占1/3）的边缘地区，环保需求的呼声将击败畜禽生产需求。对于私有土地，市场机制较容易发挥作用。而对于公共土地，尤其是大量贫穷牧民或小型养殖户赖以生存的地区，市场机制很难发挥作用。这并不是说粗放型放牧就不关心自然资源；而是粗放型放牧遭受了一系列内源性（人口增长）和外源性（耕种地侵占牧地）压力，导致环境恶化。

必须控制放牧准入标准，将环保放在首位，将畜禽生产放在第二位。阿尔卑斯山脉地区及欧洲、北美洲一些地区已开始控制放牧准入。这些地区生态脆弱，生态资源十分宝贵。地方、国家、国际各级都要实行生态补偿机制，要意识到不同自然资源的性质——水和土是本地资源，而生物多样性和土壤固碳能力则是国际资源。

对土地"放任不管"会带来极大的危害，而注重土地生态保护则会带来效益。认识到这一点，各国可以修复因管理不善和环境破坏而退化的地区。能否成功修复，取决于土地产出与环保可行性之间的比值（Lipper, Pingali 和 Zurek, 2006）。农业产出越低（比如土壤肥力不够、坡陡），进行生态保护的可行性就越高（比如使用流域保护法），土地修复也就越容易。退化的牧地很容易修复，尤其是发展中国家潮湿丘陵地区或山区中退化的牧地。但是，土地修复还需要当地、国家和国际层面上的制度保障。所以，制度制定应是重中之重。

粗放型放牧向注重环保转变，这就提出了一些极其重要的问题：环保产生的收益如何分配？如何解决以粗放式放牧为生的穷人的生计？这一穷人群体十分庞大。对于贫穷国家，放牧是重要的生活来源。在毛里塔尼亚，畜牧业占GDP的15%；在中非共和国，这一比例是21%；在蒙古国，这一比例高达25%。但是，这并不表示畜牧业有助于减贫。

很明显，我们没有什么速效良方。制定政策时，要考虑就业渠道、劳动力转移及社会保障等问题。可以说，国际社会有义务为这些穷人提供社会保障，何况有些穷人所在的国家情况更糟糕，如其他产业的经济效益也不高，生物多样性或气候遭受破坏。健全的社会保障体系以及生态补偿机制可以加快边缘放牧地区对环保的重视，实现放牧的可持续发展。

7.3 面临的挑战

畜牧业是一个对比鲜明的行业。尽管对经济的贡献有限，但对发展中国家的社会发展极其重要，在很多发达国家也有着重要的政治影响。畜牧业发展的同时也带来了很多环境问题，比如气候变暖、大气污染、水供应和水质问题以及生物多样性丧失。农业革命之后，大部分混合农场循环利用废弃物，保护非可再生资源，对环境产生了积极作用，与如今畜牧业对环境的破坏作用形成了鲜明对比。以畜牧业为生计的穷人也面临生存威胁。

畜牧业评估发现，事实上只需付出合理成本就可以大幅减少畜牧业对环境的破坏作用，但人们还没有充分解决畜牧业带来的环境问题。相比之下，人们更关注畜牧业的经济产出。问题的症结在于体制障碍和政治障碍，缺乏有效机制。理想的机制不仅可以反馈环境变化，还会充分考虑各种外部因素，将公共资源管理纳入畜牧业行业发展。

畜牧业为什么会面临这些障碍和问题？第一，社会对这一问题涉及的范围还不够了解。甚至很多环保人士和环保政策制定者都还没有充分认识到畜牧业对气候、生物多样性和水源的巨大影响。希望这份评估报告能改变这一现状。

第二，社会采取的环保行为一般主要针对特定生态系统。正如我们所见，由于养殖行业的流动性，养殖场可以选择搬迁，并不会造成多大问题。但是，环境压力通常发生了转移，表现形式各有不同。例如，集约化养殖减少了放牧地的生态压力，却加大了水道的压力。

第三，畜牧业与环境的交互关系非常复杂，表现形式多样，这就加大了协同治理环境的困难。这也是很多环境问题的共性，是环保政策相对滞后的主要原因。

第四，畜牧业也受其他政策目标的影响。对于政策制定者来说，很难同时解决经济、社会、卫生和环保问题。很多人以畜牧业为生计，政策制定者的选择也因此受到诸多限制，权衡利弊时还要考虑政治影响，做出决定非常困难。

尽管困难重重，但畜牧业对当地和全球生态的影响极大，必须尽快解决。要加强宣传、沟通和教育，提高社会的环保意识。

由于消费者影响力日益增加，消费需求将决定产品特性。消费者带来的经济压力和政治压力，可能会成为实现畜牧业可持续发展的推动力量。渔业和林业在可持续发展方面已取得进展，很多生态鱼和林业产品都贴上了环保标签。经海洋与森林管理委员会认证的环保标签已经得到消费者的认可。亟需成立专门机构，对禽畜产品进行认证和标识，引导消费者识别哪些是生态环保产品。这些机构要考虑畜牧业面临的特定环境问题，据此制定并推广环保标准。

很多环境问题都是缘于体制上的真空，既没有机构去评估问题的严重性，也没有机构去应对这些环境问题。以前成立的机构主要负责控制公共资源的准入，现在已经不起作用了，甚至不复存在。要重新恢复这些机构，调整机构职能。而一些现代机构，虽然职能上符合要求，但发展速度缓慢。亚洲和拉丁美洲集约化养殖发展迅速，但环境监管以及相关法律的执行没跟上，造成严重的环境问题。

饲料和畜禽产品的交易带来了对环境的破坏，而环境破坏的代价并没有被计算为成本（Galloway等，2006）。要成立相关机构，实行更合理的价格机制，真实反映自然资源的短缺性，体现外部因素对价格的影响。

虽然畜牧业正朝着集约化方向发展，但是在世界各地小型养殖户还大量存在。政策制定者身陷困境：一方面要保证供应物美价廉的禽畜产品，确保食品安全；另一方面还要顾虑小型养殖户的生计以及环保问题。

畜牧业的发展很难令各方都满意。如其他产业一样，制定畜牧业政策很多时候也要"权衡利弊"，很难做出选择。比如，规模经济推动畜牧业走向商业化，食品安全标准也随之提高，但这却阻碍了小型养殖户的发展。很多小型养殖户资金不足，技术不先进，根本无法与商业化养殖竞争，最终不得不退出市场。再比如，采取环保措施可以减少畜牧业对环境的破坏，但生产资料和环保成本势必增加，增加的成本必然会转嫁到消费者身上，肉蛋奶价格上涨。不过，不断壮大的中产阶级可以接受产品价格上涨。

当前，畜牧业产业结构还在不断变化，很有可能会加快发达国家和发展中国家的小型养殖户退出市场。为了缓解产业机构变化对社会的影响，一些国家成立了养殖合作社，采取订单式养殖模式，帮助小型养殖户参与现代农业经济。但这也许并不能改变小型养殖户退出市场的趋势。很多穷人从事养殖业并非是出于无奈，退出养殖业也许并不是坏事。比如，一些经济合作与发展组织国家在其他行业也有很多就业机会，对这些国家而言，小型养殖户退出市场很正常。

但是，如果养殖业以外的其他行业也没有就业机会，小型养殖户退出市场就将是严重的社会问题，这就需要提供健全的社会保障。想通过政策遏制畜牧业产业结构调整，保护小型养殖户或家庭农场的利益，代价非常高。欧盟的农业政策就表明，遏制畜牧业产业机构调整变化只能让集约养殖的进程放缓，根本遏制不住。更重要的是，要为退出市场的小型养殖户提供更多的就业渠道。

自然资源有限，不断壮大的中高收入人群对环保的需求也越来越大。畜牧业必须加快转型，实现可持续发展。我们建议从以下四个方面进行转型。

（1）要继续提高畜禽生产资料的利用效率。要为生产资料设定更合理的市场价格，饲料生产、畜禽饲养、产品加工、产品配送和销售各个环节都要采用更先进的技术。

（2）畜牧业产业结构调整会不可避免地推动行业朝着集约化、商业化发展。我们要接受这一现实。减少集约化养殖对环境的破坏，关键在于鼓励规模养殖场迁往农村地区，利用周边的耕地来消纳动物粪污，并提高饲料生产和粪污处理技术。工业化养殖场远离拥挤的城郊，迁往农村地区，才能为粪污循环利用提供条件。

（3）粗放型放牧仍将继续存在。但是，草场放牧要重视环境保护，生态脆弱的牧场甚至要将环保视为首要目标。放牧不仅仅是为了提供畜禽产品，要转向注重环境保护，保护自然景观、生物多样性、水源，进而提高土壤的固碳能力。

（4）同样重要的是，鉴于畜牧业未来可能发生的变化，地方、国家和国际各级都要制定并实施相关政策。这不仅需要强大的政治决心，而且需要提高公民社会的意识，了解继续"一切照旧"会带来的环保危害。

畜牧业是主要的环境污染源。如果我们能尽快采取行动，将会大幅减少畜牧业对环境的破坏。

参考文献
REFERENCES

Ackerman, F., Wise T.A., Gallagher, K.P., Ney, L. & Flores, R. 2003. *Free trade, corn and the environment: Environmental impacts of US–Mexico corn trade under NAFTA.* Global Development and Environment Institute, Working Paper No. 03-06.

ADB. 2001. *Fire, smoke, and haze – the ASEAN response strategy.* Edited by S. Tahir Qadri. Asian Development Bank. Manila, Philippines. p. 246

Ahmed, M. 2000. Water pricing and markets in the Near East: Policy issues and options. *Water Policy*, 2: 229–242.

Ajayi, S.S. 1997. Pour une gestion durable de la faune sauvage: Le cas africain. In Etude FAO forêts , eds. *Ouvrages sur l'Aménagement Durable des Forêts.* Rome, FAO.

Alder, J. & Lugten, G. 2002. Frozen fish block: how committed are North Atlantic States to accountability, conservation and management of fisheries? *Marine Policy*, 26: 345–357.

Allan, J.A. 2001. Virtual Water – economically invisible and politically silent – a way to solve strategic water problems, *International Water and Irrigation*, 21(4): 39–41.

Altieri, M. & Pengue, W. 2006. GM soybean: *Latin America's new coloniser.* Article in *Grain* (Available at http://www.grain.org/front/).

Amon, B., Moitzi, G., Schimpl, M., Kryvoruchko, V. & Wagner-alt, C. 2002. *Methane, nitrous oxide and ammonia emissions from management of liquid manures, Final Report 2002.* On behalf of Federal Ministry of Agriculture, Forestry, Environmental and Water Management and the Federal Ministry of Education, Science and Culture Research Project No. 1107, BMLF GZ 24.002/24-IIA1a/98 and Extension GZ 24.002/33-IIA1a/00.

Anderson, D.M., Galloway, S.B. & Joseph, J.D. 1993. *Marine biotoxins and harmful algae: a national plan.* Technical Report, Woods Hole, Massachusetts, USA, Woods Hole Oceanographic Institution (WHOI) 93–02. 59 pp.

Anderson, K. & Martin, W. 2005. *Agricultural trade reform and the Doha Development Agenda.* World Bank Policy Research Working Paper 3607. World Bank, 21 February 2005.

Anderson, M. & Magleby, R. 1997. *Agricultural resources and environmental indicators, 1996–97.* Agricultural Handbook No. 712. July 1997, 356 pp.

Andreae, M.O. & Crutzen, P.J. 1997. Atmospheric aerosols: biogeochemical sources and roles in atmospheric chemistry. *Science*, 276: 1052–1057.

Andreoni, J & D. Capman. 2001. The simple analysis of the environmental Kuznets curve. *Journal of Public Economics* 80(2): 269–277.

Animal Info. 2005. *Information on endangered mammals*, (Available at http://www.animalinfo.org/index. Accessed July, 2005).

Archer, S., Schimel, D.S. & Holland, E. A. 1995. Mechanisms of shrubland expansion: land use, climate or CO2? *Climatic Change*, 29: 91–99.

ARKive. 2005. *Globally endangered chapter*, (Available http://www.arkive.org/species/GES/. Accessed July, 2005).

Artaxo, P., Martins, J.V., Yamasoe, M.A., Procópio, A.S., Pauliquevis, T.M., Andreae, M.O., Guyon, P., Gatti, L.V. & Leal, A.M.C. 2002. Physical and chemical properties of aerosols in the wet and dry seasons in Rondonia, Amazonia. *Journal of Geophysical Research*, 107 (D20): 8081–8095.

Arthur, J.A. & Albers, G.A.A. 2003. Industrial perspective on problems and issues associated with poultry breeding. In W.M. Muir, *Poultry genetics, breeding and biotechnology*.

Asad, M., Azevedo, L.G., Kemper, K.E. & Simpson, L.D. 1999 *Management of water resources: Bulk water pricing in Brazil*. World Bank Technical Paper No. 432.

Asner, G.P., Borghi, C.E. & Ojeda, R.A. 2003. Desertification in central Argentina: Changes in ecosystem carbon and nitrogen from imaging spectroscopy. *Ecological Application*, 13(3): 629–648.

Asner, G.P., Elmore, A.J., Olander, L.P., Martin, R.E. & Harris, A.T. 2004. Grazing systems, ecosystem responses, and global change. *Annual review of environment and resources*, 29: 261–299.

Atwill, E.R. 1995. *Microbial pathogens excreted by livestock and potentially transmitted to humans through water.* Davis, USA, Veterinary Medicine Teaching and Research Center School of Veterinary Medicine, University of California.

Baillie, J.E.M., Hilton-Taylor, C. & Stuart, S.N. eds., 2004. 2004 IUCN red list of threatened species. A global species assessment. Gland, Switzerland and Cambridge, UK, IUCN.

Baker, B., Barnett, G. & Howden, M. 2000. *Carbon sequestration in Australia's rangelands. Proceedings workshop Management options for carbon sequestration in forest, agricultural and rangeland ecosystems*, CRC for Greenhouse Accounting, Canberra.

Ballan, E. 2003. De participation en conflit: la décision partagée à l'épreuve des faits dans la moyenne vallée du Zambèze. In Rodary E., Castellanet C. & Rossi G., eds. *Conservation de la nature et développement, l'intégration possible?* Paris: Karthala & GRET, 225–237.

Bari, F., Wood, M.K. & Murray, A.L. 1993. Livestock grazing impacts on infiltration rates in a temperate range of Pakistan. *Journal of Range Management*, 46: 367–372.

Barraud, V., Saleh, O.M. and Mamis, D. 2001. *L'élevage transhumant au Tchad Oriental*. Tchad: Vétérinaires Sans Frontières.

Barrios, A. 2000. *Urbanization and water quality*. CAE Working Paper Series. WP00-1. American Farmland Trust's Center for Agriculture in the Environment, DeKalb, Ill.

Barrow, C.J. 1991. *Land degradation: Development and breakdown of terrestrial environments*. UK, Cambridge University Press. 313 pp.

Barrow, N.J. & Lambourne, L.J. 1962. Partition of excreted nitrogen, sulphur, and phosphorus between the faeces and urine of sheep being fed pasture. *Australian Journal of Agricultural Research*, 13(3): 461–471.

Batjes, N.H. 2004. Estimation of soil carbon gains upon improved management within croplands and grasslands of Africa. *Environment, Development and Sustainability*, 6:133–143.

Behnke, R. 1997. Range and Livestock Management in the Etanga Development Area, Kunene Region. Progress Report for the NOLIDEP Project. Windhoek, Namibia, Ministry of Agriculture, Water and Rural Development.

Bellamy, P.H., Loveland, P.J., Bradley, R.I, Lark, R.M. & Kirk, G.J.D. 2005. Carbon losses from all soils across England and Wales 1978–2003. *Nature*, 437: 245–248.

Bellows, B. 2001. *Nutrient cycling in pastures-livestock systems guide*. Fayetteville, Arizona, USA, ATTRA – National Sustainable Agriculture Information Service.

Belsky, A.J., Matzke A. & Uselman S. 1999. Survey of livestock influences on stream and riparian ecosystems in the western United States. *Journal of Soil and Water Conservation*, 54: 419–431.

Benoît, M. 1998. *Statut et usages du sol en périphérie du parc national du «W» du Niger.* Paris, Niamey, ORSTOM.

Berg, C. 2004. *World fuel ethanol analysis and outlook*, (Available at http://www.distill.com/World-Fuel-Ethanol-A&O-2004.html).

Bernstein S. 2002. Freshwater and human population: A global perspective. In Karen Krchnak, ed., *Human population and freshwater resources: US cases and international perspective*, New Haven, USA, Yale University. 177 pp.

Bernués, J.L. Riedel, M.A. Asensio, M. Blanco, A. Sanz, R.R. & Casasús I. 2005. An integrated approach to studying the role of grazing livestock systems in the conservation of rangelands in a protected natural park (Sierra de Guara, Spain). *Livestock production science*, 96(1): 75–85.

Biggs, R., Bohensky, E., Desanker, P. V., Fabricius, C., Lynam, T., Misselhorn, A., Musvoto, C., Mutale, M., Reyers, B., Scholes, R.J., Shikongo, S. & van Jaarsveld, A.S. 2004. *Nature supporting people: the Southern Africa Millenium Ecosystem Assessment*. Pretoria, Council for Scientific and Industrial Research.

Binot, A., Castel, V. & Caron, A. 2006. *The wildlife-livestock interface in sub-Saharan Africa*. Sécheresse, June 2006.

BirdLife International. 2005. *Species factsheets*. (Downloaded from http://www.birdlife.org. Accessed July 2005).

Black, R. 2006. Public says 'no' to badger cull. BBC News, (Available at http://news.bbc.co.uk/2/hi/science/nature/5172360.stm).

Bolin, B., Degens, E.T., Kempe, S. & Ketner, P. eds. 1979. SCOPE 13 *The global carbon cycle*. Scientific Committee On Problems of the Environment (SCOPE), (Available at http://www.icsu-scope.org/downloadpubs/scope13/).

Bolin, B., Crutzen, P.J., Vitousek, P.M., Woodmansee, R.G., Goldberg, E.D. & Cook, R.B. 1981. *An overview of contributions and discussions at the SCOPE workshop on the interaction of biogeochemical cycles*, Örsundsbro, Sweden, 25–30 May 1981, (Available at www.icsu-scope.org/

downloadpubs/scope21/chapter01.html).

Bosworth, B., Cornish, G., Perry, C. & van Steenbergen, F. 2002. *Water charging in irrigated agriculture Lessons from the literature*.

Bouman, B.A.M., Plant, R.A.J. & Nieuwenhuyse, A. 1999. Quantifying economic and biophysical sustainability trade-offs in tropical pastures. *Ecological Modelling*, 120(1): 31–46.

Bourgeot, A. and Guillaume, H. 1986. *Introduction au nomadisme: mobilité et flexibilité?* Bulletin de liaison No. 8. ORSTOM.

Bouwman, A.F. 1995. *Compilation of a global inventory of emissions of nitrous oxide*. Ph.D. Thesis, Agricultural University, Wageningen.

Bouwman, A.F., Lee, D.S., Asman, W.A.H., Dentener, F.J., Van Der Hoek, K.W. & Olivier J.G.J. 1997. A global high-resolution emission inventory for ammonia, *Global Biogeochemical Cycles*, 11(4): 561–587.

Bouwman, A.F., & van Vuuren, D.P. 1999. *Global assessment of acidification and eutrophication of natural ecosystems*. RIVM report 402001012. Bilthoven, the Netherlands National Institute of Public Health and the Environment (RIVM). p. 51.

Bowman, R.L., Croucher, J.C., Picard, M.T., Habib, G., Basit Ali Shah, Wahidullah, S., Jabbar, G., Ghufranullah, Leng, R.A., Saadullah, M., Safley, L.M., Cassada, M.E., Woodbury, J.W. & Perdok, H.B. 2000. *Global impact domain: Methane emissions*. Working Document LEAD, Rome, (Available at www.fao.org/WAIRDOCS/LEAD/X6116E/X6116E00.HTM).

Boyd, J.W., Caballero, K. & Simpson, R.D. 1999. *The law and economics of habitat conservation: Lessons from an analysis of easement acquisitions*. Discussion Paper 99–32. Resources for the Future, Washington, DC.

Breman, H. & de Wit, C.T. 1983. Rangeland productivity and exploitation in the Sahel. *Science*, 221(4618): 1341–1347.

British Columbia Ministry of Forests. 1997. *Remedial measures primer*. Forest Practices Branch, Forest Service British Columbia, Canada, (Available at http://www.for.gov.bc.ca/hfd/pubs/Docs/Fpb/RMP-01.htm).

Bromley, D.W. 2000. Property regimes and pricing regimes in water resource management. In Ariel Dinar, ed., *The political economy of water pricing reforms*. New York, USA, Oxford University Press. pp. 37–47.

Brown, A.E., Zhang, L., McMahon, T.A., Western, A.W. & Vertessy, R.A. 2005. A review of paired catchment studies for determining changes in water yield resulting from alterations in vegetation *Journal of Hydrology*, 310(1–4): 28–61.

Brown, I.H., Londt, B.Z., Shell, W., Manvell, R.J., Banks, J., Gardner, R., Outtrim, L., Essen, S.C., Sabirovic, M., Slomka, M. & Alexande, D.J. 2006. *Incursion of H5N1 'Asian lineage virus' into Europe: source of introduction?* FAO/OIE International Scientific Conference on Avian Influenza and Wild Birds.

Brown, J.H. 1989. Patterns, modes and extents of invasions by vertebrates. In: Drake, J.A., Mooney, H.A., di Castri, F., Groves, R.H., Kruger, F.J., Rejmànek,M., and Williamson M., eds., *Biological invasions, a global perspective*, SCOPE 37 – Scientific Committee on Problems of the Environment.

Published by John Wiley & Sons Ltd. 506 pp.

Brown, L.R. 2002. *Water deficits growing in many countries water shortages may cause food shortages*. Earth Policy Institute, 6 August 2002–11, (Available at www.earth-policy.org/Updates/Update15.htm).

Bruijnzeel, L.A. 2004. Hydrological functions of tropical forests: not seeing the soil for the trees? *Agriculture, Ecosystems & Environment*, 104(1): 185–228.

Bryant, D., Burke, L., McManus, J. & Spalding, M. 1998. *Reefs at risk: A map-based indicator of potential threats to the world's coral reefs*. pp. 56.

Bull, W.B. 1997. Discontinuous ephemeral streams. *Geomorphology*, 19(3–4): 227–276.

Bureau of Land Management. 2005. Resource Management Plan. Bakersfield Field Office (Available at http://www.ca.blm.gov/bakersfield/bkformp/rmpcontents.html. Last updated:07/20/05).

Buret, A., deHollander, N., Wallis, P.M., Befus, D. & Olson, M.E. 1990. Zoonotic potential of giardiasis in domestic ruminants. *The Journal of Infectious Diseases*, 162: 231–237.

Burton, C.H. 1997. *Manure management – treatment strategies for sustainable agriculture*. Silsoe Research Institute, Wrest Park, Silsoe, Bedford. UK. p. 196.

Burton, C.H. & Turner, C. 2003. Manure management – treatment strategies for sustainable agriculture. 2nd Edition. Wrest Park, Silsoe, Bedford, UK. Silsoe Research Institute, p. 451.

Butt, T.A., McCarl, B.A., Angerer, J., Dyke, P.R. & Stuth, J.W. 2004. *Food security implication of climate change in developing countries: findings from a case study in Mali*. USA, Texas A&M University.

Byerlee, D., Alex, G. & Echeverría, R.G. 2002. The evolution of public research systems in developing countries: Facing new challenges. In: Byerlee, D. and Echeverria, R.G., eds. *Agricultural research policy in an era of privatization*. CAB International 2002.

Byers, B.A. 1997. *Environmental threats and opportunities in Namibia: A comprehensive assessment*, Directorate of Environmental Affairs- Ministry of Environment and Tourism.

California Trout. 2004. *Grazing reform overview*, (Available at http://www.caltrout.org/index.html).

Canadian Animal Health Institute. 2004. *Hormones: A safe, effective production tool for the Canadian beef industry*. CAHI factsheet, (Available at http://www.cahi-icsa.ca/pdf/Beef-Hormones-Factsheet.pdf).

Cantagallo, J.E., Chimenti, C.A. & Hall, A.J. 1997. Number of seeds per unit area in sunflower correlates well with a photothermal quotient. *Crop Science*, 37: 1780–1786.

Carlyle, G.C. & Hill, A.R. 2001. Groundwater phosphate dynamics in a river riparian zone: effects of hydrologic flowpaths, lithology and redox chemistry. *Journal of Hydrology*, 247 (3–4): 151–168.

Carney, J.F., Carty C.E. & Colwell R.R. 1975. Seasonal occurrence and distribution of microbial indicators and pathogens in the Rhode river of Chesapeake Bay. *Applied and Environmental Microbiology*, 30(5): 771–780.

Carpenter, S.R., Caraco, N.F., Correll, D.L., Howarth, R.W., Sharpley, A.N. & Smith, V.H. 1998. Nonpoint pollution of surface waters with phosphorus and nitrogen. *Ecological Applications*, 8(3): 559–568.

Carvalho, G., Moutinho, P., Nepstad, D., Mattos, L. & Santilli, M. 2004. An Amazon perspective on the forest–climate connection: Opportunity for climate mitigation, conservation and development?

Environment, Development and Sustainability, 6(1–2): 163–174.

CAST. 1999. *Animal Agriculture and Global Food Supply*. Council for Agricultural Science and Technology (CAST) ISBN 1-887383-17-4, July 1999, 92 pp.

Castel V. 2004. *Valeurs et Valorisation des ressources de la biodiversité: Quel Bilan? Quelles perspectives pour les éleveurs?* Introductive document of theme 1 and 2. Electronic conference of the LEAD/FAO francophone platforme: Cohabitation ou compétition entre la faune sauvage et les éleveurs... Où en est-on aujourd'hui? Faut-il changer d'approche? Organized by LEAD and CIRAD.

Castel, V. 2005. Synthèse des débats du Thème No. 1 «Valeurs et Valorisation des ressources de la biodiversité: Quel Bilan? Quelles perspectives pour les éleveurs?» de la 2ème Conférence électronique de la Plateforme francophone LEAD (FAO): *Cohabitation ou compétition entre la faune sauvage et les éleveurs... Où en est-on aujourd'hui? Faut-il changer d'approche?* Organized by LEAD and CIRAD, 2005.

Cattoli, G. and Capua, I. 2006. *A diagnostic approach to wild bird surveillance and environmental sampling*. FAO/OIE International Scientific Conference on Avian Influenza and Wild Birds.

Cederberg, C. & Flysjö, A. 2004. *Life cycle inventory of 23 dairy farms in south-western Sweden*. SIK report No. 728. p. 59.

Cerejeira, M.J., Viana, P., Batista, S., Pereira, T., Silva, E., Valerio, M.J., Silva, A., Ferreira M. & Silva-Fernandes A.M. 2003. Pesticides in Portuguese surface and groundwaters. *Water Research*, 37(5):1055–1063.

Chamberlain, D.J. & Doverspike, M.S. 2001. Water tanks protect streambanks. *Rangelands*, 23(2): 3–5.

Chameides, W.L. & Perdue, E.M. 1997. *Biogeochemical cycles: a computer-interactive study of earth system science and global change*. New York, USA, Oxford University Press.

Chapagain, A.K. & Hoekstra, A.Y. 2003. *Virtual water flows between nations in relation to trade in livestock and livestock products*. Value of Water Research Report Series No. 13. UNESCO-IHE.

Chapagain, A.K. & Hoekstra, A.Y. 2004. *Water footprints of nations*. Volume 1: Main Report. Value of Water Research Report Series No. 16. UNESCO-IHE. p. 76. (Available at http://www.waterfootprint.org).

Chapman, E.W. & Ribic, C.A. 2002. The impact of buffer strips and stream-side grazing on small mammals in southwestern Wisconsin. *Agriculture, Ecosystems and Environment*, 88: 49–59.

Chauveau, J.P. 2000. Question foncière et construction nationale en Côte d'Ivoire. *Politique Africaine*, 78: 94–125.

Child, B. 1988. The economic potential and utilization of wildlife in Zimbabwe. *Rev. Sci. tech.*, 1988.

Chohin-Kuper, A., Rieu, T. & Montginoul, M. 2003. *Water policy reform: Pricing water, cost recovery, water demand and impact on agriculture. Lessons from the Mediterranean experience*.

Christensen, V., Guenette, S., Heymans, J.J., Walters, C.J., Watson, R., Zeller, D. & Pauly, D. 2003. Hundred-year decline of North Atlantic predatory fishes. *Fish and Fisheries*, 4(1): 1–24.

Clark Conservation District. 2004. *Healthy riparian areas*, (Available at http://clark.scc.wa.gov/Page7.htm, accessed in 2004).

Cochrane, M.A. & Laurance, W.F. 2002. Fire as a large-scale edge effect in Amazonian forests.

Journal of Tropical Ecology, 18: 311–325.

Collins R. & Rutherford K. 2004. Modelling bacterial water quality in streams draining pastoral land. *Water Research*, 38(3): 700–712.

Conceição, M.A.P., Durão, R.M.B., Costa, I.M.H., Castro, A., Louzã, A. C. & Costa, J.C. 2004. Herd-level seroprevalence of fasciolosis in cattle in north central Portugal. *Veterinary Parasitology*, 123 1-2: 93–103.

Convers, A. 2002. *Etat des lieux spatialisé et quantitative de la transhumance dans la zone périphérique d'influence du parc national du W (Niger)*. Rapport, CIRAD EMVT, 2002.

Correll, D.L. 1999. Phosphorus: a rate limiting nutrient in surface waters. *Poultry Science*, 78(5): 675–682.

Costa, J.L., Massone, H., Martnez, D., Suero, E.E., Vidal, C.M. & Bedmar F. 2002. Nitrate contamination of a rural aquifer and accumulation in the unsaturated zone. *Agricultural Water Management*, 57(1): 33–47.

Costales, A., Gerber, P. & Steinfeld, H. 2006. Underneath the livestock revolution. *Livestock Report*, 2006. Rome, FAO.

Crutzen, P.J. & Andreae, M.O. 1990. Biomass burning in the tropics: impact on atmospheric chemistry and biogeochemical cycles. *Science*, 250 (4988): 1669–1678.

Crutzen, P.J. & Goldammer, J.G. 1993. *Fire in the environment: The ecological, atmospheric, and climatic importance of vegetation fires*. Dahlem Konferenz 15–20 March 1992, Berlin), ES13, Chichester, UK, Wiley. 400 pp.

Cumming, D. H. M. 2005. Wildlife, livestock and food security in the South-East Lowveld of Zimbabwe. Pages 4146 in Proceedings of the Southern and East African Experts Panel on Designing Successful Conservation and Development Interventions at the Wildlife/Livestock Interface: Implications for Wildlife, Livestock and Human Health. Gland, Switzerland, IUCN Occasional Paper. International Union for the Conservation of Nature and Natural Resources.

d'Antonio, C.M. 2000. Fire, plant invasions and global changes, In: *Invasive Species in a Changing World*, edited by H.A. Mooney and R.J. Hobbs. Washington, DC, Island Press. pp 65–94.

Dalla Villa, R., de Carvalho Dores, E.F., Carbo. L. & Cunha, M.L. 2006. Dissipation of DDT in a heavily contaminated soil in Mato Grosso, Brazil. *Chemosphere*, 64(4): 549–54.

Daniel, T.C., Sharpley, A.N., Edwards, D.R., Wedepohl, R. & Lemunyon, J.L. 1994. Minimizing surface water eutrophication from agriculture by phosphorous management. *Journal of Soil and Water Conservation*, 49(2): 30.

Darlington, P. J., Jr. 1943. Carabidae of mountains and islands: data on the evolution of isolated faunas, and on atrophy of wings. *Ecological Monographs* 13, 37–61.

David, H.M. 2005. Wildlife, livestock and food security in the South East of Zimbabwe. In *conservation and development interventions at the wildlife/livestock interface implications for wildlife, livestock and human health*. Edited and compiled by Steven A. Osofsky. Proceedings of the Southern and East African Experts Panel on Designing Successful Conservation and Development Interventions at the Wildlife/Livestock Interface: Implications for Wildlife, Livestock and Human Health, AHEAD (Animal Health for the Environment And Development), 14th and 15th September, 2003. Occasional

Paper of the IUCN Species Survival Commission No. 30. pp. 41–46.

de Haan, C.H., Steinfeld, H. & Blackburn, H. 1997. *Livestock and the environment: Finding a balance*. Suffolk, UK, WRENmedia.

de Haan, C.H., Schillhorn van Veen, T. W., Brandenburg, B., Gauthier, J., Le Gall, F., Mearns, R. & Siméon, M. 2001. *Livestock development, implications for rural poverty, the environment, and global food security*. Washington, DC, World Bank.

De la Rosa, D., Moreno, J. A., Mayol, F. & Bonson, T. 2000. Assessment of soil erosion vulnerability in western Europe and potential impact on crop productivity due to loss of soil depth using the ImpelERO model. *Agriculture, Ecosystems and Environment*, 1590: 1–12.

de Wit, J., van Keulen, H., van der Meer, H.G. & Nell, A.J. 1997. Animal manure: asset or liability? *World Animal Review* 88-1997/1, (Available at www.fao.org/docrep/w5256t/W5256t05.htm).

Delgado, C. and Narrod, C. 2002. *Impact of changing market forces and policies on structural change in the livestock industries of selected fast-growing developing countries*. Final research report of phase I – project on livestock industrialization, trade and social-health-environment impacts in developing countries.

Delgado, C., Narrod, C.A. and Tiongco, M.M. 2003. *Policy, technical, and environmental determinants and implications of the growing scale of livestock farms in four fast–growing developing countries*. International Food Policy Research Institute Washington, DC.

Delgado, C., Rosegrant, M., Steinfeld, H., Ehui, S. & Courbois, C. 1999. Livestock to 2020: *The next food revolution*. Food, Agriculture, and the Environment Discussion Paper 28. Washington, DC, IFPRI/FAO/ILRI (International Food Policy Research Institute/FAO/International Livestock Research Institute).

Delgado, C., Wada, N., Rosegrant, M.W., Meijer, S. & Mahfuzuddin, A. 2003. *Fish to 2020: supply and demand in changing global markets*. Washington, DC, the International Food Policy Research Institute and the WorldFish Center.

Delgado, C., Narrod, C.A. & Tiongco, Marites M. 2006. *Determinants and implications of the growing scale of livestock farms in four fast–growing developing countries*. Washington, DC, International Food Policy Research Institute.

Department of the Environment, Sport & Territories. 1993. *Biodiversity and its value*. Biodiversity Series, Paper No. 1. Biodiversity Unit, The Department of the Environment, Sport and Territories of the Commonwealth of Australia.

Devendra, C. & Sevilla, C.C. 2002. Availability and use of feed resources in crop–animal systems in Asia, *Agricultural Systems*, 71(1): 59–73.

Devine. R. 2003. La consommation des produits carnés. *INRA Prod. Anim.*, 16(5): 325–327

Di Castri, F. 1989. History of biological invasions with special emphasis on the Old World. In: Drake, J.A., H.A. Mooney, F. di Castri, R.H. Groves, F.J. Kruger, M. Rejmànek, and M. Williamson, eds., *Biological invasions, a global perspective*, SCOPE 37 – Scientific Committee on Problems of the Environment. John Wiley & Sons Ltd. p. 506.

Di Tomaso, J.M. 2000. Invasive weeds in rangelands: Species, impacts, and management. *Weed Science*, 48(2): 255–265.

Di, H.J. & Cameron, K.C. 2003. Mitigation of nitrous oxide emissions in spray-irrigated grazed grassland by treating the soil with dicyandiamide, a nitrification inhibitor. *Soil use and management*, 19(4), 284–290.

Diamond, J. and Shanley, T. 1998. *Infiltration rate assessment of some major soils*. Wexford, UK, Johnstown Castle Research Centre.

Dinda, S. 2005. A theoretical basis for the environmental Kuznets curve. *Ecological Economics* 53 (2005) 403–413.

Dompka, M.V., Krchnak, K.M. & Thorne, N. 2002. Summary of experts' meeting on human population and freshwater resources. In Karen Krchnak, ed., *Human Population and Freshwater Resources: U.S. Cases and International Perspective*, Yale University, New Haven, USA. 177 pp.

Donner, S.D. 2006. Surf or turf: A shift from feed to food cultivation could reduce nutrient flux to the Gulf of Mexico. *Global Environmental Change*, in press.

Douglas, J.T. & Crawford, C.E. 1998. Soil compaction effects on utilization of nitrogen from livestock slurry applied to grassland Source. *Grass and Forage Science*, 53(1): 31–34.

Dregne, H., Kassa, M. & Rzanov, B. 1991. A new assessment of the world status of desertification. *Desertification Control Bulletin*, 20, 6–18.

Dregne, H.E. 2002. Land degradation in dry lands. *Arid land research and management*, 16: 99–132.

Dregne, H.E. & Chou, N.T. 1994. Global desertification dimensions and costs. In H.E. Dregne, ed. *Degradation and restoration of arid lands*. Lubbock; USA; Texas Technical University.

East Bay Municipal Utility District. 2001. *East Bay watershed range resource and management plan* (RRMP). East Bay Municipal Utility District, Watershed and Recreation Division, (Available at http://www.ebmud.com/water_&_environment/environmental_protection/east_bay/range_resource_management_plan/).

Eckard, R., Dalley, D. & Crawford, M. 2000. *Impacts of potential management changes on greenhouse gas emissions and sequestration from dairy production systems in Australia*. Proceedings workshop "Management Options for Carbon Sequestration in Forest, Agricultural and Rangeland Ecosystems", CRC for Greenhouse Accounting, Canberra.

Els, A.J.E. & Rowntree, K.M. 2003. *Water resources in the savannah regions of Botswana*. EU INCO/UNEP/SCOPE Southern African Savannas Project.

Engels, C.L. 2001. *The effect of grazing intensity on rangeland hydrology*. NDSU Central Grasslands Research Extension Center. Available at www.ag.ndsu.nodak.edu/streeter/2001report/Chad_engels.htm.

English, W.R., Wilson, T. & Pinkerton, B. (No date). *Riparian management handbook for agricultural and forestry lands*. College of Agriculture, Forestry and Life Sciences, Clemson University, Clemson.

EPICA community members. 2004. Eight glacial cycles from an Antarctic ice core. *Nature*, 429. 10 June. pp. 623–628.

Estergreen, V.L., Lin, M.T., Martin, E.L., Moss, G.E., Branen, A.L., Luedecke, L.O. & Shimoda, W. 1977. Distribution of progesterone and its metabolites in cattle tissues following administration of progesterone-4-14C. *Journal of Animal Science*, 45(3): 642–651.

Eswaran, H., Lal, R. & Reich, P.F. 2001. Land degradation: an overview. In E.M. Bridges, I.D. Hannam, L.R. Oldeman, F.W.T. Pening de Vries, S.J. Scherr & S. Sompatpanit, eds., *Responses to land degradation*. Proceedings of the second International Conference on Land Degradation and Desertification, Khon Kaen, Thailand. New Delhi, Oxford Press.

European Commission. 2004. *European pasture monography and pasture knowledge base* PASK study, (Available at http://agrifish.jrc.it/marsstat/Pasture_monitoring/PASK/).

European Union.1992. Council Directive 92/43/EEC of 21 May 1992 on the conservation of natural habitats and of wild fauna and flora. *Annex I: Natural habitat types of Community interest whose conservation requires the designation of special areas of conservation*. (Available at http://web. uct.ac.za/depts/pbl/jgibson/iczm/legis/ec/hab-an1.htm).

EU. 2006. *European Union web site* (Available at http://europa.eu/index_en.htm, accessed April 2006).

Falvey, L. & Chantalakhana, C. eds., 1999. *Smallholder dairying in the tropics*. International Livestock Research Institute (ILRI), Nairobi, Kenya. 462 pp.

FAO-AQUASTAT. 2004. AQUASTAT databases. FAO.

FAO. 1996. *World livestock production systems: Current status, issues and trends*, by C. Seré & S. Steinfeld. FAO Animal Production and Health Paper 127, Rome.

FAO. 1997. *Review of the state of world aquaculture*. FAO Fisheries Circular, No. 886, Rev.1., Rome.

FAO. 1999a. *The state of world fisheries and aquaculture 1998*. Rome.

FAO. 1999b. *Trade, environment and sustainable development*. Third WTO ministerial conference, Seattle, 28 November- 3 December 1999, (Available at http://www.fao.org/documents/show_cdr. asp?url_file=/DOCREP/003/X6730E/X6730E01.HTM).

FAO. 1999c. *Livestock and environment toolbox*, Livestock, Environment and Development (LEAD) Initiative. Rome. (Available at www.virtualcentre.org/en/dec/toolbox/homepage.htm).

FAO. 2000a. *Two essays on climate change and agriculture*. FAO Economic and Social Development Paper 145, (Available at http://www.fao.org/docrep/003/x8044e/x8044e00.HTM).

FAO. 2000b. Agro-ecological Zoning System, (Available at www.fao.org/ag/agl/agll/prtaez.stm).

FAO. 2002. *Fertilizer use by crop*. Joint report FAO, IFA, IFDC, IPI, PPI. 5th edition. p. 45, (Available at www.fertilizer.org/ifa/statistics/crops/fubc5ed.pdf).

FAO. 2003a. *World agriculture: Towards 2015/30*, An FAO perspective, edited by J. Bruisnsma, FAO. Rome and London, Earthscan.

FAO. 2003b. *Presentation from the Area Wide Integration Project* (LEAD), Bangkok Workshop.

FAO. 2003c. *Novel forms of livestock and wildlife integration adjacent to protected areas in Africa –* (LEAD) project document.

FAO. 2004a. *The role of soybean in fighting world hunger*. Rome, (Available at http://www.fao.org/es/ esc/common/ecg/41167_en_The_role_of_soybeans.pdf).

FAO. 2004b. Carbon sequestration in dryland soils. World Soils Resources Reports 102, (Available at www.fao.org/docrep/007/y5738e/y5738e00.htm).

FAO. 2004c. Biodiversity for Food Security. World Food Day, October 2004. FAO, (Available at http:// www.fao.org/wfd/2004/index_en.asp).

FAO. 2004d. *Payment schemes for environmental services in watersheds*. Regional forum, 9–12 June

2003, Arequipa, Peru. Organized by the FAO Regional Office for Latin America and the Caribbean; Santiago, Chile. FAO, Rome 2004.

FAO. 2004e. *Livestock waste management in East Asia*. Project Preparation Report, FAO, Rome.

FAO. 2005a. Special Event on Impact of Climate Change, Pests and Diseases on Food Security and Poverty Reduction. Background Document, 31st Session of the Committee on World Food Security, 23–26 May 2005. Rome.

FAO. 2005b. *State of the world's forests*. FAO, Rome. 153 pp.

FAO. 2005c. Review of the state of world marine fishery resources: Global overiew – Global production and state of the marine fishery resources. FAO Fisheries Technical Paper 457, (Available at http://www.fao.org/docrep/009/y5852e/Y5852E02.htm).

FAO. 2005d. *Livestock Sector Brief: China*. Livestock Information, Sector Analysis and Policy Branch. Animal Production and Health Division, FAO. (Available at www.fao.org/ag/againfo/resources/en/publications/sector_briefs/lsb_CHN.pdf).

FAO. 2005e. *Pollution from industrialized livestock production*. Livestock Policy Brief No.2 FAO. 2005f. Global forest resources assessment. FAO Forestry Paper No. 147. Rome, (Available at www.fao.org/forestry/site/fra/en).

FAO. 2006a. *World agriculture: towards 2030/2050, Interim Report*. Rome.

FAO. 2006b. FAO statistical databases. Rome, (Available at http://faostat.fao.org/default.aspx).

FAO. 2006c. Second report on the State of the World's Animal Genetic Resources. FAO, Rome, in press.

FAO. 2006d. *Agro-ecological zones information portal*. (Available at http://www.fao.org/AG/agl/agll/prtaez.stm), Rome.

FAO. 2006e. *Cattle ranching and deforestation*. Livestock Policy Brief No.3 Animal Production and Health Division. Rome.

FAO. 2006f. Gridded livestock of the world, (Available at http://www.fao.org/ag/AGAinfo/resources/en/glw/default.html). Rome, in press.

FAO. 2006g. Food Insecurity, Poverty and Environment Global GIS Database (FGGD) and Digital Atlas for the Year 2000, Environmental and Natural Resources Working Paper 26. Rome. In press.

FAO/IFA. 2001. *Global estimates of gaseous emissions of NH3, NO and N2O from agricultural land*. Rome. 106 pp.

Fargeot, C. 2004. La chasse commerciale et le négoce de la venaison En Afrique centrale forestière. Proceedings de: *La Faune Sauvage: Une Ressource Naturelle*, 6ème symposium international sur l'utilisation de la faune sauvage. Paris, France 6–9 July 2004.

Fayer, R., Santin, M., Sulaiman, I.M., Trout, J., Xunde, L., Schaefer, F.W., Xiao, L. & Lal, A.A. 2002. *Animal reservoirs, vectors, and transmission of microsporidia*. Presented at American Society of Tropical Medicine and Hygiene 51st Annual Meeting, Denver, Colorado, USA, 10–14 November 2002.

Fearnside, P.M. 2001. Soybean cultivation as a threat to the environment in Brazil. *Environmental Conservation*, 28: 23–38.

Field, L.Y., Embleton, K.M., Krause, A., Jones, D. & Childress, D. 2001. *Livestock manure handling on* *the farm*. University of Wisconsin-Extension, Minnesota Extension Service, and the United States Environmental Protection Agency Region 5. (Available at http://danpatch.ecn.purdue.edu/~epados/farmstead/yards/src/title.htm).

Filson, G.C. 2001. *Agroforestry extension and the Western China development strategy*. Canadian Society of Extension.

Fishmeal Information Network. 2004. *Fish meal from sustainable stocks*. (Accessed: 14 October 2005).

Flanigan, V., Shi, H., Nateri, N., Nam, P., Kittiratanapiboon, K., Lee, K. & Kapila, S. 2002. *A fluidized-bed combustor for treatment of waste from livestock operations*. Conference on the Application of Waste Remediation Technologies to Agricultural Contamination of Water Resources, Great Plains/Rocky Mountain Hazardous Substance Research Center (HSRC), Kansas State University, USA, 30 July–1 August 2002.

Florinsky, I.V., McMahon, S. & Burton, D.L. 2004. Topographic control of soil microbial activity: a case study of denitrifiers. *Geoderma*, 119(1-2): 33–53.

Foley, J.A., DeFries, R., Asner, G.P., Barford, C., Bonan, G., Carpenter, S.R., Chapin, F.S., Coe, M.T., Daily, G.C., Gibbs, H.K., Helkowski, J.H., Holloway, T., Howard, E.A., Kucharik, C.J., Monfreda, C., Patz, J.A., Prentice, I.C., Ramankutty, N. & Snyder, P.K. 2005. Global consequences of land use. *Science*, 309(5734): 570–574.

Folliott, P. 2001. *Managing arid and semi-arid watersheds: Training course in watershed management*. USA, University of Arizona.

Fouchier, R.A.M., Munster, V.J., Keawcharoen, J., Osterhaus, A.D.M.E. & Kuiken Thijs. 2006. *Virology of avian influenza in relation to wild birds*. FAO/OIE International Scientific Conference on Avian Influenza and Wild Birds.

Frank, L.G., Woodroffe, R. & Ogada, M.O. (in press). People and predators in Laikipia District, Kenya. In: Woodroffe R., Thirgood S., Rabinowitz A.R., Eds. *People and wildlife – conflict or coexistence?*

Frolking, S.E., Mosier, A.R., Ojima, D.S., Li, C., Parton, W.J., Potter, C.S., Priesack, E., Stenger, R., Haberbosch, C., Dorsch, P., Flessa, H. & Smith, K.A. 1998. Comparison of N2O emissions from soils at three temperate agricultural sites: Simulations of year-round measurements by four models. *Nutrient Cycling in Agroecosystems*, 52(2–3): 77–105.

Galloway, J.N., Schlesinger, W.H., Levy, H., II, Michaels, A. & Schnoor, J.L. 1995. Nitrogen fixation: Anthropogenic enhancement-environmental response. *Global Biogeochemical Cycles*, 9(2): 235–252.

Galloway, J.N., Aber, J.D., Erisman, J.W., Seitzinger, S.P., Howarth, R.W., Cowling, E.B. & Cosby, B.J. 2003. The nitrogen cascade. *Bioscience*, 53(4): 341–356.

Galloway, J.N., Dentener, F.J., Capone, D.G., Boyer, E.W., Howarth, R.W., Seitzinger, S.P., Asner, G.P., Cleveland, C.C., Green, P.A., Holland, E.A., Karl, D.M., Michaels, A.F., Porter, J.H., Townsend, A.R. & Vörösmarty, C.J. 2004. Nitrogen cycles: past, present, and future. *Biogeochemistry*, 70: 153–226.

Galloway, J., Burke, M., Bradford, E., Falcon, W., Gaskell, J., McCullough, E., Mooney, H., Naylor, R., Oleson, K., Smil, V., Steinfeld, H. & Wassenaar, T. 2006. *International trade in Meat: The tip of the* *pork chop*. In press.

Gate Information Services – GTZ. 2002. *Treatment of tannery waste water*, factsheet.

GDRS. 2000. *Irrigation in the basin context: The Gediz River basin study, Turkey*. IWMI and GDRS (IWMI and General Directorate of Rural Services). International Water Management Institute, Colombo, Sri Lanka (2000).

Gerber, P. & Menzi, H. 2005. *Nitrogen losses from intensive livestock farming systems in Southeast Asia: a review of current trends and mitigation options*.

Gerber, P., Chilonda, P., Franceschini, G. & Menzi, H. 2005. Geographical determinants and environmental implications of livestock production intensification in Asia. *Bioresource Technology*, 96: 263–276.

Gerber, P. 2006. Putting pigs in their place, environmental policies for intensive livestock production in rapidly growing economies, with reference to pig farming in Central Thailand. Doctoral Thesis in *Agricultural Economics*, Swiss Federal Institute of Technology, Zurich, 130 pp.

Gerber, P. & Steinfeld, H. 2006. *Regional planning or pollution control: policy options addressing livestock waste, with reference to industrial pig production in Thailand*. Submitted.

Gerber, P., Carsjens, G.J., Pak-Uthai, T. & Robinson, T. 2006. Spatial decision support for livestock policies: addressing the geographical variability of livestock production systems. *Agricultural Systems*. Submitted.

Gerlach Jr., J.D. 2004. The impacts of serial land-use changes and biological invasions on soil water resources in California, USA. Journal of Arid Environments, 57: 365–379.

GESAMP (IMO/FAO/UNESCO-IOC/WMO/WHO/IAEA/UN/UNEP Joint Group of Experts on the Scientific Aspects of Marine Environmental Protection) and Advisory Committee on Protection of the Sea. 2001. *Protecting the oceans from land-based activities – Land-based sources and activities affecting the quality and uses of the marine, coastal and associated freshwater environment*. Rep. Stud. GESAMP No. 71, 162 pp.

Gibon, A. 2005. Managing grassland for production, the environment and the landscape. Challenges at the farm and the landscape level. *Livestock Production Science*, 96(1): 11–31.

Gilbert, M., Wint, W., Slingenbergh, J. 2004. Ecological factors in disease emergence from animal reservoir. FAO AGAH, unpublished report. 39 pp.

GISD. 2006. *Global Invasive Species Database*. Accessed on line, June 2006, (Available at http://www.issg.org/database/welcome/).

Gleick, P.H. 2000. Water futures: A review of global water resources projections. In: Rijsberman, F.R. ed. 2000. *World water scenarios: Analyses*. Earthscan Publications, London, pp. 27–45.

Global Footprint Network. *The ecological footprint*, (Available at http://www.footprintnetwork.org/gfn_sub.php?content=footprint_overview).

Global Land Cover. Global Land cover 2000, (Available at http://www-gvm.jrc.it/glc2000/).

Godwin, D.C. & Miner, J.R. 1996. The potential of off-stream livestock watering to reduce water quality impacts. *Bioresource Technology*, 58(3): 285–290.

Goldewijk, K. & Battjes, J.J. 1997. *A hundred year database for integrated environmental assessments*. Bilthoven, the Netherlands, National Institute of Public Health and the Environment.

Golfinopoulos, S.K, Nikolaou, A.D., Kostopoulou, M.N., Xilourgidis, N.K., Vagi, M.C. & Lekkas, D.T. 2003. Organochlorine pesticides in the surface waters of Northern Greece. *Chemosphere*, 50(4): 507–516.

Grazing & Pasture Technology Program. 1997. *Grazing Management of Rangeland: A Watershed Perspective. The Grazing Gazette*; 8(3). Grazing and Pasture Technology Program, Regina Saskatchewan, Canada.

Gretton, P. & Salma, U. 1996. *Land degradation and the Australian agricultural industry*. Industry Commission, Australian Government Publishing Service.

Groenewold, J. 2005. *Classification and characterization of world livestock production systems –* update of the 1994 livestock production systems datasets with recent data. Unpublished report.

Hadjigeorgiou, I., Osoro, K., Fragoso de Almeida, J.P. & Molle, G. 2005. Southern European grazing lands: Production, environmental and landscape management aspects. *Livestock Production Science*, 96(1): 51–59.

Hagemeijer, W. & Mundkur, T. 2006. *Migratory flyways in Asia, Eurasia and Africa and the spread of HP H5N1*. FAO/OIE International Scientific Conference on Avian Influenza and Wild Birds.

Hahn, R.W., Olmstead, S.M. & Stavins, R.N. 2003. *Environmental regulation during the 1990s: A retrospective analysis.*

Hall, S.J. & Matson, P.A. 1999. Nitrogen oxide emissions after nitrogen additions in tropical forests. *Nature*, 400 (6740): 152–155.

Hamilton, D.W., Fathepure B., Fulhage, C.D., Clarkson, W. & Lalman, J. 2001. Treatment lagoons for animal agriculture. pp. 547–574. In *animal agriculture and the environment: national center for manure and animal waste management White Papers*. J.M. Rice, D.F. Caldwell, F.J. Humenik, eds., St. Joseph, Michigan, USA, the American Society of Agricultural and Biological Engineers.

Hanley, N., Shogren, J. & White, B. 2001. *Introduction to environmental economics*, Oxford University Press.

Harper, J., George, M. & Tate, K. 1996. *What is a watershed?* Fact Sheet No. 4: Rangeland Watershed Program; U.C. Cooperative Extension and USDA Natural Resources Conservation Service; California Rangelands Research and Information Center, Agronomy and Range Science, Davis, USA, University of California.

Harrington, G. 1994. Consumer demands: major problems facing industry in a consumer-driven society. *Meat Science*, 36: 5–18.

Harris, B.L., Hoffman, D.W. & Mazac, F.J., Jr. 2005. *TEX*A*Syst*. Water Sciences Laboratory, Blackland Research Center, Temple, Texas, (Available at http://waterhome.brc.tamus.edu/index.html).

Harris, D. & Rae, A. 2006 Agricultural policy reform and adjustment in Australia and New Zealand. In D. Blandford & B. Hill, eds. *Policy reform and adjustment in the agricultural sectors of developed countries*, Oxford, UK, CABI.

Harrison, P.F. & Lederberg, J., eds., 1998. *Antimicrobial resistance: Issues and options* 1998. Forum on Emerging Infections, Institute of Medicine. Washington, DC, National Academy Press.

Harvey, B. 2001. *Biodiversity and fisheries. Chapter 1: Synthesis report, A primer for planners.*

Proceedings of the international workshop funded by UNEP and IDRC "Blue Millennium: Managing Global Fisheries for Biodiversity" Victoria, BC, 25–27 June 2001.

Harvey, J.W., Conklin, M.H. & Koelsch, R.S. 2003. Predicting changes in hydrologic retention in an evolving semi-arid alluvial stream. *Advances in Water Resources*, 26(9): 939–950.

Haynes, R.J. & Williams, P.H. 1993. "Nutrient cycling and soil fertility in the grazed pasture ecosystem." *Advances in Agronomy*, 49:119–199.

Hegarty, R.S. 1998. Reducing methane emissions through elimination of rumen protozoa. *Meeting the Kyoto Target. Implications for the Australian Livestock Industries*. P.J Reyenga. and S.M. Howden, eds. Bureau of Rural Sciences, 55–61.

Helsel, Z.R. 1992. Energy and alternatives for fertilizer and pesticide use. In R.C. Fluck, ed. *Energy in farm production*. Vol.6 in Energy in world agriculture. Elsevier, New York. pp.177–201, (Available at www.sarep.ucdavis.edu/NEWSLTR/v5n5/sa-12.htm).

Herrmann S.M., Anyamba, A. & Tucker, C.J. 2005. Recent trends in vegetation dynamics in the African Sahel and their relationship to climate. *Global Environmental Change*, 15: 394–404.

Heywood, V. 1989. Patterns, extents and modes of invasions by terrestrial plants. In: Drake, J.A., Mooney, H.A., di Castri, F., Groves, R.H., Kruger, F.J., Rejmánek, M. and Williamson, M., 1989. *Biological invasions: A global perspective*, SCOPE 37, J. Wiley & Sons. pp 31–60

Hobbs, P.T., Reid, J.S., Kotchenruther, R.A., Ferek, R.J. & Weiss, R. 1997. Direct radiative forcing by smoke from biomass burning, *Science*, 275: 1776–1778.

Hodgson, S. 2004. Land and water – the rights interface, Livelihoods Support Programme (LSP), FAO, (Available at www.fao.org/docrep/007/j2601e/j2601e00.htm).

Hoffmann, I. & Scherf, B. 2006. Animal genetic resources – time to worry? In *Livestock report 2006*. A. McLeod ed., FAO, Rome. pp 57–74.

Hooda, P.S., Edwards, A.C., Anderson, H.A. & Miller, A. 2000. A review of water quality concerns in livestock farming areas. *The Science of the Total Environment*, 250(1–3):143–167.

Houben, P., Edderai, D. & Nzego, C. 2004 L'élevage d'aulacodes : présentation des résultats préliminaires de la vulgarisation dans trois pays d'Afrique Centrale. Proceedings de: *La Faune Sauvage : Une Ressource Naturelle*, 6ème symposium international sur l'utilisation de la faune sauvage. Paris, France, 6–9 July 2004.

Houghten, J.T., Meira Filho, L.G., Lim, B., Treanton, K., Mamaty, I., Bonduki, Y., Griggs, D.J. & Callender, B.A., eds. 1997. *Revised IPCC guidelines for national greenhouse gas inventories*. Greenhouse Gas Inventory Reference Manual, Vol. 3. UK Meteorological Office, Bracknell, UK, (Available at http://www.ipcc-nggip.iges.or.jp/public/gl/invs6c.htm).

Houghton, R. A. 1991. Tropical deforestation and atmospheric carbon dioxide. *Climatic Change*, 19(1–2): 99–118.

Hrudey. 1984. Cited by UNEP Working Group for Cleaner Production in the Food Industry, 2004. Fact Sheet 7: Food Manufacturing Series, (Available at http://www.gpa.uq.edu.au/CleanProd/Res/facts/FACT7.HTM).

Hu, Dinghuan, Reardon, T.A., Rozelle, S., Timmer, P. & Wang, H. 2004. The emergence of supermarkets with Chinese characteristics: challenges and opportunities for China's agricultural development. *Development Policy Review*, 22(5): 557–586.

Hutson, S.S., Barber, N.L., Kenny, J.F., Linsey, K.S., Lumia, D.S. & Maupin, M.A. 2004. *Estimated use of water in the United States in 2000*. US Geological Survey Circular 1268, p. 46.

Ibisch, P., Jennings, M.D. & Kreft, S. 2005. Biodiversity needs the help global change managers not museum-keepers. *Nature*, 438:156.

IFA. 2002. *Fertilizer indicators*. Second edition. International Fertilizer Industry Association, Paris. p. 20, (Available at www.fertilizer.org/ifa/statistics/indicators/ind_reserves.asp).

IFFO. 2006. International Fishmeal and Fish oil Organisation. *Industry Overview*, (Available at http://www.iffo.net/default.asp?fname=1&url=253).

Immordino, G. 2003. Looking for a guide to protect the environment: The development of the precautionary principle. *Journal of Economic Surveys*, 17(5): 629.

Institute for International Cooperation in Animal Biologics. 2004. *Cryptosporidiosis: Factsheet*. Center for Food Security and Public Health, College of Veterinary Medicine Iowa State University, (Available at http://www.cfsph.iastate.edu/Factsheets/pdfs/cryptosporidiosis.pdf).

Institute for International Cooperation in Animal Biologics. 2005. *Campylobacteriosis: Factsheet*. Center for Food Security and Public Health, College of Veterinary Medicine Iowa State University, (Available at www.cfsph.iastate.edu/Factsheets/pdfs/campylobacteriosis.pdf).

International Water Management Institute. 2000. *Projected water scarcity in 2025*, (Available at http://www.iwmi.cgiar.org/home/wsmap.htm).

IPCC. 1997. *Revised 1996 IPCC guidelines for national greenhouse gas inventories – Reference manual* (Volume 3). (Available at www.ipcc-nggip.iges.or.jp/public/gl/invs6.htm).

IPCC. 2000. *Land use, land use change and forestry*. A special report of the IPCC. Cambridge, UK, Cambridge University Press.

IPCC. 2001a. *Climate change 2001: Impacts, adaptation and vulnerability*. IPCC Third Assessment Report. UK, Cambridge University Press. 1 032 pp.

IPCC. 2001b. *Climate change 2001: The scientific basis*. Contribution of Working Group I to the Third Assessment Report of the Intergovernmental Panel on Climate Change [J.T. Houghton, Y. Ding, D.J. Griggs, M. Noguer, P.J. van der Linden, X. Dai, K. Maskell & C.A. Johnson, eds.]. Cambridge, UK and New York, Cambridge University Press. 881 pp.

IPCC. 2002. Climate change and biodiversity. Edited by H. Gitay, A. Suárez, R. T. Watson & D. J. Dokken. IPCC Technical Paper V.

Isik, M. 2004. Environmental regulation and the spatial structure of the US dairy sector. *American Journal of Agricultural Economic*, 86(4): 949.

IUCN. 2000. *IUCN Guidelines for the prevention of biodiversity loss caused by alien invasive species*. IUCN, Gland, Switzerland.

IUCN. 2004. *The 2004 IUCN red list of threatened species*, (Available at http://www.iucn.org/themes/ssc/red_list_2004/GSAexecsumm_EN.htm. Accessed July 2005).

IUCN. 2005. Wetlands and water resources: The ongoing destruction of precious habitat. International Union for Conservation of Nature and Natural Resources, (Available at http://www.iucn.org/themes/wetlands/wetlands.html).

IUCN. 2006. *Summary statistics for globally threatened species*. IUCN-World Conservation Union, Geneva.

Jagtap, S. & Amissah-Arthur, A. 1999. Stratification and synthesis of crop-livestock production system using GIS. *GeoJournal,* 47(4): 573–582.

Jalali, M. 2005. Nitrates leaching from agricultural land in Hamadan, western Iran. *Agriculture, Ecosystems & Environment*, 110 (3–4): 210–218.

Jansen, H.G.P., Ibrahim, M.A., Nieuwenhuyse, A., 't Mannetje, L., Joenje, M. & Abarca, S. 1997. The economics of improved pasture and sylvipastoral technologies in the Atlantic Zone of Costa Rica. *Tropical Grasslands*, 31: 588–598.

Jayasuriya, R.T. 2003. Measurement of the scarcity of soil in agriculture. *Resources Policy*, 29(3–4): 119–129.

Jenkinson, D.S. 1991. The Rothamsted long-term experiments: are they still of use? *Journal of Agronomy*, 83: 2–12.

Jin, L. and Young, W. 2001. Water use in agriculture in china: importance, challenges and implications for policy. *Water Policy*, 3: 215–228.

Johansson, R.C. 2000. *Pricing irrigation water – a literature survey.* Policy Research Working Paper 2249, Washington, DC, World Bank.

Johansson, R.C., Tsur, Y., Roe, T.L., Doukkali, R. & Dinar, A. 2002. Pricing irrigation water: a review of theory and practice. *Water Policy*, 4: 173–199.

Johnson, N., Ravnborg, H.M., Westermann, O. & Probst, K. 2002. User participation in watershed management and research. *Water Policy*, 3(6): 507–520.

Kallis, G. & Butler, F. 2001. The EU water framework directive: measures and implications. *Water Policy*, 3(2): 125–142.

Kawashima, T. 2006. *Use of co-products for animal feeding in Japan*. Paper presented at a workshop "Improving total farm efficiency in swine production" held in Taiwan Province of China by the Food and Fertilizer Technology Centre and by the Taiwan Livestock Research Institute.

Ke, B. 2004 *Livestock sector in China: Implications for food security, trade and environment*. Research Center for Rural Development (RCRE).

Khaleel, R, Reddy K.R. & Overcash, M.R. 1980 Transport of potential pollutants in runoff water from land areas receiving animal wastes: a review. *Water Research*, 14(5): 421–436.

Khalil, M.A.K. & Shearer, M.J. 2005. *Decreasing emissions of methane from rice agriculture*. 2nd International Conference on Greenhouse Gases and Animal Agriculture (GGAA 2005) – Working Papers, p. 307–315.

Kijne, J.W., Barker, R. & Molden, D. 2003. *Water productivity in agriculture: Limits and opportunities for improvement*. Wallingford, UK, CABI Publishing.

King, B.S., Tietyen, J.L. & Vickner, S.S. 2000. Consumer trends and opportunities. Lexington, USA, University of Kentucky.

Kinje, J. 2001. *Water for food for sub-Saharan Africa*. A background document for the e-mail conference on "Water for Food in Sub-Saharan Africa" 15 March – 23 April 1999, Rome.

Klare, M.T. 2001. *Resource wars: the new landscape of global conflict*. New York, USA, Metropolitan

Books/Henry Holt and Company.

Klimont, Z. 2001. *Current and future emissions of ammonia in China.* Proceedings of the 10th International Emission Inventory Conference "One Atmosphere, One Inventory, Many Challenges", Denver, USA, 30 April – 3 May 2001.

Klopp, J. 2002. Can moral ethnicity trump political tribalism? The struggle for land and nation in Kenya. *African Studies* 61(2): 269–294.

Kock, R.A. 2005. What is this infamous "wildlife/livestock disease interface?" A Review of Current Knowledge for the African Continent. In: *conservation and development interventions at the wildlife/livestock interface implications for wildlife, livestock and human health.* Edited and compiled by Steven A. Osofsky. Proceedings of the Southern and East African Experts Panel on Designing Successful Conservation and Development Interventions at the Wildlife/Livestock Interface: Implications for Wildlife, Livestock and Human Health, AHEAD (Animal Health for the Environment And Development), 14th and 15th September, 2003. Occasional Paper of the IUCN Species Survival Commission No. 30. 1–13 pp.

Kossila V. 1987. The availability of crop residues in developing countries in relation to livestock populations. In J.D Reed, B.S. Capper & P.J.H. Neate eds. 1988. *Plant breeding and the nutritive value of crop residues.* Proceedings of a workshop held at ILCA, Addis Ababa, Ethiopia. International Livestock Centre for Africa, Addis Ababa. (Available at www.ilri.cgiar.org/InfoServ/Webpub/Fulldocs/X5495e/x5495e03.htm).

Krapac, I.G., Dey, W.S., Roy, W.R., Smyth, C.A., Storment, E., Sargent, S.L. & Steele J.D. 2002. Impacts of swine manure pits on groundwater quality. *Environmental Pollution*, 120(2): 475–492.

Krystallis, A. & Arvanitoyannis, I.S. 2006. Investigating the concept of meat quality from the consumers perspective: the case of Greece. *Meat Science*, 72: 164–176.

Kumar, M.D. & Singh, O.P. 2001 Market instruments for demand management in the face of scarcity and overuse of water in Gujarat, Western India. *Water Policy,* 3: 387–403.

Lal, R. 1995. Erosion–crop productivity relationships for soils of Africa. *Soil Science Society of America Journal*, 59: 661–667.

Lal, R. 1997. Residue management conservation tillage and soil restoration for mitigating greenhouse effect by CO2-enrichment. *Soil and Tillage Research*, 43: 81–107.

Lal, R. 1998. Soil erosion impact on agronomic productivity and environment quality. *Critical Reviews in Plant Sciences*, 17(3): 19–464.

Lal, R., Kimble, J., Follett, R. & Cole, C.V. 1998 *Potential of US cropland for carbon sequestration and greenhouse effect mitigation.* Chelsea, Michigan, USA, Sleeping Bear Press. 128 pp.

Lal, R. & Bruce, J.P. 1999 The potential of world cropland soils to sequester C and mitigate the greenhouse effect. *Environmental Science and Policy*, 2: 177–185.

Lal, R. 2001. The potential of soils of the tropics to sequester carbon and mitigate the greenhouse effect. *Adv. Agron.*, 76: 1–30.

Lal, R. 2004a. Soil carbon sequestration impacts on global climate change and food security. *Science*, 304 (5677): 1623–1627.

Lal, R. 2004b. Carbon sequestration in dryland ecosystems. *Environmental Management* 33(4): 528–

544.

Lambin, E.F., Turner, B.L., Geist, H.J., Agbola, S.B., Angelsen, A., Bruce, J.W., Coomes, O., Dirzo, R., Fischer, G., Folke, C., George, P.S., Homewood, K., Imbernon, J., Leemans, R., Li, X., Moran, E.F., Mortimore, M., Ramkrishnan, P.S., Richards, J.F., Skanes, H., Steffen, W.L., Stone, G.D., Svedin, U., Veldkamp, T.A., Vogel, C. & Zu, J. 2001. The causes of land use and land-cover change: moving beyond the myths. *Global Environmental Change*, 11: 261–269.

LandScan Project. Oak Ridge National Laboratory, (Available at http://www.ornl.gov/sci/landscan).

Larsen, R.E. 1995. Manure loading into streams from direct fecal deposits - Fact Sheet No. 25. Rangeland Watershed Program; UC Cooperative Extension and USDA Natural Resources Conservation Service; California Rangelands Research and Information Center, Agronomy and Range Science, Davis, USA, University of California.

Le Bel, S., Gaidet, N., Snoden, M., Le Doze, S. & Tendayi, N. 2004. *Communal game ranching in the mid-Zambezi valley: Challenges of local empowerment and sustainable game meat production for rural communities*. Proceedings de: La Faune Sauvage: Une Ressource Naturelle, 6ème symposium international sur l'utilisation de la faune sauvage. Paris France from 6–9 July 2004.

Le Quesne, T. & McNally, R. 2004. *The green buck: Using economic tools to deliver conservation goals*. WWF field guide. The WWF Sustainable Economics Network, WWF. pp. 69.

LEAD. 2002. *AWI Nutrient balance*, (Available at http://www.virtualcentre.org/en/dec/nutrientb/default.htm).

Lenné, J.M., Fernandez-Rivera, S. & Bümmel, M. 2003. Approaches to improve the utilization of food-feed crops – synthesis, *Field Crops Research*, 84(1-2): 213–222.

Leonard, D.K. 2006. *The political economy of international development and pro-poor livestock policies*. PPLPI Working Paper No. 35. FAO, Rome.

Lerner, J., Matthews, E. & Fung, I. 1988. Methane emissions from animals: a global high resolution database. *Global Biogeochemical Cycles*, 2, p. 139–156.

Leslie, R. (ed.), 1999. Coral reefs: Assessing the threat. In *World resources: a guide to the global environment 1998–99*, American Association for the Advancement of Science, p 193.

Lind, L., Sjögren, E., Melby, K. & Kaijser, B. 1996. DNA fingerprinting and serotyping of campylobacter jejuni isolates from epidemic outbreaks. *Journal of Clinical Microbiology*, 34(4): 892–896.

Lipper, L., Pingali, P.L. & Zurek, M. 2006. *Less-favoured areas: Looking beyond agriculture towards ecosystem services*. Agricultural and Development Economics Division (ESA) Working Paper, forthcoming. Rome, FAO.

Livestock In Development. 1999. *Livestock in poverty focused development*. Crewkerne: Livestock in development.

Loreau, M. & Oteng-Yeboah, A. 2006. Diversity without representation. *Nature*, 442: 245–246.

Lorimor, J., Fulhage, C., Zhang, R., Funk, T., Sheffield, R., Sheppard, D.C. & Newton, G.L. 2001. *Manure management strategies/technologies*. White paper summaries, National center for manure and waste management.

LPES. 2005. *Livestock and Poultry Environmental Stewardship Curriculum: A national educational* *program*. (Available at http://www.lpes.org/Lessons/Lesson01/1_Environmental_Stewardship. html).

Luke, G.J. 1987. *Consumption of water by livestock*. Resource Management Technical Report No. 60, Department of Agriculture Western Australia.

MacDonald, N.W., Randlett, D.L. & Zak, D.R. 1999. Soil warming and carbon loss from a Lake States Spodosol. *Soil Science Society of America Journal*, 63(1): 211–218.

Mack, R.N. 1989. Temperate grasslands vulnerable to plant invasions: Characteristics and consequences. Pages 155–179. In: Drake, J.A., H.A. Mooney, F. di Castri, R.H. Groves, F.J. Kruger, M. Rejmanek, and M. Williamson, eds., *Biological invasions: A global perspective*. John Wiley & Sons Ltd.

MAF–NZ. 2005. *Environmental consequences of removing agricultural subsidies*. New Zealand, Ministry of Agriculture and Forestry. (Available at http://www.maf.govt.nz/mafnet/rural-nz/ sustainable-resource-use/resource-management/environmental-effects-of-removing-subsidies/ agref004.htm, accessed on 22 July 2005).

MAFF-UK. 1998. *Ministry of Agriculture Fisheries and Food Code of agricultural practices for the protection of water.* London MAFF publication.

MAFF-UK. 1999. *Agricultural land sales and prices in England*. Ministry of Agriculture, Fisheries and Food, UK, (Available at http://statistics.defra.gov.uk/esg/pdf/alp9906.pdf).

Mainstone, C.P. & Parr, W. 2002. Phosphorus in rivers—ecology and management. *Science of the Total Environment*, 282: 25–47.

Margni, M., Jolliet, O., Rossier, D. & Crettaz, P. 2002. Life cycle impact assessment of pesticides on human health and ecosystems Agriculture. *Ecosystems & Environment*, 93(1–3): 379–392.

Marris, E. 2005. Conservation in Brazil: The forgotten ecosystem. *Nature*, 437: 944–945.

Marzocca, A. 1984. *Manuel de Malezas*, 3rd Edición. Editorial Hemisferio Sur, Buenos Aires, 580 pp.

Mather, A. 1990. *Global forest resources*. Portland, Oregon, USA. Timber Press.

Matson, P.A., Parton, W.J., Power, A.G. & Swift M.J. 1997. Agricultural intensification and ecosystem properties. *Science*, 277(5325): 504–509.

Matthews, E., Payne, R., Rohweder, M. & Murray, S. 2000. *Pilot analysis of global ecosystems: Forest ecosystems*. Research Report, World Resources Institute, Washington, DC, 100 pp.

May, P.H., Boyd, E., Veiga, F., & Chang, M. 2003. *Local sustainable development effects of forest carbon projects in Brazil and Bolivia: a view from the field*. Shell Foundation and IIED – International Institute for Environment and Development: Rio de Janeiro, October 2003. (Available at http://www.iied.org/).

Mayrand, K., Dionne S., Paquin, M., Ortega, G.A & Marron, L.F. 2003. *The economic and environmental impacts of agricultural subsidies: A look at Mexico and other OECD countries*. Montreal, Canada.

McCann, L. 2004. Induced institutional innovation and transaction costs: the case of the australian national native title tribunal. Review of Social Economy, Volume 62, No. 1, March 2004, Routledge, part of the Taylor & Francis Group. pp. 67–82(16).

Mcdonnell, M.J., Pickett, S.T.A., Groffman, P., Bohlen, P., Pouyat, R.V., Zipperer, W.C., Parmelee,

R.W., Carreiro, M.M. & Medley, K. 1997. Ecosystem processes along an urban-to-rural gradient. *Urban Ecosystems*, 1(1): 21–36.

McDowell, R.W., Drewry, J.J., Paton, R.J., Carey, P.L., Monaghan, R.M. & Condron, L.M. 2003. Influence of soil treading on sediment and phosphorus losses in overland flow. *Australian Journal of Soil Research*, 41(5): 949–961.

McKergow, L.A., Weaver, D.M., Prosser, I.P., Grayson, R.B. & Reed A.E.G. 2003. Before and after riparian management: sediment and nutrient exports from a small agricultural catchment, Western Australia. *Journal of Hydrology*, 270(3–4): 253–272.

McLeod, A., Morgan, N., Prakash, A. & Hinrichs, J. 2005. *Economic and social impacts of avian influenza*. Meeting on Avian Influenza – Geneva, 7–9 November 2005, FAO. (Available at http://www.fao.org/ag/againfo/subjects/en/health/diseases-cards/CD/documents/Economic-and-social-impacts-of-avian-influenza-Geneva.pdf).

Meat Research Corporation (MRC). 1995. *Identification of nutrient sources, reduction opportunities and treatment options for Australian abattoirs and rendering plants.* Project No. M.445. Prepared by Rust PPK Pty Ltd and Taylor Consulting Pty Ltd.

Médard, C. 1998. Dispositifs électoraux et violences ethniques: réflexions sur quelques stratégies territoriales du régime Kényan. *Politique Africaine*, 70: 32–39.

Melse, R.W. & van der Werf, A.W. 2005. Biofiltration for mitigation of methane emissions from animal husbandry. *Environmental Science & Technology*, 39(14): 5460–5468.

Melvin, R.G. 1995. *Non point Sources of Pollution on Rangeland* – Fact Sheet No. 3. Rangeland Watershed Program; U.C. Cooperative Extension and USDA Natural Resources Conservation Service; California Rangelands Research and Information Center – Agronomy and Range Science – UC Davis.

Melvin, R.G., Larsen, R.E., McDougald, N.K., Tate, K.W., Gerlach, J.D. & Fulgham, K.O. 2004. Cattle grazing has varying impacts on stream-channel erosion in oak woodlands. *California Agriculture*, 58(3): 138.

Mendis, M. & Openshaw, K. 2004. The clean development mechanism: making it operational. *Environment, Development and Sustainability*, 6(1–2): 183–211.

Mengjie, W. & Yi, D. 1996. The importance of work animals in rural China. *World Animal Review*, FAO. pp. 65–67.

Menzi H. & Kessler J. 1998. *Heavy metal content of manures in Switzerland*. Proceedings of the 8th international Conference on the FAO ESCORENA Network on Recycling of Agricultural, Municipal and Industrial Residues in Agriculture (Formerly Animal Waste Management). Rennes, France, 26–29 May 1998.

Menzi, H. 2001. *Needs and implications for good manure and nutrient management in intensive livestock production in developing countries*. Area Wide Integration Workshop, unpublished.

Mestbank. 2004. *Voortgang 2004 aangaande het mest beleid in Vlaanderen*, (Available at http://www.vlm.be/Mestbank/FAQ/algemeen/04voortgangsrapport.pdf).

Metting, F., Smith, J. & Amthor, J. 1999. Science needs and new technology for soil carbon sequestration. In: N. Rosenberg, R. Izaurralde & E. Malone, eds. Carbon sequestration in soils.

Science monitoring and beyond, pp. 1–34. Proc. St. Michaels Workshop. Columbus, USA, Battelle Press.

Micheli, E.R. & Kirchner, J.W. 2002. Effects of wet meadow riparian vegetation on streambank erosion. 1. Remote sensing measurements of streambank migration and erodibility. *Earth Surface Processes and Landforms*, 27(6): 627–639.

Milchunas, D.G. & Lauenroth, W.K. 1993. A quantitative assessment of the effects of grazing on vegetation and soils over a global range of environments. *Ecological Monographs*, 63(4): 327–366.

MEA. 2005a. *Ecosystems and human well-being: synthesis*, Washington, DC, Island Press.

MEA. 2005b. *Ecosystems and human well-being: biodiversity synthesis*, Washington, DC, World Resources Institute.

Miller, J.J. 2001. *Impact of intensive livestock operations on water quality*. Proceedings of the Western Canadian Dairy Seminar.

Milne, J.A. 2005. Societal expectations of livestock farming in relation to environmental effects in Europe. *Livestock Production Science*, 96(1): 3–9.

Miner, J.R., Buckhouse, J.C. & Moore, J.A. 1995 Will a Water Trough Reduce the Amount of Time Hay-Fed Livestock Spend in the Stream (and therefore improve water quality)? Fact Sheet No. 20 Rangeland Watershed Program; UC Cooperative Extension and USDA Natural Resources Conservation Service; California Rangelands Research and Information Center, Agronomy and Range Science, Davis, USA, University of California.

Ministério da Ciência e Tecnologia. 2002. *Primeiro inventário brasileiro de emissões antrópicas de gases de efeito estufa: Emissões de metano da pecuária*. Empresa Brasileira de Pesquisa Agropecuária (EMBRAPA) – Ministério da Ciência e Tecnologia. (Available at www.ambiente.sp.gov. br/proaong/SiteCarbono/2/Pecuaria.pdf).

Ministry of Science & Technology. 2004. *Brazil's initial national communication to the united nations framework convention on climate change*. Ministry of Science and Technology, General Coordination on Global Climate Change. Brasilia, Brazil. p. 271.

Mittermeier, R.A., Robles-Gil, P., Hoffmann, M., Pilgrim, J.D., Brooks, T.B., Mittermeier, C.G., Lamoreux, J. L. & Fonseca, G.A.B. 2004. Hotspots Revisited: Earth's Biologically Richest and Most Endangered Ecoregions. Mexico City, CEMEX. 390 pp.

Mizutani, F., Muthiani, E, Kristjanson, P. & Recke, H. 2005. Impact and value of wildlife in pastoral livestock production systems in Kenya: Possibilities for healthy ecosystem conservation and livestock development for the poor. In *conservation and development interventions at the wildlife/ livestock interface implications for wildlife, livestock and human health*. Edited and compiled by Steven A. Osofsky. Proceedings of the Southern and East African Experts Panel on Designing successful conservation and development interventions at the wildlife/livestock interface: implications for wildlife, livestock and human health, AHEAD (Animal Health for the Environment And Development), 14–15 September, 2003. Occasional Paper of the IUCN Species Survival Commission No. 30. pp. 121–132.

Molden, D. & de Fraiture, C. 2004. *Investing in water for food, ecosystems and livelihoods*. Comprehensive Assessment of Water Management in Agriculture, International Water

Management Institute (IWMI).

Monteny, G.J., Bannink, A. & Chadwick, D. 2006. Greenhouse gas abatement strategies for animal husbandry. *Agriculture, Ecosystems and Environment*, 112:163–170.

Mooney, H.A. 2005. *Invasive alien species: the nature of the problem*. In: *Invasive alien species: a new synthesis*, p. 1–15, Mooney, H.A., Mack, R.N., McNeely, J.A., Neville, L.E., Schei, P.J. and Waage, J.K. eds. SCOPE 63, Washington, DC, Island Press.

Morrison, J.A., Balcombe, K., Bailey, A., Klonaris, S. & Rapsomanikis, G. 2003. Expenditure on different categories of meat in Greece: the influence of changing tastes. *Agricultural Economics*, 28: 139–150.

Morse and Jackson. 2003. Fate of a representative pharmaceutical in the environment. Final report submitted to Texas Water Resources Institute. Texas Tech University.

Mosier, A., Wassmann, R., Verchot, L., King, J. & Palm, C. 2004. Methane and nitrogen oxide fluxes in tropical agricultural soils: sources, sinks and mechanisms. *Environment, Development and Sustainability*, 6(1–2): 11–49

Mosley, J.C., Cook, P.S., Griffis, A.J. & O'Laughlin, J. 1997. *Guidelines for managing cattle grazing in riparian areas to protect water quality: Review of research and best management practices policy*. Report No. 15, Policy Analysis Group (PAG) Report Series. Idaho Forest, Wildlife and Range Policy Analysis Group.

Mosquera-Losada, M.R., Rigueiro-Rodríguez, A. & McAdam, J., eds. 2004. *Proceedings of an International Congress on Silvopastoralsim and sustainable management*. Lugo, Spain, April 2004. Walingford, UK, CABI Publishing.

Mott, J.J. 1986. Planned invasions of Australian tropical sanannas. In: Groves, R.H. and Burdon, J.J., eds., *Ecology of biological invasions*, pp. 89–96., Cambridge, UK, Cambridge University Press.

Muirhead, R.W., Davies-Colley, R.J., Donnison, A.M. & Nagels, J.W. 2004. Faecal bacteria yields in artificial flood events: quantifying in-stream stores. *Water Research*, 38(5): 1215–1224.

Muller, W. & Schneider, B. 1985. *Heat, water vapour and CO2 production in dairy cattle and pig housing*. Part 1. Provisional planning data for the use of heat exchangers and heat pumps in livestock housing. (IN GERMAN) Tieraztliche Umschau 40, 274–280.

Mulongoy, K.J. & Chape, S.P., eds. 2004. *Protected areas and biodiversity: An overview of key issues*. UNEP-WCMC Biodiversity Series 21. The Secretariat of the Convention on Biological Diversity(CBD) and the UNEP World Conservation Monitoring Centre (UNEP-WCMC), Cambridge, UK.

Murgueitio, E. 2004. *Silvopastoral systems in the Neotropics*. Proceedings of an international congress on Silvopastoralism and Sustainable Management, Lugo, Spain, April 2004.

Mwendera, E.J. & Mohamed Saleem, M.A. 1997. Hydrologic response to cattle grazing in the Ethiopian highlands. *Agriculture, Ecosystems & Environment*, 64(1): 33–41.

Myers, N., Mittermeier, R.A., Mittermeier, C.G., de Fonseca, G.A.B. & Kent, J. 2000. Biodiversity hotspots for conservation priorities. *Nature*, 403: 853–858.

Myers, R.J.K. & Robbins, G.B. 1991. Sustaining productive pastures in the tropics 5: maintaining productive sown grass pastures. *Tropical Grasslands*, 25: 104–110.

Myers, T.J. & Swanson, S. 1995. Long-term aquatic habitat restoration: Mahogany Creek, Nevada, as a case study. *Water Resources Bulletin*, 32(2): 241–252.

Nagle, G.N. & Clifton, C.F. 2003. Channel changes over 12 years on grazed and ungrazed reaches of Wickiup Creek in eastern Oregon. *Physical Geography*, 24(1): 77–95.

Napier, T. 2000. Soil and water conservation policy approaches in North America, Europe, and Australia. *Water Policy*, 1(6): 551–565.

NASA. 2005. *Global temperature trends: 2005 summation*, (Available at http://data.giss.nasa.gov/gistemp/2005/).

National Conservation Buffer Team. 2003. Leaflet.

National Park Service. 2004. US Department of the Interior. *Geologic resource monitoring parameters: Soil and sediment erosion*. (Available at http://www2.nature.nps.gov/geology/monitoring/soil_erosion.pdf).

National Public Lands Grazing Campaign. 2004. *Livestock and water.* (Available at http://www.publiclandsranching.org/htmlres/fs_cows_v_water.htm Consulted in 2004.

National Research Council. 1981. *Effects of environment on nutrient requirements of domestic animals*. Subcommittee on Environmental Stress, Committee on Animal Nutrition, National Research Council, Washington DC, National Academy Press. pp. 168.

National Research Council. 1985. *Nutrient requirements of sheep* – Sixth Revised Edition, Subcommittee on Sheep Nutrition, Committee on Animal Nutrition, National Research Council. Washington, DC, National Academy Press. 112 pp.

National Research Council. 1987. *Predicting feed intake of food-producing animals.* Subcommittee on Feed Intake, Committee on Animal Nutrition National Research Council, Washington, DC, National Academy Press. 248 pp.

National Research Council. 1993. *Managing global genetic resources: Livestock.* Committee on Managing Global Genetic Resources: Agricultural Imperatives. Washington, DC, National Academy Press.

National Research Council. 1994. *Nutrient requirements of poultry* – Ninth Revised Edition. Subcommittee on Poultry Nutrition, Committee on Animal Nutrition, National Research Council, Washington, DC, National Academy Press. 176 pp.

National Research Council. 1998. *Nutrient requirements of swine* – 10th Revised Edition. Subcommittee on Swine Nutrition, Committee on Animal Nutrition, National Research Council, Washington, DC, National Academy Press. 210 pp.

National Research Council. 2000a. *Nutrient requirements of beef cattle* – Seventh Revised Edition. Subcommittee on Beef Cattle Nutrition, National Research Council, Washington, DC, National Academy Press. 248 pp.

National Research Council. 2000b. *Clean coastal waters: Understanding and reducing the effects of nutrient pollution.* Washington, DC, National Academy Press.

National Research Council. 2003. *Air emissions from animal feeding operations: current knowledge, future needs.* Ad Hoc Committee on Air Emissions from Animal Feeding Operations, Committee on Animal Nutrition, National Research Council, Washington, DC, National Academy Press. 263 pp.

NatureServe. 2005. *NatureServe Explorer: An online encyclopedia of life* [web application]. Version 4.5. NatureServe, Arlington, Virginia.(Available at www.natureserve.org/explorer. Accessed July 2005).

Naylor, R., Steinfeld, H., Falcon, W., Galloway, J., Smil, V., Bradford, E., Alder, J. & Mooney, H. 2005 Losing the links between livestock and land. *Science*, 310: 1621–1622.

Nelson, P.N., Cotsaris, E. and Oades, J.M. 1996. Nitrogen, phosphorus,and organic carbon in streams draining two grazed catchments. *Journal of Environmental Quality*, 25 (6:1221–1229.

Neumann, C.G., Bwibo, N.O., Murphy, S.P., Sigman, M., Whaley, S., Allen, L.H., Guthrie, D., Weiss, R.E. & Demment, M.W. 2003. Animal Source Foods Improve Dietary Quality, Micronutrient Status, Growth and Cognitive Function in Kenyan School Children: Background, Study Design and Baseline Findings. The American Society for Nutritional Sciences J. Nutr. 133:3941S–3949S.

Ni, J-Q., Hendriks, J., Coenegrachts, J. & Vinckier, C. 1999. Production of carbon dioxide in a fattening pig house under field conditions. 1. Exhalation by pigs. *Atmospheric Environment*, 33: 3691–3696.

Nicholson, F.A., Smith, S.R., Alloway, B.J., Carlton-Smith, C. & Chambers B.J. 2003. An inventory of heavy metals inputs to agricultural soils in England and Wales. *The Science of the Total Environment*, 311: 205–219.

Nielsen, L.H. & Hjort-Gregersen, K. 2005. Greenhouse gas emission reduction via centralized biogas co-digestion plants in Denmark. *Agric. Ecosys. Environ*. 112.

Niklinska, M., Maryanski, M. & Laskowski, R. 1999. Effect of temperature on humus respiration rate and nitrogen mineralization: Implications for global climate change. *Biogeochemistry*, 44: 239–257.

Nill, K. 2005. *US soybean production is more sustainable than ever before*. Press Release, September 2005. American Soybean Association.

NOAA. 2006. *Trends in atmospheric carbon dioxide*. NOAA/Earth System Research Laboratory, Global Monitoring Division.

Nori, M., Switzer, J. & Crawford, A. 2005. *Herding on the brink: Towards a global survey of pastoral communities and conflict*. International Institute for Sustainable Development.

Norton, R.D. 2003. Agricultural development policy: Concepts and experiences. Food and Agriculture Organization of the United Nations. UK, John Wiley & Sons Ltd.

Norton-Griffiths, M. 1995. Economic incentives to develop the rangelands of the Serengeti: Implications for wildlife conservation. In *Serengeti II: research, management and conservation of an ecosystem*. A.R.E. Sinclair and P. Arcese, eds., Chicago, USA, University of Chicago Press. 14 pp.

Notermans, S., Dufrenne, J. & Oosterom, J. 1981. Persistence of Clostridium Botulinum type B on a cattle farm after an outbreak of Botulism. *Applied and Environmental Microbiology*, 41(1): 179–183.

Novotny, V., Imhoff, K.R., Olthof, M. & Krenkel, P.A. 1989. *Handbook of urban drainage and wastewater*. New York, USA, Wiley & Sons Publishers.

Nye, P.H. & Greenland, D.J. 1964. Changes in the soil after clearing tropical forest, *Plant and Soil*, 21(1): 101–112.

Odling-Smee, L. 2005. Dollars and sense. *Nature*, 437: 614–616.

OECD. 1999. *Agricultural water pricing in OECD Countries*. Paris, Organization for Economic Cooperation and Development. 1999.

OECD. 2001. *Towards more liberal agricultural trade*. Policy Brief. Paris: Organization for Economic Co-operation and Development.

OECD. 2002. *Farm household income issues in OECD countries: A synthesis report*. Paris. Organization for Economic Co-operation and Development.

OECD. 2004. *Agriculture and the environment: lessons learned from a decade of OECD work*. Paris. June 2004.

OECD. 2006. *Agricultural policies in OECD countries – at a glance*. Paris. 2006.

Oldeman, L.R. 1994. The global extent of land degradation. In Greenland, D.J. & I. Szabolcs, eds., *Land resilience and sustainable land use*, 99–118. Wallingford, UK, CABI Publishers.

Oldeman, L.R. & Van Lyden, G.W.J. 1998. Revisiting the GLASOD methodology. In R. Lal, W.H. Blum, C. Valentine & B.A. Stewart, eds. *Methods for assessment of soil degradation,* pp. 423–440. Boca Raton, USA, CRC/Lewis Publishers.

Olea, L., Lopez-Bellido, R.J. & Poblaciones, M.J. 2004. *European types of silvopastoral systems in the Mediterranean area: dehesa*. Proceedings of an international congress on Silvopastoralism and Sustainable Management, Lugo, Spain, April 2004.

Olivier, J.G.J., Brandes, L.J., Peters, J.A.H.W. & Coenen, P.W.H.G. 2002. Greenhouse gas emissions in the Netherlands 1990–2000. National Inventory Report 2002. Rijksinstituut voor Volkagezondheld en Milieu. RIVM Rapport 773201006. pp. 150.

Olson, D.M. & Dinerstein, E. 1998. The Global 200: A representation approach to conserving the earth's most biologically valuable ecoregions. *Conservation Biology*, 12: 502–515.

Olson, D. M., Dinerstein, E. 2002. The Global 200: Priority ecoregions for global conservation. Annals of the Missouri Botanical Garden 89 : 125–126.

Olson, M.E., O'Handley, R.M., Ralston, B.J., McAllister, T.A. & Thompson, R.C.A. 2004. Update on Cryptosporidium and Giardia infections in cattle. *Trends in Parasitology*, 20(4): 185–191.

Ong, C., Moorehead, W., Ross, A. & Isaac-Renton, J. 1996. Studies of Giardia spp. and Cryptosporidium spp. in two adjacent watersheds. *Applied and Environmental Microbiology*, 62(8): 2798–2805.

Ongley, E.D. 1996. *Control of water pollution from agriculture*. FAO Irrigation and Drainage Paper No. 55, FAO, Rome.

Orr, J.C., Fabry, V.J., Aumont, O., Bopp, L., Doney, S.C., Feely, R.A., Gnanadesikan, A., Gruber, N., Ishida, A., Joos, F., Key, R.M., Lindsay, K., Maier-Reimer, E., Matear, R., Monfray, P., Mouchet, A., Najjar, R.G., Gian-Kasper Plattner, Rodgers, K.B., Sabine, C.L., Sarmiento, J.L., Schlitzer, R., Slater, R.D., Totterdell, I.J., Weirig, Marie-France, Yamanaka, Y. & Yoo, A. 2005. Anthropogenic ocean acidification over the twentyfirst century and its impact on calcifying organisms. *Nature*, 437: 681–686.

Osoro, K., Celaya, R., Martinez, A. & Vasallo, J.M. 1999. Development of sustainable systems in marginal heathland regions. LSIRD Network Newsletter Issue 6. European Network for Livestock Systems and Integrated Rural Development.

Osterberg, D. & Wallinga, D. 2004. *Determinants of rural health*. American Journal of Public Health 94(10).

Ostermann, O.P. 1998. The need for management of nature conservation sites designated under Natura 2000. *Journal of Applied Ecology*, 35(6), 968–973.

Oweis, T.Y. & Hachum, A.Y. 2003. Improving water productivity in the dry areas of West Asia and North Africa. Chapter 11, pp 179–198, In J.W. Kijne, R. Barker, & D. Molden. 2003. *Water productivity in agriculture: Limits and opportunities for improvement*. Wallingford, UK, CABI Publishing.

Pagiola, S., Agostini, P., Gobbi, J., de Haan, C., Ibrahim, M., Murgueitio, E., Ramirez, E., Rosales, M. & Pablo Ruiz, J. 2004. *Paying for biodiversity conservation services in agricultural landscapes*. Environment Department Paper No.96. Washington, DC, World Bank Environment Department, World Bank.

Pagiola, S., von Ritter, K. & Bishop, J. 2004. *Assessing the economic value of ecosystem conservation*. Environment Department Paper No.101. Washington, DC, World Bank Environment Department, World Bank.

Pallas, Ph. 1986. *Water for animals*. Land and Water Development Division, FAO. (Available at www.fao.org/docrep/R7488E/R7488E00.htm).

Parris, K. 2002. *Environmental impacts in the agricultural sector: using indicators as a tool for policy purposes*. Paper presented to the Commission for Environmental Cooperation Meeting: *Assessing the Environmental Effects of Trade*, Montreal, Canada, 17–18 January 2002.

Parry, M.L., Rosenzweig, C., Iglesias, A., Livermore, M. & Fischer, G. 2004. Effects of climate change on global food production under SRES emissions and socio-economic scenarios. *Global Environmental Change*, 14: 53–67.

Patten, D.T., Ohmart, R.D., Meyerhoff, R., Ricci, E. Shirley, D. Minckley W.L. & Kubly D.M. 1995. The Arizona Comparative Environmental Risk Project: Ecosystems – *Riparian ecosystems*, Section 2, Chapter 1. The Arizona Comparative Environmental Risk Project (ACERP) Report. Arizona EarthVision.

Patterson, B., Kasiki, S., Selempo, E. & Kays, R. 2004. Livestock predation by lions (*Panthera leo*) and other carnivores on ranches neighboring Tsavo National Parks, Kenya. *Biological Conservation*, 119: 507–516.

Pauly, D. & Watson, R. 2003. Counting the last fish. *Scientific American Magazine*, 289(1): 34–39.

Pauly, D., Alder, J., Bennett, E., Christensen, V., Tyedmers, P. & Watson, R. 2003. The Futures for Fisheries. *Science*, 302(5649):1359–1361.

Paustian, K., Andren, O., Janzen, H.H., Lal, R., Smith, P., Tian, G., Tiessen, H., Van Noordwijk, M. & Woomer P.L. 1997. Agricultural soils as a sink to mitigate carbon dioxide emissions. *Soil Use and Management*, 13(4): 230–244.

Pearce, D. 2002. Environmentally Harmful Subsidies: Barriers to Sustainable Development, Paper presented at the OECD workshop on environmentally harmful subsidies, Paris, 7–8 November 2002.

Perrings, C. & Touza-Montero, J. 2004. *Spatial interactions and forests management: policy issues. In proceedings of the Conference on Policy Instruments for Safeguarding Forest Biodiversity –*

Legal and Economic Viewpoints. The Fifth International BIOECON Conference 15th–16th January 2004, House of Estates, Helsinki. (Available at http://www.metla.fi/julkaisut/workingpapers/2004/mwp001-03.pdf).

Perry, C.J., Rock, M. & Seckler, D. 1997. *Water as an economic good: a solution or a problem? In: water: economics, management and demand,* eds. M. Kay, T. Franks, L.E. Smith & F.N. Spon, pp. 3–10.

Phoenix, G.K., Hicks, W.K., Cinderby, S., Kuylenstierna, J.C.I., Stock, W.D., Dentener, F.J., Giller, K.E., Austin, A.T., Lefroy, R.D.B., Gimeno, B.S., Ashmore, M.R. & Ineson, P. 2006. Atmospheric nitrogen deposition in world biodiversity hotspots: The need for a greater global perspective in assessing N deposition impacts. *Global Change Biology*, 12(3): 470–476.

Pidwirny, M. 1999. *Fundamentals of physical geography: Introduction to the hydrosphere* (Chapter 8). Department of Geography, Okanagan University College.

Pierre, C. 1983. US agriculture and the environment. *Food Policy*, 8(2): 99–110.

Pieters, J. 2002. *When removing subsidies benefits the environment: Developing a checklist based on the conditionality of subsidies*. Paper presented at the OECD workshop on environmentally harmful subsidies, 7–8 November, Paris, France.

Pimentel, D., Berger, B., Filiberto, D., Newton, M., Wolfe, B., Karabinakis, E., Clark, S., Poon, E., Abbett, E. & Nandagopal, S. 2004. *Water resources, agriculture and the environment*.

Pingali, P.L. & Heisey P.W. 1999. *Cereal crop productivity in developing countries: past trends and future prospects*. CIMMYT Working Paper 99–03. International Maize and Wheat Improvement Centre (CIMMYT), (Available at www.cimmyt.org/Research/Economics/map/research_results/working_papers/pdf/EWP 2099_03.pdf).

Pons, A., Couteau, M., de Beaulieu, J.L. & Reille, M. 1989. The plant invasions in Southern Europe from the paleoecological point of view. In di Castri, F., Hansen, A.J., Debussche, M. (Eds.), *Biological invasions in Europe and the Mediterranean Basin*, Kluwer Academic Publications, Dordrecht.

Popkins, B., Horton, S. & Kim, S. 2001. The nutrition transition and prevention of diet-related chronic diseases in Asia and the Pacific. *Food and Nutrition Bulletin*, 22 (4: Suppl.). Tokyo, United Nations University Press.

Porter, G. 2003. *Agricultural trade liberalisation and the environment in North America: Analysing the "production effect"*. Prepared for "the second North American Symposium on Assessing the Environmental Effects of Trade". Commission for Environmental Cooperation.

Postel, S. 1996. *Dividing the waters: Food security, ecosystem health, and the new politics of scarcity*. Worldwatch Paper 132, September 1996. 76 pp.

Pott, R. 1998. Effects of human interference on the landscape with special reference to the role of livestock. In M.F. WallisDeVries, J.P. Bakker, & S.E. Van Wieren, eds., *Grazing and conservation management*. Kluwer, Dordrecht, pp. 107–134.

Pretty, J.N., Brett, C., Gee, D., Hine, R.E., Mason, C.F., Morison, J.I.L., Raven, H., Rayment, M.D. & van der Bijl, G. 2000. An assessment of the total external costs of UK agriculture. *Agricultural Systems*, 65(2): 113–136.

Price, L., Worrell, E., Martin, N., Lehman, B. & Sinton, J. 2000. *China's industrial sector in an international context.* Environmental Energy Technologies Division. Lawrence Berkeley National Laboratory. Report LBNL 46273. p. 17. (Available at http://eetd.lbl.gov/ea/IES/iespubs/46273.pdf).

Prince, S. D. & S. N. Goward. 1995. Global primary production: a remote sensing approach. Journal of Biogeography 22: 815–835.

Purcell, D.L. & Anderson, J.R. 1997. *Agricultural Research and Extension: Achievements and problems in national systems*; World Bank Operations Evaluation Study, Washington DC, World Bank.

Purdue University. 2006. *Department of Agronomy: Crop, Soil and Environmental Sciences.* (accessed April 2006. Available at http://www.agry.purdue.edu/index.asp).

Quinlan Consulting. 2005. *The effects of deforestation on the Hydrological Regime.* (Available at: http://www.headwaterstreams.com/hydrology.html, accessed April 2006).

Quist, & Chapela, I. 2001. Transgenic DNA introgressed into traditional landraces in Oaxaca, Mexico. *Nature,* 414(6863): 541–543.

Rabalais, N.N., Turner, R.& Scavia, D. 2002. Beyond science into policy: Gulf of Mexico hypoxia and the Mississippi river. *BioScience,* 52(2), 129–142.

Rae, A. 1998. The effects of expenditure growth and urbanisation on food consumption in East Asia: a note on animal products, *Agricultural Economics,* 18(3): 291–299.

Rae, A. & Strutt, A. 2003. Agricultural trade reform and environmental pollution from livestock in OECD countries; Paper presented to the sixth Annual Conference on Global Economic Analysis, The Hague, 12–14 June 2003.

RAMSAR. 2005. The Ramsar Convention on wetlands: Background papers on wetland values and functions, (Available at http://www.ramsar.org/info/values_intro_e.htm).

Ranjhan, S.K. 1998. *Nutrient Requirements of livestock and Poultry.* New Delhi, Indian council of Agricultural Research, India.

Rao, J.M. 1989. Taxing agriculture: instruments and incidence; *World Development,* 17(6), 1989: 813.

Reddy, K.R., Kadlec, R.H., Flaig, E. & Gale, P.M. 1999. Phosphorus retention in streams and wetlands: a review. *Critical Reviews in Environmental Science and Technology,* 29(1): 83–146.

Redecker, B., Hardtle, W., Finck, P., Riecken, U. & Schroder, E., eds. 2002. Pasture, landscape and nature conservation. Springer. 435 pp.

Redmon, L.A. 1999. *Conservation of soil resources on lands used for grazing.* Proceedings of the third Workshop, conservation and use of natural resources and marketing of beef cattle, 27–29 January 1999. Monterrey, Mexico.

Reich, P.B., Peterson, D.A., Wrage, K. & Wedin, D. 2001. Fire and vegetation effects on productivity and nitrogen cycling across a forest-grassland continuum. *Ecology,* 82: 1703–1719.

Reich, P.F., Numbem, S.T., Almaraz, R.A. & Eswaran, H. 1999. Land resource stresses and desertification in Africa. In E.M. Bridges, I.D. Hannam, L.R. Oldeman, F.W.T. Pening de Vries, S.J. Scherr & S. Sompatpanit, eds., *Responses to land degradation. Proceedings of the second international conference on land degradation and desertification,* Khon Kaen, Thailand. New Delhi, Oxford Press.

Reid, R., Thornton, P.K., Mccrabb, G., Kruska, R., Atieno, F. & Jones, P. 2004. Is it possible to mitigate greenhouse gas emissions in pastoral ecosystems of the tropics? *Environment, Development and Sustainability*, 6: 91–109.

Rejmánek, M., Richardson, D.M., Higgins, S.I., Pitcairn, M.J. & Grotkopp, E. 2005. Ecology of invasive plants: State of the art. In: *Invasive alien species, a new synthesis*, ed. H.A. Mooney, *et al.*, SCOPE 63, Island Press. 368 pp.

Relyea, R.A. 2004. The growth and survival of five amphibian species exposed to combinations of pesticides. Environmental Toxicology and Chemistry, 23:1737–1742

Renner, M. 2002. The anatomy of resource wars. Worldwatch Paper No. 162. Worldwatch Institute.

Renter, D.G., Sargeant, J.M., Oberst, R.D. & Samadpour, M. 2003. Diversity, frequency, and persistence of Escherichia coli O157 strains from range cattle environments. *Applied Environmental Microbiology*, 69(1): 542–547.

Requier-Desjardins, M. & Bied-Charreton, M. 2006. *Evaluation des coûts économiques et sociaux de la dégradation des terres et de la désertification en Afrique*. Centre d'économie et d'éthique pour l'environnement et le développement; Versailles, France, Université de Versailles Saint Quentin-en-Yvelines.

Rice, C.W. 1999. *Subcommittee on production and price competitiveness hearing on carbon cycle research and agriculture's role in reducing climate change*.

Richards, K. 2004. A brief overview of carbon sequestration economics and policy. *Environmental Management* 33(4): 545–558.

Ricketts, T.H., Dinerstein, E., Boucher. T., Brooks, T.M., Butchart, S. H. M., Hoffmann, M., Lamoreux, J.F., Morrison, J., Parr, M., Pilgrim, J.D., Rodrigues, A. S. L., Sechrest, W., Wallace, G. E, Berlin, K., Bielby, J., Burgess, N.D., Church, D.R., Cox, N., Knox, D., Loucks, C., Luck, G.W., Master, L.L, Moore, R., Naidoo, R., Ridgely, R., Schatz, G.E., Shire, G., Strand, H., Wettengel, W. & Wikramanayake, E. 2005. Pinpointing and preventing imminent extinctions. *Proceedings of the National Academy of Sciences* (PNAS), 102(51): 18497–18501.

Rihani, N. 2005. Cours supérieur de production animale. Instituto Agronómico Mediterráneo de Zaragoza, Spain.

Risse, L.M., Cabrera, M.L., Franzluebbers, A.J., Gaskin, J.W., Gilley, J.E., Killorn, R., Radcliffe, D.E., Tollner, W.E. & Zhang, H. 2001. Land application of manure for beneficial reuse. pp. 283–316. In: *Animal agriculture and the environment: national center for manure and animal waste management white papers*. J.M. Rice, D.F. Caldwell, F.J. Humenik, eds. St. Joseph, Michigan, USA, published by the American Society of Agricultural and Biological Engineers.

Ritter, W.F. & Chirnside, A.E.M. 1987. Influence of agricultural practices on nitrates in the water table aquifer. *Biological Wastes*, 19(3): 165–178.

Rodary, E. & Castellanet C. 2003. Les trois temps de la conservation. In E. Rodary, C. Castellanet & G. Rossi, eds. *Conservation de la nature et développement, l'intégration possible?* Paris. Karthala and GRET, 225–237.

Rogers, P., Bhatia, R. & Huber, A. 1998. *Water as a social and economic good: How to put the principle into practice*. Global Water Partnership/Swedish International Development Cooperation

Agency.

Rook, A.J., Dumont, B., Osoro, K., WallisDeFries, M.F., Parente, G. & Mills, J. 2004. Matching type of livestock to desired biodiversity outcomes in pastures – a review. Biological Conservation, 119:137–150.

Roost, N., Molden, D., Zhu, Z. & Loeve, R. 2003. *Identifying water saving opportunities: examples from three irrigation districts in China's Yellow River and Yangtze Basins.* Paper presented at the 1st International Yellow River Forum on River Basin Management Held in Zhengzhou, China, 12–15 May 2003

Rosales, M. & Livinets, S. 2005. Grazing and land degradation in CIS countries and Mongolia. In: Proceedings of the electronic conference "Grazing and land degradation in CIS countries and Mongolia". 10 June – 30 July 2005. (Available at http://www.lead.virtualcentre.org/ru/ele/econf_01_grazing/download/intro_en.pdf).

Rosegrant, M.W. & Binswanger, H. 1994. Markets in tradable water rights: Potential for efficiency gains in developing country irrigation. *World Development*, 22: 1613–1625.

Rosegrant, M.W., Leach, N. & Gerpacio, R.V. 1999. Meat or wheat for the next millennium? Alternative futures for world cereal and meat consumption. *Proceedings of the Nutrition Society*, 58: 219–234.

Rosegrant, M.W., Cai, X. & Cline, S.A. 2002. *Global water outlook to 2025, Averting an impending crisis. A 2020 vision for food, agriculture, and the environment initiative.* International food policy research institute (IFPRI) and International water management institute (IWMI).

Roth, E. 2001. *Water pricing in the EU: A review.* The European Environmental Bureau (EEB).

Rotz, C.A. 2004. Management to Reduce Nitrogen Losses in Animal Production. *Journal of Animal Science*, 82 (e. SUPPL.):E119–E137.

Roulet, P.A. 2004. Chasseur blanc, cœur noir? La chasse sportive en Afrique centrale. Une analyse de son rôle dans la conservation de la faune sauvage et le développement rural au travers des programmes de gestion de la chasse communautaire. Thèse de doctorat de Géographie. Laboratoire ERMES/IRD. Université d'Orléans, 2004.

Rudel, T.K. 1998. Is there a forest transition? Deforestation, reforestation and development. *Rural Sociology,* 64(4): 533–551.

Rudel, T.K., Bates, D. & Machinguiashi, R. 2002. A tropical forest transition? Agricultural changes, out-migration and secondary forests in the Ecuadorian Amazon. *Annals of the Association of American Geographers*, 92: 87–102.

Russelle, M.P. & Birr, A.S. 2004. Large-scale assessment of symbiotic dinitrogen fixation by crops: Soybean and alfalfa in the Mississippi river basin. *Agronomy Journal*, 96: 1754–1760.

Rutherford, J.C. & Nguyen, M.L. 2004. Nitrate removal in riparian wetlands: interactions between surface flow and soils. *Journal of Environmental Quality*, 33(3):1133-11–43.

Ruttan, V.W. 2001. *Technology, growth, and development: An induced innovation perspective.* New York, New York, USA: Oxford University Press.

Ryan, B. & Tiffany, D.G. 1998. Energy use in Minnesota agriculture. *Minnesota Agricultural Economist* No. 693 Fall 1998, Minnesota Extension Service, University of Minnesota. (Available at www.

323

extension.umn.edu/newsletters/ageconomist/components/ag237-693b.html).

Sainz, R. 2003. *Framework for calculating fossil fuel use in livestock systems*. Livestock, Environment and Development initiative report. (Available at ftp://ftp.fao.org/docrep/nonfao/LEAD/X6100E/X6100E00.PDF).

Salmon Nation. 2004. *Ten ways ranchers can help restore clean water and salmon*. (Available at http://www.4sos.org/howhelp/ranchers2.html).

Salter, L. 2004. *A clean energy future? The role of the CDM in promoting renewable energy in developing countries*. WWF International. pp. 11. (Available at http://www.panda.org/downloads/climate_change/liamsalterfullpapercorrected.pdf).

Sanderson, J., Alger, K., da Fonseca, G., Galindo-Leal, C., Inchausty, V.H. & Morrison, K. 2003. Biodiversity conservation corridors: Planning, implementing, and monitoring sustainable landscapes. Center for Applied Biodiversity Science- Conservation International. pp.43.

Saunders, C.S., Cagatay, S. & Moxey, A.P. 2004. *Trade and the environment: economic and environmental impacts of global dairy trade liberalisation*. Agribusiness and Economics Research Unit (AERU), Research report No. 267, February 2004.

Sauvé Jilene L., Goddard, T.W. & Cannon, K.R. 2000. *A preliminary assessment of carbon dioxide emissions from agricultural soils*. Paper presented at the Alberta Soil Science Workshop, February 22–24 2000, Medicine Hat, Alberta. (Available at http://www1.agric.gov.ab.ca/$department/deptdocs.nsf/all/aesa8419?opendocument).

Schepers, J.S., Hackes, B.L. & Francis, D.D. 1982. Chemical water quality of runoff from grazing land in Nebraska: II contributing factors. *Journal of Environmental Quality*, 11(3): 355–359.

Scherf, B. ed. 2000. World watch list for domestic animal diversity, third edition. Rome. FAO/UNDP.

Scherr, S.J. & Yadav, S. 1996. *Land degradation in the developing world issues and policy options for 2020*. Washington, DC, IFPRI.

Schiere, H. & van der Hoek, R. 2000. *Livestock keeping in urban areas a review of traditional technologies*. FAO report.

Schmidhuber, J. & Shetty, P. 2005. The nutrition transition to 2030. Why developing countries are likely to bear the major burden. *Acta Agriculturae Scandinavica*, Section C Economy, 2(3–4): 150–166.

Schnittker, J. 1997. *The history, trade, and environmental consequences of soybean production in the United States*. Report to the World Wide Fund for Nature. 110 pp.

Schofield, K., Seager, J. & Merriman, R.P. 1990. The impact of intensive dairy farming activities on river quality: The eastern Cleddau catchment study. *Journal of the Institution of Water and Environmental Management*, 4(2): 176–186.

Scholes, M. & Andreae, M.O. 2000. Biogenic and pyrogenic emissions from Africa and their impact on the global atmosphere. *Ambio*, 29: 23–29.

Scholes, R.J., Schulze, E.D., Pitelka, L.F. & Hall, D.O. 1999. Biogeochemistry of terrestrial ecosystems. In: *The Terrestrial Biosphere and Global Change: Implications for Natural and Managed Ecosystems*. B. Walker, W. Steffen, J. Canadell & J. Ingram, eds., Cambridge, UK, University Press Cambridge, 271–303.

Schultheiß, U., Döhler H., Eckel, H, Früchtenicht, K., Goldbach, H., Kühnen, V., Roth, U., Steffens, G., Uihlein, A. & Wilcke, W. 2003. *Heavy metal balances in livestock farming*. Proceeding form the workshop: AROMIS - Assessment and reduction of heavy metal inputs into agro-ecosystems. 24–25 November 2003, Kloster Banz, Germany.

Schultz, R.C., Isenhart, T.M. & Colletti, J.P. 1994. *Riparian buffer systems in crop and rangelands*. Agroforestry and Sustainable Systems: Symposium Proceedings, August 1994.

Schulze, D.E. & Freibauer, A. 2005. Carbon unlocked from soils. *Nature*, 437: 205–206.

Schwartz, P. & Randall, D. 2003. *An abrupt climate change scenario and its implications for United States national security*, (Available at http://www.greenpeace.org/raw/content/international/press/reports/an-abrupt-climate-change-scena.pdf).

SCOPE 21. 1982. *The major biogeochemical cycles and their interactions*. Scientific Committee On Problems of the Environment (SCOPE). (Available at http://www.icsu-scope.org/downloadpubs/scope21/).

Scrimgeour, G.J. & S. Kendall. 2002. Consequences of livestock grazing on water quality and benthic algal biomass in a Canadian natural grassland plateau. *Environmental Management*, 29(6): 824–844.

Secretariat of the Convention on Biological Diversity. 2003. *Interlinkages between biological diversity and climate change*. Advice on the integration of biodiversity considerations into the implementation of the United Nations Framework Convention on Climate Change and its Kyoto protocol. Montreal, SCBD, 154 p. (CBD Technical Series No. 10).

Sharpley, A., Meisinger, J.J. Breeuwsma, A., Sims, J.T., Daniel, T.C. & Schepers, J.S. 1998. Impacts of animal manure management on ground and surface water quality. Pages 173–242 In J.L. Hatfield, & B.A. Stewart, eds., *Animal waste utilization: effective use of manure as a soil resource*. Chelsea, Michigan, USA, Ann Arbor Press.

Sharrow, S.H. 2003. Soil compaction during forest grazing. *The Grazier*, 317:2 Oregon State University.

Sheffer, M., Carpenter, S., Foley, J.A., Folke, C. & Walker, B. 2001. Catastrophic shifts in ecosystems. *Nature*, 413: 591–596.

Sheldrick, W., Syers, J.K. & Lingard, J. 2003. Contribution of livestock excreta to nutrient balances. *Nutrient Cycling in Agroecosystems*, 66(2): 119–131.

Shepherd, C.J., Pike, I.H. & Barlow, S.M. 2005. Sustainable feed resources of marine origin. European Aquaculture Society Special Publication 35: 59–66.

Shere, J.A., Bartlett, K.J. & Kaspar, W. 1998. Longitudinal study of Escherichia coli O157:H7 dissemination on four dairy farms in Wisconsin. *Applied and Environmental Microbiology*, 64(4): 1390–1399.

Shere, J.A., Kaspar, C.W., Bartlett, K.J., Linden, S.E., Norell, B., Francey, S. & Schaefer, D.M. 2002. Shedding of *Escherichia coli* O157:H7 in dairy cattle housed in a confined environment following waterborne inoculation. *Applied and Environmental Microbiology*, 68(4): 1947–1954.

Siebers, J., Binner, R. & Wittich, K.P. 2003. Investigation on downwind short-range transport of pesticides after application in agricultural crops. *Chemosphere*, 51(5): 397–407.

Siebert, S. Döll, P. & Hoogeveen, J. 2001, Global map of irrigated areas version 2.0, Center for Environmental Systems Research, Univerity of Kassel, Germany/Food and Agriculture Organization of the United Nations, Rome.

Siegenthaler, U., Stocker, T.F., Monnin, E., Lüthi, D., Schwander, J., Stauffer, B., Raynaud, D., Barnola, J., Fischer, H., Masson-Delmotte, V. & Jouzel, J. 2005. Stable carbon cycle–climate relationship during the late pleistocene. *Science*, 310(5752): 1313–1317.

Simberloff, D. 1996. Impacts of introduced species in the United States. *Consequences*, 2(2):13–22.

Singh, B. & Sekhon, G.S. 1976 Nitrate pollution of groundwater from nitrogen fertilizers and animal wastes in the Punjab, India. *Agriculture and Environment*, 3(1): 57–67.

Siriwardena, L., Finlayson, B.L. & McMahon T.A. 2006. The impact of land use change on catchment hydrology in large catchments: The Comet River, Central Queensland, *Australia Journal of Hydrology*, 326(14): 199–214.

Sirohi, S. & Michaelowa, A. 2004. *CDM potential of dairy sector in India.* HWWA discussion paper 273. Hamburgisches Welt-Wirtschafts-Archiv (HWWA). Hamburg Institute of International Economics. 73 pp.

Skinner, B.J., Porter, S.C. & Botkin, D.B. 1999. *The blue planet: An introduction to earth system science*, Second Edition. 576 pp.

Slifko, T.R., Smith, H.V. & Rose, J.B. 2000. Emerging parasite zoonoses associated with water and food. *International Journal for Parasitology*, 30(12–13): 1379–1393.

Small, L. & Carruthers, I. 1991. *Farmer financed irrigation – allocating a scarce resource: Water-use Efficiency* (Chapter 5 pp 77–95), Cambridge University Press.

Smil, V. 1999. Nitrogen in crop production: an account of global flows. *Global Biogeochemical Cycles*, 13(2): 647–662.

Smil, V. 2001. *Enriching the earth: Fritz Haber, Carl Bosch, and the transformation of world food production*. USA, MIT Press. p. 411.

Smil, V. 2002. Nitrogen and food production: proteins for human diets. *Ambio*, 31(2): 126–131.

Smith, B.E. 2002. Nitrogenase reveals its inner secrets. *Science*, 297(5587): 1654–1655.

Sommer, S.G., Petersen, S.O. & Møller, H.B. 2004. Algorithms for calculating methane and nitrous oxide emissions from manure management. *Nutrient Cycling in Agroecosystems*, 69: 143–154.

Soto, A., Calabro, J.M., Prechtl, N.V., Yau, A.Y., Orlando, E.F., Daxenberger, A., Kolok, A.S., Guillette, L.J., Jr., le Bizec, B., Lange, I.G. & Sonnenschein, C. 2004. Androgenic and estrogenic activity in water bodies receiving cattle feedlot effluent in eastern Nebraska, USA . *Environmental Health Perspectives*, 112(3).

Spahni, R., Chappellaz, J., Stocker, T.F., Loulergue, L., Hausammann, G., Kawamura, K., Flückiger, J., Schwander, J., Raynaud, D., Masson-Delmotte, V. & Jouzel, J. 2005. Atmospheric methane and nitrous oxide of the late Pleistocene from Antarctic ice cores. *Science*, 310(5752): 1317–1321.

Speedy, A.W. 2003. Global production and consumption of animal source foods. *Journal of Nutrition*, 133: 4048S–4053S.

Stallknecht, D.E. & Justin D. 2006 *Brown wild birds and the epidemiology of Avian Influenza*. FAO/OIE International Scientific Conference on Avian Influenza and Wild Birds.

Steinfeld, H., de Haan, C.H., & Blackburn, H. 1997. *Livestock and the environment Interactions: Issues and Options*. Suffolk, UK, WRENmedia.

Steinfeld, H. & Chilonda, P. 2006. Old players, new players. *Livestock Report 2006*. Rome, FAO.

Steinfeld, H., Costales, A. & Gerber, P. 2005. Underneath the livestock revolution: Structural change. In: McLeod, A., ed. 2006. *Livestock Report 2006*. Rome, FAO.

Steinfeld, H., Wassenaar, T. & Jutzi, S. 2006. Livestock production systems in developing countries: Status, drivers, trends. *Rev. Sci. Rech. Off. Int. Epiz.*, 25(2). In press.

Stoate, C., Boatman, N.D., Borralho, R.J., Carvalho, C.R., Snoo, G.R.D. & Eden, P. 2001. Ecological impacts of arable intensification in Europe. *Journal of Environmental Management*, 63(4): 337–365.

Sumberg, J. 2003. Toward a dis-aggregated view of crop–livestock integration in Western Africa. *Land Use Policy*, 20(3) 253–264.

Sundermeier, A., Reeder, R. & Lal, R. 2005. *Soil carbon sequestration – Fundamentals*. Ohio State University Extension Fact Sheet AEX-510-05. (Available at ohioline.osu.edu/aex-fact/0510.html).

Sundquist, B. 2003. *Grazing lands degradation: A global perspective*, Edition 4.

Sundquist, E.T. 1993. The global carbon dioxide budget. Science, 259: 934–941.

Sustainable Table. 2005. *The issues, Environment*. (Available at http://www.sustainabletable.org/issues/environment/).

Sutton, A., Applegate, T., Hankins, S., Hill, B., Sholly, D., Allee, G., Greene, W., Kohn, R., Meyer, D., Powers, W. & van Kempen, T. 2001 Manipulation of animal diets to affect manure production, composition and odours: state of the science. pp 377–408. In *animal agriculture and the environment: National Center For Manure And Animal Waste Management White Papers*. J.M. Rice, D.F. Caldwell & F.J. Humenik, eds. St. Joseph, Michigan, USA. Published by the American Society of Agricultural and Biological Engineers.

Swanson, S. 1996. *Riparian pastures*, Fact sheet No. 19. Rangeland Watershed Program; UC Cooperative Extension and USDA Natural Resources Conservation Service; California Rangelands Research and Information Center, Agronomy and Range Science. Davis, USA, University of California.

Swift, M.J., Seward, P.D., Frost, P.G.H., Qureshi, J.N. & Muchena, F.N. 1994. Long-term experiments in Africa: developing a database for sustainable land use under global change. In R.A. Leigh, & A.E. Johnston, eds. *Long-term experiments in agricultural and ecological sciences*, pp. 229–251. Wallingford, UK, CABI Publishers.

Syvitski, J.P.M., Peckham, S.D., Hilberman, R. & Mulder, T. 2003. Predicting the terrestrial flux of sediment to the global ocean: a planetary perspective. *Sedimentary Geology*, 162: 5–24.

Szott, L., Ibrahim, M. & Beer, J. 2000. *The hamburger connection hangover: cattle pasture land degradation and alternative land use in Central America*. Turrialba, Costa Rica, CATIE.

Tabarelli, M. & Gascon, C. 2005. Lessons from fragmentation research: Improving management and policy guidelines for biodiversity conservation. *Conservation Biology*, 19(3): 734–739.

Tadesse, G. & Peden, D. 2003. Livestock grazing impact on vegetation, soil and hydrology in a tropical highland watershed. In: McCornick, P.G., Kamara, A.B., and Tadesse, G., eds. *Integrated water and land management research and capacity building priorities for Ethiopia*. Proceedings of a MoWR/

EARO/IWMI/ILRI international workshop held at ILRI, Addis Ababa, Ethiopia 2–4 December 2002, pp. 87–97.

Tansey, Grégoire, J., Stroppiana, D., Sousa, A., Silva, J., Pereira, J.M.C., Boschetti, L., Maggi, M., Brivio, P.A., Fraser, R., Flasse, S., Ershov, D., Binaghi, E., Graetz, D. & Peduzzi, P. 2004. Vegetation burning in the year 2000: Global burned area estimates from SPOT VEGETATION data. *Journal of Geophysical Research Atmospheres*, VOL. 109, D14S03.

Tate, K.W. 1995. *Infiltration and overland flow*. Fact Sheet No. 37. Rangeland Watershed Program, U.C. Cooperative Extension and USDA Natural Resources Conservation Service; California Rangelands Research and Information Center, Agronomy and Range Science, Davis, USA, University of California.

Thellung A. 1912. La flore adventice de Montpellier. *Memoires de la Société Nationale des Sciences Naturelles et Mathématiques*, 38: 57–728.

The State of Queensland. 2004. *The Desert Uplands*. NRM facts, Land series. The State of Queensland, Department of Natural Resources and Mines.

Thobani, M. 1997. Formal water markets: why, when and how to introduce tradable water rights. *The World Bank Research Observer*, 12(2), August 1997: 163–165.

Thomas, C.D., Cameron, A., Green, R.E., Bakkenes, M., Beaumont, L.J., Collingham, Y.C., Erasmus, B.F.N., Ferreira de Siqueira, M., Grainger, A., Lee Hannah, Hughes, L., Huntley, B., van Jaarsveld, A.S., Midgley, G.F., Miles, L., Ortega-Huerta, M.A., Peterson, A.T., Phillips, O.L. & Williams, S.E. 2004. Extinction risk from climate change. *Nature*, 427:145–148.

Thomas, D.S. 2002. Sand, grass, thorns, and cattle: The modern Kalahari. In: Deborah Sporton and David S. G. Thomas, eds., *Sustainable livelihoods in Kalahari environments: Contributions to global debates*. New York, Oxford University Press, Inc. pp 21–38.

Thompson, A.M., Witte, J.C., Hudson, R.D., Guo, H, Herman, J.R. & Fujiwara, M. 2001. Tropical tropospheric ozone and biomass burning. *Science*, 291: 2128–2132.

Thorsten, C., Schneider, R.J., Färber, H.A., Skutlarek, D. & Goldbach, H.E. 2003. Determination of antibiotic residues in manure, soil, and surface waters. *Acta hydrochimica et hydrobiologica*, 31(1): 36–44.

Tidwell, J.H. & Allan, G.L. 2001. *Fish as food: aquaculture's contribution*. European Molecular Biology Organization (EMBO) reports 2(11): 958–963.

Tietenberg, T. 2003. *Environmental and natural resource economics*, sixth edition, Addison Wesley.

Tilman, D., Fargione, J., Wolff, B., D'Antonio, C., Dobson, A., Howarth, R., Schindler, D., Schlesinger, W.H., Simberloff, D. & Swackhamer, D. 2001. Forecasting agriculturally driven global environmental change. *Science*, 292(5515): 281–284.

Tonhasca, A. & Byrne, D.N. 1994. The effects of crop diversification on herbivorous insects: a meta-analysis approach. *Ecological Entomology*, 19: 239–244.

Toutain, B. 2001. *Mission d'appui scientifique sur le thème de la transhumance*. Programme régional parc du W - ECOPAS. Rapport CIRAD – EMVT No.01-43, July 2001.

Tran Thi Dan, Thai Anh Hoa, Le Quang Hung, Bui Minh Tri, Ho Thi Kim Hoa, Le Thanh Hien & Nguyen Ngoc Tri. 2003. *LEAD pilot project on the Area-wide integration (AWI) of specialized crop and* *livestock activities in Vietnam*. C. Narrod & P. Gerber, eds.

Travasso, M.I., Magrin, G.O., Rodríguez, G.R. & Boullón, D.R. 1999. Climate Change assessment in Argentina: II. Adaptation strategies for agriculture. Accepted in *Food and Forestry: Global Change and Global Challenge*. GCTE Focus 3 Conference. Reading, United Kingdom, September 1999.

Tremblay, L.A. & Wratten, S.D. 2002. Effects of Ivermectin in dairy discharges on terrestrial and aquatic invertebrates. *DOC Science Internal Series 67*. Department of Conservation, Wellington. 13 pp.

Trimble, S.W. & Mendel, A.C. 1995. The cow as a geomorphic agent—a critical review. *Geomorphology*, 13: 233–253.

Tschakert, P. & Tappan, G. 2004. The social context of carbon sequestration: considerations from a multi-scale environmental history of the Old Peanut Basin of Senegal. *Journal of Arid Environments*, 59(3): 535–564.

Tsur, Y. & Dinar, A. 1997. The relative efficiency and implementation costs of alternative methods of pricing irrigation water. *The World Bank Economic Review*, 11(2), May 1997: 243–262.

Turner, K., Georgiou, S., Clark, R., Brouwer, R. & Burke, J. 2004. Economic Valuation of water resources in agriculture, From the sectoral to a functional perspective of natural resource management. FAO paper reports No. 27, Rome, FAO.

Tveteras, S. & Tveteras, R. 2004. *The global competition for wild fish resources between livestock and aquaculture*. 13th Annual Conference of the European Association of Environmental and Resource Economics. 25–28 June 2004, Budapest, Hungary.

UN. 1992. *Rio Declaration on Environment and Development*, New York, USA, United Nations Conference on Environment and Development (UNCED) 1992.

UN. 2003. *World population prospects: The 2002 revision*, United Nations, New York, USA.

UN. 2005. *World Population Prospects*. The 2004 Revision. UN Department of Economic and Social Affairs. New York, USA, (Available at http://www.un.org/esa/population/publications/sixbillion/sixbilpart1.pdf).

UNDP/UNEP/WB/WRI. 2000. *A guide to world resources 2000–2001: People and ecosystems – The fraying web of life*. United Nations Development Programme, United Nations Environment Programme, World Bank, World Resources Institute. Washington, DC, World Resources Institute.

UNEP. 1991. *Status of desertification and implementation of the United Nations Plan of Action to combat desertification*. United Nations Environment Programme, Nairobi. 79 pp.

UNEP. 1994. Land degradation in South Asia: Its severity, causes and effects upon the people. World Soil Resources Report 78. INDP/UNEP/FAO. Rome, FAO.

UNEP. 1997. *World atlas of desertification*. United Nations Environment Programme, Second Edition. Nairobi. 182 pp.

UNEP. 2001. *Economic reforms, trade liberalization and the environment: A Synthesis of UNEP Country Projects*. Geneva, Switzerland. 5 November 2001.

UNEP. 2002. *Protecting the environment from land degradation* UNEP's action in the framework of the Global Environment Facility.

UNEP. 2003. *Global Environmental Outlook 3*. UNEP GEO Team, Division of Environmental

Information, Assessment and Early Warning (DEIA&EW), United Nations Environment Programme.

UNEP. 2004a. *GEO Yearbook 2003*. Earthprint, 76 p. (Available at www.unep.org/geo/yearbook/yb2003/).

UNEP. (2004b). *Land degradation in drylands (LADA): GEF grant request*. Nairobi, Kenya: UNEP.

UNEP. 2005a. *Global Environment Outlook Year Book 2004/05*, (Available at http://www.unep.org/geo/yearbook/yb2004/).

UNEP. 2005b. Environmental strategies and policies for cleaner production, (Available at www.uneptie.org/pc/cp/understanding_cp/cp_policies.htm; Accessed November 2005).

UNEP-WCMC. 1994. *Biodiversity data sourcebook*. B. Groombridge, ed. WCMC Biodiversity Series No. 1. World Conservation Monitoring Centre, United Nations Environment Programme, Cambridge, UK, World Conservation Press. 155 pp.

UNEP-WCMC. 1996. *The diversity of the seas: a regional approach*. WCMC Biodiversity Series No. 4. Edited by B. Groombridge and M.D. Jenkins. World Conservation Monitoring Centre, United Nations Environment Programme. Cambridge, UK, World Conservation Press.

UNEP-WCMC. 2000. *Chapter 1 of the Global Biodiversity Outlook: Global Biodiversity: Earth's living resources in the twentifirst century*. B. Groombridge & M.D. Jenkins, Cambridge, UK, World Conservation Press.

UNEP-WCMC. 2002. *Mountain watch: environmental change and sustainable development in mountains*. UNEP-WCMC Biodiversity Series No. 12 World Conservation Monitoring Centre, United Nations Environment Programme, Cambridge, UK, World Conservation Press.

UNESCO. 1979. *Tropical grassland ecosystems*. UNESCO, Paris.

UNESCO. 2005. Water portal. (Available at http://www.unesco.org/water/).

UNFCCC. 2005. *Feeling the heat*. Electronic background document - United Nations Framework Convention on Climate Change, (Available at http://unfccc.int/essential_background/feeling_the_heat/items/2918.php).

Uri, N.D. & Lewis, J.A. 1998. The dynamics of soil erosion in US agriculture. *The Science of the Total Environment*, 218(1): 45–58.

USDA. 2004. *US agriculture and forestry greenhouse gas inventory: 1990–2001*. U.S. Department of Agriculture, Global Climate Change Program, Technical Bulletin No. 1907. (Available at www.usda.gov/oce/global_change/gg_inventory.htm).

USDA/ERA. 2002. *Adoption and pesticide use. In: Adoption of Bioengineered Crops*. Agricultural Economic Report No. (AER810) 67 pp.

USDA/FAS. 2004. *World Broiler Trade Overview*. Foreign Agricultural Service, United States Department of Agriculture.

USDA/FAS. 2000. *Meat and bone meal ban may induce South American soybean planting*. United States Department of Agriculture: Foreign Agricultural Service, (Available at www.fas.usda.gov/pecad2/highlights/2000/12/EU_mbm_ban.htm).

USDA/NASS. 2001. *Agricultural chemical use*. National Agricultural Statistics Service, USDA Economics and Statistics System.

USDA/NRCS. 1998. *Soil quality indicators: Infiltration*. Soil Quality Information Sheet. Soil Quality

Institute, Natural Resources Conservation Service (NRCS), US Department of Agriculture (USDA).

USDA-NRCS. 1999. *Risk of human induced water erosion map.*, Soil Survey Division, World Soil Resources. Washington, DC, USDA-NRCS.

US-EPA. 2004. *US emissions inventory 2004: Inventory of u.s. greenhouse gas emissions and sinks: 1990–2002* (April 2004). US Environmental Protection Agency.

US-EPA. 2005a. Mid-Atlantic Integrated Assessment (MAIA), (Available at http://www.epa.gov/maia/html/about.html).

US-EPA. 2005b. *Global warming – Methane*. US Environmental Protection Agency, (Available at http://www.epa.gov/methane/).

US-EPA. 2006. *EPA livestock analysis model*, (Available at http://www.epa.gov/methane/rlep/library/lam/lam.html).

US-Geological Survey. 2005a. *The water cycle*. United States Geological Survey (USGS). (Available at http://ga.water.usgs.gov/edu/watercycle.html).

US-Geological Survey. 2005b. *Estimated use of water in the United States in 1990: Livestock water use*. United States Geological Survey (USGS), (Available at http://water.er.usgs.gov/watuse/wulv.html).

Van Aardenne, J.A., Dentener, F.J., Olivier, J.G.J., Klein Goldewijk, C.G.M. & J. Lelieveld. 2001. A high resolution dataset of historical anthropogenic trace gas emissions for the period 1890–1990. *Global Biogeochemical Cycles*, 15(4): 909–928.

van Auken, W.O. 2000. Shrub invasions of North American semi-arid grasslands. *Annual Review Of Ecology and Systematics*, 31:197–216.

Van der Hoek, K.W. 1998. Nitrogen efficiency in global animal production. *Environmental Pollution*, 102: 127–132.

van Ginkel, J.H., Whitmore, A.P. & Gorissen, A. 1999. Lolium perene grasslands may function as a sink for atmospheric carbon dioxide. *Journal of Environmental Quality*, 28: 1580–1584.

Van Vuuren, A.M. & Meijs, J.A.C. 1987, In: *Animal manure on grassland and fodder crops: fertiliser or waste?* H.G.Van der Meer, R.J. Unwin, T.A. van Dijk & G.C. Ennik, eds., Nijhoff, Dortrecht, the Netherlands. pp 27–45.

Vannuccini, S. 2004. Overview of fish production, utilization, consumption and trade. Fishery Information, Data And Statistics Unit, FAO. 20 pp.

Vasilikiotis, C. 2001. *Can Organic Farming "Feed the World"?* University of California, Berkeley. Energy Bulletin, published 1 February 2001. (Available at http://www.energybulletin.net/1469.html).

Velusamy, R., Singh, B.P. & Raina, O.K. 2004. Detection of *Fasciola gigantica* infection in snails by polymerase chain reaction. *Veterinary Parasitology*, 120(1-2): 85–90.

Vera, F.W.M. 2000. *Grazing ecology and forest history*. Wallingford, UK, CABI Publishing.

Verburg, P.H., Chen, Y.Q. & Veldkamp, A. 2000. Spatial explorations of land-use change and grain production in China. Agriculture, Ecosystems and Environment, 82: 333–354.

Verburg, P.H. and Hugo, A.C. & Van Der Gon, D. 2001. Spatial and temporal dynamics of methane emissions from agricultural sources in China. *Global Change Biology*, 7(1): 31–47.

Vet, R. 1995. *GCOS observation programme for atmospheric constituents: Background, status and action plan*. Global Climate Observing System Report No. 20. World Meteorological Organization, (Available at http://www.wmo.ch/web/gcos/Publications/gcos-20.pdf).

Vickery, J. A., Tallowin, J.R.B., Feber, R.E., Asteraki, E.J., Atkinson, P.W., Fuller, R.J. & Brown, V.K. 2001. The management of lowland neutral grasslands in Britain: effects of agricultural practices on birds and their food resources. *Journal of Applied Ecology*, 38: 647–664.

Viollat, P.L. 2006. *Argentine, un cas d'école*. Le Monde Diplomatique, April 2006.

Vitousek, P.M., Aber, J.D., Howarth, R.W., Likens, G.E., Matson, P.A., Schindler, D.W., Schlesinger, W.H. & Tilman, D.G. 1997 Human alteration of the global nitrogen cycle: sources and consequences. *Ecological Applications*, 7(3): 737–750.

Vlek, P.L.G., Rodríguez-Kuhl G. & Sommer R. 2004. Energy use and CO2 production in tropical agriculture and means and strategies for reduction or mitigation. *Environment, Development and Sustainability*, 6(1-2): 213–233.

von Dörte, E. 2004. *Water management in rural China: The role of irrigation water charges*.

von Tschudi, J.J. 1868. *Reisen durch Sudamerika*, Vol. 4. Leipzig: Verlag 1 Brockhaus. Stuttgrt:Omnitypie-Gesellshaft Nachf. Leopold Zechnall rep. 1971. 320 pp.

Vought, L.B.M., Pinay, G., Fuglsang, A. & Ruffinoni, C. 1995. Structure and function of buffer strips from a water quality perspective in agricultural landscapes. *Landscape and Urban Planning*, 31(1-3): 323–331.

Wahl, R.W. 1997. *Water pricing experiences: An international perspective – United States*. World Bank Technical Paper No. 386, pp 144–148.

Walker, R. 1993. Deforestation and economic development. *Canadian Journal of Regional Science*, 16(3): 481–497.

Wallinga, D. 2002. Antimicrobial use in animal feed: An ecological and public health problem. *Minnesota Medical Association*, Volume 85, October 2002.

Ward, A.D. 2004. ACSM 370 Teaching Materials: Principles of Hydrology, Lecture 2: *Infiltration*. Department of Food, Agricultural and Biological Engineering; USA, Ohio State University.

Ward, F. & Michelsen, A. 2002. The economic value of water in agriculture: concepts and policy applications. *Water Policy*, 4(5): 423–446.

Ward, G.M., Knox, P. L. & Hobson, B.W. 1977. Beef production options and requirements for fossil fuel. *Science*, 198: 265–271.

Ward, R.C. & Robinson, M. 2000. *Principles of hydrology* (4th ed.). McGraw-Hill Publishing Company, London, 450 pp.

Wardrop Engineering. 1998. Cited by UNEP Working Group for Cleaner Production in the Food Industry, 2004. Fact Sheet 7: Food Manufacturing Series. (Available at http://www.gpa.uq.edu.au/CleanProd/Res/facts/FACT7.HTM).

Wassenaar, T., Gerber, P., Verburg, P.H., Rosales, M., Ibrahim, M. & Steinfeld, H. 2006. Projecting land use changes in the Neotropics The geography of pasture expansion into forest. *Global Environmental Change*, In press.

Waters, T.F. 1995. *Sediment in streams: sources, biological effects, and control*. American Fisheries

Society Monograph 7. American Fisheries Society, Bethesda, Maryland. pp. 251.

Watson, R. & Pauly, D. 2001. Systematic distortions in world fisheries catch trends. *Nature*, 414: 534 536.

Webster, R.G., Naeve, C.W. & Krauss, S. 2006. *The evolution of influenza viruses in wild birds*. FAO/ OIE International Scientific Conference on Avian Influenza and Wild Birds.

Westing, A.H., Fox, W. & Renner, M. 2001. *Environmental degradation as both consequence and cause of armed conflict*. Working Paper prepared for Nobel Peace Laureate Forum participants by PREPCOM subcommittee on Environmental Degradation.

White, R.P., Murray, S. & Rohweder, M. 2000. *Pilot analysis of global ecosystems: grassland ecosystems*. Washington, DC, World Resources Institute.

Whitmore, A.P. 2000. *Impact of livestock on soil*. Sustainable Animal Production, (Available at http:// www.agriculture.de/acms1/conf6/ws4lives.htm).

WHO. and Tufts University. 1998. Keeping fit for life: Meeting the nutritional needs of older persons.

WHO. 2003. Obesity and overweight. Fact sheet, Geneva, World Health Organization

Wichelns, D. 2003. The role of public policies in motivating virtual water trade, with an example from Egypt (I. Delft, Trans.). In A.Y. Hoekstra, ed., 2003. *Virtual water trade: Proceedings of the international expert meeting on virtual water trade*.

Wilcock, R.J., Scarsbrook. M.R., Cooke, J.G., Costley, K.J. & Nagels, J.W. 2004. Shade and flow effects on ammonia retention in macrophyte-rich streams: implications for water quality. *Environmental Pollution*, 132(1): 95–100.

Woodroffe, R., Linsey, P., Romanach, S., Stein, A. & Ranah, S. M.K. 2005. Livestock predation by endangered African wild dogs (*Lycaon pictus*) in northern Kenya. *Biological Conservation*, 124: 225–234.

World Bank. 1997. *Water pricing experiences An international perspective*. World Bank Technical Paper No. 386, Washington, DC, World Bank.

World Bank. 2005a. Managing the livestock revolution: Policy and technology to address the negative impacts of a fast-growing sector. Washington, DC, World Bank Agriculture and Rural Development Department.

World Bank. 2005b. *World development indicators: poverty estimates*.

World Bank. 2006. *World development indicators*. Washington, DC.

World Conservation Monitoring Centre. 1998. *Freshwater biodiversity: a preliminary global assessment*. By Brian Groombridge and Martin Jenkins. WCMC Cambridge, UK, World Conservation Press.

World Resources Institute. 2000. Freshwater biodiversity in crisis.

World Resources Institute. 2003. *The watersheds of the world CD*. Published by IUCN – The World Conservation Union, the International Water Management Institute (IWMI), the Ramsar Convention Bureau, and the World Resources Institute (WRI).

World Resources Institute. 2005. *EarthTrends: The Environmental Information Portal*. (Available at http://earthtrends.wri.org. Accessed 10/12/2005).

WWF. 2003. Soy expansion losing forests to the fields. Forest Conversion INFO – Soy. WWF Forest Conversion Initiative (Available at http://assets.panda.org/downloads/wwfsoyexpansion.

pdf#search=%22WWF%202003%20-%20CERRADO%22).

WWF. 2005. *Wild Places Ecoregions.* (Available at http://www.worldwildlife.org/ecoregions/. Accessed August 2005).

Xercavins Valls, J. 1999. *Carrying capacity in east sub-Saharan Africa: A multilevel integrated assessment and a sustainable development approach.* Doctoral thesis. Universita Politècnica de Catalunya.

Yang, H., Zhang, X. & Zehnder, A.J.B. 2003. Water scarcity, pricing mechanism and institutional reform in Northern China irrigated agriculture. *Agricultural Water Management*, 61: 143–161.

Yang, X., Zhang, K., Jia, B. & Ci, L. 2005. Desertification assessment in China: an overview. *Journal of Arid Environments*, 63(2): 517–531.

You, L., Wood, S. & Wood-Sichra, U. 2006. Generating global crop distribution maps: from census to grid. Contributed paper prepared for presentation at the International Association of Agricultural Economists Conference, Gold Coast, Australia, 11–18 August 2006.

Zhang, H., Dao, Thanh H., Wallace, H.A., Basta, N.T., Dayton, E.A. & Daniel T.C. 2001. *Remediation techniques for manure nutrient loaded soils.* White paper summaries, National center for manure and waste management.

Zhang, H.C., Cao, Z.H., Shen, Q.R. & Wong, M.H. 2003. Effect of phosphate fertilizer application on phosphorus (P) losses from paddy soils in Taihu Lake Region I. Effect of phosphate fertilizer rate on P losses from paddy soil. *Chemosphere*, 50(6): 695–701.

Zhang, Y.K. & Schilling, K.E. 2005. Increasing streamflow and baseflow in Mississippi River since the 1940s: Effect of land use change. *Journal of Hydrology*, In Press, Corrected Proof, Available online 2 December 2005.

Zhou, Z.Y., Wu, Y.R. & Tian, W.M. 2003. Food consumption in rural China: preliminary results from household survey data. Proceedings of the 15th Annual Conference of the Association from Chinese Economics Studies, Australia.

Zimmer, D. & Renault, D. 2003. *Virtual water in food production and global trade: review of methodological issues and preliminary results.* Proceedings of the expert meeting held 12–13 December 2002, Delft, the Netherlands. Editor Arjen Hoekstra, Delft, the Netherlands, 2003, UNESCO-IHE.

附录1 表格

表 1　1961—2001 年 3 个土地利用集约化指标的区域水平趋势　336

表 2　选定的国家和地区每人每天的能量、蛋白质和脂肪的总摄入量及
占动物源食品的比例　336

表 3　选定的国家和地区的草地面积及占土地覆盖总面积的比例　337

表 4　以牧场为主的地区的净初级生产力　338

表 5　高度适合放牧但不是牧场地区的土地的主要用途　338

表 6　选定的国家和地区的家禽数量及其在农业用地上的密度和人均占有率　339

表 7　选定的国家和地区的生猪数量及其在农业用地上的密度和人均占有率　340

表 8　选定的国家和地区的牛的数量及其在农业用地上的密度和人均占有率　340

表 9　选定的国家和地区的小型反刍动物数量及其在农业用地上的密度和
人均占有率　341

表 10　各区域玉米贸易量：2001—2003 年平均量及过去 15 年增长率　341

表 11　各区域大豆贸易量：2001—2003 年平均量及过去 15 年增长率　343

表 12　各区域豆粕贸易量：2001—2003 年平均量及过去 15 年增长率　344

表 13　各区域牛肉贸易量：2001—2003 年平均量及过去 15 年增长率　345

表 14　各区域禽肉贸易量：2001—2003 年平均量及过去 15 年增长率　346

表 15　2001—2003 年主要肉类贸易量和相关的海上运输的二氧化碳排放量　347

表 16　牲畜栖息地丧失和退化对物种灭绝可能造成的影响　347

表1　1961—2001年3个土地利用集约化指标的区域水平趋势

地区	拖拉机的使用			矿物肥料的使用			灌溉面积		
	年增长率（%）		2001年每个拖拉机耕地面积①（公顷）	年增长率（%）		2001年每公顷耕地矿物肥料使用量（千克）	年增长率（%）		2001年耕地和永久耕地比例（%）
	1961—1991	1991—2001		1961—1991	1991—2001		1961—1991	1991—2001	
亚洲	11.1	1.7	77.3	9.0	1.5	134.7	1.9	1.4	33.5
大洋洲	−0.8	−0.9	139.7	0.7	5.6	59.0	2.6	1.8	4.9
波罗的海各国和独联体	n.d.	n.d.	67.1	n.d.	n.d.	30.2	n.d.	n.d.	49.5
东欧	7.1	0.2	19.4	1.4	1.2	80.7	3.8	−1.4	10.2
西欧	3.1	−0.2	12.0	2.0	−1.5	180.7	1.9	0.9	15.3
北非	4.4	1.3	91.8	4.6	2.1	69.5	1.0	1.6	21.7
撒哈拉以南非洲	0.9	−2.8	773.8	5.0	−1.0	11.1	1.9	0.9	3.7
北美洲	0.1	0.4	41.5	3.2	1.0	96.3	1.4	0.7	10.2
拉丁美洲和加勒比地区	3.9	−0.2	95.7	6.0	4.2	75.9	2.5	0.8	11.0
发达国家	2.3	−0.1	33.2	3.0	−2.2	79.1	2.0	0.2	10.6
发展中国家	6.6	1.8	125.3	9.5	1.8	97.1	2.0	1.3	23.2
世界地区	2.5	−0.1	58.0	4.6	0.1	89.6	2.0	1.0	17.9

注：①包括耕地和永久耕地。

来源：FAO（2006b）。

表2　选定的国家和地区每人每天的能量、蛋白质和脂肪的总摄入量及占动物源食品的比例

国家和地区	总量			动物产品百分比（%）		
	热量（卡）	蛋白质（克）	脂肪（克）	热量（卡）	蛋白质	脂肪
独联体	2 793	81	73	21	45	56
北非	3 203	88	65	8	21	28
北美洲	3 588	105	125	22	51	43
撒哈拉以南非洲和南非	2 248	55	46	7	21	22
东南亚	2 686	65	55	9	29	31
东欧	3 180	93	107	26	49	59
拉丁美洲和加勒比地区	2 852	77	81	20	48	48
近东地区	2 897	80	69	11	25	32

（续）

国家和地区	总量			动物产品百分比（%）		
	热量（卡）	蛋白质（克）	脂肪（克）	热量（卡）	蛋白质	脂肪
大洋洲	2 971	94	115	29	63	54
南亚	2 394	56	50	9	20	28
西欧	3 519	108	150	31	60	55
澳大利亚	3 096	104	135	33	67	53
巴西	3 006	81	92	22	52	50
中国	2 942	82	86	20	37	58
印度	2 423	56	52	8	19	25
发达国家	**3 304**	**100**	**122**	**26**	**56**	**51**
发展中国家	**2 651**	**68**	**65**	**13**	**31**	**41**
世界地区	**2 792**	**75**	**77**	**17**	**38**	**45**

注：2000—2002年3年的平均值。卡为非法定计量单位，1卡≈4.186焦耳。

来源：FAO（2006b）。

表3　选定的国家和地区的草地面积及占土地覆盖总面积的比例

国家和地区	草地总面积（平方千米）	草地占总面积比例（%）
北美洲	7 970 811	41.1
拉丁美洲和加勒比地区	7 011 738	34.2
西欧	1 216 683	32.5
东欧	293 178	25.2
独联体	6 816 769	31.1
西亚和北非	1 643 563	13.6
撒哈拉以南非洲和南非	7 731 638	31.5
南亚	661 613	14.9
东南亚	5 286 989	32.9
大洋洲	5 187 147	58.1
澳大利亚	4 906 962	63.6
中国	3 504 907	37.3
印度	371 556	11.7
巴西	2 179 466	25.6
发达国家	**19 803 555**	**35.4**
发展中国家	**18 369 118**	**24.0**
世界地区	**38 172 673**	**28.8**

来源：作者计算。

表4 以牧场为主的地区的净初级生产力

国家和地区	平均净初级生产力	面积小于1 200平方千米[格令*/（米²·年）]（以碳计）	%	面积大于1 200平方千米[格令/（米²·年）]（以碳计）	%
独联体	726.5	3 057 780	96.7	105 498	3.3
拉丁美洲和加勒比地区	1 254.6	2 297 740	47.4	2 548 350	52.6
西欧	948.8	766 276	72.4	291 848	27.6
西亚和北非	637.0	1 800 730	92.7	142 480	7.3
撒哈拉以南非洲和南非	1 226.1	5 066 060	42.8	6 777 050	57.2
南亚	708.2	224 012	79.0	59 504	21.0
东南亚	1 158.1	652 412	43.0	863 624	57.0
北美洲	718.5	4 090 920	90.9	411 074	9.1
东欧	1 080.4	152 280	72.0	59 261	28.0
大洋洲	1 189.3	143 905	58.3	102 736	41.7
澳大利亚	1 065.6	3 895 680	69.4	1 721 570	30.6
巴西	1 637.7	37 424	1.3	2 893 640	98.7
印度	385.9	131 927	93.8	8 682	6.2
中国	774.5	2 644 020	86.8	402 534	13.2
发达国家	**871.03**	**12 473 500**	**79.8**	**153 290**	**20.2**
发展中国家	**1 153.1**	**12 486 800**	**48.5**	**13 233 500**	**51.5**
世界地区	**1 046.5**	**24 960 300**	**60.4**	**16 386 790**	**39.6**

来源：作者计算。

表5 高度适合放牧但不是牧场地区的土地的主要用途

国家和地区	森林（平方千米）	森林（%）	耕地（平方千米）	耕地（%）	城市（平方千米）	城市（%）
独联体	3 381 180	65.6	1 608 240	31.2	166 923	3.2
拉丁美洲和加勒比地区	3 375 720	87.3	432 466	11.2	60 685	1.6
西欧	825 342	46.5	747 410	42.1	201 770	11.4
西亚和北非	40 782	21.4	134 138	70.3	15 933	8.3
撒哈拉以南非洲和南非	3 642 730	87.9	442 489	10.7	58 440	1.4
南亚	51 925	19.1	205 745	75.9	13 486	5.0

---

* 格令为非法定计量单位，1格令 =0.065克。

（续）

国家和地区	森林（平方千米）	森林（%）	耕地（平方千米）	耕地（%）	城市（平方千米）	城市（%）
东南亚	2 167 580	64.1	1 124 630	33.2	91 498	2.7
北美洲	2 515 240	51.4	2 172 750	44.4	203 408	4.2
东欧	334 619	36.5	517 651	56.5	64 671	7.1
大洋洲	362 790	95.9	13 080	3.5	2 294	0.6
澳大利亚	390 805	79.5	88 358	18.0	12 467	2.5
巴西	4 766 500	95.3	126 222	2.5	107 969	2.2
印度	186 840	22.9	595 042	72.9	34 553	4.2
中国	873 628	42.4	1 047 920	50.9	138 976	6.7
发达国家	**7 748 680**	**57.0**	**5 205 720**	**38.3**	**650 239**	**4.8**
发展中国家	**15 161 600**	**76.8**	**4 044 780**	**20.5**	**523 734**	**2.7**
世界地区	**22 910 280**	**68.7**	**9 250 500**	**27.8**	**1 173 973**	**3.5**

来源：作者计算。

表6　选定的国家和地区的家禽数量及其在农业用地上的密度和人均占有率

国家和地区	动物数量（千头）	单位面积农业用地动物数量（头／公顷）	每人动物占有量（头／人）
北美洲	2 058 729	4.3	6.7
拉丁美洲和加勒比地区	2 255 899	2.2	4.5
西欧	1 097 990	7.5	2.8
东欧	231 172	3.6	1.9
独联体	558 194	1.0	2.0
西亚和北非	1 263 426	2.8	3.3
撒哈拉以南非洲	862 304	0.9	1.4
南亚	700 772	1.7	0.5
东南亚	5 994 579	4.4	3.1
大洋洲	111 857	0.1	3.7
澳大利亚	86 968	0.2	4.7
中国	3 830 469	6.9	3.1
印度	377 000	2.1	0.4
巴西	877 884	3.3	5.3
发达国家	**4 518 867**	**2.5**	**3.5**
发展中国家	**10 627 741**	**3.3**	**2.3**
世界地区	**15 146 608**	**3.0**	**2.6**

来源：作者计算。

表7 选定的国家和地区的生猪数量及其在农业用地上的密度和人均占有率

国家和地区	动物数量（千头）	单位面积农业用地动物数量（头/公顷）	每人动物占有量（头/人）
北美洲	73 017	0.15	0.24
拉丁美洲和加勒比地区	76 793	0.10	0.15
西欧	124 617	0.85	0.32
东欧	40 177 2	0.6	0.33
独联体	31 160	0.06	0.11
西亚和北非	665	0.00	0.00
撒哈拉以南非洲	20 480	0.02	0.03
南亚	14 890	0.07	0.01
东南亚	528 673	0.66	0.27
大洋洲	5 509	0.01	0.18
澳大利亚	2 733	0.01	0.15
中国	452 215	0.82	0.36
印度	13 867	0.08	0.01
巴西	32 060	0.12	0.19
发达国家	**285 215**	**0.16**	**0.22**
发展中国家	**632 420**	**0.20**	**0.14**
世界地区	**917 635**	**0.18**	**0.16**

来源：作者计算。

表8 选定的国家和地区的牛的数量及其在农业用地上的密度和人均占有率

国家和地区	动物数量（千头）	单位面积农业用地动物数量（头/公顷）	每人动物占有量（头/人）
北美洲	110 924	0.23	0.36
拉丁美洲和加勒比地区	357 712	0.46	0.71
西欧	84 466	0.58	0.21
东欧	16 042	0.25	0.13
独联体	58 395	0.10	0.21
西亚和北非	31 759	0.07	0.08
撒哈拉以南非洲	213 269	0.21	0.35
南亚	246 235	1.09	0.19
东南亚	152 578	0.19	0.08
大洋洲	37 796	0.08	1.26
澳大利亚	27 726	0.06	1.49
中国	103 908	0.19	0.08
印度	191 218	1.06	0.20

（续）

国家和地区	动物数量（千头）	单位面积农业用地动物数量（头/公顷）	每人动物占有量（头/人）
巴西	177 204	0.67	1.07
发达国家	**326 830**	**0.18**	**0.25**
发展中国家	**983 781**	**0.31**	**0.22**
世界地区	**1 310 611**	**0.26**	**0.22**

来源：作者计算。

表 9　选定的国家和地区的小型反刍动物数量及其在农业用地上的密度和人均占有率

国家和地区	动物数量（千头）	单位面积农业用地动物数量（头/公顷）	每人动物占有量（头/人）
北美洲	9 132	0.02	0.03
拉丁美洲和加勒比地区	115 514	0.15	0.23
西欧	121 574	0.83	0.31
东欧	20 902	0.32	0.17
独联体	59 649	0.11	0.21
西亚和北非	227 378	0.50	0.59
撒哈拉以南非洲	370 078	0.37	0.60
南亚	298 822	1.33	0.23
东南亚	345 716	0.43	0.18
大洋洲	153 302	0.32	5.11
澳大利亚	112 202	0.25	6.03
中国	289 129	0.52	0.23
印度	181 300	1.00	0.19
巴西	24 008	0.09	0.14
发达国家	**400 136**	**0.22**	**0.31**
发展中国家	**1 322 038**	**0.42**	**0.29**
世界地区	**1 722 175**	**0.34**	**0.29**

来源：作者计算。

表 10　各区域玉米贸易量：2001—2003年平均量及过去15年增长率

	亚洲		撒哈拉以南非洲		北非		欧盟15国		东欧	
	千吨	增长率（%）	千吨	增长率（%）	千吨	增长率（%）	千吨	增长率（%）	千吨	增长率（%）
亚洲	**11 669**	**853.1**	193.6	207.3	0.6	—	8.8	−92.0	293.3	82.9
撒哈拉以南非洲	220.5	574.3	**759.6**	**94.7**	0.1	—	26.5	−54.6	6.7	−14.1

（续）

	亚洲		撒哈拉以南非洲		北非		欧盟15国		东欧	
	千吨	增长率(%)	千吨	增长率(%)	千吨	增长率(%)	千吨	增长率(%)	千吨	增长率(%)
北非	41.8	386.0	1.7	—	**43.4**	—	24.6	−92.1	83	−7.0
欧盟15国	6.8	−44.3	4.9	345.5	0.2	—	**8 837.4**	**41.7**	806.5	257.6
西欧其他国家	0	−100.0	0.1	—	0.8	—	20.4	−87.6	38.6	−38.3
东欧	0.5	−98.7	0.3	—	0	—	64.1	32.2	**892.9**	**237.2**
波罗的海各国和独联体	6.7	−99.4	0.2	—	0	—	6	−88.0	130	−69.1
北美洲	0.3	—	0.2	—	0	—	0.7	−56.3	2.5	733.3
南美洲	0.2	−100.0	0.6	−90.3	0	—	0.3	−76.9	0	—
美国中部和加勒比地区	16.7	53.2	1.7	—	0	—	0.1	−99.8	0	−100.0
澳大利亚	2.6	−99.8	0	—	0	—	0	−100.0	0	—

	波罗的海各国和独联体		北美洲		南美洲		美国中部和加勒比地区		大洋洲	
	千吨	增长率(%)	千吨	增长率(%)	千吨	增长率(%)	千吨	增长率(%)	千吨	增长率(%)
亚洲	79.1	n.a.	24 120	13.0	6 631.8	362.8	0	—	23.6	−51.3
撒哈拉以南非洲	0.3	n.a.	404.9	180.4	525.8	879.1	7.3	—	3	—
北非	113.9	n.a.	5 791.7	143.9	2 347.4	452.3	0	—	0	—
欧盟15国	45.9	n.a.	68.6	−97.6	2 530.5	276.7	0	—	0.1	−50.0
西欧其他国家	0.5	n.a.	45.7	182.1	164.3	466.6	6.7	—	0	—
东欧	n.a.	10.7	−98.1	201	104.3	0	—	0	—	—
波罗的海各国和独联体	**261**	**n.a.**	43.8	−99.2	7.8	−99.0	0	—	0	—
北美洲	n.a.	3 799.9	**998.2**	**56.7**	18.6	37	469.2	0	—	—
南美洲	14.8	n.a.	2 815.9	138.8	**2 745.9**	**431.1**	4.3	—	0.2	—
美国中部和加勒比地区	10.2	n.a.	9 162.2	147.4	131	−75.0	**19.4**	—	0	—
澳大利亚	0	n.a.	22.2	404.5	0	—	0	—	23.1	50.0

注：n.a. 代表1986—1988年无数据。

— ：2001—2003年交易量的平均值可以忽略不计。

来源：FAO（2006b）。

表11 各区域大豆贸易量：2001—2003年平均量及过去15年增长率

	美国		巴西		阿根廷	
	千吨	增长率（%）	千吨	增长率（%）	千吨	增长率（%）
总产量	73 424.7	49.1	43 829.5	172.1	30 614.7	287.5
总出口量	29 128.8	44.2	17 178.7	655.5	7412.6	266.6
地区目的地						
亚洲	16 935.3	127.0	6 305.8	1 813.7	6 207.1	7 342.6
撒哈拉以南非洲	6.2	−71.9	0	−100.0	19.5	—
北非	336.3	294.7	111.9	—	193.8	—
欧盟15国	5 587.9	−38.5	9 852.7	498.6	745.4	−37.4
西欧其他国家	19.1	−90.2	404	859.6	0.3	−99.1
东欧	45.4	−91.2	106.8	87.0	5.4	−93.1
波罗的海各国和独联体	65.6	−92.0	17.7	5 800.0	0	−100.0
北美洲	640.7	311.2	2.2	—	12.7	—
南美洲	213.5	−62.8	248.8	82 833.3	198.7	—
美国中部和加勒比地区	4 563.4	279.1	128.7	4 190.0	29.8	33.6
大洋洲	18.6	−41.9	0	−100.0	0	—

	巴拉圭		加拿大		印度		中国	
	千吨	增长率（%）	千吨	增长率（%）	千吨	增长率（%）	千吨	增长率（%）
总产量	3 671.9	212.3	2 079.7	84.5	5 773.6	419.1	15 768.3	33.5
总出口量	2 019.1	103.1	671.8	233.9	83.3	—	263.9	−82.6
地区目的地								
亚洲	14.3	—	344.7	353.0	83.1	3 362.5	253.9	−52.7
撒哈拉以南非洲	0.1	—	0.3	200.0	0	—	0	—
北非	0	−100.0	5.6	51.4	0	—	0	—
欧盟15国	62.5	−75.5	200.7	208.3	0	—	7.8	13.0
西欧其他国家	208.6	104.5	0	−100.0	0	—	0	—
东欧	0	—	1.1	—	0	—	0.1	−99.3
波罗的海各国和独联体	1.7	—	0.1	−99.5	0	—	0.3	−99.9
北美洲	0	−100.0	112.5	224.2	0.1	—	0.9	—
南美洲	1 383.8	1 176.6	0	—	0	—	0.6	−92.7
美国中部和加勒比地区	348.1	234.7	6.3	—	0	—	0	—
大洋洲	0	—	0.4	—	0	—	0.4	—

注：n.a.代表1986—1988年无数据。

— ：2001—2003年交易量的平均值可以忽略不计。

来源：FAO（2006b）。

表12 各区域豆粕贸易量：2001—2003年平均量及过去15年增长率

	亚洲		撒哈拉以南非洲		北非		欧盟15国		东欧	
	千吨	增长率(%)	千吨	增长率(%)	千吨	增长率(%)	千吨	增长率(%)	千吨	增长率(%)
亚洲	**2 890.3**	**177.1**	0.1	—	0	—	30.7	−72.3	0	—
撒哈拉以南非洲	10.5	218.2	6.8	−50.0	8.8	—	13.5	−2.9	0	—
北非	41.3	3.8	0.2	—	0	—	27.5	−69.3	0	—
欧盟15国	7.7	−96.8	0.2	—	0	—	4 417.9	38.2	1.5	—
西欧其他国家	0.1	−99.7	0	—	0	—	143.1	530.4	0	—
东欧	1.5	−99.6	0	—	0	—	1 617.6	1 202.4	40.3	—
波罗的海各国和独联体	3.7	−93.5	0	—	0	—	217.4	−14.6	3.4	—
北美洲	0.2	−96.5	0	—	0	—	0.7	250.0	0	—
南美洲	0.5	—	0.1	—	0	—	0.4	−50.0	0	—
美国中部和加勒比地区	0	−100.0	0	—	0	—	0.3	−91.4	0	—
澳大利亚	3.7	208.3	0	—	0	—	27.4	6 750.0	0	—

	波罗的海各国和独联体		北美洲		南美洲		美国中部和加勒比地区		大洋洲	
	千吨	增长率(%)	千吨	增长率(%)	千吨	增长率(%)	千吨	增长率(%)	千吨	增长率(%)
亚洲	0	n.a.	2 122.9	196.9	6 361.9	—	0	—	0	—
撒哈拉以南非洲	0	n.a.	4.8	−94.5	532.8	366.1	0	—	0	—
北非	0	n.a.	421	10.0	1 298.7	714.2	0	—	0	—
欧盟15国	0	n.a.	345.7	−85.0	18 875.8	223.1	10.9	—	0	—
西欧其他国家	0	n.a.	2.2	450.0	36.1	163.5	0	—	0	—

	波罗的海各国和独联体		北美洲		南美洲		美国中部和加勒比地区		大洋洲	
	千吨	增长率(%)	千吨	增长率(%)	千吨	增长率(%)	千吨	增长率(%)	千吨	增长率(%)
东欧	0	n.a.	13.4	−93.2	851.9	−49.3	0	—	0	—
波罗的海各国和独联体	14	n.a.	106	−77.2	9.8	−99.3	0	—	0	—
北美洲	1	n.a.	**764.4**	**3.5**	46.1	—	1.1	−57.7	0	—
南美洲	2	n.a.	324	−54.9	**1 912.8**	—	14.8	—	0	—
美国中部和加勒比地区	0	n.a.	1 509.8	256.4	82.6	−54.6	**30.2**	**174.5**	0	—
澳大利亚	0	n.a.	322.8	701.0	190.3	—	0	—	0.2	−75.0

注：n.a.代表1986—1988年无数据。

— ：2001—2003年交易量的平均值可以忽略不计。

来源：FAO（2006b）。

表13 各区域牛肉贸易量：2001—2003年平均量及过去15年增长率

	亚洲		撒哈拉以南非洲		北非		欧盟15国		东欧	
	千吨	增长率（%）	千吨	增长率（%）	千吨	增长率（%）	千吨	增长率（%）	千吨	增长率（%）
亚洲	**271.1**	**330.3**	1.9	533.3	0.4	—	132.5	−45.8	0.3	−97.3
撒哈拉以南非洲	42.3	—	**48.7**	—	0.0	—	42.0	−79.5	0.0	−100.0
北非	9.7	—	1.3	—	**0.0**	—	2.4	−98.3	0.0	−100.0
欧盟15国	8.8	—	14.5	29.5	0.1	—	**1 514.4**	**6.7**	23.3	−57.2
西欧其他国家	0.9	—	2.0	—	0.0	—	9.4	−30.4	0.2	−89.5
东欧	0.6	—	0.0	—	0.0	—	24.3	−68.6	40.0	273.8
波罗的海各国和独联体	31.7	−11.9	0.0	—	0.0	—	351.5	343.3	23.0	−63.5
北美洲	2.5	—	0.0	—	0.0	—	1.7	−98.1	0.1	−99.3
南美洲	0.2	—	0.0	—	0.0	—	0.6	−99.5	0.0	−100.0
美国中部和加勒比地区	0.1	−90.0	0.0	—	0.0	—	1.2	−90.3	0.0	−100.0
澳大利亚	0.4	—	0.0	—	0.0	—	0.2	−98.2	0.1	0.0

	波罗的海各国和独联体		北美洲		南美洲		美国中部和加勒比地区		大洋洲	
	千吨	增长率（%）	千吨	增长率（%）	千吨	增长率（%）	千吨	增长率（%）	千吨	增长率（%）
亚洲	0.2	n.a.	680.5	260.6	270.1	108.6	1.0	−60.0	686.5	173.3
撒哈拉以南非洲	0.0	n.a.	0.3	0.0	21.9	−28.9	0.0	—	3.6	—
北非	0.0	n.a.	8.2	—	132.9	—	0.0	—	4.5	—
欧盟15国	0.8	n.a.	3.5	−65.0	390.5	84.1	0.0	—	11.1	−31.9
西欧其他国家	0.0	n.a.	1.4	75.0	9.0	−13.5	0.0	—	2.5	177.8
东欧	0.0	n.a.	0.4	—	52.3	—	0.0	—	2.2	—
波罗的海各国和独联体	**236.3**	**n.a.**	5.4	—	53.1	—	0.0	—	6.9	—
北美洲	0.0	n.a.	**520.8**	**416.7**	161.3	86.5	42.5	−14.8	903.7	14.3
南美洲	0.0	n.a.	3.4	−87.7	**208.9**	**139.3**	2.0	—	0.1	—
美国中部和加勒比地区	0.0	n.a.	333.8	2 110.6	16.3	3.2	**29.1**	**627.5**	19.8	219.4
澳大利亚	0.0	n.a.	1.4	75.0	0.6	500.0	0.0	—	40.6	50.4

注：n.a.代表1986—1988年无数据。

—：2001—2003年交易量的平均值可以忽略不计。

来源：FAO（2006b）。

表14　各区域禽肉贸易量：2001—2003年平均量及过去15年增长率

	亚洲		撒哈拉以南非洲		北非		欧盟15国		东欧	
	千吨	增长率(%)	千吨	增长率(%)	千吨	增长率(%)	千吨	增长率(%)	千吨	增长率(%)
亚洲	**915.9**	**526.5**	1.6	—	0.6	500.0	291	48.4	6.7	−53.5
撒哈拉以南非洲	7.6	—	**10.9**	**—**	0.1	—	215.9	149.3	0.4	−60.0
北非	0.2	100.0	0	—	**0**	**—**	2.9	−62.8	0.2	−92.3
欧盟15国	194	—	2.7	—	0.6	—	**1 836.9**	**265.6**	143.2	130.6
西欧其他国家	9	718.2	0	—	0	—	25.5	9.9	8.6	−18.9
东欧	19.9	—	0	—	0	—	123.3	—	47.8	414.0
波罗的海各国和独联体	28.8	—	0	—	0	—	304.5	—	26.8	−82.5
北美洲	2.9	314.3	0.1	—	0	—	1.7	54.5	0	−100.0
南美洲	2.6	—	0.2	—	0	—	0.8	−87.5	0	−100.0
美国中部和加勒比地区	1.1	—	0	—	0	—	20	−6.5	0	−100.0
澳大利亚	0.8	−38.5	0	—	0	—	4.8	6.7	0.2	100.0

	波罗的海各国和独联体		北美洲		南美洲		美国中部和加勒比地区		大洋洲	
	千吨	增长率(%)	千吨	增长率(%)	千吨	增长率(%)	千吨	增长率(%)	千吨	增长率(%)
亚洲	0.1	n.a.	946	382.9	927	378.1	1.1	—	9.7	781.8
撒哈拉以南非洲	0	n.a.	104.9	—	115.9		0		9.9	
北非	0	n.a.	1.9	−90.9	2.8	27.3	0	—		
欧盟15国	0.1	n.a.	48.9	304.1	375.4		0	—	0	
西欧其他国家	0	n.a.	2.6	420.0	3	−57.7	0		0	
东欧	0.3	n.a.	122.2	—	30.5	—	0		0	
波罗的海各国和独联体	**34.2**	**n.a.**	1 022.5	—	225.2		0		0.2	
北美洲	0.1	n.a.	**164.1**	**374.3**	2.5	—	3.8		0	
南美洲	0	n.a.	43.5	—	**31.6**	**212.9**	0.4		0	
美国中部和加勒比地区	0	n.a.	502.6	570.1	43.5	559.1	**5.2**	**—**		
澳大利亚	0	n.a.	25.2	334.5	1.5	—	0		5.7	159.1

注：n.a.代表1986—1988年无数据。

—：2001—2003年交易量的平均值可以忽略不计。

来源：FAO（2006b）。

表15 2001—2003年主要肉类贸易量和相关的海上运输的二氧化碳排放量

原产国家和地区	目的地国家和地区	交易量（千吨）	化石燃料二氧化碳排放量（千吨）
牛肉			
美国	加拿大、日本、中国香港、韩国、墨西哥	1 000	34
澳大利亚	美国、加拿大、日本、韩国	1 055	61
巴西	中国香港、欧盟、沙特阿拉伯、美国、埃及	390	28
加拿大	美国、墨西哥	497	7
新西兰	美国、加拿大	418	20
	全球贸易份额：	**60%**	**150**
禽肉			
美国	中国、日本、韩国、俄罗斯、墨西哥、加拿大	2 093	137
巴西	日本、中国香港、俄罗斯、沙特阿拉伯、欧盟	921	82
欧盟	俄罗斯、沙特阿拉伯	342	9
中国	日本	364	4
泰国	欧盟、日本	381	20
中国香港	中国	660	5
	全球贸易份额：	**63%**	**257**
猪肉			
加拿大	日本、美国	543	14
欧盟	日本、俄罗斯	473	34
美国	日本、墨西哥	400	12
巴西	中国香港、俄罗斯	247	23
中国	中国香港、俄罗斯	133	1
	全球贸易份额：	**53%**	**85**

来源：肉类贸易流量数据，FAO（2006b）。

表16 牲畜栖息地丧失和退化对物种灭绝可能造成的影响

物种	描述
动物	**两栖纲**
斑足蟾鲐	厄瓜多尔的安第斯山脉西北山坡特有的，在埃斯梅拉达、因巴布拉、科多帕希火山和皮钦查各省海拔高度500～2 500米处。这是一个陆地物种，生活在低地和山地热带雨林。种群数量下降原因不明，可能是由于壶菌病。其他可能的因素包括气候变化，污染和栖息地的消失，但这些都不太可能解释已观察到的下降水平
斑足蟾龟	委内瑞拉德拉科斯塔山脉南斜坡伙伴河的魔鬼之井特有。经历过反复清理和燃烧，当地典型的原始栖息地（潮湿的森林）已彻底改变。稀树草原环境仍然存在。假定该地区以前是一个半落叶林地区。认定该物种已经灭绝后，栖息地就会急剧改变成农业用途地

（续）

物种	描述
卵齿蟾属毒蛙	这一物种是洪都拉斯雷河海拔880 ～ 1 130米的金色山谷所特有的，它是在山地下的潮湿森林溪流边被发现的。它的栖息地已经严重退化，可能无法生存。这些威胁包括农业和牲畜侵占、人类居住区、伐木、火灾和山体滑坡等造成的森林砍伐，壶菌病也可能是一种威胁
卵齿蟾属雨蛙	洪都拉斯西部和西北部海拔1 050 ～ 1 720米的低山潮湿森林和山地下潮湿森林特有的。自给自足的农业和壶菌病对栖息地造成了不利影响
胃育溪蟾	澳大利亚的特有物种，生活在热带雨林、湿硬叶林、森林和河流廊道，在昆士兰东南部海拔350 ～ 800米的布莱克尔和科农达尔。该物种灭绝的原因未知。它的栖息地受到野猪、入侵杂草（特别是紫茎雾花泽兰）、水流量的变化、上游引起的水质问题和可能的壶菌病的威胁
孵溪蟾	澳大利亚特有的，在伊加拉国家公园不受干扰的热带雨林中发现，位于昆士兰中东部海拔400 ～ 1 000米（Covacevich和McDonald，1993）。物种的栖息地范围小于500平方千米。种群数量下降的原因仍然是未知的，可能是由季节性火灾、杂草、表面水提取、壶菌病引起的栖息地的破坏

鸟

物种	描述
查塔姆秧鸡	新西兰的查塔姆、芒厄雷和皮特岛所特有的。它的消失大概是由猫和老鼠的捕食、破坏栖息地以提供绵羊牧场（1900年摧毁了岛上所有的灌木和草丛草地），以及放养山羊和兔子造成的
瓜达卢长腿兀鹰	该物种是墨西哥瓜达卢佩岛特有的。这个岛曾经有茂密的植被，但因放牧山羊使其几乎完全裸露，植被消失。该物种减少的主要原因是移民的直接屠杀
新西兰鹌鹑	新西兰大堡礁岛屿的南北面，尤其是草地覆盖地区的开放栖息地特有。直到19世纪中期这个物种相当普遍，但在1875年数量迅速下降，最后灭绝。物种的灭绝是由大规模的燃烧，狗，猫和老鼠的捕食，以及通过鸟类传播的疾病造成的
黑监督吸蜜鸟	美国夏威夷的莫洛凯岛的森林下层所特有的。该物种的灭绝主要由于引入的牛和鹿以及大鼠和猫鼬捕食造成的林下栖息地的破坏
监督吸蜜鸟	美国夏威夷群岛的森林所特有的。由农业的转变、放牧的野生哺乳动物引发的物种衰退，黑色的鼠褐家鼠的引进，携带传染疾病的蚊子造成栖息地的破坏，从而导致物种的衰退
考艾岛孤鸫	美国夏威夷群岛的考艾岛所特有的，可能只存在于茂密的山地森林中。该物种是最常见的森林鸟类。携带疾病的蚊子及森林的破坏和退化可能是该物种灭绝的主要原因。野生猪的进化导致原始山地森林的栖息地退化，也促进了蚊子的传播。与引进鸟类的竞争可能加剧了这个物种的灭绝
笑鸮	新西兰南部斯图尔特群岛特有的。物种栖息在空旷地区和森林边缘的岩石中。物种灭绝的原因不明，可能是由于放牧或燃烧，或引入大鼠的捕食所引起的栖息地退化
天堂长尾鹦鹉	该物种是在澳大利亚昆士兰中部和南部（可能是北部）以及新南威尔士州北部的开阔稀树草原林地和灌丛草地发现的。它的减少可能是由于干旱、过度放牧、火灾频率、仙人掌果的传播引起食物供应（天然牧草种子）的减少造成的，引进和本地物种带来的疾病、捕获卵和巢、通过环剥树皮清除桉树也是原因之一

物种	描述
植物	**双子叶植物纲**
圣赫勒拿橄榄	圣海伦娜岛所特有的。该物种是由特有的食蚜蝇授粉的一种小树，食蚜蝇也对其他特有树种授粉。对这一物种的威胁是通过砍伐木材并为种植园让路造成的栖息地丧失。人类已经利用这个岛屿的资源超过450年，砍伐森林木材、农业生产以及引进的放牧山羊摧毁了大部分的原生植被
马克霞	夏威夷科纳区热带雨林中的一种类似小手掌的树。南科纳的森林和稀有植物受到了放牧牛、野猪和外来植物的威胁，植物也受到了莫纳罗亚火山熔岩的自然威胁
蜜茱萸属哈雷阿卡拉	该物种是一种小乔木或灌木，最后出现在1919年毛伊岛的尤克里里。在海拔1 220米的热带雨林中发现了其栖息地和生态环境，只知道是毛伊岛哈雷阿卡拉的西北侧。这一物种的状态尚不清楚，可能比目前认为的更为普遍。威胁来自于野猪和外来植物
蜜茱萸属金纽扣	在875米的利胡埃沟径和580米的瓦希阿瓦沼泽所特有。威胁来自于野猪、山羊和外来植物
阿森松岛白花蛇舌草	在绿山北部和西部斜坡的356～680米发现该物种。这个物种非常容易受到放牧哺乳动物的威胁。引进的植物已经完全取代了原有的植被群落，牲畜（现在是绵羊和驴）、山羊在历史上一直是该物种衰退的原因
斯科特斯波吉娜茏花	该物种可能在考艾岛的哈纳莱和可爱岛山谷灭绝。哈纳莱谷和瓦希阿瓦山的稀有原生植物受到来自野猪和外来植物的威胁
维罗萨茏花	该物种是在东毛伊岛的哈雷卡拉迎风面和西毛伊岛的怀卢库谷的两个山脊被发现的，它是山地雨林物种。这些地方的部分区域已转换为牧场。主要威胁是野猪和外来植物，也可能是鹿、牛和野生山羊
	单子叶植物纲
阿森松鼠尾粟	引入的物种，如糖蜜草（先锋草种，广泛用于放牧）可能是该物种衰退的原因。糖蜜草是一种容易存活（播种）且具有营养价值的高产草，它也可用于土壤贫瘠的陡峭的山坡上保持水土。耐干旱，但不耐火或水淹。全年有些降雨就可继续生长，但必须在放牧前长势良好，一旦牛习惯了它的味道，它就变成牛喜欢的饲草

来源：从世界自然保护联盟、公益自然、国际鸟类联盟和地球物种图库编译收集而得。

附录2 定量分析方法

2.1 牲畜用地的趋势

评估畜牧用耕地的方法

来源：各国水足迹（Chapagain 和 Hoekstra, 2004）。

分析中所包含的耕种作物分类如下：

- 谷物：例如，小麦、玉米、大麦、荞麦、高粱、黑麦、粟、燕麦、混合谷物、水稻；
- 油料作物：例如，大豆、向日葵、红花、油菜籽、亚麻籽、花生、棉籽、芥末籽、大麻籽、椰子、油棕果、橄榄、木棉果；
- 根状作物和蔬菜：木薯、山药、马铃薯、甘薯、甘蓝、南瓜、甘蔗、羽扇豆、野豌豆、长豆角、芭蕉；
- 豆类：例如，豌豆、大豆、小扁豆；
- 水果：例如，西瓜、苹果、香蕉、枣、柑橘类水果。

直接喂养牲畜的作物和首次加工后将副产品喂养牲畜的作物的计算方法不同。由于数据不可获得，作物残留不包括在内。

a）直接饲料产品包括直接从土地获得和不进行任何实际加工的主要作物。耕地面积由饲料元素占总供给利用元素的比例乘以总收获面积获得。

b）副产品/加工饲料包括：

- 由油料作物加工得的饼粕；
- 由谷物加工得的麸皮、面粉（玉米和小麦）、面筋（小麦和玉米）和胚芽（玉米和小麦）；
- 柑橘皮渣；
- 由加工甘蔗和甜菜得到的糖蜜。

加工后的作物收获量首先从统计数据库中获得，其计算方法与上述直接饲料的计算方法相同。下一步，我们需要找出耕地的哪些部分可用于生产副产品饲料。为此，我们进一步将与加工产品相关的耕地面积乘以用于饲料的加工产品占总加工产品的比例。这个结果则是用于饲料的副产品的土地面积。

使用以下数据来源：

- FAO供应利用账户（SUAs）的账目提供了在一定时期内详细的作物供应量以及用于不同用途的作物量，如食品、饲料、废弃物、加工品、种子等。该账户还包括收获面积、产量、生产和播种面积等数据（FAO，2006b），初级产品和衍生产品的国际商品价格（Chapagain 和 Hoekstra，2004；FAO国际商品价格）。
- 商品（产品）树：这些提供了提取率或产品分组，即从副产品加工获得的加工产品的量（百分比）（FAO 国际商品价格；Chapagain 和 Hoekstra，2004）。

部分结果

欧盟15国

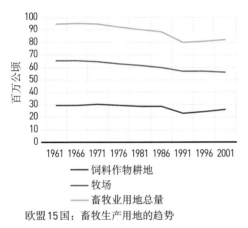

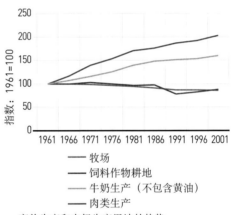

欧盟15国：畜牧生产用地的趋势　　畜牧生产和肉奶生产用地的趋势

经济合作与发展组织

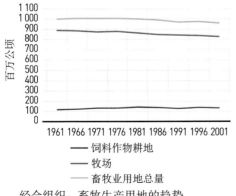

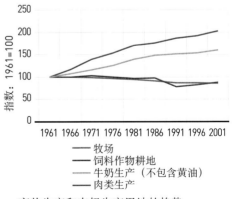

经合组织：畜牧生产用地的趋势　　畜牧生产和肉奶生产用地的趋势

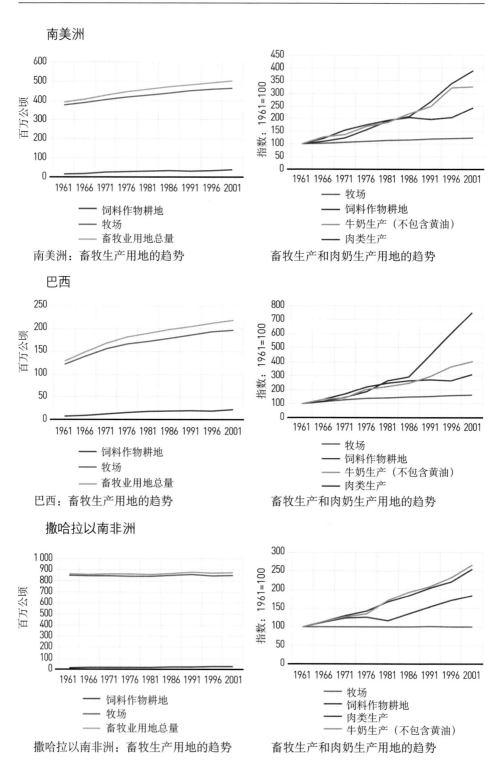

南美洲

百万公顷

南美洲：畜牧生产用地的趋势

— 饲料作物耕地
— 牧场
— 畜牧业用地总量

指数：1961=100

畜牧生产和肉奶生产用地的趋势

— 牧场
— 饲料作物耕地
— 牛奶生产（不包含黄油）
— 肉类生产

巴西

百万公顷

巴西：畜牧生产用地的趋势

— 饲料作物耕地
— 牧场
— 畜牧业用地总量

指数：1961=100

畜牧生产和肉奶生产用地的趋势

— 牧场
— 饲料作物耕地
— 牛奶生产（不包含黄油）
— 肉类生产

撒哈拉以南非洲

百万公顷

撒哈拉以南非洲：畜牧生产用地的趋势

— 饲料作物耕地
— 牧场
— 畜牧业用地总量

指数：1961=100

畜牧生产和肉奶生产用地的趋势

— 牧场
— 饲料作物耕地
— 肉类生产
— 牛奶生产（不包含黄油）

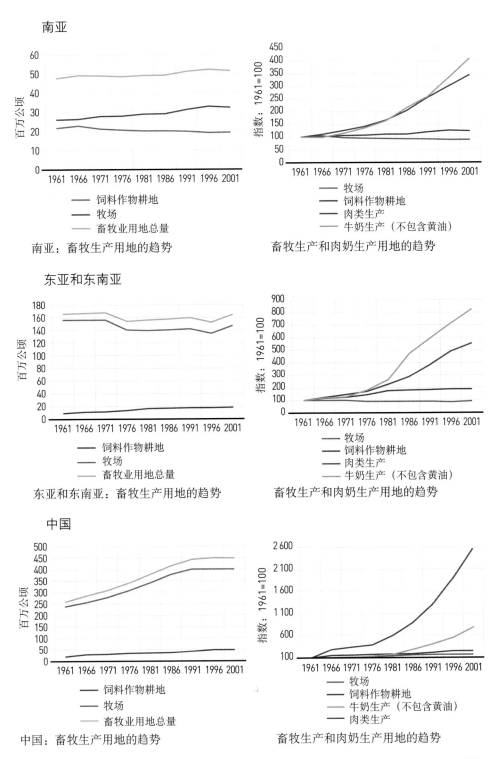

南亚

南亚：畜牧生产用地的趋势

图例：
— 饲料作物耕地
— 牧场
— 畜牧业用地总量

畜牧生产和肉奶生产用地的趋势

图例：
— 牧场
— 饲料作物耕地
— 肉类生产
— 牛奶生产（不包含黄油）

东亚和东南亚

东亚和东南亚：畜牧生产用地的趋势

图例：
— 饲料作物耕地
— 牧场
— 畜牧业用地总量

畜牧生产和肉奶生产用地的趋势

图例：
— 牧场
— 饲料作物耕地
— 肉类生产
— 牛奶生产（不包含黄油）

中国

中国：畜牧生产用地的趋势

图例：
— 饲料作物耕地
— 牧场
— 畜牧业用地总量

畜牧生产和肉奶生产用地的趋势

图例：
— 牧场
— 饲料作物耕地
— 牛奶生产（不包含黄油）
— 肉类生产

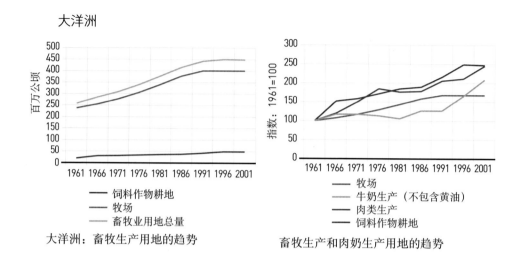

大洋洲：畜牧生产用地的趋势

畜牧生产和肉奶生产用地的趋势

2.2　每种生产系统、物种和地区目前的肠道发酵甲烷排放量

许多通过联合国政府间气候变化专门委员会（IPCC）建立的特定区域的默认甲烷排放因子的信息是20年前发表的。正如第2章所述，许多地区的畜牧生产特点从那时起已经发生了巨大变化。本报告进行了结果差异的评估。本报告用IPCC 2级的方法来获得最重要的动物肠道发酵排放因子，比如奶牛和其他种类的牛（Houghton 等，1997）。需要得到以下数据以计算出各种动物的日均能量摄入，然后再结合特定饲料类型的甲烷转化因子：①活畜重量；②平均日增重（不包括奶牛）；③饲养情况（密闭，放养，广泛放养）；④每日牛奶产量；⑤每日工作量（役畜，不包括奶牛）；⑥每年产母牛的比例；⑦饲料消化率。

每个地区和生产系统的每头母奶牛平均产奶量和其他牛的平均活畜重量都从FAO数据库获取。其他需要的数据均来自IPCC指南参考手册（Houghton 等，1997），表A2-1适用于每个地区。饲料消化率和甲烷转化率是从Houghton 等（1997）和美国环境保护署牲畜分析模型中获取的。

对于所有其他牲畜类型，使用IPCC 1级的方法来获取更详细的活动数据，这些数据一般不可获得并且来源途径比牛的少很多。

因此，水牛、绵羊、山羊和猪的默认排放因子使用IPCC手册中的表4-3"发达国家适时使用工业系统"，例如，在发展中国家集中饲养的猪。

可以将表A2-1的结果与目前使用的IPCC 1级排放因子相比较。相比较而言，采用IPCC 2级的方法来推导牛肠道发酵甲烷排放的主要因素是：

- 奶牛在大多数发展中地区的加权平均排放因子增加（与牲畜在不同畜牧

系统的比例有关）；

- 经济合作与发展组织和转型地区其他种类的牛的减少。

这些差异的主要原因是根据不同的生产系统，不同饲料类型的饲料消化率和甲烷转化因子得到了更好的分化。IPCC 1级默认除北美地区（65%）和印度（55%）外，其他所有地区的奶牛饲料消化率都是60%，甲烷转化率都是6%。

根据美国环保局（美国环保局反刍畜牧）的建议，使用2级方法估计不同的生产系统和世界地区的饲料消化率和甲烷转化因子。以下这些常见的牛的农作物副产品和牧场的饲料消化率在50%～60%；饲料消化率在60%～70%的是高质牧场，适于保存牧草和粮食；而75%～85%的是优质谷物饲料饲养场。"高质饲料"的甲烷转化率为6%，而大多数发展中国家放牧系统的"低质饲料"的甲烷转化率为7%。因此，发展中国家畜牧系统的低饲料消化率和高甲烷转化因子导致在这些系统中使用2级方法比1级方法产生更多的排放因子。此外，在计算1级值时使用的默认牛奶单产与计算2级值时从最近FAO统计数据中获得的单产值有差异。显然，如果有更多的营养和生产数据，排放因子的估计能够得到巨大改进。

表A2-1 不同生产系统和世界区域的牛的肠道发酵排放因子（EF），基于1级排放因子与2级排放因子的估计量比较

单位：千克/（头·年）（以甲烷计）

地区	奶牛				其他牛				
	放养	混养	加权EF值	1级EF值	放养	混养	工业养殖	加权EF值	1级EF值
撒哈拉以南非洲	79	39	60	36	44	27		36	32
亚洲（不包括中国和印度）	79	53	54	56	66	38	—	38	44
印度	70	45	45	46	41	17	—	18	25
中国	102	63	84	56	85	38	—	49	44
美国中南部	93	62	78	57	58	33	23	47	49
西亚和北非	91	60	61	36	49	31	—	32	32
北美	115	100	100	118	50	33	26	35	47
经济合作与发展组织（不包括北美）	102	97	98	100	45	27	26	32	48
东欧和独联体	—	59	59	81	—	45	24	41	56
其他发达国家	96	129	99	36	45	27	28	45	32

来源：作者计算。

2.3 每种生产系统、物种和地区目前的粪便甲烷排放量

与肠道发酵排放因子的情况相同，IPCC默认的粪便甲烷排放因子已经建立了一段时间，但可能无法正确代表当前的情况。畜牧业结构的变化可能对整体粪便甲烷排放产生重要影响。

本报告再次进行差异评估：用IPCC 2级方法来获得奶牛、其他种类的牛和猪的粪便甲烷排放因子（Houghton等，1997）。通过计算每种牲畜类型粪便的挥发性固体（VS）的含量，以及依赖于粪便管理系统的粪便甲烷生产潜力（BO值）和甲烷转化率来获得每头牲畜的排放因子。

计算粪便挥发性固体的含量需要饲料能量摄入、消化率和粪便灰分含量的数据。在肠道发酵排放因子计算中使用的是奶牛的饲料能量摄入以及消化率和灰分的IPCC默认值。其他的牛和猪也使用这些参数的IPCC默认值。另外，对于发展中国家的工业养猪系统使用发达国家的值。排放因子的计算基于对粪便管理系统如下假设：

（1）假定牛（奶牛和其他）在放牧生产系统中的所有粪便管理为牧场或范围管理（即在这一类中是100%）。

（2）假定其他牛在工业系统中所有粪便管理为育肥场（即在这一类中是100%）。

（3）假定剩下的牛的粪便管理类别处于混合生产系统（Houghton等，1997），以及假设牧场或范围是15%为混合乳品系统，20%为混合牛肉系统。

（4）通过问卷调查和假设，对于养猪来说，发达国家的工业系统主要是泥浆或池塘管理粪便，且至少存储1个月。

（5）假定其他家畜，在适当的系统（发达系统＝"工业"）和温区使用默认值（Houghton等，1997）。同样，使用1级的方法是因为可用于这些牲畜类的活动数据较少、来源少。

对于粪便管理甲烷排放因子，IPCC 2级方法所得出的估计值往往高于1级的默认值（表A2-2），工业系统的数值尤其高。这主要是由于为泥浆存储系统而使用了修订后的甲烷转化因子（IPCC，2000）。凉爽、温和、炎热气候的甲烷转化因子分别由10%、35%、65%（IPCC 1级默认值）增加至39%、45%、72%。此外，如上所述，饲料的消化率特性影响了每头动物粪便挥发性固体排放的计算，而它是粪便管理甲烷排放因子计算的基础。

差异的影响取决于相应牲畜数量的相对重要性，以及目前是否使用了1级指标。在这方面，非洲和独联体国家的牛的排放因子的估计值增加（相较于1级而言）是值得注意的。在快速工业化的发展中地区，如亚洲（尤其是中

国）、拉丁美洲，猪排放因子的差异将带来估计的排放量与现有排放量之间的差异。

表A2-2 不同生产系统和世界区域的牛的粪便管理排放因子（EF），基于1级排放因子与2级排放因子的估计量比较

单位：千克/（头·年）（以甲烷计）

地区	奶牛		其他牛		猪	
	加权EF值	1级EF值	加权EF值	1级EF值	加权EF值	1级EF值
撒哈拉以南非洲	2.5	1	1.5	1	1.6	2
亚洲（除中国和印度）	18.6	16	0.8	1	7.4	4-7
印度	5.3	6	1.5	2	12.4	6
中国	12.9	16	1.0	1	7.6	4-7
美国中南部	2.4	2	1.0	1	9.6	2
西亚和北非	3.8	2	2.4	1	1.7	6
北美洲	51.0	54	9.5	2	22.7	14
经济合作与发展组织（除美国）	41.8	40	10.9	20	11.1	10
东欧和独联体	13.7	6	9.1	4	2.8	4
其他发达国家	12.8	1	1.9	1	21.7	6

2.4 饲料生产用水量的估算

一般情况下，某种作物的用水量是通过机械模型的方式，用一种相对复杂的建模方法来估算的。在区域和全球水平的评估上，这些方法一般都很简单且被很多假设条件限制着。例如，Chapagain 和 Hoekstra（2004）基于 Allen 等（1998）的方法估算作物用水量，再乘以带有作物系数的参考作物蒸散量，最后估计出国家的水足迹。

后者的计算方法考虑了作物品种和气候，但是 Chapagain 和 Hoekstra（2004）并没有考虑气候，他们假设降雨或灌溉带来足够的土壤水分使植物生长和作物单产不受影响。这就导致温暖干燥地区的作物用水量在很大程度上被高估了，而作者却声称他们对于灌溉损失的忽视可以弥补其估计，但未使用的灌溉水，现在被广泛认为并没有损失（Molden 和 de Fraiture，2004）。

在这篇报告中，我们采用一种更演绎的方法解决这类问题：总体的以及一些重要饲料作物的耕地详细空间信息最近已能在全球范围内获得。这些信息与空间上详尽校准后的水量平衡和灌溉用水估计相互结合（FAO，2003a）。水量平衡计算考虑了当地所有主要作物的降水量、参考作物蒸散量、土壤含水

量、灌溉区和灌溉区范围。灌溉用水量（装备区）计算为在生长季节的最佳植物生长所需的除降水以外的水量，包括上游地区的径流。

这些信息避免了涉及灌溉效率的用水量或回收水量的统计数据。同时，重要饲料作物空间分布的详细信息避免了必须将以前的耗水量数据与国家级产量统计数据相结合，这种结合是不符合水平衡计算假设的。

一个重要的困难仍然存在：在将灌溉和降水消耗地图覆盖于作物地图前，需要确定什么地方的作物是用来做饲料的。这样的信息不存在于全球范围内。然而，我们可以使用两个可能的极端假设来评估这一情况：

假设1：饲料的空间集中

某些地区完全进行饲料生产，并通过将他们的产量与国家饲料产量统计数据相匹配。这是假设饲料产量在其他地方是微不足道的。

假设2：饲料的广泛区域整合

让农田均匀分布地种植粮食和饲料。这是假设在任何地方，饲料种植占作物种植的比例都等于全国平均比例。

为了得到一个准确的饲料耗水量估计，我们使用以上两种方法。两者之间的巨大差异会有相当大的不确定性。实际结果显示（第4章），这两种方法计算出了相似的结果，表明了结果的可信度。然而，详细的全球作物地图只可用于有限数量的饲料作物。在这个评估中的作物是指大麦、玉米、小麦和大豆（以下简称BMWS）。

对应假设1的区域用以下方式估计：大麦、玉米、小麦和大豆的产量占当地作物总产量的主导地位。此外，大麦、玉米和大豆在这一地区的总产量要比小麦多得多，一般来说小麦较少用于饲料。后一个标准一个可调参数用于校准国家统计的大麦、玉米和大豆总收获面积。将大麦、玉米、小麦和大豆总产量超过100吨/平方千米的地区定义为大麦、玉米、小麦和大豆生产优势区域。在这些区域，各国的聚合饲料分数被用来确定该地区饲料生产的耗水量。这个聚合分数通过该地区的大麦、玉米和大豆的产量加权平均及其相应的全国平均饲料使用分数来计算（FAO, 2006b）。大豆的固定饲料分数为66%，这是对应于豆粕价值分数（Chapagain 和 Hoekstra, 2004）。

在假设2中，整个大麦、玉米、小麦和大豆所覆盖的区域都生产饲料，但饲料生产的比例遵照国家饲料产量占作物总产量的比例（根据FAO供应利用报告）。大豆的饲料分数还是为66%。大麦、玉米、小麦和大豆饲料生产总量由当地的大麦、玉米、小麦和大豆的饲料生产分数地图划分到各地区。最后一步，确定当地饲料耗水量分数，饲料产量分数乘以大麦、玉米、小麦和大豆耕地面积分数。这些面积分数是由某种作物面积（由产量地图除以全国平均单产）除以总作物面积。

从这个评估结果（表4-7）得到的大麦、玉米、小麦和大豆饲料耗水量并不代表全部饲料生产的耗水量。图2-6和图2-7（第2章）表明这4种作物占猪和鸡饲料量的3/4，即全球饲料总耗水量大致是大麦、玉米、小麦和大豆饲料耗水量的1.3倍。最后，值得强调的是，这些估计用水量不包括用于生产天然放牧的草和饲料的用水。它们的加入将大大改变饲料耗水量的估计，特别是旱地的耗水量。然而，天然饲草的消耗并不像种植的饲料那样具有机会成本，因此，加入天然饲草的水消耗量可能会削弱评估结果的环境相关性。

图书在版编目（CIP）数据

畜牧业的巨大阴影：环境问题与选择/联合国粮食及农业组织编著；黄佳琦等译. —北京：中国农业出版社，2019.12

ISBN 978-7-109-23809-1

Ⅰ.①畜…　Ⅱ.①联…②黄…　Ⅲ.①畜牧业-环境破坏-研究报告-世界　Ⅳ.①X503.221

中国版本图书馆CIP数据核字（2017）第326946号

著作权合同登记号：图字01-2017-0643号

畜牧业的巨大阴影：环境问题与选择
XUMUYE DE JUDA YINYING：HUANJING
WENTI YU XUANZE

中国农业出版社出版
地址：北京市朝阳区麦子店街18号楼
邮编：100125
责任编辑：郑　君　　文字编辑：耿增强　郑　君
版式设计：王　晨　　责任校对：吴丽婷
印刷：中农印务有限公司
版次：2019年12月第1版
印次：2019年12月北京第1次印刷
发行：新华书店北京发行所
开本：700mm×1000mm　1/16
印张：24
字数：476千字
定价：168.00元